21 世纪全国应用型本科计算机系列实用规划教材

# 多媒体技术及其应用
## (第 2 版)

主 编 张 明

北京大学出版社
PEKING UNIVERSITY PRESS

## 内容简介

多媒体技术是集文字、图形、图像、动画、音频、视频于一体的信息处理技术。它综合了当代计算机硬件和软件的最新成果，是计算机技术的重要发展方向。本书较系统地介绍了多媒体计算机的基本原理、处理技术和具体应用。

全书共 10 章，分别介绍了多媒体技术的基本概念、音频信号处理技术、数字图像与视频处理技术、多媒体数据压缩技术、计算机动画技术、多媒体信息的组织与管理、多媒体数据存储技术、虚拟现实技术、多媒体通信技术和多媒体技术实验。本书对多媒体技术的主要研究内容、开发设计方法和应用实例做了系统的阐述，并配有教案演示文稿、实验指导和相应的实验素材。

在本书的编写过程中，力求做到深入浅出，可读易懂。在内容的选取上，遵循多媒体计算机技术原理与多媒体技术应用相结合的原则，全面系统地介绍多媒体计算机原理与多媒体技术应用；既注重理论、方法和标准的介绍，又兼顾实际系统分析、具体技术讨论和实际应用举例。

本书可作为“多媒体技术原理与应用”或“多媒体应用技术”等相关课程的教科书，也可作为科学技术人员、计算机爱好者以及从事计算机行业的工程技术人员的参考用书。

**图书在版编目(CIP)数据**

多媒体技术及其应用/张明主编. —2 版. —北京：北京大学出版社，2013.1

(21 世纪全国应用型本科计算机系列实用规划教材)

ISBN 978-7-301-21752-8

Ⅰ. ①多… Ⅱ. ①张… Ⅲ. ①多媒体技术—高等学校—教材 Ⅳ. ①TP37

中国版本图书馆 CIP 数据核字(2012)第 294575 号

**书　　名：多媒体技术及其应用(第 2 版)**
著作责任者：张　明　主编
责 任 编 辑：郑　双
标 准 书 号：ISBN 978-7-301-21752-8/TP・1262
出 版 发 行：北京大学出版社
地　　址：北京市海淀区成府路 205 号　100871
网　　址：http://www.pup.cn　新浪官方微博：@北京大学出版社
电 子 信 箱：pup_6@163.com
电　　话：邮购部 62752015　发行部 62750672　编辑部 62750667　出版部 62754962
印 刷 者：北京虎彩文化传播有限公司
经 销 者：新华书店
787 毫米×1092 毫米　16 开本　20.5 印张　474 千字
2006 年 1 月第 1 版
2013 年 1 月第 2 版　2018 年 7 月第 3 次印刷
定　　价：39.00 元

# 第 2 版前言

多媒体技术是计算机技术的重要发展方向，它综合了文字、图形、图像、音频、视频等多种媒体，不仅是计算机处理系统的扩充，而且改变了传统的传播和处理方式。近年来多媒体技术的迅速发展，使得计算机、电视、通信等信息产业不断聚合，从而释放出更大的能量，加速信息系统的建设和普及，使社会更快地向信息化方向过渡。

多媒体技术作为一种信息处理技术，其应用领域已渗透到教育、交通、旅游、出版、医疗等社会的不同领域。因为它具有很强的实用性和交互式综合处理多种信息的能力，越来越多的人迫切需要了解、掌握多媒体原理与实用技术，许多高校相继开设了多媒体技术方面的课程，社会上各类继续教育机构也纷纷开展了多媒体技术的培训，以满足实际的应用和普及的需求。虽然目前市场上有一些多媒体方面的书籍，但适合作为教材的、带有电子教案、配有大量习题和实验内容及实验素材的书籍还偏少，迫切需要一本适应面较广的多媒体技术方面的教材。

本书是为计算机专业的学生以及从事计算机科学与技术工作的工程技术人员而编写的，也适合非计算机专业的学生使用。本书从基本原理、实用技术和具体应用 3 方面加以介绍。

在编写本书的过程中，力求做到深入浅出，可读易懂。在内容的选取上，遵循多媒体计算机技术原理与多媒体技术应用相结合的原则，全面系统地介绍多媒体计算机原理与多媒体技术应用；既注重理论、方法和标准的介绍，又兼顾实际系统分析、具体技术讨论和实际应用举例。

全书共 10 章，包括多媒体技术概述、音频信号处理技术、数字图像与视频处理技术、多媒体数据压缩技术、多媒体计算机动画技术、多媒体信息的组织与管理、多媒体数据存储技术、虚拟现实技术、多媒体通信以及多媒体技术实验。

考虑到读者的广泛性，本书在章节安排上尽量做到各章独立。为了便于教师组织教学，本书配有图文并茂的教学幻灯片，每章均配有教学提示和教学目标；在教学安排时，根据学时要求，可选择两种教案中的一种：①36 学时教案，第 1～3 章、第 5～7 章及第 10 章，可加 16 学时让学生上机练习；②48 学时教案，第 1～3 章、第 4～7 章及第 10 章，并根据需要，加选第 8 章、第 9 章，建议加 16～24 学时让学生上机练习。为帮助读者巩固所学知识，本书每章均配有习题。为了加强学生的实际动手能力，本书安排了详细的实验内容，并提供相应的实验素材，学生可从 www.pup6.com 上直接下载。

本书是在张正兰主编的《多媒体技术及其应用》基础上改版的。第 1 版参与编写的人员有张正兰、张明、鲁书喜、纪鹏、张震、郑爱彬、刘毅。考虑到多媒体技术的发展和教学的需要，第 2 版进行了大幅度修改。删掉了第 1 版中的第 7 章——多媒体创作系统和第 9 章——人机界面；将第 1 版的第 6 章——多媒体数据库技术改为多媒体信息的组织与管理，对原有的内容进行了修改，增加了 XML 等新技术内容，将第 1 版的第 8 章——多媒体硬件改为第 7 章——多媒体数据存储技术，介绍了当前流行的各种存储技术及应用；增加了第 10 章——多媒体技术实验，安排了多媒体的实验内容并配有相应的实验素材，以方便教学。另外对第 1 版中的第 1 章、第 2 章、第 3 章、第 5 章和第 11 章分别进行了修改。其中，第 1 章增加了多媒体技术的新进展与新方法，如移动多媒体技术、体感游戏技术等；第 2 章对原有内容进行了取舍，去掉了脉冲编码调制技术的相关内容；第 3 章增加了视频编辑的相关内容，对第 4 章部分内容进行了修改，添加了习题内容；第 5 章将第 1 版中介绍的动画制作软件改为最新版本 3ds Max 2013 和 Flash Professional CS5；在第 1 版的第 11 章多媒体通信部分内容进行了修改，增加了 3G 多媒体通信技术和流媒体技术等内容。本书第 1 章、第 2 章是在上海海事大学张正兰编写的基础上改编的；第 3 章、第 5 章由上海海事大学张明编写；第 4 章、第 6 章主要由平顶山学院鲁书喜编写，张明修改编写了部分内容；第 7 章、第 10 章由上海海事大学王玉平编写，第 8 章由南京师范大学郑爱彬编写；第 9 章由南京审计学院刘毅编写，张明修改编写了部分内容。在本书的改版之际，我们衷心感谢湖北理工学院纪鹏副教授和淮北煤炭师范学院张震老师为本书所做的贡献；特别要感谢已故的张正兰教授为第 1 版所做出的突出贡献，并深深怀念她。

在本书编写过程中，参考和引用了许多国内外文献资料，在此向这些文献资料的作者、编者、译者表示衷心的感谢。

由于编者水平有限，加之时间仓促，书中难免存在不妥之处，敬请读者予以批评指正。

编　者

2012 年 6 月

# 第 1 版前言

多媒体技术是计算机技术的重要发展方向，它综合了文字、图形、图像、音频等多种媒体，不仅是计算机处理系统的扩充，而且改变了传统的传播和处理方式。近年来多媒体技术的迅速发展，使得计算机、电视、通信等信息产业不断聚合，从而释放出更大的能量，加速信息系统的建设和普及，使我们社会更快地向信息化方向过渡。

多媒体技术作为一种信息处理技术，其应用领域已渗透到教育、交通、旅游、出版、医疗和水利等社会的不同领域。因为它具有很强的实用性和交互式综合处理多种信息的能力，越来越多的人迫切需要了解、掌握多媒体原理与实用技术，许多高校相继开设了多媒体技术方面的课程，社会上各类继续教育机构也纷纷开展了多媒体技术的培训，以满足实际的应用和普及。虽然目前市场上有一些多媒体方面的书，但适合作为教材的、带有教案光盘的书籍还偏少，迫切需要编写一本适应面较广的多媒体技术方面的教材。

本书是为计算机专业的学生以及从事计算机科学与技术工作的工程技术人员而编写的，也适合非计算机专业的学生使用。本书从基本原理、实用技术和具体应用 3 方面加以介绍。

在编写本书的过程中，力求做到深入浅出，可读易懂。在内容的选取上，遵循多媒体计算机技术原理与多媒体技术应用相结合的原则，全面系统地介绍多媒体计算机原理与多媒体技术应用；既注重理论、方法和标准的介绍，又兼顾实际系统分析、具体技术讨论和实际应用举例。

全书共 11 章，分别介绍了多媒体技术的基本概念、音频信号处理技术、数字图像与视频处理技术、数据压缩技术、计算机动画技术、多媒体数据库、多媒体创作系统、多媒体硬件、人机界面、虚拟现实技术以及多媒体通信等技术。

考虑到读者的广泛性，在章节安排上，本书尽量做到各章独立，为了便于教师组织教学，本书配有图文并茂的教学幻灯片(包括全书每章的教学内容)，并且每章均配有教学提示和教学目标；在教学安排时，根据学时要求，可选择两种教案中的一种：①36 学时教案：第 1～第 3 章、第 5～第 7 章及第 8 章，若有条件，可加 16 学时让学生上机练习；②48 学时教案：第 1～第 3 章、第 5～第 7 章及第 8 章，并根据需要，加选第 4 章、第 9 章、第 10 章和第 11 章，若有条件，可加 16～24 学时让学生上机练习。为帮助读者巩固所学知识，本书每章均配有习题。

本书是多个学校、多位老师共同努力的成果，参与编写的老师一共有七位：张正兰、鲁书喜、张明、纪鹏、张震、郑爱彬、刘毅。具体分工为：第 1 章、第 2 章、第 3 章由上海海事大学张正兰老师编写；第 4 章、第 6 章由平顶山学院鲁书喜老师编写；第 5 章、第 8 章由上海海事大学张明老师编写；第 7 章由黄石理工学院纪鹏老师编写；第 9 章由淮北煤炭师范学院张震老师编写；第 10 章由南京师范大学郑爱彬老师编写；第 11 章由南京审计学院刘毅老师编写。其中张正兰老师全面负责了本书大纲的拟定、编写任务的安排与分配以及全书的统稿等相关工作。鲁书喜、张明、纪鹏三位老师也对本书的编写提出了很多有益的建议。

本书在编写过程中，参考和引用了许多国内外文献资料，在此向这些文献资料的作者、编者、译者表示衷心的感谢。

限于作者水平，加之时间仓促，书中难免有许多不妥之处，敬请读者批评指正。

编　者<br>2005 年 12 月

# 目　　录

# 第 1 章　多媒体技术概述

## 教学提示

- 多媒体是融合两种或者两种以上媒体的一种人机交互式信息交流和传播媒体，使用的媒体包括文字、图形、图像、音频、动画和视频等。多媒体是超媒体的其中一类。超媒体系统是使用超链接构成的全球信息系统，全球信息系统是使用 TCP/IP 协议的应用系统。
- 多媒体技术是计算机技术的重要发展方向，它综合集成多种媒体，不仅是计算机处理系统的扩充，而且改变了传统的传播和处理方式，创造了新的人类文明。

## 教学目标

- 本章将主要围绕媒体的基本形式和性质，介绍多媒体的基本概念、多媒体系统的组成与体系结构、多媒体系统使用的技术，以及多媒体技术的研究内容和发展趋势。

## 1.1　多媒体技术基本概念

自 20 世纪 80 年代以来，随着电子技术和大规模集成电路技术的发展，计算机技术、通信技术和广播电视技术这原本各自独立并得到极大发展的领域相互渗透、融合，进而形成了一门崭新的技术，即多媒体技术。经过多年的探索、研究与应用，人们对多媒体技术的认识不断加深，在多媒体的概念、定义、媒体类型、多媒体技术与系统的特征等方面逐渐形成了共识。

### 1.1.1　数据、信息与媒体

如今多媒体是人们经常谈论的名词之一，而要弄清什么是多媒体，首先要了解什么是数据、信息和媒体。

日常生活中所说的“数据”主要是指可比较大小的一些数值。而信息处理领域中的数据概念要比这大得多。国际标准化组织(International Organization for Standardization，ISO)对数据所下的定义是对事实、概念或指令的一种特殊表达形式，这种特殊的表达形式可以用人工的方式或者用自动化的装置进行通信、翻译转换或者加工处理。这里“特殊的表达形式”指的是二进制编码表示形式。

在计算机系统中，数据分为数值型数据和非数值型数据。数值型数据是指人们日常生活中经常接触到的数字类数据，主要用来表示数量的多少，可比较其大小；非数值型数据主要用来表示图形、声音、图像、动画等。

什么是信息呢？根据 ISO 的定义，信息是对人有用的数据，这些数据将可能影响到人们的行为与决策。由此可见，数据与信息是有区别的。数据是客观存在的事实、概念或指令的一种可供加工处理的特殊表达形式，而信息强调的则是对人有影响的数据。

媒体(Medium)是信息表示和传播的载体。在计算机领域中，能够表示信息的文字、图形、声音、图像、动画等都可以被称为媒体。

根据国际电报电话咨询委员会(International Telegraph and Telephone Consultative Committee，CCITT)的定义，媒体可分为如下 5 种类型。

#### 1. 感觉媒体

感觉媒体(Perception Medium)是能直接作用于人的感官，使人产生感觉的媒体，即能使人类听觉、视觉、嗅觉、味觉和触觉器官直接产生感觉的一类媒体。感觉媒体包括人类的语言、音乐和自然界的各种声音、活动图像、静止图像、图形、动画、文本等。它们是人类有效表达信息的形式。

#### 2. 表示媒体

表示媒体(Representation Medium)是为了加工、处理和传输感觉媒体而人为地研究、构造出来的一种媒体。其基本目的是能更有效地将感觉媒体从一方向另一方传送，便于加工和处理。表示媒体有各种编码方式，如语言编码、文本编码、静止和运动图像编码等，即声、文、图、活动图像的二进制表示。

#### 3. 展现媒体

展现媒体(Presentation Medium)是指把感觉媒体转换成表示媒体，表示媒体转换为感觉媒体的物理设备。展现媒体(又称显示媒体)分两种：输入显示媒体(包括鼠标、键盘、扫描仪、摄像机、光笔、传声器等)和输出显示媒体(包括显示器、音箱和打印机等)。

4. 存储媒体

存储媒体(Storage Medium)是用于存放表示媒体(即把感觉媒体数字化后的代码进行存入)，以便计算机随时处理加工和调用信息编码的物理实体。存放代码的这类存储媒体有半导体存储器、磁盘和CD-ROM等。

5. 传输媒体

传输媒体(Transmission Medium)是将媒体从一台计算机转送到另一台计算机的通信载体，如电话线、同轴电缆、光纤等。此外，还可将用于信息存储和信息传输的媒体称为信息交换媒体。计算机与5种媒体的关系如图1.1所示。

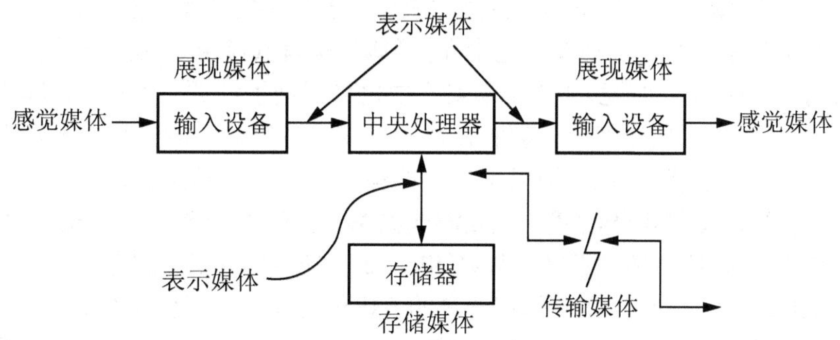


**图1.1 计算机与5种媒体的关系**

根据时间在表示空间中的作用，可以把媒体分为离散媒体和连续媒体两大类。

1. 离散媒体

人们把文本、图形和静止图像等媒体称为离散媒体，它们由独立于时间的元素项组成，媒体的内容不随时间的变化而变化。当然，人们可以按一定的时序来显示它们。

2. 连续媒体

连续媒体是指与时间相关的、依赖于时间的媒体，如声音、活动图像等都是连续媒体。连续媒体的内容是随着时间而变化的。因此，媒体在表示时要根据一定的时序信息进行处理，即时间或时序关系是信息的一部分。如果媒体中项的次序发生了变化，或时序发生了变化，那么媒体表示的含义、展现的含义、存储的含义等也就随之发生变化。

### 1.1.2 多媒体与多媒体技术

多媒体的英文是“Multimedia”。目前国内对“Multimedia”一词的译法不一，译为“多媒体”、“多媒质”或“多媒介”的均有之。这是中文的多义性的缘故，它们没有什么区别。

我们所说的“多媒体”，不只是说多媒体信息本身，而主要是指处理和应用它的技术。因此，“多媒体”常常被当作“多媒体技术”的同义语。

关于多媒体的定义或说法，目前仍没有统一的标准，事实上也是多种多样的，各人从自己的角度出发对多媒体有不同的描述。为了更准确地了解多媒体概念，首先来看一下国内外若干不同的定义或说法。

定义 1(Lippincatt，Byte，1990 年)：计算机交互式综合处理多种媒体信息——文本、图形、图像和声音，使多种信息建立逻辑连接，集成为一个系统并且具有交互性。

定义 2(J. Morgan，SGI，1992 年)：多媒体是传统的计算媒体——文字、图形、图像及逻辑分析方法等与视频、音频及为了知识创建和表达的交互式应用的结合体。

定义 3(汪，CW，1994 年)：所谓多媒体技术就是能对多种载体(媒介)上的信息和多种存储体(媒质)上的信息进行处理的技术。

定义 4(马，CIW，1994 年)：多媒体是声音、动画、文字、图像和录像等各种媒体的组合。多媒体系统是指用计算机和数字通信网技术来处理和控制多媒体信息的系统。

定义 5([美]，Ralf Steinmetz，Klara Nahrstedt，2000 年)：多媒体就是计算机信息用文本、图像、图形、动画、音频、视频等各种方法表示。

由于多媒体内涵太宽，应用领域太广，至今还无人能下一个非常确切的定义。

一般说来，多媒体的“多”是其多种媒体表现，多种感官作用，多种设备，多学科交汇，多领域应用；“媒”是指人与客观事物之中介；“体”是言其综合、集成一体化。目前，多媒体大多只利用了人的视觉、听觉。“虚拟现实”中也只用到了触觉，而味觉、嗅觉尚未集成进来，对于视觉也主要在可见光部分，随着技术的进步，多媒体的涵义和范围还将扩展，如近些年出现的体感游戏，突破以往单纯以手柄、按键输入的游戏操作方式，是一种通过肢体动作变化来进行(操作)的新型电子游戏。代表游戏如 Wii 上的网球游戏，idong 上的旋风乒乓、弥雅瑜伽、爱动网球等体感运动游戏，以及 iPhone 上著名的保龄球游戏和 PlayStation Move 上的 Motion Fighter 等。这些体态动作在传统的多媒体定义中都还没有包括。

一般的说法是将影像、声音、图形、图像、文字、文本、动画、体态等多种媒体结合在一起，形成一个有机的整体，能实现一定的功能，就称之为多媒体。

综上所述，我们可认为：多媒体是融合两种以上媒体的人-机交互式信息交流和传播媒体。在这个定义中需要明确以下几点。

(1) 多媒体是信息交流和传播的媒体，从这个意义上说，多媒体和电视、报纸、杂志等媒体的功能是一样的。

(2) 多媒体是人-机交互式媒体，这里的“机”，目前主要是指计算机，或者由微处理器控制的其他终端设备。因为计算机的一个重要特性是“交互性”，使用它就比较容易实现人-机交互功能。从这个意义上说，多媒体和目前大家所熟悉的模拟式电视、报纸、杂志等媒体是大不相同的。

(3) 多媒体信息都是以数字的形式而不是以模拟信号的形式存储和传输的。

(4) 传播信息的媒体的种类很多，如文字、声音、图形、图像、动画等。虽然融合任何两种以上的媒体就可以称为多媒体，但通常认为多媒体中的连续媒体(声音和电视图像)是人与机器交互的自然的媒体。

所谓多媒体技术，就是采用计算机技术把文字、声音、图形、图像和动画等多媒体综合一体化，使之建立起逻辑连接，并能对它们获取、压缩编码、编辑、处理、存储和展示。简单地说，多媒体技术就是把声、文、图、像和计算机集成在一起的技术。

### 1.1.3 多媒体技术的特点

多媒体技术强调的是交互式综合处理多种信息媒体(尤其是感觉媒体)的技术。从本质上来看，它具有信息载体的多样性、集成性和交互性这 3 个主要特征。

1. 多样性

多样性是相对于计算机而言的，指的是信息媒体的多样性，又称为多维化。把计算机所能处理的信息空间范围扩展和放大，而不再局限于数值、文本或被特别对待的图形与图像。人类对于信息的接收和产生主要靠视觉、听觉、触觉、嗅觉和味觉。在这 5 个感觉空间中前三者占了 95%以上的信息量。不过，计算机远远达不到人类的水平，计算机在许多方面必须要把人类的信息进行变形之后才可使用。多媒体是要把机器处理的信息多样化或多维化。多媒体的信息多维化不仅指输入，而且还指输出，目前主要包括听觉和视觉两方面。但输入和输出并不一定都是一样的，对于应用而言，前者称为获取，后者称为表现。若两者相同，则只能称之为记录和重放。如果对其进行变换、组合和加工，即我们所说的创作，则可以大大丰富信息的表现力和增强效果。信息媒体多样性使计算机所能处理的信息范围从传统的数值、文字、静止图像扩展到音频和视频信息。

2. 集成性

集成性又称综合性。多媒体的集成性主要表现在两个方面：多媒体信息媒体的集成，以及处理这些媒体的设备的集成。

这种集成包括信息的多通道统一获取、多媒体信息的统一存储与组织、多媒体信息表现合成等各方面。多媒体的某些设备应该集成为一体。从硬件来说，应该具有能够处理多媒体信息的高速及并行的 CPU(Central Processing Unit，中央处理器)系统，大容量的存储器，适合多媒体多通道的输入输出能力及外设、宽带的通道网络接口。对于软件来说，应该有集成一体化的多媒体操作系统、适合多媒体信息管理和使用的软件系统和创作工具、高效的多媒体应用软件等。总之，集成性能使多种不同形式的信息综合地表现某个内容，从而取得更好的效果。

3. 交互性

交互性是多媒体技术的关键特性，使人们获取和使用信息变被动为主动。交互性可以增加用户对信息的注意力和理解，延长信息保留的时间。交互性将向用户提供更加有效地控制和使用信息的手段，同时也为应用开辟了更加广阔的领域。可以想象，交互性一旦被赋予了多媒体信息空间，可以带来非常大的影响。我们从数据库中检录出某人的照片、声音及文字材料，这便是多媒体的初级交互应用通过交互特性使用户介入到信息过程中，而不仅仅是获取信息，这是中级交互应用；虚拟现实(Virtual Reality，VR)技术的发展及虚拟环境的实现，使人们完全进入一个与信息环境一体化的虚拟信息空间，这就是高级的交互式应用。

## 1.2 多媒体技术的发展

多媒体计算机技术最早起源于 20 世纪 80 年代中期。随着计算机软件技术和硬件制造技术的不断进步，计算机应用的日益普及与深入，人们希望提供一种更为自然的人机交互方式。1984 年美国 Apple 公司在 Macintosh 计算机中增加了图形处理功能，使用了位图(Bitmap)、窗口(Window)、图符(Icon)等技术。这一系列改进所带来的图形用户界面(Graphical User Interface，GUI)改善了人机交互，深受用户的欢迎。1987 年 Apple 公司又引入了“超级卡”(HyPer card)，使多媒体信息的组织与管理更容易，受到计算机用户的一致好评。

1985 年，美国 Commodore 公司首先推出了世界上第一台多媒体计算机 Amiga 系统。Amiga 采用 Motorola M68000 微处理器作为 CPU，并配置了 Commodore 公司研制的 3 个专用芯片(图形处理芯片 AgnuS 8370、音频处理芯片 Paula 8364 和视频处理芯片 Denise 8362)。Amiga 具有自己专用的操作系统，能处理多任务，并具有下拉菜单、多窗口和图符等功能。

1986 年，荷兰 Philips 公司和日本 Sony 公司联合研制并推出 CD-I(Compact Disc Interactive，交互式紧凑光盘系统)，同时公布了该系统所采用的 CD-ROM 的数据格式。这项技术对大容量光盘的发展产生了巨大影响，并经过 ISO 的认可成为国际标准。CD-ROM 的出现为存储声音、文字、图像和视频等高质量的数字化媒体提供了有效手段，极大地推动了多媒体技术的发展。

1987 年，美国无线电公司(RCA)推出了交互式数字视频系统(Digital Video Interactive，DVI)，该系统可以利用计算机对存储在光盘上的静态图像、视频、声音及数据进行检索、重放。DVI 将编/解码器置于微型计算机中，是由微型计算机控制完成计算的，这就把彩色电视技术与计算机技术融合在一起；而 CD-I 只是用来播放记录在光盘上的按照 CD-I 压缩编码方式编码的视频信号(类似于后来的 VCD 播放器)。DVI 技术出现之后，在世界范围引起巨大的反响，它清楚地展现出信息处理与传输(即通信)技术的革命性的发展方向。国际上在 1987 年成立了交互声像工业协会，该组织 1991 年更名为交互多媒体协会(Interactive Multimedia Association，IMA)时，已经有多个国家的 200 多个公司加入了该协会。RCA 公司后来把推出的交互式数字视频系统 DVI 卖给了美国通用电气(GE)公司。1987 年，Intel 公司看中了这项技术，又把 DVI 从 GE 公司买到手，并经过改进，于 1989 年初把 DVI 技术开发成为一种可普及的商品。随后又和 IBM 公司合作，在 Comdex-Fall ' 89 展示会上推出 Action Media 750 多媒体开发平台。该平台硬件系统由音频板、视频板和多功能板块等专用插板组成，其硬件是基于 DOS 系统的音频视频支撑系统(Audio Video Support System，AVSS)。

1991 年，Intel 和 IBM 合作又推出了改进型的 Action MediaII。该系统的硬件部分集中在采集板和用户板两个专用插件上，集成程度更高；软件采用基于 Windows 的音频视频内核(Audio Video Kernel，AVK)。Action MediaII 在扩展性、可移植性和视频处理能力等方面均大大改善。1991 年，第六届国际多媒体技术和 CD-ROM 大会标志着多媒体技术进人新的发展阶段，宣布了 CD-ROM / XA 扩充结构标准的审定版本。同年，在美国的计算机博览会上首次展出了多媒体技术应用成果，引起了国际上许多大公司的关注。

1992 年，Microsoft 公司推出了视窗操作系统——Windows 3.1，成为计算机操作系统发展的一个里程碑。Windows 3.1 是一个多任务的图形化操作环境，使用图形菜单，能够利用鼠标对菜单命令进行操作，极大地简化了操作系统的使用。它综合了原有操作系统的多媒体技术，还增加了多个具有多媒体功能的软件，如媒体播放器、录音机及一系列支持多媒体处理的技术，使得 Windows 3.1 成为真正的多媒体操作系统。与此同时，数据压缩理论的深入研究和大规模集成电路制造技术的发展，为多媒体设备的研制打下了坚实的理论和技术基础；各种处理音频、视频的专用板卡纷纷面世，使多媒体计算机的发展和应用进入了新的阶段。由于多媒体技术是一种综合性技术，它的实用化涉及计算机、电子、通信、影视等多个行业技术的协作，其产品的应用目标既面向研究人员也面向普通消费者，涉及各个用户层次，因此标准化问题是多媒体技术实用化的关键。

随着多媒体技术的发展，为建立相应的标准，1990 年 11 月 Philips 公司等 14 家厂商组成的多媒体市场协会应运而生，这个协会所定的技术规格为 MPC(Multimedia Personal Computer，多媒体个人计算机)。MPC 标准的第一个层次是以 VGA 为输出设备，在 PC 或兼容机基础上，以窗口技术为软件支撑环境，配一些多媒体输入输出设备(如 CD-ROM 驱动器、声卡和视频卡等)，完成简单的多媒体功能和交互式功能，用于教育培训或家庭娱乐。第二个层次是在通用个人计算机硬件和软件平台上，设计制造了与多媒体技术有关的专用的硬、软件。Amiga 系统设计了专用的动画、音频及图形处理芯片。同时，还设计了实时多任务操作系统 Amiga Vision 多媒体著作语言及完备的图符编程语言。Apple 公司的 QuickTime 是一个不依赖硬件的 MAC 操作系统的扩展，它为该系统增加了管理数字视频的协议，使用户像管理静态图像一样，管理与时间有关的数据。此外，它为用户提供了一个标准方式复制、显示、压缩和粘贴基于时间的数据。第三个层次是多媒体工作站系统，SUN、HP、SGI、DEC 及 IBM 等公司推出的工作站都逐渐配有多媒体技术，这是功能比较强的多媒体系统。

进入 21 世纪，各种新的多媒体应用层出不穷，为多媒体技术的迅速发展提供了新的机遇与动力。值得一提的有以下 3 方面。

(1) 以 Apple 公司的 iPhone 为代表的智能手机的广泛使用，带动了移动多媒体技术的迅速发展。Apple 公司 2011 年发布的 iPhone 4S 是一款触摸屏智能手机如图 1.2 所示。iPhone 4S 搭载苹果最新的 iOS 5 操作系统，支持 iCloud 云服务，最大的特色在于语音控制，基于 Siri 的语音系统，iPhone 4S 将成为更加智能的语音识别设备，可以和 iPhone 4S 通过语音控制实现天气、短信、地图查找等功能的交互。iOS 5 其他的功能还包括全新的通知中心、iMessage 即时通信功能、Newsstand 报刊杂志、Reminders 提醒事项、经过优化的 Twitter、经过优化的拍照及照片编辑功能、升级的 Safari 浏览器、无需连接计算机激活且经过优化的邮件功能、更强大的 Game Center 等。利用该手机可实现双向视频通话，如图 1.3 所示。

图 1.2　iPhone 4S 触摸屏智能手机

图 1.3　双向视频通话

(2) 移动多媒体技术。随着无线网络和多媒体通信技术的发展，移动多媒体业务得到越来越广泛的应用，主要有多媒体广播、电视技术、3G、4G 移动通信中的多媒体通信技术及应用等。

(3) 新型的游戏控制方法。电视游戏是一种用来娱乐的交互式多媒体。通常是指使用电视屏幕为显示器，在“电视游乐器”上运行家用机的游戏，近年来，一种通过肢体动作变化来进行(操作)的新型电子游戏——体感游戏技术成为新的亮点。在游戏中，玩家们用脚踢仅存在于屏幕中的足球，并用手设法拦阻进球；在驾驶游戏中，玩家转动想象中的方向盘来操控电视游戏中的赛车；在网球游戏中玩家们挥动手中的手柄，可控制游戏中网球的接球点、方向、力度等，让人有身临其境的真实感。著名的平台有以下几种。

① Wii——日本任天堂公司(Nintendo)2006 年 11 月 19 日所推出的家用游戏主机，如图 1.4 所示。Wii 属于第七代家用游戏机。前所未见的控制器使用方法、怀旧主机游戏软件贩卖下载、无关游戏的生活资讯内容、运用网络的功能及各项服务等均为 Wii 的主要特色。

② PS Move——索尼新一代体感设备。全称 PlayStation Move 动态控制器，它和 PlayStation3 USB 摄影机结合，创造全新游戏模式。PS Move 不仅会辨识上下左右的动作，还会感应手腕的角度变化。所以无论是运动般的快速活动还是用笔绘画般纤细的动作也能在 PS Move 中重现，如图 1.5 所示。动态控制器亦能感应空间的深度，感受轻松逼真的游戏。

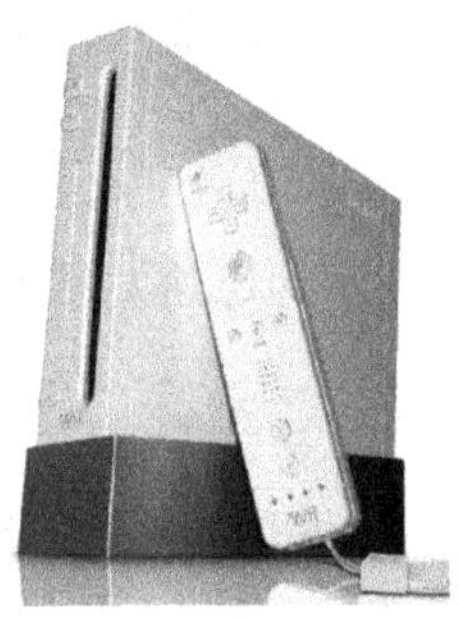

图 1.4　Wii 游戏机

图 1.5　索尼体感手柄

③ Kinect——Microsoft 在 2010 年 6 月 14 日对 Xbox360 体感周边外设正式发布的名称。伴随 Kinect 名称的正式发布，Kinect 还推出了多款配套游戏，包括 Lucasarts 出品的《星球大战》、MTV 推出的跳舞游戏(如图 1.6 所示)、宠物游戏、运动游戏 *Kinect Sports*、冒险游戏 *Kinect Adventure*、赛车游戏 *Joyride* 等。目前体感游戏技术当数 Microsoft Xbox360 而领先国际，而在国内，由代代星以嵌入式方式提供给海信智能电视的“运动大本营”摄像头也小有名气。

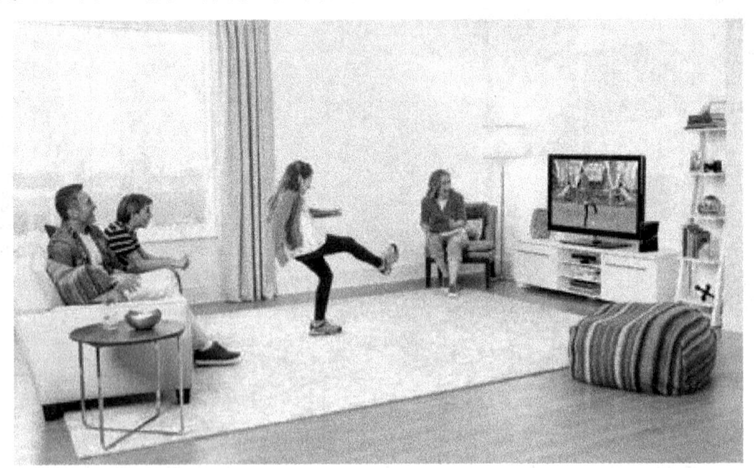

图 1.6　体感游戏

## 1.3　多媒体系统的构成

多媒体系统可以从狭义和广义上分类。从狭义上分，多媒体系统就是拥有多媒体功能的计算机系统；从广义上分，多媒体系统就是集电话、电视、媒体、计算机网络等于一体的信息综合化系统。

多媒体系统由多媒体硬件系统和多媒体软件系统两部分组成。其中，硬件系统主要包括计算机主要配置和各种外部设备及与各种外部设备的控制接口卡(包括多媒体实时压缩和解压缩电路)，软件系统包括多媒体驱动软件、多媒体操作系统、多媒体数据处理软件、多媒体创作工具软件和多媒体应用软件。

随着手机及各类平板计算机的大量使用及对多媒体全方位的支持，基于移动计算平台的操作系统也发挥越来越大的作用，主要有以下几种。

1. Android 系统

Android 是一种以 Linux 为基础的开放源代码操作系统，主要用于便携设备。目前尚未有统一中文名称，一般称为“安卓”或“安致”。Android 操作系统最初由 Andy Rubin 开发，最初主要支持手机。2005 年由 Google 收购注资，并组建开放手机联盟开发改良，逐渐扩展到平板计算机及其他领域上。Android 的主要竞争对手是 Apple 公司的 iOS 及 Microsoft 公司的 Windows Phone。Android 的移动多媒体系统主要包括 Java 框架层，C 语言框架层(Media API)及 OpenCore。Java 框架层上面和 Java 应用层相连，Java 框架层和 C 语言框架层的中间是 Java 本地调用部分(Media JNI)。Android 多媒体部分的 C 语言部分的核心是 media 库，它主要提供了媒体播放器和媒体记录器的框架。media 库向上层通过 JNI 提供接口，下层通过 Packet Video 等实现。

2. iOS 系统

Apple iOS 是由 Apple 公司开发的手持设备操作系统。Apple 公司最早于 2007 年 1 月 9 日的 Macworld 大会上公布这个系统，最初是设计给 iPhone 使用的，后来陆续套用到 iPod touch、iPad 及 Apple 电视机等 Apple 产品上。iOS 与 Apple 的 Mac OS X 操作系统一样，它也是以 Darwin 为基础的，因此同样属于类 UNIX 的商业操作系统。原本这个系统名为 iPhone OS，直到 2010 年 6 月 7 日 WWDC 大会上宣布改名为 iOS。截至 2011 年 11 月，根据 Canalys 的数据显示，iOS 已占据全球智能手机系统市场份额的 30%，在美国的市场占有率为 43%。

3. Windows 8

Windows 8 是 Microsoft 公司研发中的下一代计算机操作系统，适用于平板计算机、笔记本和桌上计算机等多平台，该系统除了具备 Microsoft 公司的传统视窗系统显示方式外，特别强化适用于触控屏幕的平板计算机设计，使用类似 Windows Phone 操作系统的动态方块(live tiles)界面，新系统亦加入可透过官方网上商店 Windows Store 购买软件等新特性。Windows 8 被认为是 Microsoft 反击主导平板计算机及智能手机操作系统市场的 Apple iOS 和 Google Android 的操作系统。

### 1.3.1 基本组成

多媒体系统所处理的对象主要是声音和图像信号。声音和图像信号的特点是速率高、数据量大、实时性高。因此，多媒体系统的基本组成应包括：计算机，视听接口、音响及图像设备，高速信号处理器(用于实时图像和声音处理)，大容量的内、外存储器，以及软件。通常，多媒体系统没有固定的配置模式，但一般包括以下一些部件。

(1) 计算机，可以是个人计算机、平板计算机、智能手机、工作站等。

(2) 音频、视频、图像处理单元等。该处理单元可以是集成在主板上的专用芯片或专门的接口卡，包括音频卡、视频卡、图像处理卡等。

(3) 声像输入设备，如话筒、录音机(笔)、手机、摄像机、光盘等。

(4) 声像输出设备，如电视机、传声机、合成器、可读写光盘、耳机等。

(5) 软件，实时多任务支持软件、多媒体应用软件。

(6) 控制部件，如鼠标、键盘、光笔、触摸式屏幕等。

多媒体系统是多媒体计算机系统的简称。现以具有编辑和播放功能的多媒体开发系统为例，介绍多媒体系统的硬件结构及软件结构。简化的多媒体系统如图 1.7 所示。

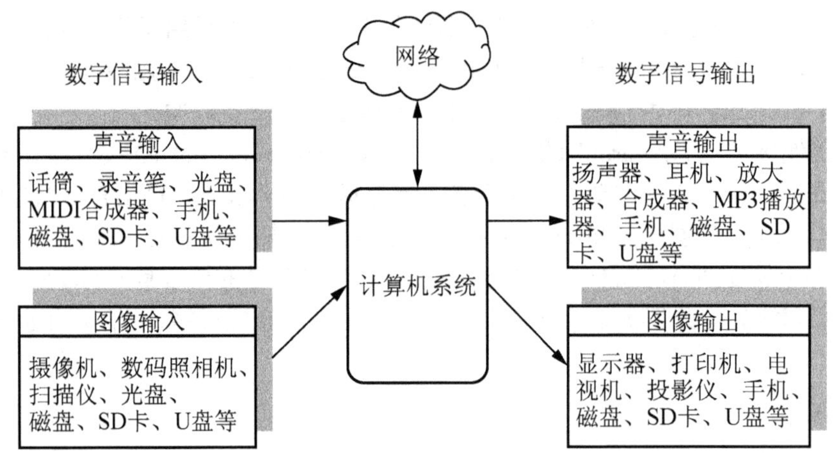


图 1.7 简化的多媒体系统

### 1.3.2 多媒体系统的硬件结构

我们可以将多媒体系统理解为传统计算机系统的扩充。传统的计算机系统所处理的信息往往仅限于文字和数字，人机之间的交互只能通过键盘和显示器，为了改善人机交互的接口，使计算机能够集声、文、图、像处理于一体，人类发明了有多媒体处理能力的计算机。使用最多的是多媒体个人计算机(MPC)。所谓多媒体个人计算机就是具有了多媒体处理功能的个人计算机，它的硬件结构与一般所用的个人计算机并无太大的差别，只不过是多了一些软硬件配置而已。其实，现在我们所购买的个人计算机绝大多数都具有了多媒体应用功能。一般的多媒体系统如图 1.8 所示。一般来说，MPC 的基本硬件结构可以归纳为 7 部分。

① 至少一个功能强大、速度快的中央处理器；

② 可管理、控制各种接口与设备的配置；

③ 具有一定容量(尽可能大)的存储空间；

④ 高分辨率显示接口与设备；

⑤ 可处理音响的接口与设备；

⑥ 可处理图像的接口设备；

⑦ 可存放大量数据的配置与接口等。

这样提供的配置是最基本 MPC 的硬件基础，它们构成 MPC 的主机。除此以外，MPC 能扩充的配置还可能包括以下几个方面。

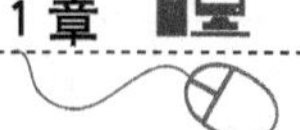

图 1.8 多媒体系统示意图

(1) 光盘驱动器：包括可重写光盘(CD-RW)驱动器、WORM 驱动器和 CD-ROM 驱动器。其中 CD-ROM 驱动器为 MPC 带来了价格低廉的存储设备，存有图形、动画、图像、声音、文本、数字音频、程序等资源的 CD-ROM 早已广泛使用，因此现在光驱对广大用户来说已经是必需配置的，而可重写光盘、WORM 光盘价格较高，目前还不是非常普及。另外，DVD 存储量更大，双面可达 17GB，是升级换代的理想产品。

(2) 音频卡：在音频卡上连接的音频输入输出设备包括话筒、音频播放设备、MIDI 合成器、耳机、扬声器等。数字音频处理的支持是多媒体计算机的重要方面，音频卡具有 A/D 和 D/A 音频信号的转换功能，可以合成音乐、混合多种声源，还可以外接 MIDI 电子音乐设备。

(3) 图形加速卡：图文并茂的多媒体表现需要分辨率高，而且同屏显示色彩丰富的显示卡的支持，同时还要求具有 Windows 的显示驱动程序，并在 Windows 下的像素运算速度要快。所以现在带有图形用户接口(GUI)加速器的局部总线显示适配器使得 Windows 的显示速度大大加快。

(4) 视频卡：可细分为视频捕捉卡、视频处理卡、视频播放卡及 TV 编码器等专用卡，其功能是连接摄像机、VCR 影碟机、电视机等设备，以便获取、处理和表现各种动画和数字化视频媒体。

(5) 扫描卡：用来连接各种图形扫描仪，是常用的静态照片、文字、工程图输入设备。

(6) 打印机接口：用来连接各种打印机，包括普通打印机、激光打印机、彩色打印机等，打印机现在是常用的多媒体输出设备之一。

(7) 交互控制接口：用来连接触摸屏、鼠标、光笔等人机交互设备，这些设备将大大方便用户对 MPC 的使用。

(8) 网络接口：实现多媒体通信的重要 MPC 扩充部件。在计算机和通信技术相结合的时代需要专门的多媒体外部设备将数据量庞大的多媒体信息传送出去或接收进来，通过网络接口相接的设备包括视频电话机、传真机、LAN 和 ISDN 等。

通用的多媒体系统结构如图 1.9 所示。它是一种交互式多媒体协作(IMA)体系结构，其研究方法是基于多媒体接口总线来定义接口。多媒体接口总线可以是计算机系统和多媒体软、硬件资源间的接口，它包括格式转换器和翻译器，还可以提供串式输入输出服务。

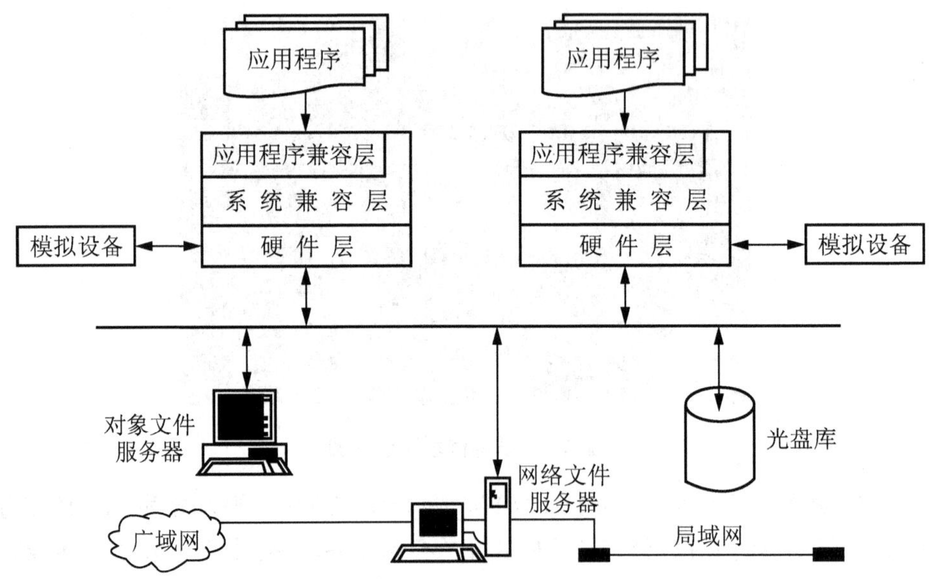


图 1.9　基于多媒体接口总线上的体系结构

### 1.3.3　多媒体系统的软件结构

多媒体系统与现有的计算机系统相比，软件的结构有如下的变化。软件的结构大致可分为 3 个层次，如图 1.10 所示。

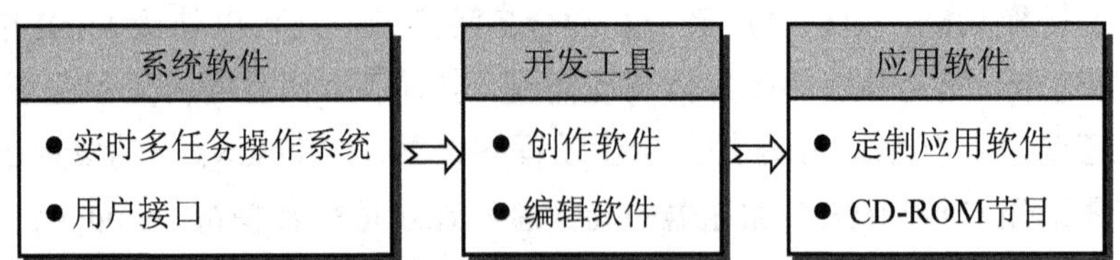


图 1.10　多媒体系统的软件结构

(1) 系统软件(System Software)，音频、视频信号都是实时信号，这就要求系统软件具有实时处理功能；音频、视频和计算机的其他操作需要并行处理，这就要求系统软件具有多任务处理的功能。因此，多媒体系统的系统软件应该是一个实时多任务操作系统(Real Time Operating System，RTOS)。此外，这层软件还包括多媒体软件执行环境，如 Windows 中的媒体控制接口(Media Control Interface，MCI)等。

(2) 开发工具(Development Tools)，它包括创作软件工具(Creative Software Tools)和编辑软件工具(Authoring Software Tools)两部分。创作软件是针对各种媒体开发的工具，如视频图像的获取、编辑和制作，声音的采集/获取、编辑，二维、三维的动画创作等工具。编辑软件是将文、声、图、像等媒体进行综合、协调及赋予交互功能的软件。目前，这种软件有基于描述语言的，有基于图符的，还有基于超级卡等方法的编辑工具。此外还有基于脚本的、基于流程的及基于时序的创作工具等。

(3) 多媒体应用软件(Multimedia Application Software)，它是在多媒体硬件平台和创作工具上开发的应用软件，如教学软件、演示软件、游戏、Software 百科全书等。

### 1.3.4 工作站环境的多媒体体系结构

多媒体系统的重要方面之一是具有多样、综合、实时交互、控制等功能。它必须与标准用户界面(如 Microsoft Windows)相集成。此外，新设计的系统无论采用何种不同的多媒体专用硬件(如 DSP)，均不需要改变软件。更重要的是，这些应用程序在用各种硬件接口操作时无需改变。

桌面工作站和微型计算机中不断进步的处理器确实为大多数应用软件提供了可接受的性能。使用公共的应用程序界面(API)允许应用程序开发商开发可与硬件驱动程序及软件驱动程序一起工作的应用程序。通过使用软件驱动程序使得用户可操作极为广泛的外设和系统。多媒体工作站环境的体系结构见表 1-1。

表 1-1 多媒体工作站环境的体系结构

| 应用软件 | | |
|---|---|---|
| 图形用户界面 | 多媒体扩展 | |
| 操作系统 | 软件驱动程序 | 多媒体设备驱动支持 |
| 系统硬件 | 添加的多媒体设备和外设<br>(扫描仪、摄像机、音响及 MPEG 卡等) | |

在这个体系结构中，右部显示了支持多媒体应用软件所需的新的体系结构，左部与非多媒体系统很相似。其中图形用户界面要求支持应用软件(如全活动视频远程桌面)进行控制扩展。值得指出的是，多媒体操作不仅要有高分辨率显示技术，此显示技术要允许一次能运行多个应用软件，而且还要求有额外的资源来管理程序和数据。更重要的是，它在运算性能及存储方面都对系统硬件提出了很高的要求。

## 1.4 多媒体系统中的若干技术

多媒体技术是基于计算机、通信和电子技术发展起来的一个新的学科领域，多媒体系统中采用的新技术、新方法层出不穷。以下概要介绍其中若干技术。

1. 音频/视频信号处理技术

音频/视频信号是多媒体计算机系统中重要的信息表现形式。日常的音频/视频信号大多以连续的模拟量的形式被记录、存储和播放。而各类电子数字计算机只能处理离散的数字量，所以就必须将其数字化。本书将在第 2 章、第 3 章分别介绍音频、视频的数字化技术及相关的软件及应用。

2. 数据压缩/解压缩技术

在多媒体计算机中要表示、传输和处理声文图信息，特别是数字化图像和视频，要占用大量的存储空间，因此高效的压缩和解压缩算法是多媒体系统运行的关键。本书将在第 4 章介绍常用的数据压缩/解压缩技术。

3. 多媒体数据存储技术

高效快速的存储设备是多媒体系统的基本部件之一，多媒体数据存储技术是多媒体技术中的关键技术之一，主要解决如何保存多媒体的内容。随着多媒体技术的发展，存储介质从最早的磁带、磁盘、CD、DVD 发展到蓝光光盘，存储容量发生了巨大的变化，而其中的存储方式也随之改变，并融入了新的压缩算法，本书将在第 7 章中对相关内容进行详细介绍。

4. 多媒体软件开发技术

为了便于用户自行开发多媒体应用系统，一般在多媒体操作系统上提供有丰富的多媒体开发工具，如动画制作软件 3D Studio、Flash (第 5 章介绍)，多媒体创作系统等，这些工具为用户提供了对图形、图像、音频、视频、文本、动画等多种媒体进行编辑、制作和合成等功能，为人们高效、快速制作各类多媒体应用软件提供方便。本书将在第 2 章、第 3 章和第 5 章对相关内容进行详细介绍。

5. 多媒体通信技术

多媒体技术的主要目的是要加速和方便信息的交流，从这个意义上讲，多媒体通信技术是多媒体技术中较为关键的技术之一。多媒体通信技术是通信技术、计算机技术和电视技术相互渗透、相互影响的结果。近 30 年来，随着信息技术的发展，所有利用电子通信的信号都相继走上了数字化的道路，以致原来区分电话机、电视机、计算机的技术界限变得模糊了，特别是计算机网络技术、3G 通信技术的发展给多媒体通信技术的发展注入了新的活力。本书将在第 9 章介绍多媒体网络与通信技术等相关内容。

6. 超文本与超媒体

超媒体起源于超文本。超文本将信息自然地相连接，而不像纸写文本那样将结构分层归类，它以这种方式实现对无顺序数据的管理。超文本系统允许作者将信息连在一起，建立穿过文档中大量相关文本的信息路径，注释已有的文本，以及提供书目信息。直接的连接或者链接可以将文档从一处移到另一处，就像读者在翻阅百科全书中的参考目录一样。超文本的使用能从多达成百上千页的文本内容中快速、简便地搜寻和阅读所选的章节。超媒体是超文本的扩展，因为除了所含的文本外，这些电子文档也将包括任何可以以电子存储方式进行储存的信息，如音频、动画视频、图形或全运动视频等。本书将在第 6 章介绍超文本与超媒体、多媒体数据库的内容。

7. 多媒体数据库技术

多媒体的数据量巨大、媒体种类繁多，这些都给数据管理带来了新的问题。对于结构化数据，传统的数据库技术提供了方便的数据管理功能，如查询、检索、恢复、并发控制、完整性和存储管理等。但对于图像、声音、视频等非结构化数据，传统的数据库管理系统不能有效地进行管理，因而要求使用新的多媒体索引和检索技术。采用面向对象的数据库模型来处理复杂对象是比较理想的途径，但面向对象的数据库尚有许多理论和实现技术没有得到根本解决。

多媒体信息检索是多媒体数据库核心问题之一。传统的多媒体信息的检索、查询方法是用文本将图像、视频、音频等其他非格式化的多媒体数据进行标示，检索时以文本为基础进行的。随着多媒体信息的迅速增加，这种采用对媒体建立关键词的文本描述信息的方式已越来越不适应现代信息的检索要求，它主要存在的局限性：①由于多媒体数据量巨大，对媒体加注文本信息、分类与归档仍由手工完成，这种方法费时费力；②由于文本描述信息是非常主观的，不同的人对同一媒体有不同的理解，用文本描述很难一致，因而查询时所要匹配的内容难免会有遗漏和错判。为了突破文本检索方式的弊端，必须从媒体自身的内容入手，以媒体所包含的内容信息作为媒体的索引，即基于内容的检索。基于内容的检索就是根据媒体对象的语义和感知特征进行检索，具体实现就是从媒体数据中提取出特定的信息线索(或特征指标)，然后根据这些线索从大量存储在多媒体数据库中的媒体中进行查找，检索出具有相似特征的媒体数据。基于内容的多媒体信息检索，是一门涉及面很广的交叉学科，需要利用图像处理、模式识别、计算机视觉、图像理解等领域的知识作为基础，还需从认知科学、人工智能、数据库管理系统、人机交互等领域引入新的媒体数据表示和数据模型，从而设计出可靠、有效的检索算法、系统结构及友好的人机界面。

8. 三维技术和全息摄影

三维技术集中在两个领域：指针装置和显示器。三维指针装置对于在三维系统中操作对象来说是必需的。三维显示可用全息摄影技术达到。开发全息摄影所用的技术已经为直接用于计算机做了调整。这些方法回避了摄影底版，而采用分离的激光照射出光中的红、蓝、绿3种颜色以产生三维效果。下面介绍这些技术如何被用于支持多媒体系统的实际产品中。

三维指针装置和系统的开发是迈向多媒体系统的一个重要步骤。美国华盛顿大学以西雅图为基地的人类接口技术(HIT)实验室是开发三维装置的先锋，如正为数字设备公司开发的条码读入器技术。为未来人机接口所设计的指示方便的条码读入器，使计算机用户能直接指向其数据的三维表示。条码读入器可以像用鼠标那样做简单的选取，或者进行操作符号的空中追寻。条码读入器的形状像个小活塞，顶上有个按钮。它使用无线电波频率的传感器将方位信息输入它所连接的计算机中。用户将条码读入器对准浮在三维空间中的物品，按下按钮来选中此物品。在空中用它的尖端画出特定的操作符号也可让条码读入器执行特定的操作。其他较低级的三维指针装置包括三维鼠标和用无线电波与三维软件包进行通信的跟踪球等。

由德州仪器公司开发的Omni view全景三维空间显示装置，使用3种不同颜色的激光把图像投照到移动表面上。这个移动的表面扫过一个三维柱形显示体。Omni view图像是由红、蓝、绿激光器产生的。三维显示可以用于各种应用，如医学上用于检查和手术的成像、生物技术，以及任何必须了解方位的应用，如空中交通控制等。具有这种性质的三维方式的显示，可以将高度的真实模拟提供给各种应用。三维技术和对现实世界的真实模拟又导致了虚拟现实，本书将在第8章介绍有关人机界面及虚拟现实技术。

9. 虚拟现实技术

虚拟现实是一项与多媒体技术密切相关的边缘技术，它通过综合应用计算机图像、模拟与仿真、传感器、显示系统等技术和设备，以模拟仿真的方式，给用户提供一个真实反映操纵对象变化与相互作用的三维图像环境所构成的虚拟世界，并通过特殊设备(如头盔式立体显示器、三维鼠标和数据手套)提供给用户一个与该虚拟世界相互作用的三维交互式用户界面。利用多媒体系统生成逼真的视觉、听觉、触觉及嗅觉的模拟真实环境，用户可以用人的自然技能(如头部的转动、眼睛的活动、手势或其他身体动作)对这一虚拟的现实进行交互体验，犹如在现实生活中的体验一样。虚拟现实是一种高度集成的技术，涉及三维实时图形显示、三维定位跟踪、触觉及传感技术、人工智能、高速计算、并行处理和人的行为学等许多方面，是多媒体技术发展的理想目标。

## 1.5 感知媒体的基本特性

在多媒体对象的表示中，含有多种不同的数据类型。基本类型应包括文本、音频、图像、图形、动画和视频，这些统称为感知媒体，感知媒体有其特有的性质。

### 1.5.1 文本

文本是用的最多的一种符号媒体形式，是最简单的数据类型，其占用的存储空间最少。

文本数据类型在数据库中可为字段，可以被索引、搜索及分类。事实上，文本是关系数据库的基本元素。文本字段被用于姓名、地址、描述、定义和各类数据属性。

文本也是文档的基本构成。一个电子邮件消息几乎毫无例外地由一些文本字段组成，如收信人的姓名和地址、发信人的姓名和地址等。文本的主要属性包括段落风格、字符风格(如黑体、宋体、斜体等)、文字种类和大小，以及语言文档中的相对位置。

超文本是索引文本的一个应用，它能在一个或多个文档中快速地搜索特定的文本串。超文本是超媒体文档不可缺少的部件。从多媒体应用的角度看，超媒体文档是基本的复合对象，文本是它的子对象。基本对象的其他子对象包括图像、声音和全运动视频。超媒体文档几乎总是含有文本，或许再有一个或多个其他类的子对象。

### 1.5.2 音频

语音和音频对象包括音乐、语音、语音命令、电话交谈等。音频对象具有与之相关的时间维。

一个音频对象需要存储与声音片断有关的信息，如声音片断的长度、压缩算法、回放特性，以及与原始片断相关的任何声音注释，这些注释必须作为叠加内容与原始片断同时播放。

由此可见，声音具有过程性，适合在一个时间段中表现。可以这样说，没有时间也就没有声音。由于时间性，声音数据具有很强的前后相关性，数据量相对于文本而言要大得多，实时性要求也比较高。因为声音是连续的，所以又称之为连续型时基媒体类型。

### 1.5.3 图像

什么是图像？“图(Picture)”是指用于描绘或用摄影等方法得到的景物的相似物；“像(Image)”是指直接或间接得到的人或物的视觉印象。可以这样认为，凡是能为人类视觉系统所感知的信息形式或人们心目中的有形想象统称为图像。这样，无论是图形，还是文字影像视频等最终都是以图像形式出现的。

图像对象是超媒体文档对象的子对象，是除代码文本(如 ASCII 文本)和与时间相关数据(即随时间改变而变化的数据)之外的所有数据形式，即所有图像对象都以图形或编码的形式表现。因此，图像对象包括的数据类型有文档图像、分形位图、元文件和静止画面等。

图像对象包括 3 种类型：抽象图像、不可视图像和可视图像。

(1) 抽象图像实际上并不是那些存在于真实世界中的对象的图像或显示，而是基于一些算术运算的计算机生成的图像。分形是这类图像的一个极好例子，绝大多数分形是由计算机的算法生成的，这些算法试图显示它们可以生成的各种不同模式组合，就像一个万花筒可以显

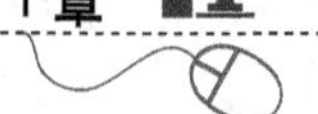

示各种图形是由于万花筒转动时玻璃珠相对位置不同而产生的。

离散函数可产生在时间尺度上保持不变的静止图像。连续函数用于显示动画的图像及类似于这样的操作：一幅图像隐退或溶于其他的图像。这一技术已用于显示某些过程，如一段时间内云彩的形变。

(2) 不可视的图像是那些不作为图像存储但作为图像显示的图像。这些图像包括气压计、温度计及其他度量的显示。

(3) 可视图像有各类图片(如蓝图、工程图等)、文档图像(如一页书作为图像扫描得来的)、摄影照片(如扫描的，或直接用数码照相机拍摄的)、画(如由计算机绘图软件生成的，或扫描的)及由数字摄像机捕获的静止帧。所有这些情形中，图像都在一定的时间间隔内以完整位图形式存在，位图中包括由输入装置捕获的每个像素。所有输入装置，不论它们是扫描仪还是摄像机，都用扫描的方法来获取预先定义的坐标格中像素的颜色和强度。几乎每种情况下，都要使用某种类型的压缩方法来减少图像的整体容量。

除了存储以压缩形式存在的图像内容外，还有必要存储一些其他信息，包括使用的压缩算法类型，以便使图像可在目标工作站上成功地解压缩。

对于多媒体系统，压缩算法取决于图像的类型和来源。从扫描仪中扫描来的图像可用 CCITT Group4 格式存储，而用视频摄像机捕获的图像可用 JPEG 格式存储。作为通用的规则，关于压缩方法的信息必须是图像文件的组成部分，这是很重要的。

图像除采集、存储以外还有处理、传递输出等复杂的过程。就图像处理而言，就包含有图像数据压缩、优化、编辑及格式转换。因此图像的处理是一个十分复杂的问题，也是目前研究热点之一。

### 1.5.4　图形

#### 1. 图形

图形是一种抽象化的图像，是对图像依据某个标准进行分析而产生的结果。它不直接描述数据的每一点，而是描述产生这些点的过程及方法。图形具有如下特性。

(1) 图形是对图像进行抽象的结果，即用图形指令取代了原始图像，去掉不相关的信息，即在格式上做了一次变换。

(2) 图形的矢量化使得有可能对图中的各个部分分别进行控制。

(3) 图形的产生需要计算时间。

通常将图形分为二维图形、三维图形两大类。平面图形就是二维图形，它的变换都是在二维空间中进行的。三维图形要实现的是三维空间的图形显示与变换。例如，在虚拟现实、三维地图、计算机辅助设计中需要广泛应用三维图形。三维图形及真实感图形的生成需要花较多的计算时间和空间。物体可视化、过程造型及成像技术、整体光照效果等技术，都是目前热门的研究课题。

#### 2. 图像

图形与图像是两个不同的概念，其主要区别如下。

(1) 图形是矢量的概念，它的基本元素是图元，如线、点、面等元素；而图像是位图的概念，它的基本元素是像素；像素是把一幅位图图像考虑为一个矩阵，矩阵中的任一元素对应于图像中的一个点。因此，图像显示得要逼真些。

(2) 图形可以进行变换而不失真，而图像经过变换也许会失真。

(3) 图形可以以图元为单元单独进行属性修改、编辑等操作，而图像则不行，它只能对像素或图像块进行处理，这是由于在图像中并没有关于图像内容的独立单位的缘故。

(4) 图形的显示过程是依据图元的顺序进行的，而图像的显示过程是按照位图中所安排的像素进行的，它与图像内容无关。

### 1.5.5 动画

动画可以认为是运动的图画。计算机动画就是利用计算机生成一系列可供实时演播的画面的技术。它可辅助传统卡通动画片的制作，也可通过对三维空间中虚拟摄像机、光源及物体运动和变化的描述，逼真地模拟客观世界中真实或虚构的三维场景随时间而演变的过程。由计算机生成的一系列画面可在显示屏上动态演示，也可将它们记录在电影胶片上或转换成视频信息输出到录像带上。动画具有如下特点。

(1) 时间连续性。即动态帧构成的图像具有时间连续性。由于图像是一帧帧地送到屏幕的，故动画序列属于离散型时基媒体类型。

(2) 数据量大。必须采用合适的压缩方法才能使之在计算机中实用。

(3) 相关性。即动态图像的帧与帧之间具有很强的相关性。

(4) 对实时性的要求高。在规定时间内，必须完成更换画面播放的过程，以使被观看的动态图像具有连续性。这就要求计算机的处理速度、显示速度、数据读取速度都要满足实时性的要求。

计算机动画有多种分类方法，一种流行的、简单的分类方法是将其区分为计算机辅助动画和模型动画(又称三维计算机动画)。一般用计算机实现的动画有造型动画和帧动画两种。造型动画是对每一个活动的对象分别进行设计，赋予每个对象一些特征(如形状、大小、颜色等)，然后用这些对象组成完整的画面。这些对象在设计要求下实时变换，最后形成连续的动画过程。帧动画是由一幅连续的画面组成的图形或图像序列，这是产生各种动画的基本方法。

二维动画与三维动画是不相同的。当计算机制作的动画画面仅是二维的透视效果时，就是二维动画。如果通过 CAD 形式创作出具有立体形象的画面就是三维动画。如果再使其具有真实的光照效果和质感，就是三维真实感动画。通常，二维动画可由计算机实时变换生成并演播，但三维动画尤其三维真实感动画由于计算量太大，只能先生成连续的帧图像画面序列，在播放时，调用该图像序列演播即可，有明显的生成和播放的不同过程。动画的播放常常要与声音配合进行，其操作有播放、暂停、退回、逐帧、跳到特定帧、反向、快进、快退等。因此，从媒体处理角度来看，动画是具有连续时间特性的、以节段为单位的媒体形式。节段可以是帧，也可以是一个帧组。由于压缩的需要，常常不以帧为单位，而采用 10 帧左右为一组的节段来处理，而声音就按节段来进行同步。

### 1.5.6 视频

视频是影像视频的简称，大多数用于与电视、图像处理有关的技术中。与动画一样，视频是由连续的随着时间变化的一组图像(或称画面)组成。视频信号是连续的、随着时间变化的一组图像。只是画面图像是自然景物的图像，因为在计算机中使用，所以就必须是全数字化的，但在处理过程中免不了受到电视技术的各种影响。

电视主要有 3 大制式即 NTSC、PAL、SECAM 3 种。德国、英国等一些西欧国家，新加坡、中国、澳大利亚、新西兰等国家和地区采用 PAL 制式，美国、日本、中国台湾地区、韩国等国家和地区采用 NTSC 制式，而采用 SECAM 制的国家主要为大部分独联体国家(如俄罗斯)、法国、埃及，以及非洲的一些法语系国家和地区。PAL 制是德国研制的，为 625 线的扫描线数，50Hz 频率下，每秒 25 帧。NTSC 是美国研制的一种兼容彩电制式，60Hz 频率下，每秒 30 帧。SECAM 是法国人提出的，帧频每秒 25 帧。因此，当计算机对其进行数字化时，就必须在规定的时间内(如 1/30s 内)完成量化、压缩和存储等多项工作。反过来，将计算机画面送上电视，会由于扫描线的不同而出现有一带状区域无显示的情况。

动态视频对颜色空间的表示有多种情况，最常见的是红、绿、蓝(R、G、B)三维彩色空间。也有其他彩色空间表示，如亮度、色度、色度(Y、U、V)等。

对于动态视频的操作和处理，除了播放过程的动作与动画相同外，还可以增加特技效果，如淡入淡出、化入化出、复制、镜像等，用于增加表现力，但在媒体中属于媒体表现属性的内容。与动画类同，视频序列也是由节段构成的。由于压缩必须考虑前后帧的顺序，而操作则要求能双向运行，所以关键帧就可以作为随机访问操作的起点，一般是 10～15 帧为一个单位。播放的方向取决于压缩时对帧序的处理方式，若有明显的前后帧压缩关系，则只能单向播放；若压缩时只有帧压缩而无帧间压缩，则一般可以双向播放。

国际电信联盟(ITU)提出的未来通信的目标是：在世界的任何地方、任何时候，通过任何媒体，用可以接受的成本，使人与人、人与机器、机器和机器均可以方便和安全地互相通信。这个目标在技术方面许多都已经达到了，但仍有一些关键性问题还有待解决。

## 1.6　多媒体技术的应用与发展趋势

近年来，多媒体技术的发展和应用日新月异，发展迅猛，产品更新换代的周期很短。多媒体技术几乎覆盖了计算机应用的绝大多数领域，进入了社会生活的各个方面。

### 1.6.1　多媒体技术的应用概况

首先，多媒体技术改善了人类操作计算机的人机界面。其次，从信息处理的角度看，多媒体技术为信息的表达和处理提供了全新的方式。多媒体信息的大量使用显著地改变计算机所支持的人与人之间的交互方式，使之达到一个更高的水平，如自动语言翻译、自动语音咨询和自动图像识别等。多媒体技术为信息处理提供了更广阔的舞台。另外，多媒体技术缩短了人类传递信息的路径。信息的巨大物化力量主要表现在信息的共享特性上。当人们真正认识到信息共享是开展信息技术研究的首要任务之后，就必须研究和探索什么是表示、传送和处理信息的较好途径。比较理想的途径应是能较完整地表示概念、能较迅速地传递概念、能以符合人类认知过程的方式加工概念的方法，从而使得完成某个智力任务的过程得到较大的改善。多媒体正是利用各种信息媒体形式，集成地用声、图和文等来承载信息，这就缩短了信息传递的路径。

最后，多媒体技术促进了传统视听技术的发展。传统的视听电器技术是多媒体技术的一个重要基础，反过来，多媒体技术的发展，也为家用电器工业注入了新的活力。

目前多媒体系统已进入了实用阶段，它被广泛应用于工业生产管理、学校教育、公共信息咨询、商业广告、军事指挥与训练甚至家庭生活与娱乐等领域。因此，多媒体技术被认为是信息领域的又一次革命。

1. 教育培训

众所周知，通过对人体多种感官的刺激，更能加深人们对新鲜事物的印象，取得更好的学习效果。多媒体系统的形象化和交互性可为学习者提供全新的学习方式，使接受教育和培训的人能够主动地创造性地学习，具有更高的效率。传统的教育和培训模式通常是听教师讲课或者自学，两者都有其自身的不足之处。多媒体的交互教学改变了传统的教学模式，不仅教材丰富生动、教育形式灵活，而且有真实感，更能激发人们学习的积极性。

教育领域是多媒体技术重要的、具有发展前途的应用领域之一。随着多媒体技术进入教育领域，教育工作者长期追求的“寓教于乐”的理想正在逐步变为现实。

2. 信息服务

在旅游、邮电、医院、交通、商业、博物馆和宾馆等公共活动和场所，通过多媒体技术可以提供高效的咨询、展示服务。在销售、宣传等活动中，使用多媒体技术能够图文并茂地展示产品，使客户对商品能够有一个感性、直观的认识。

3. 电子出版物

电子出版物是以数字代码方式将图、文、声、像等信息存储在磁、光、电介质上，通过计算机或类似的设备阅读使用，并可复制发行的大众传播媒体，其内容可分为电子图书、文档资料、报刊杂志、娱乐游戏、宣传广告和简报等。多媒体电子出版物是计算机多媒体技术与文化、艺术、教育等多种学科完美结合的产物。多媒体电子出版物与传统出版物除阅读方式不同外，更重要的是它具有集成性、交互性等特点，可以配有声音解说、音乐、三维动画和彩色图像，再加上超文本技术的应用，使它表现力强，信息检索灵活方便，能为读者提供更有效的获取知识、接受训练的方法和途径。

4. 艺术创作、广告设计

多媒体技术为从事音乐、美术创作的人提供了强有力的工具。居室装修设计人员通过多媒体计算机和设计软件，制作出各种立体、逼真的装修效果。光盘出版物中收集了大量的音乐片断、艺术剪贴、图形和商标等，为不懂艺术的人准备了创作素材。MIDI 接口和音乐合成功能使音乐创作更加方便快捷。影视节目的后期制作也是多媒体技术的重要应用，在电影、电视的创作中已经成为必不可少的一步。应用多媒体技术，可以制作影视特技画面，如中国首部武侠动漫系列剧《秦时明月》中诸子百家、墨家机关城等许多精彩镜头都是计算机制作的。

5. 娱乐

计算机刚出现时，人们对它的要求是数学运算和逻辑判断，后来发现还能利用计算机玩游戏。为了让计算机上的游戏更加形象，能发出各种声音，产生了音频卡。随着多媒体技术的不断发展，伴随着娱乐的要求，多媒体信息家电是多媒体应用中的一个很大的领域。多媒体计算机使电视机、激光唱机、影碟机和游戏机合为一体，逐渐成为一个现代的高档家用电器。旅游、娱乐界正希望利用虚拟现实技术使观众有亲临现场之感。利用多媒体交互性特点，也可以制作交互电视，让观众进入角色，控制故事的不同结局，增加悬念和好奇感。体感游戏、网络游戏也将成为游戏的主流。

6. 多媒体通信和协同工作

回归到多媒体的真正本质即多形式的信息互动交流，那么多媒体的应用领域肯定包括通信。以上的多媒体应用都是人和计算机之间的信息交流，在人际信息交流中，多媒体应用也极为重要。一方面，不同的交流形式适合不同内容的信息，而多种信息交流形式的相互补充，又能增加信息交流的有效性。当前计算机网络已在人类社会进步中起到了重大的作用。随着多媒体技术的发展和"信息高速公路"的开通，包括声、文、图在内的多媒体邮件更受用户欢迎。在此基础上发展起来的可视电话、视频会议系统将为人类提供更全面的信息服务。网络多媒体有着广阔的应用前景。目前已经开通了大量的远程教育系统，各大学纷纷开展了远程教育。异地的学员可以实时地听取老师的讲课，并随时提问，教师也可以实时地了解远在千里之外的学生的反映。出差在不同城市的同事，可以通过计算机支持的协同工作(Computer Supported Collaborative Work，CSCW)系统讨论、修改一个大楼的设计方案，可以就同一份图纸进行讨论、发表意见，可以看到对方的表情、手势，听到对方的声音，就像面对面的交流一样。偏远的乡村可以通过远程医疗系统，享受到城市知名医生的诊治。医生可以通过多媒体系统与病人面对面地交谈，观看病人的 CT、心电图、B 超等检查结果，进行远程咨询和检查，从而进行远程会诊，甚至在远程专家指导下进行复杂的手术。将医院与医院之间，甚至国与国之间的医疗系统建立信息通道，实现医疗信息共享。

7. 模拟训练

利用多媒体技术丰富的表现形式和虚拟现实技术，研究人员能够设计出逼真的仿真训练系统，如飞行模拟训练、航海模拟训练等。训练者只需要坐在计算机前操作模拟设备，就可得到如同操作实际设备一般的效果。不仅能够有效地节省训练经费，缩短训练时间，也能够避免一些不必要的损失。许多军用和民用飞机及我国的载人航天器在飞上太空之前都做过许多模拟飞行。在美国加利福尼亚海洋学院和其他商业性海事官员培训学校，由计算机控制的模拟器可训练学员进行油轮的操作及集装箱船只的复杂装卸过程。

### 1.6.2 多媒体技术的发展趋势

多媒体技术正使信息的存储、管理和传输的方式产生根本性的变化，它影响到相关的每一个行业，同时也产生了一些新的信息行业。因此，多媒体技术的发展很可能是不拘一格、多种多样的。综合起来未来可以在以下 4 个方面得以迅速发展。

1. 计算机的多媒体化

多媒体信息处理逐步成为计算机体系结构中不可分割的一部分。现在的多媒体计算机主要以个人计算机为平台。今后的发展，据许多专家推测包括两个方向：一是与家用计算机相结合，使计算机进入家电市场，以至最后能取代电视机；一是向高档发展，多媒体技术正在进入多种工作站，如 DVI 技术已经移植在 SUN 工作站上。Microsoft 公司的创始人，前任董事长和首席执行官比尔·盖茨提出了一个分阶段的方法。第一阶段应用计算机，第二阶段的计算机将能与电视机相竞争，从而替代电视机，不过它需要有全运动的电视图像。目前的 Intel 公司的 DVI 技术已实现了这一功能。但 DVI 技术还得降低成本和提高质量才能与电视机相竞争。对于 MPC，从实质上看，它主要是通过多媒体技术使计算机与 CD-ROM 相结合。CD-ROM 中可存储各种音响、视频、电子出版物和游戏程序，从而使 MPC 成为家庭中集娱乐、教育和游戏于一体的系统。人们将不必浪费钱财买学习机、游戏机、电子琴、手风琴、钢琴、电唱机、电视机等，用最小的代价获得令人满意的、实惠的、全新的享受。

2. 音响和视频系统的智能化

将一个交互式CD-ROM的放像系统与电视机相连接，把它作为一个CD-ROM放像机，而不是作为一台计算机。这样把音响、视频设备与多媒体技术相结合将大幅度提高它们的性能。例如，采用MPEG标准算法的视频图像实时解压缩处理器使CD-ROM可存储经过压缩的信息，从而使容量提高几百倍到上千倍，甚至更高。

3. 数字通信网络化

通信是社会赖以存在和发展的基础，是社会生产的基本条件。社会进步和社会生产发展的水平在很大程度上受制于通信水平的发展。

过去通信主要是单媒体的通信，如传真通信、语音通信等。进入20世纪90年代后，多媒体通信取代单媒体通信的呼声越来越高。在网络上存取传输多媒体信息是当前世界热门的开发课题。从目前的多媒体开发来看，推动数字通信技术发展的主要有4个因素：①功能强大而又经济的多媒体计算机系统取得了很大进展，因为多媒体数字通信需要有高速的计算和管理能力。②大容量和高性能的存储器取得很大进展，并且价格又在下降。③高速的综合业务数字网络的进展，尤其是宽带ISDN标准的制定，促使异步传输模式(Asynchronous Transfer Mode，ATM)相关技术的快速发展，并且早已成立了ATM协会，全世界已有近300个计算机和通信领域中的厂商加入了这个协会。④3G/4G 通信技术的广泛应用，越来越多的多媒体应用通过手机等移动通信工具得以实现。

随着科学技术的迅速发展，当前世界经济正在由物质型经济转向知识型和信息型经济，通信的重要性更为突出。加之社会分工越来越细，人与人之间，单位与单位之间，企业与企业之间的依赖关系越来越紧密。很多问题，如行政管理、工程设计、生产调度、报表编制、书刊编写等往往需要由若干位于不同区域、属于不同行业的个人或单位共同讨论和决策。在这种情况下，传统的体制也就需要形成网络化结构。因此，综合业务数字网就越来越受到人们的重视。把多媒体技术与广播电视及通信，特别是与综合业务数字网结合起来，使传统的无线通信和数据通信之间的界线逐渐消失，最终计算机、通信、大众传媒势必趋同，走向融合。

4. 分布式多媒体技术与系统的实用化

分布式多媒体技术是多媒体信息处理、网络技术及分布式计算技术结合的产物，它将为人们提供全新的信息服务，其中包括多媒体电子邮件、实时电视会议、计算机支持的协同工作、远程学习、电子报刊出版和虚拟现实等。这极大地扩大了多媒体技术的应用领域。

从多媒体技术本身的发展来看，全数字化是必由之路(荷兰政府已于2006年在全国全面实现了数字化电视)。因为只有这样才能真正对多媒体信息进行交互控制，才能在多媒体信息之间建立逻辑联系，融为一个整体。当前全数字化的代表是DVI技术，其他系统也正向数字化发展。

可以预见，多媒体技术在以上各方面将会取得迅速发展，在不久的将来，多媒体将普及到人们工作、生活的方方面面，人们可以使用多媒体计算机系统作为终端设备，通过网络举行可视电话会议、视频会议、洽谈生意、进行娱乐和接受教育等。多媒体技术将在中国医疗、水利、交通、海洋、远程监控等领域中得到应用，并且“人机交互大学课程”将会进入实用。

人们的工作方式、生活方式、学习方式将会产生深刻的变革。

## 1.7 小 结

本章首先对数据、信息、媒体、多媒体、多媒体系统等一一做了介绍，然后分别对音频、图像、图形、动画和视频等对象进行了定义，并引出了多媒体系统的若干技术，力图给读者一个较为完整的概念，使读者掌握多媒体系统的基本配置，了解多媒体的应用及所涉及的若干技术。最后，还对多媒体技术的研究范围与要实现的目标进行了阐述，从而使读者对多媒体技术有一个较为全面的了解。

## 1.8 习 题

1. 填空题

(1) 根据ISO的定义，________是对人有用的数据，这些数据将可能影响到人们的________。

(2) 一般用计算机实现的动画有造型动画和帧动画两种。造型动画是对每一个活动的对象分别进行设计，赋予每个对象一些特征(如形状、大小、颜色等)，然后用这些对象组成完整的________。这些对象在设计要求下实时________，最后形成________动画过程。帧动画是由一幅________组成的图形或图像________，这是产生各种动画的基本方法。

(3) 多媒体技术的发展很可能是不拘一格、多种多样的。综合起来可以分为4个方面：________、________、________、________。

(4) 多媒体技术的目标是在多媒体环境中尽可能地在________、保证保真度和________方面模拟人与人在面对面时所使用的各种感官和能力。多媒体的目标是________计算机与用户、用户与用户之间的________，即改善人与计算机之间的交互界面。

2. 选择题

(1) 在计算机领域中，能够表示信息的文字、图形、声音、图像、动画等都可以称为____。
A．数据　B．数字　C．媒体　D．信息

(2) 下列说法正确的是____。
A．超文本就是超媒体　B．媒体不一定是媒介
C．信息是对人有用的数据　D．多媒体与多媒体技术根本没有区别

(3) 多媒体技术强调的是交互式综合处理多种信息媒体(尤其是感觉媒体)的技术。从本质上来看，它具有信息载体的3个主要特征。这3个主要特征是____。
A．多样性、集成性和交互性　B．控制性、交互性和复杂性
C．控制性、综合性和多维化　D．易变性、集成性和可扩展性

(4) 一种比较确切的说法是，多媒体计算机是能够____的计算机。
A．接受多媒体信息　B．输出多媒体信息
C．将多媒体的信息融为一体进行处理　D．播放音乐

(5) 信息的载体与表现形式是____。
A．媒体　B．多媒体　C．报纸　D．电视

(6) 下面选项中，属于表示媒体范畴的是____。

A．文本　　B．图像编码　　C．键盘　　D．电子邮件系统

(7) 下面选项中，属于多媒体与多媒体技术范畴的是____。

A．彩色电视　　B．音响系统　　C．网络交互游戏　　D．电影机

(8) 在多媒体计算机系统中，____是多媒体计算机硬件和软件的桥梁。

A．多媒体素材制作平台　　B．多媒体外围设备

C．多媒体 I/O 接口　　D．多媒体应用系统

(9) 在多媒体系统自上而下的层次结构中，顶层是____。

A．多媒体应用系统　　B．多媒体创作系统

C．多媒体 I/O 接口　　D．多媒体核心系统软件

(10) 在多媒体技术的发展过程中，____解决了多媒体信息数据量大的瓶颈。

A．数据压缩技术　　B．网络技术

C．模拟技术　　D．虚拟技术

(11) 多媒体技术是以计算机为工具，接受、处理和显示由____等表示的信息的技术。

A．中文、英文、日文　　B．图像、动画、声音、文字和影视

C．拼音码、五笔字型码　　D．键盘命令、鼠标操作

(12) 下列选项中属于多媒体范畴的是____。

A．交互式视频游戏　　B．报纸

C．彩色画报　　D．彩色电视

(13) ____不属于信息交换媒体。

A．网络　　B．内存　　C．显示器　　D．电子邮件

(14) 在多媒体系统自上而下的层次结构中，____是系统软件的核心，可控制多媒体设备的使用及协调窗口软件环境的各项操作。

A．多媒体应用系统　　B．多媒体创作系统

C．多媒体 I/O 接口　　D．多媒体核心系统软件

(15) 电视主要有 NTSC、PAL、SECAM 3 种，目前使用 PAL 制式的国家和地区有____等。

A．美国、日本、韩国　　B．法国、俄罗斯、新加坡

C．中国内地、德国、英国　　D．美国、法国、日本

(16) 下列选项中，不属于多媒体技术应用的是____。

A．计算机辅助训练　　B．脉冲电话

C．虚拟现实　　D．网络视频会议

(17) 能够将摄像机、电视机输出的视频信号输入到计算机中，并将其转换成计算机可辨别的数字数据，存储在计算机中，成为可编辑处理的视频数据文件的是____。

A．音频卡　　B．视频采集卡　　C．主板卡　　D．内存卡

(18) 下列多媒体设备中，既能输入又能输出的设备是____。

A．电子笔　　B．触摸屏　　C．显示器　　D．打印机

(19) 3G 手机属于____新媒体。

A．网络直播　　B．移动媒体　　C．VOD　　D．数字电视

(20) 多媒体技术是一门综合运用____及多种学科和信息领域技术成果的技术，是信息社会发展的一个新方向。

A．行为技术　　B．计算机技术　　C．通信技术　　D．视听技术

3. 判断题

(1) 音频、视频都是连续的数字媒体，因此，它们的性质是完全相同的。 ( )

(2) 一般情况下，可以认为图形与图像之间没有任何关系。 ( )

(3) 多媒体技术就是采用计算机技术把文字、声音、图形、图像和动画等多媒体综合一体化，使之建立起逻辑连接，并能对它们获取、压缩编码、编辑、处理、存储和展示。即多媒体技术就是把声、文、图、像和计算机集成在一起的技术。 ( )

(4) 超文本将信息自然地相连接，而不像纸写文本那样将结构分层归类，它以这种方式实现对无顺序数据的管理。 ( )

(5) 超媒体是超文本的扩展，因为除了所含的文本外，这些电子文档也将包括任何可以以电子存储方式进行储存的信息，如音频、动画视频、图形或全运动视频。 ( )

4. 简答题

(1) 计算机与 5 种媒体的对应关系如何?

(2) 多媒体系统由哪些部分组成?

(3) 什么是视频、图形、图像?

(4) 图形与图像有何区别?

(5) 多媒体技术的主要研究内容有哪些?

# 第 2 章 音频信号处理技术

## 教学提示

➢ 声音是携带信息的极其重要的媒体，音频信号处理技术是多媒体信息处理的核心技术之一，它是多媒体技术和多媒体产品开发中的重要内容。人类生活的环境中声音的种类繁多，如人的声音、乐器声、动物发出的声音、机器产生的声音，以及自然界的雷声、风声、雨声等。利用现代信息处理技术对各种声音进行模拟、录制、编码、重构、编辑和应用，便构成了音频信号处理技术的主要内容。

## 教学目标

➢ 本章主要介绍多媒体计算机中音频信号处理技术的基本原理、硬件、软件及其应用前景。通过对本章的学习，要求掌握计算机声音处理的常用技术与原理，声音处理硬件的基本构成、常用的声音合成方法、声音的编码与压缩技术、数字音频的合成及数字声音的应用知识。

# 2.1 声音的特性、类型与处理

声音是人类交互的最自然的方式。自计算机诞生以来，人们便梦想能与计算机进行面对面的“交谈”，以致于在许多科幻小说和电影中出现了能说会道的机器人。科学家为实现此目标付出了艰辛的劳动，并取得了较大的突破。尤其在20世纪90年代大量出现的多媒体计算机环境中，计算机的音频技术得到了充分的体现和发挥。计算机是怎样处理声音的？要回答这一问题，不妨先对自然界的声音现象进行较为深入的了解。

## 2.1.1 声音的特性

自然界中声音是靠空气传播的。人们把发出声音的物体称为声源，声音在空气中能引起非常小的压力变化。例如，人的耳朵就具有这种功能：声源所引起的空气压力变化，被耳朵的耳膜所检测，然后产生电信号刺激大脑的听觉神经，从而使人们能感觉到声音的存在。自然界的各种声音大都具有周期性强弱变化的特性，因而也使得输出的压力信号周期变化，人们将这种变化用一种图示的方法——正弦波来形象地表示，如图2.1所示。

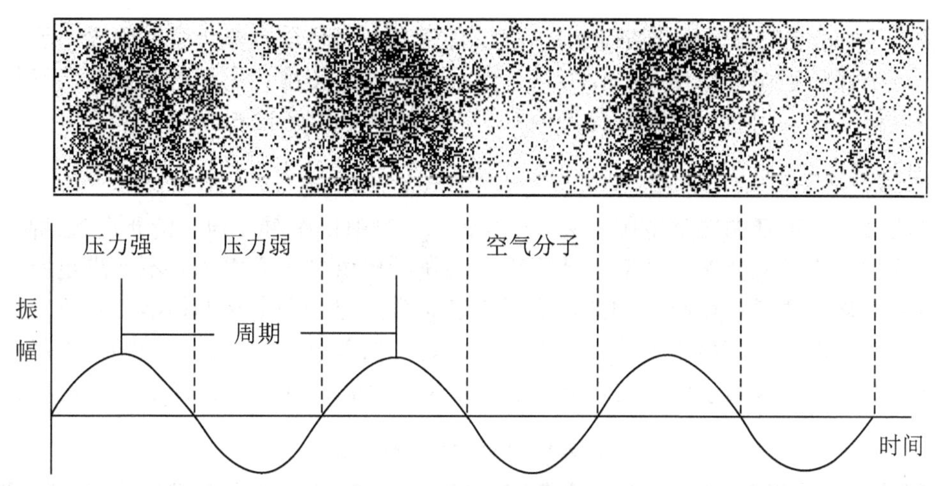


**图 2.1 声音的正弦波表示**

在图2.1中，人们将曲线上的任一点再次出现所需时间间隔称为周期，而1s内声音由高(压力强)到低(压力低)再到高(压力强)，这个循环出现的次数称为频率。频率越高，声音越高，以赫兹(Hz)为其度量单位。一个系统能够接收的频率是有限的，人们把系统能够接受的从最低频率到最高频率之间的范围称为系统的带宽(Bandwith)。人类能够接受的听觉带宽是20Hz～20kHz。

从听觉的角度来看，声音有其自身特有的特性、声学原理及质量标准。

### 1. 声音的三要素

声音的三要素为音调、音强、音色。音调与声音的频率有关，频率高则声音高，频率低则声音低。音强又称响度，取决于声音的幅度，即振幅的大小和强弱。而音色则由混入基音的泛音所决定，每个基音又都有其固有的频率和不同音强的泛音，从而使得每个声音具有特殊的音色效果。

2. 声音的连续谱特性

声音是一种弹性波，声音信号可以分成周期信号与非周期信号两类。周期信号即为单一频率音调的信号，其频谱是线性谱；而非周期信号包含一定频带的所有频率分量，其频谱是连续谱。真正的线性谱仅可从计算机或类似的声音设备中听到，这种声音听起来十分单调。其他声音信号或者属于完全的连续谱，如电路中的平滑噪声，听起来完全无音调；或者属于线性谱中混有一段段的连续谱成分，只不过这些连续谱成分比起那些线性谱成分来说要弱，以致使得整个声音还是表现出线性谱的有调特性，也正是这些连续谱成分使声音听起来饱满、生动。自然界的声音大多属于这一种。

3. 声音的方向感特性

声音的传播是以声波形式进行的。由于人类的耳朵能够判别出声音到达左右耳的相对时差、声音强度，所以能够判别出声音的方向及由于空间使声音来回反射而造成声音的特殊空间效果。因此，现在的音响设备都在模拟这种立体声效果和空间感效果。在现有的多媒体计算机环境中，声音的方向感特性也是试图要实现的需求之一。

4. 声音的时效性

声音具有很强的时效性，没有时间也就没有声音，声音适合在一个时间段中表现。声音常常处于一种伴随状态，如伴音、伴奏等，起渲染气氛的作用。由于时间性，声音数据具有很强的前后相关性，因而，数据量要大得多，实时性要求也比较高。

5. 声音的质量

声音的质量与声音的频率范围有关。一般说来，频率范围越宽声音的质量就越高。表 2-1 给出了不同种类声音的频宽。在有些情况下，系统所提供的声音媒体并不能满足所需的频率宽度，这会对声音质量有影响。因此，要对声音质量确定一个衡量的标准。对语音而言，常用可懂度、清晰度、自然度来衡量；而对音乐来说，保真度、空间感、音响效果都是重要的指标。现在对声音主观质量度量比较通用的标准是 5 分制，各档次的评分标准见表 2-2。

表 2-1　不同种类声音频宽

| 声音种类 | 频宽范围 |
|---|---|
| 次声(Infra-sound) | 0～20Hz |
| 电话语音 | 200Hz～3.4kHz |
| 调幅广播 | 50Hz～7kHz |
| 调频广播 | 20Hz～15kHz |
| 音响 | 20Hz～20kHz |
| 超声(Ultrasound) | 20kHz～1GHz |

表 2-2　声音质量的评分标准

| 分数 | 评价 | 失真级别 |
|---|---|---|
| 5 | 优(Excellent) | 感觉不到声音失真 |
| 4 | 良(Good) | 刚察觉但不讨厌 |
| 3 | 中(Fair) | 声音有些失真，有点讨厌 |
| 2 | 差(Poor) | 声音失真，不令人反感 |
| 1 | 劣(Bad) | 严重失真，令人反感 |

### 2.1.2 声音的类型与处理

自然界中存在着各种声音，按声音的频宽范围来分，声音可分为 4 种类型：次声、可听声、超声与特超声(1GHz～10THz)，表 2-1 给出了前 3 种声音的频宽范围，人类的听觉范围是 20Hz～20kHz，这主要取决于每个人的年龄和耳朵的特性。次声、超声与特超声均非可听声。超音频信号具有很强的方向性，而且可以形成波束，在工业上得到广泛的应用，如超声波探测仪，超声波焊接设备等就是利用这种信号。

若按声音在计算机中表示的格式和处理的方法不同，主要有以下几类。

#### 1. 波形声音

声音是由物体的振动产生的，这种振动有振动频率和振动幅度两个要素，用时间 $t$ 的函数表现为一个连续波形。计算机并不能直接使用连续的波形来表示声音，必须每隔固定的时间对波形的幅值进行采样，用得到的一系列数组量来表示声音。波形声音就是对自然界声音进行数字化采样并量化得到的结果，它是自然界中所有声音的“第一印象”，或称为数字副本，在这一点上，它有点类似于位图图像。事实上，波形声音已经包含了所有的声音形式，任何一种声音都可以按波形声音加以处理。但在多媒体计算机中，有些声音有附加的规律和特性，可以用更简单的方法存储、处理和表现。

#### 2. 语音

因为人的说话声不仅是一种波形，而且还具有内在的语言、语音学内涵，可以经由特殊方法提取、表现(如语音识别)，所以把它作为一种个别的听觉媒体。

#### 3. 音乐

音乐和噪声的区别主要在于它们是否具有周期性。观察其时域波形，音乐的波形随时间做周期性变化，噪声则不然。观察其频谱值，音乐包括确定的基频谱和这个基频整数倍的谐波谱，而噪声无固定基频，也无规律可言。在多媒体计算机中，音乐专指一类可以用符号表示、用合成方法发音的电子音乐——MIDI 音乐。它与语音相比更加规范。

#### 4. 真实感声音

由计算机生成的、具有空间特性的三维真实感声音听起来虽然类似自然界声音，但存储、处理和发声的方法与波形声音完全不同。对真实感声音模拟的研究，比起三维真实感图形的研究还显得很不成熟，但计算机合成语音的技术一直是研究的热点。

多媒体计算机主要处理的是人类听觉范围内的可听声。声音的处理主要有声音的录制、回放、压缩、传输和编辑等。这涉及声音两种最基本表示形式：模拟音频和数字音频，下面介绍这两种形式的基本概念。

1) 模拟音频

自然的声音是连续变化的，它是一种模拟量，人类最早记录声音的技术是利用一些机械的、电的或磁的参数随着声波引起的空气压力的连续变化而变化来模拟和记录自然的声音，并研制了各种各样的设备，其中，较普遍且人们较熟悉的要数麦克风(即话筒)了。当人们对着麦克风讲话时，麦克风能根据它周围空气压力的不同变化而输出相应连续变化的电压值，这种变化的电压值便是一种对人类讲话声音的模拟，是一种模拟量，称为模拟音频(Analog audio)。它把声音的压力变化转化成电压信号，电压信号的大小正比于声音的压力。当麦克风输出的连续变化的电压值输入到录音机时，通过相应的设备将它转换成对应的电磁信号记录在录音磁带上，因而便记录了声音。但以这种方式记录的声音不利于计算机存储和处理，因为计算机存储的是一个个离散的数字。要使得计算机能存储和处理声音，就必须将模拟音频数字化。

2) 数字化音频

数字化音频(Digital audio)的获得是通过每隔一定的时间间隔测一次模拟音频的值(如电压)并将其数字化。这一过程称为采样，每秒钟采样的次数称为采样率。一般地，采样率越高，记录的声音就越自然，反之，若采样率太低，将失去原有声音的自然特性，这一现象称为失真。由模拟量变为数字量的过程称为模－数转换。

由上述可知：数字音频是离散的，而模拟音频是连续的，数字音频质量的好坏与采样率密切相关。数字音频信息计算机可以存储、处理和播放。但计算机要利用数字音频信息驱动扬声器发声，还必须通过一个设备将离散的数字量再变为连续的模拟量(如电压等)的过程，这一过程称为数－模转换。因此，在多媒体计算机环境中，要使计算机能记录和发出较为自然的声音，必须具备这样的设备。目前，在大多数个人多媒体计算机中，这些设备集中在一块卡上，这块卡称为声卡，又称音频卡。声卡的一般作用如图 2.2 所示。

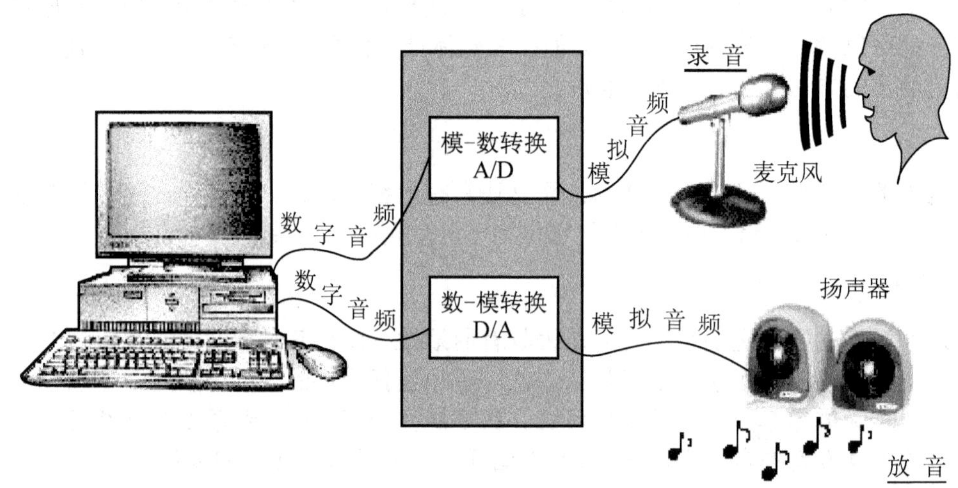


**图 2.2　多媒体计算机中声卡录音、放音的处理过程**

## 2.2　声卡的构成与功能

声卡是声音处理和转换的设备。以插件的形式紧固在计算机主板的扩展槽上，或集成在计算机主板上(此种情况称其为声音处理部件可能更合适)。

### 2.2.1　声卡的组成

声卡的类型众多，结构也不尽相同。发展至今，声卡主要分为板卡式、集成卡和外置卡 3 种接口类型，以适用于不同用户的需求。不论是什么类型的声卡，一般地说一块声卡至少应具有以下部件。

1. 实现录音和放音的部件

实现录音和放音的部件包括在声音输入过程中把模拟信号转换为数字信号的模－数转换电路，以及在声音输出过程中把数字信号转换为模拟信号的数－模转换电路。每种声卡都具有固定的采样参数。如果录音电路使用的参数是 22.05kHz 和 16bit，放音电路也将使用同样的参数。

早期的声卡均采用 8bit 位宽，目前多数为 32bit 及以上了。16bit 卡的采样精度可达到 1/65 536，对多数应用均已足够了。

2. 支持乐器合成的 MIDI 合成器

支持乐器合成的 MIDI 合成器是决定声卡音质的关键部件。由于 MIDI 音乐的质量要求较高，许多声卡制造商致力于提高合成器的质量，便使得音乐合成技术不断获得改进。早期的合成器采用 FM(频率调制)合成技术，通过用一个正弦波修正另一个正弦波的方法来模拟各种乐器的声音，带有较深的人工合成痕迹。现在流行的声卡普遍采用“波表”(Wave Table)合成技术，其中又有“硬波表”和“软波表”之分。硬波表将各种真实乐器的数字化声音信息存储在声卡上的专用存储器中，使用时再由合成器调用并处理。软波表则将乐器的数字化声音信息存储在系统的硬盘上，待使用时再调入系统内存由 CPU 进行处理。软波表合成器显然比硬波表合成器便宜，但却增加了 CPU 的负担，对计算机系统的硬件，尤其是 CPU 处理速度的要求也高得多。

近几年随着 PCI 总线的流行而推出的 PCI 声卡，把硬波表和软波表的优点结合起来，提出了一种新的 MIDI 合成方案。其具体做法是，波表存储在硬盘上，使用时调入内存，但并非交给 CPU 处理，而是经 PCI 总线传回声卡，由声卡上的专用合成芯片处理，这被称为“可下载样本”(Down Loadable Sample)的合成技术(简称 DLS 技术)，现已成为新一代 PCI 声卡的标准。硬盘上的样本库可选择 2MB、4MB 乃至 8MB 等不同的大小，音源与音质也可由用户选择，而且其内容可经常更新，使声卡的音频真正做到生动、灵活和多样。

3. 连接声音设备的各种端口

声卡是音频输入/输出设备的公用接口，也是沟通主机和音频设备的通道。通常在声卡的后端设有许多端口。声卡安装后，这些端口便伸出机箱之外，供用户连接音箱、扬声器等音频设备。声卡与其他设备连接如图 2.3 所示。声卡中的“Line in”插孔可连接录音机、袖珍 CD 播放机和合成器等，将其播放的音频信息输入计算机；“Microphone”插孔与麦克风相连，用于录音；“Speaker out”可与扬声器、耳机相连，如要将一个功率很大的音箱连入计算机，则需先将功放与“Line out”相连，然后将音箱与功放相连；“Joystick/MIDI Adapter”可与游戏操纵杆、MIDI 设备相连。

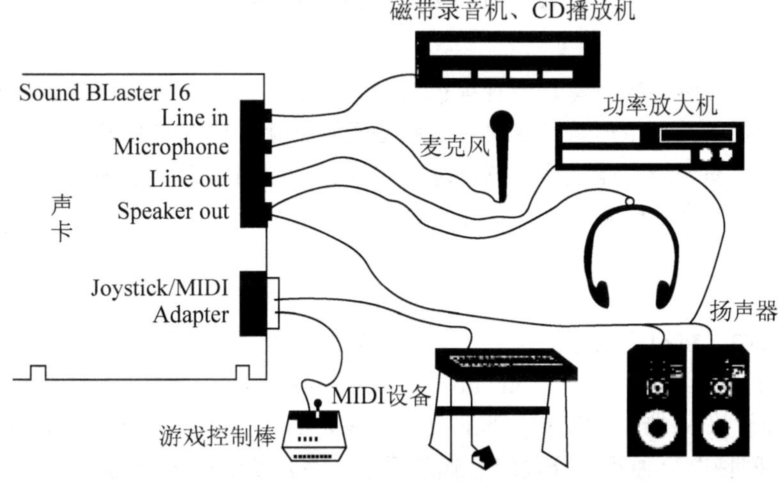


图 2.3 声卡与其他设备连接

### 2.2.2 声卡的主要功能

(1) 录制与播放声音。通过接在声卡上的话筒录制声音，并以文件形式保存在计算机中，随时可打开声音文件进行播放。声音文件的格式可因使用不同的软件而不同。

(2) 音乐合成。利用声卡的合成器将存储在计算机内存中的 MIDI 文件合成为音乐乐曲。通过混合器混合和处理多个不同音频源的声音，控制和调节音量大小，最后送至音箱或耳机播放。

(3) 压缩和解压缩音频文件。目前大多数声卡上都固化了不同标准的音频压缩和解压缩软件，常用的压缩编码方法有 ADPCM(自适应差分脉冲编码调制)和 ACM(Audio Compression Manager，音频压缩管理器)等，压缩比为 2∶1～5∶1。

(4) 具有与 MIDI 设备和 CD 驱动器的连接功能。通过声卡上的 MIDI 接口，计算机可以同外界的 MIDI 设备相连接，如连接电子琴、电吉他等，使 MPC 具有创作计算机乐曲和播放 MIDI 文件的功能。游戏杆也可通过 MIDI 接口与计算机相连接，使操作起来得心应手。

### 2.2.3 声卡的性能指标

声卡的性能指标决定了声卡声音采集、合成与播放的质量，主要取决于以下几个方面。

(1) 采样分辨率：即采样位数，常见有 8 位、16 位、24 位、32 位。其中 16 位的声卡比较流行。采样位数越大，分辨率越高，失真度越小，录制和回放的声音就越真实。

(2) 采样速率：主流声卡分为 11.025kHz、22.05kHz、44.1kHz、48kHz 几个等级，采样速率越高，音质越真实。采样分辨率和采样速率决定音频卡的音质清晰、悦耳、噪声的程度。

(3) 声道数：包括单声道、双声道和多声道等。常见的有 8 位单声道、8 位立体声、16 位立体声、多通道 16 位立体声、多通道 24 位立体声(DVD 音频标准)。

(4) 兼容性：ADLIB 标准和 SB 标准的声卡兼容性好，可以获得较多的软件支持。

(5) 功能接口：较好的声卡带有 MIDI 合成器(数字音乐接口，可连接类似于电子琴的 MIDI 设备，通过弹奏乐器可将音乐记录并转换成 MIDI 格式文件)，以及 CD-ROM、DVD-ROM 接口。

## 2.3 波形声音的数字化

由上节可知，自然界的声音是一种模拟的音频信息，是连续量，而计算机只能处理离散的数字量，这就要求必须将声音数字化。音频信息数字化的优点是传输时抗干扰能力强，存储时重放性能好，易处理，能进行数据压缩，可纠错，容易混合。要将音频信息数字化，其关键的步骤是采样、量化和编码，本节将详细介绍与此相关的概念、硬件、技术与实现方法。

### 2.3.1 采样

在数字领域中，将模拟信号数字化已有了比较坚实的理论基础和极为成熟的实现技术，其中有一种称为 PCM(Pulse Code Modulation，脉冲编码调制)的技术在数字音频系统中广为使用。图 2.4 给出了 PCM 方法的工作原理，在该图中，曲线代表声波曲线，是连续变化的模拟量(如电压)，时间轴以一种离散分段的方式来表示，并且波形以固定的时间间隔来测量其值，这种处理称为采样。每一个采样的电压用一个整数数字化，计算机存储或传输这些数据，而不是波形自身。采用的采样频率(每秒采样的次数)称为采样率。一般在采样中采样率是固定的。采样率的倒数称为采样时间。例如，某个系统的采样率为每秒 40 000 次，则它的采样时间为 1/40 000s。因而采样率越高，采样时间越短，记录的数字音频信息与模拟音频就越相似。对于一个数字音频系统而言，选择合适的采样频率，保证数字化音频不失真，是最重要的设计工作之一，因为它决定了系统的带宽。那么，如何采样才能精确地表示音频波形呢？

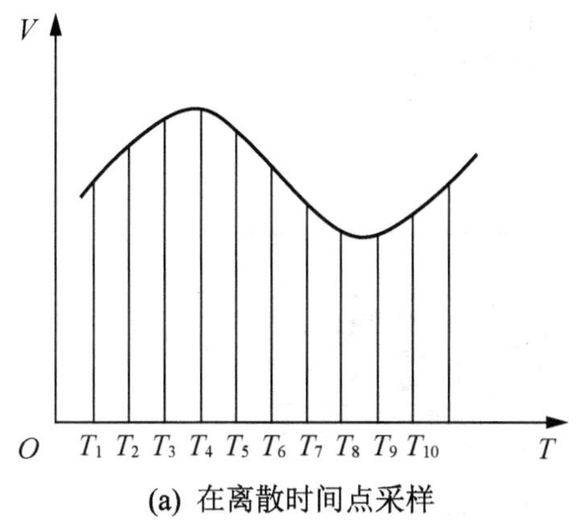


(a) 在离散时间点采样

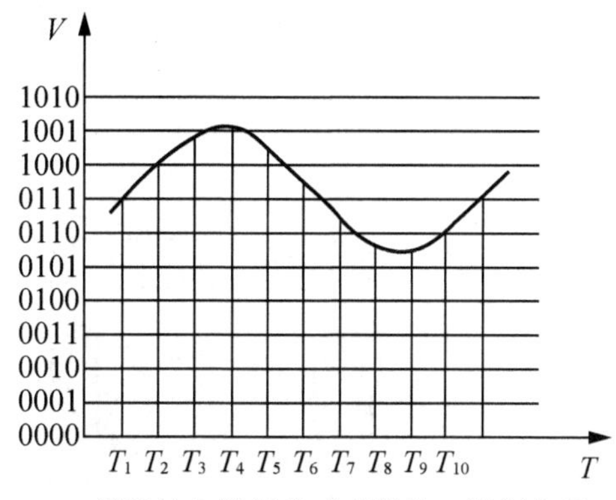


(b) 模拟输入被量化成离散的二进制代码

图 2.4　PMC 方法的工作原理

人们通过对采样的长期研究，已形成了一套采样理论。尼奎斯特(Nyquist)已证明：要完全表示一个具有 *S*/2Hz 带宽的波形，需要每秒 *S* 的采样率。换句话说，要获得一个无损的采样，就必须以波形最高允许频率的两倍作为采样率。例如，人类能够接受的听觉带宽是 20Hz~20kHz。按照这个理论，要产生听得见的频率范围就需要大于 40kHz 的采样率。为了满足这个需要，Philips 和 Sony 公司在设计光盘时，选择了 44.1kHz 的采样率。这个采样频率也是 Windows 所支持的较高采样率。在 Windows 下所支持的其他采样率还有 11.025kHz 和 22.05kHz，这些可用带宽都小于尼奎斯特理论上的最大值的最高频率。在实际应用中，为了避免别名噪声(Aliasing Noise)的导入，大于等于尼奎斯特频率必定要有大量的信号衰减。这个衰减假设发生在最高可用频率和尼奎斯特频率之间。为了将这些频率和现实世界相联系，表 2-3 给出了一些通常声音的频率范围。

表 2-3　通常声音的频率范围

| 乐器/声音 | 基本的频率范围 | 第四等音/泛音的频率 |
|---|---|---|
| 大钢琴 | $A_1$～$C_8$(27.1～4.186Hz) | 12.558kHz |
| 长笛 | $C_3$～$B_6$(261.63～3.951Hz) | 11.853kHz |
| 电吉他 | $E_1$～$E_5$(82.41Hz～1.328kHz) | 3.984kHz |
| 管乐 | $C_2$～$C_{10}$(32.7～932.33Hz) | 25.116kHz |
| 小号 | $E_2$～B 降 4 调(164.81～932.33Hz) | 2.797kHz |
| 人类声音 | 50～800Hz | 2.4kHz |

从表中可以看到除管乐外，其他声音的最大基音频率都小于 5kHz，即能够以低频 11.025kHz 被录音而无任何失真。

采样后得到的音频信息，必须对其数字化。

### 2.3.2 量化

将采样后得到的音频信息数字化的过程称为量化。因此，量化也可以看作在采样时间内测量模拟信息值的过程。在日常生活中，我们也可以找到量化的例子，如假设有两个电压表分别连到模拟信号源上，其中一个为模拟电压表，另一个为数字电压表，如图 2.5 所示。

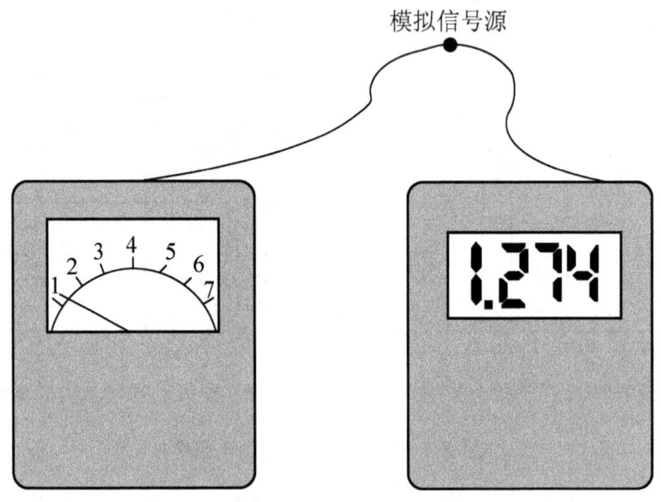


**图 2.5 电压值的量化**

对于模拟电压表，测量的精度取决于仪表本身的精确度，以及测量者眼睛的识别率。对于数字电压表度量精度取决于仪表的有效位数。例如，表中只有 2 位数，是 13，3 位数是 12.7，4 位数则是 12.74。当然，我们可以通过增加数字电压表的位数来提高精度，但不管怎样，对一个数字系统而言其精度总是有限的。因此，任何一个数字系统量化后的结果与模拟量之间总存在误差。对于一个音频数字化系统而言也是如此，所以，量化的精度也是影响音频质量的另一个重要因素。

在数字系统中数量级的刻画通常是以二进制的形式来描述的。把连续的幅值转换成离散的幅值，采用的量化方法一般是均匀量化法。例如，把 0.000 0～1.000 0V 的电压信号转换成由 8 位二进制表示的数。0～1 之间有无穷多个数值，而 8 位二进制数只有 $2^8$=256 个，即 0，1，2，3，4，…，255。因此，0～1 之间的电压值分为 256 个等级，每个等级代表 1/256=0.003 9V。用二进制的 0 表示 0.000～0.039V，用二进制的 1 代表 0.004～0.078V，依此类推，显然，量化后的信号丢失了信息，而且引进了量化噪声。同样明显的是，如果量化等级的数目越多，那么引进的噪声就越小，这就是为什么样本用 16 位二进制表示的音响质量，比用 8 位表示的音响质量要好得多的原因。这也是 CD(Compact Disc- Digital Audio)光盘和 CD-I 光盘中的超级高保真音乐都采用每个样本为 16 位二进制数表示的原因。

在一个数字系统中可允许的二进制数的位数称为字长，字长决定了音频数字化系统量化的精度，字长越长，精度越高(可区分度越高)，当然，A/D 转换器的成本也越高。

#### 1. 数字系统是怎样进行量化的

通过前面的学习可以知道，声音若以模拟方式表示，则可表示成正弦波的形式。对该声波进行采样，就是将时间轴分成许多相等的时间间隔，在这些离散的时间点上测得其电压值，处理过程如图 2.4 所示。在该图中，时间是离散的，但电压轴是连续的，每一时间点测得的电压值和声波曲线上相应的值是相等的。测得模拟信号的值之后再由量化器对其数量化，转换成二进制代码(又称编码)，如图 2.4(b)所示。

在一个数字系统中，通过对模拟量波形在离散的周期间隔内赋以有限的级别来对模拟信号进行编码。由图 2.4(b)可以看到，影响量化精度的第一个因素应是用于编码的二进制的位数(即字长)。例如，2 位则 $2^2$=4 有 4 个区分度，若为 3 位则有 8 个区分度($2^3$=8)，若为 4 位，二进制则有 16 个区分度($2^4$=16)，16 位则有 65 536 个区分度($2^{16}$=65 536)。区分度越高与模拟量的误差就越小。第二个因素是波形允许的动态范围(称为振幅)。例如，系统若采用 16 位字长实现，则它能将 65 536 个区分级中的某一个赋予理想的模拟波形。如果模拟波形被限定为最大电压级别峰值到峰值为 1V，那么，最高声音信号被编码为 1V，而最低声音等于 1/65 536V，这得出的允许动态范围近似于 96dB(分贝)。所以在多媒体个人计算机的中、高档声卡一般为了获得较好采样音质往往选用字长 16 位或 32 位进行采样。

2. 采样精度

在数字化系统中，表示每个声音样本值所用的二进制位数反映了度量声音波形幅度的精度。例如，每个声音样本用 16 位(2 字节)表示，测得的声音样本值为 0～65 536，它的精度就是输入信号的 1/65 536。样本位数的大小影响到声音的质量，位数越多，声音的质量越高，而需要的存储空间也越多；位数越少，声音的质量越低，需要的存储空间就越少。

采样精度的另一种表示方法是信号噪声比，简称信噪比(signal-to-noise ratio，SNR 或 S/N)，并用下式计算：

$$\mathrm{SNR}=10\log_{10}[(V_{\mathrm{signal}})^2/(V_{\mathrm{noise}})^2]=20\log_{10}(V_{\mathrm{signal}}/V_{\mathrm{noise}})$$

其中，$V_{\mathrm{signal}}$ 表示信号电压，$V_{\mathrm{noise}}$ 表示噪声电压；SNR 的单位为分贝(dB)。

假设 $V_{\mathrm{noise}}=1$，采样精度为 1 位，表示为 $V_{\mathrm{signal}}=2^1$，它的信噪比 SNR=6dB。

假设 $V_{\mathrm{noise}}=1$，采样精度为 16 位，表示为 $V_{\mathrm{signal}}=2^{16}$，它的信噪比 SNR=96dB。

一般来说，信噪比越大，说明混在信号里的噪声越小，声音回放的音质量越高，否则相反。信噪比一般不应该低于 70dB，高保真音箱的信噪比应达到 110dB 以上。

通过对本节内容的学习，可以得出如下结论。

(1) 采样率和字长是影响声音数字化质量的两个重要技术指标。采样率决定了系统可记录声音的范围，按照采样理论，系统应选择高于所录声音频带二倍作为采样率，如记录自然声音(语音、音乐等)应选择 44.1kHz 的采样率，若只记录语音，则可选择 11.025kHz 的采样率便可保证无失真。

采样的字长决定了量化的精确度，以 44.1kHz，16 位字长采样，其录制的音质可达到 CD 立体声的音质水准。

(2) 采样率越高，字长越长，需存储的声音数据就越多，系统的开销就越大。

(3) 衡量声音性能还需综合其他因素，如 MIDI 等。

### 2.3.3 编码

数字化的波形声音是一种使用二进制表示的串行的比特流(bit torrent)，它遵循一定的标准或规范进行编码，其数据是按时间顺序组织的。波形声音的主要参数包括采样频率、采样精度、声道数目。使用的压缩编码方法及比特率(bit rate)，也称为码率，它指的是每秒的数据量。

数字声音未压缩前，波形声音存储量的计算公式为

存储量=(采样频率×量化位数×声道数)/8(B)

例如，数字激光唱盘的标准采样频率为 44.1 kHz ，量化比特数为 16b，立体声，它可以几乎无失真地播出频率高达 22kHz 的声音，这也是人类所能听到的最高频率声音。存储 1min 音乐数据所需要的容量为 44.1×1 000×16×2×60/8=10 584 000(B)。

由于声音的数字化，将有大量的数据存储到计算机，若对这些音频数据不加编码压缩，则很难在个人计算机上实现多媒体功能。例如，1 个 100MB 的存储空间只能存储 10min 44.1kHz、16 位、双声道的立体声录音。由此可见，高效、实时地压缩音频信号的数据量是多媒体计算机不可回避的关键技术问题之一。

数据压缩之所以可以实现是因为原始的信源数据(音频信号或音频数据)存在着很大的冗余度，另外，由于人类听觉的生理特性，即只能对 20Hz～20kHz 范围内的声音可听到，其他范围内即便有声音也听不到，因而可实现高压缩比。

自 1948 年 Oliver 提出 PCM 编码理论开始，至今已有 50 余年的历史。随着数字通信技术和计算机科学的发展，编码技术日臻成熟，应用范围愈加广泛。其编码方案基本可分为有损压缩和无损压缩两大类。采用何种编码方法与应用领域、所用声卡及相关软件有关。

在目前个人计算机上常用的声卡中有自适应差分脉冲码调制方案、μ 律/A 律等，以自适应差分脉冲码调制编码方案为例，它能以 4∶1 的压缩比压缩音频数据。但这种算法是一种有失真的压缩，压缩后的数据如将其解压缩回放时，将引起信号的衰减，一个 16 位立体声信号编码/解码后结果由原先的 96dB 降到了 60dB，相当于将接近 CD 的质量降到了 AM 无线的音质。为了提高多媒体计算机对语音、视像的实时处理能力，自 1993 年起出现了基于数字信号处理器的声卡平台。这引起了在多媒体市场中语音处理技术方面 4 个有重大意义的技术的出现。它们分别是语音识别、语音合成、声音压缩子程序和 Qsound 三维声音。这些技术的共同点是利用计算机强度算法，而这个算法需要带有特殊结构的、功能强大的微处理器去实时运行，DSP 便起了这样的作用。

### 2.3.4 声音的重构

经由数字化声音的 3 步骤：采样、量化和编码，得到的是便于计算机处理的数字语音信息，若要重新播放数字化声音，还必须要经过解码、D/A 转换和插值，其中，解码是编码的逆过程，又称解压缩；D/A 转换是将数字量再转化为模拟量便于驱动扬声器发音；插值是为了弥补在采样过程中引起的语音信号失真而采取的一种补救措施，使得声音更加自然，如图 2.6 给出了声音重构的一般过程。

图 2.6　声音重构的一般过程

## 2.4 声音文件的存储格式

如同存储文本文件一样，存储声音数据也需要有存储格式。在 Internet 上和各种机器上运行的声音文件格式很多，但目前比较流行的有以.wav (waveform)，.au(audio)，.aiff(Audio

Interchangeable File Format)和.snd(sound)为扩展名的文件格式。.wav 格式主要用于 PC，.au 主要用于 UNIX 工作站，.aiff 和.snd 主要于在苹果机和美国视算科技有限公司(Silicon Graphics，Inc.，SGI)的工作站。

以.wav 为扩展名的文件格式称为波形文件格式(WAVE File Format)，它在多媒体编程接口和数据规范 1.0(Multimedia Programming Interface and Data Specifications 1.0)文档中有详细的描述。该文档早已由 IBM 和 Microsoft 公司联合开发出来了，它是一种为交换多媒体资源而开发的资源交换文件格式(Resource Interchange File Format，RIFF)。

波形文件格式支持存储各种采样频率和样本精度的声音数据，并支持声音数据的压缩。波形文件有许多不同类型的文件构造块组成，其中主要的两个文件构造块是格式块(Format Chunk)和声音数据块(Sound Data Chunk)。格式块包含有描述波形的重要参数，如采样频率和样本精度等，声音数据块则包含有实际的波形声音数据。RIFF 中的其他文件块是可选择的。它的简化结构如图 2.7 所示。表 2-4 列出了部分声音文件的扩展名。

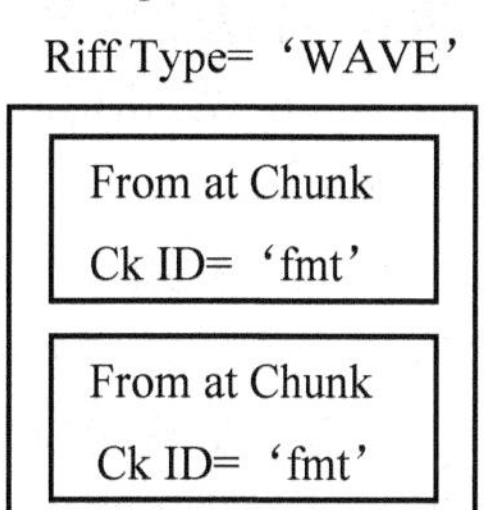


图 2.7 WAV 文件结构

表 2-4 常见的声音文件扩展名

| 文件的扩展名 | 说明 |
| --- | --- |
| au | SUN 和 NeXT 公司的声音文件存储格式 |
| aif(Audio Interchange) | Apple 计算机上的声音文件存储格式 |
| cmf(Creative Music Format) | 声卡带的 MIDI 文件存储格式 |
| mct | MIDI 文件存储格式 |
| mff(MIDI Files Format) | MIDI 文件存储格式 |
| mid(MIDI) | Windows 的 MIDI 文件存储格式 |
| mp2 | MPEG Layer I 及 MPEG Layer II |
| mp3 | MPEG Layer III |
| mod(Module) | MIDI 文件存储格式 |
| rm(Real Media) | RealNetworks 公司的流放式声音文件格式 |
| ra(Real Audio) | RealNetworks 公司的流放式声音文件格式 |
| rol | Adlib 声音卡文件存储格式 |
| snd(sound) | Apple 计算机上的声音文件存储格式 |
| seq | MIDI 文件存储格式 |
| sng | MIDI 文件存储格式 |
| voc(Creative Voice) | 声卡存储的声音文件存储格式 |
| wav(Waveform)* | Windows 采用的波形声音文件存储格式 |
| wrk | Cakewalk Pro 软件采用的 MIDI 文件存储格式 |

注：*支持 PCM、ADPCM、μ率和 A 率波形。

## 2.5 MIDI 音乐

数字音频实际上是一种数字式录音/重放的过程，需要很大的数据量。波形声音也可以表示音乐，但并没有将它看作音乐。由于音乐是完全可以用符号来表示的，所以音乐可看作符号化的声音媒体。在音乐的制作中还有一项重要技术，它完全不同于原来的录音技术，而是直接通过计算机合成的方式来创作音乐，这就是电子乐器数字接口( Musical Instrument Digital Interface，MIDI )技术。

### 2.5.1 MIDI 简介

MIDI 是用于在音乐合成器(Music Synthesizers)、乐器(Musical Instruments)和计算机之间交换音乐信息的一种标准协议。由于 MIDI 技术也是利用计算机来处理信息并产生乐音的一种技术，所以，MIDI 技术与数字音频技术是两种非常容易混淆的技术，但实际上这是两种不同的技术。

与数字音频不同，MIDI 的数据信息不是声音信息的数字化记录。MIDI 数据主要是电子合成器上键盘按键状况的数字化记录，主要包括按了哪一个键、音高、力度多大、持续时间多长、键释放等控制信息。MIDI 的这些数字信息不能通过 D/A 转换直接转换成声音，只能通过 MIDI 设备的音源来读取 MIDI 消息，然后根据这些控制信息去控制音乐合成器生成音乐声波，经放大后由扬声器播出。

从 20 世纪 80 年代初期开始，MIDI 已经逐步被音乐家和作曲家广泛接受和使用。MIDI 是乐器和计算机使用的标准语言。 MIDI 标准之所以受到欢迎，主要是它有下列几个优点：生成的文件比较小，因为 MIDI 文件存储的是命令，而不是声音波形；容易编辑，因为编辑命令比编辑声音波形要容易得多；可以做背景音乐，因为 MIDI 音乐可以和其他的媒体，如数字电视、图形、动画、话音等一起播放，这样可以加强演示效果。

### 2.5.2 MIDI 相关的术语

在介绍 MIDI 技术之前，先了解一下与 MIDI 有关的一些专业术语。

1) MIDI 消息(Message)或指令

乐谱的一种记录格式，相当于乐谱语言。指令是对乐谱的数字描述，也称为消息。乐谱由音符序列、定时和合成音色的乐器定义组成，当一组 MIDI 消息通过音乐合成芯片演奏时，合成器解释这些字符，并产生音乐。如果按下键盘， MIDI 设备将记录用户按了哪一个键、音高、力度多大、持续时间多长、键释放等控制信息，这些就是指令。

2) MIDI 文件

MIDI 文件是存储 MIDI 消息的标准文件格式，其扩展名为“.mid”。这是一种二进制文件，不是文本文件，所以不能直接打开和编辑。一个 MIDI 文件包含两部分：文件头和音轨。文件头描述文件的类型和音轨数等，音轨记录 MIDI 数据，其中，主要是命令序列，每个命令包括命令号、通道号、音色号和音速等。

3) 通道

MIDI 文件中含有几种乐器的组合音乐，各种乐器由于音色的不同而有不同的波形，波形经各自通道(Channel)送到合成器，合成器按音色和音调的要求合成，再把这些波形都混在一起生成最终的声音。合成器的通道是一个独立的信息传输路线，将单个物理通道(可以理解为数据传输电缆)分成 16 个逻辑通道，每个通道相当于一个逻辑上的合成器，可以充当一种乐器。MIDI 可为 16 个通道提供数据。每个通道访问一个独立的逻辑合成器。

4) 音序器

音序器(Sequencer)又称声音序列发生器，是为 MIDI 作曲而设计的计算机程序或电子装

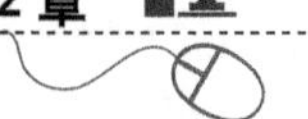

置，用来记录、播放和编辑 MIDI 音乐数据。音序器有硬件形式的，也有软件形式的。音序器可将所有 MIDI 通道中的演奏信息同时自动播放演奏。这样，一个人就可完成相当于一个乐队的多声部演奏和录音任务。硬件的音序器是一种非常复杂的设备，价格较贵。现在，大多被软件音序器取代，如 Cakewalk 就是一款流行的音序器软件。

5) 音乐合成器

音乐合成器(Musical Synthesizer)是利用数字信号处理器或其他集成电路芯片来产生音乐或声音的电子装置。数字信号处理器产生并修改波形，然后通过声音产生器和扬声器发出特定的声音。合成器的播放效果很丰富，并且其特点体现在：弹奏的是一种乐器而播放的却是另一种乐器的声音，并且几种不同乐器的声音经合成器合成后可同时播放。目前合成器芯片产生声音的手段主要有 FM 合成和波形表合成两种。

6) MIDI 电子乐器

MIDI 电子乐器不是特指某一架电子乐器，而是指合成器可以根据指令合成出许多不同音色的声音，如钢琴、鼓、中提琴。不同的合成器，乐器音色号不同，声音的质量也不同，如多个数字乐器都能合成钢琴的声音，不同乐器使用的音色号不同，它们输出的声音有差异。

7) 复音

复音(Polyphony)是指合成器同时演奏若干音符时发出的声音。如钢琴、吉他等乐器可以同时演奏几种音符，而双簧管就不能。复音着重于同时演奏的音符数，如钢琴的和弦音符。早期的合成器是单音调的，即一次只能合成演奏一个音，任凭用户在键盘上按多少键它只能演奏一个音。一个 24 音符复音合成器是指它最多能一次合成 24 个音符，直观地看相当于用户一下子在钢琴上按 24 个键。

8) 音色

音色取决于声音的频谱结构。在非正式的用法中，它指的是与特定乐器相关的特定声音，如低音提琴、钢琴、小提琴的声音均有各自的音色。

9) 多音色

多音色(Multitimbral)指同时演奏几种不同乐器时发出的声音。它着重于同时演奏的乐器数。例如，具有 6 音符复音的 4 种乐器合成器，可以同时演奏 4 种不同声音的 6 个音符，如 3 个钢琴的和弦音符、一个长笛、一个小提琴和一个萨克斯管的音符。要改善合成音乐的真实感，必须把许多合成器连接起来，以产生复音和多音色声音。

10) 音轨

音轨是一种用通道把 MIDI 数据分割成单独组、并行组的文本概念。音序器像磁带记录声音那样将接收到的 MIDI 文件录入文件的不同位置，这些位置就称作音轨。通常，每个通道是一个单独的音轨。

11) 合成音色映射器

合成音色映射器是一种软件，为了适应 Microsoft MIDI 合成音色，分配表规定合成音色编号。软件要为特定的合成器重新分配乐器合成音色编号，多媒体 Windows 的映射器可将乐器的合成音映射到任意 MIDI 装置上。

12) 通道映射

通道映射把发送装置的 MIDI 通道号变换成适当的接收装置的通道号。例如，编排在 10 号通道的鼓乐，对于仅接收 6 号通道的鼓来说，就被映射成 6 号通道。

13) MIDI 键盘

MIDI 键盘是用于 MIDI 音乐乐曲演奏创作的，MIDI 键盘本身并不发出声音，当触动键盘上的按键时，它发出按键信息，所产生的仅仅是 MIDI 音乐消息，从而由音序器录制生成 MIDI 文件。这些数据可以进一步加工，也可以和其他的 MIDI 数据合并，经编辑后的 MIDI 文件就可送合成器播放。

14) MIDI 接口

MIDI 硬件通信协议，可使电子乐器互连或与计算机硬件端口相连，可发送和接收 MIDI 消息。

### 2.5.3　MIDI 音乐合成方法

产生 MIDI 乐音的方法很多，现在用得较多的方法有两种：一种是 FM(Frequency Modulation，频率调制)合成法，另一种是乐音样本合成法，也被称为波形表(Wavetable)合成法。这两种方法目前主要用来生成音乐。

#### 1. FM 合成法

音乐合成器的先驱 Robert Moog 采用了模拟电子器件生成了复杂的乐音。20 世纪 80 年代初，美国斯坦福大学(Stanford University)的一个名为 John Chowning 的研究生发明了一种产生乐音的新方法，这种方法称为数字式频率调制合成法(Digital Frequency Modulation Synthesis)，简称为 FM 合成器。他把几种乐音的波形用数字来表达，并且用数字计算机而不是用模拟电子器件把它们组合起来，通过数模转换器(Digital to Analog Convertor，DAC)来生成乐音。斯坦福大学得到了发明专利，并且把专利权授给 Yamaha 公司，该公司把这种技术做在集成电路芯片里，成了世界市场上的热门产品。FM 合成法的发明使合成音乐产业发生了一次革命。

FM 合成器生成乐音的基本原理如图 2.8 所示。它由 5 个基本模块组成：数字载波器、调制器、声音包络发生器、数字运算器和模数转换器。数字载波器用了 3 个参数：音调(Pitch)、音量(Volume)和各种波形(Wave)；调制器用了 6 个参数：频率(Frequency)、调制深度(Depth)、波形的类型(Type)、反馈量(Feedback)、颤音(Vibrato)和音效(Effect)；乐器声音除了有它自己的波形参数外，还有它自己的比较典型的声音包络线，声音包络发生器用来调制声音的电平，这个过程也称为幅度调制(Amplitude Modulation，AM)，并且作为数字式音量控制旋钮，它的 4 个参数写成 ADSR，这条包络线也称为音量升降维持静音包络线。

在乐音合成器中，数字载波波形和调制波形有很多种，不同型号的 FM 合成器所选用的波形也不同。图 2.9 是 Yamaha OPL-III 数字式 FM 合成器采用的波形。

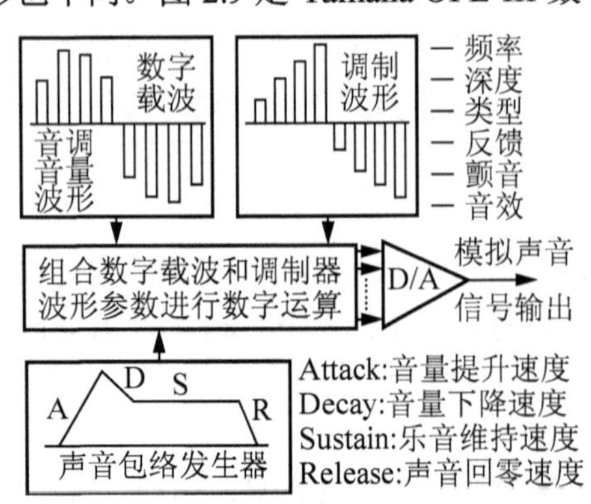


图 2.8　FM 声音合成器的工作原理

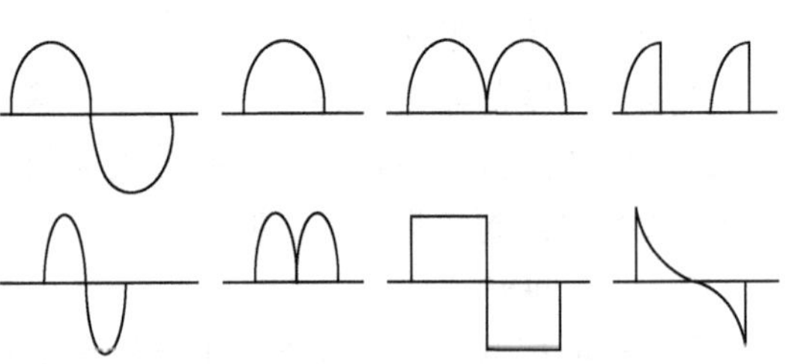

图 2.9　声音合成器的波形

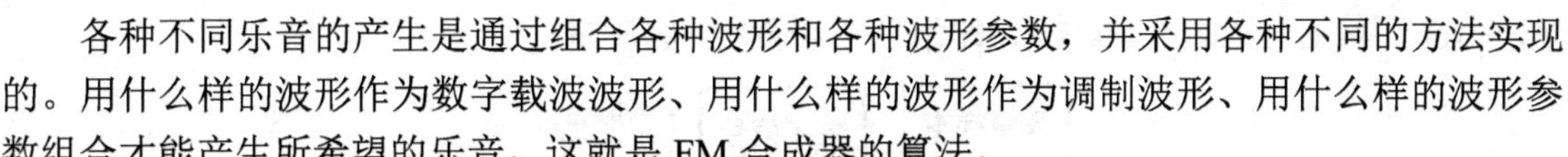

各种不同乐音的产生是通过组合各种波形和各种波形参数，并采用各种不同的方法实现的。用什么样的波形作为数字载波波形、用什么样的波形作为调制波形、用什么样的波形参数组合才能产生所希望的乐音，这就是 FM 合成器的算法。

通过改变图 2.8 中所示的参数，可以生成不同的乐音，例如：

(1) 改变数字载波频率可以改变乐音的音调，改变它的幅度可以改变它的音量。

(2) 改变波形的类型，如用正弦波、半正弦波或其他波形，会影响基本音调的完整性。

(3) 快速改变调制波形的频率(即音调周期)可以改变颤音的特性。

(4) 改变反馈量，就会改变正常的音调，产生刺耳的声音。

(5) 选择的算法不同，载波器和调制器的相互作用也不同，生成的音色也不同。

在多媒体计算机中，图 2.8 中的控制参数以字节的形式存储在声音卡的 ROM 中。播放某种乐音时，计算机就发送一个信号，这个信号被转换成 ROM 的地址，从该地址中取出的数据就是用于产生乐音的数据。FM 合成器利用这些数据产生的乐音是否真实，它的真实程度有多高，这就取决于可用的波形源的数目、算法和波形的类型。

2. 波形表合成法

使用 FM 合成法来产生各种逼真的乐音是相当困难的，有些乐音几乎不能产生，因此很自然地就转向乐音样本合成法。这种方法就是把真实乐器发出的声音以数字的形式记录下来，播放时改变播放速度，从而改变音调周期，生成各种音阶的音符。

乐音样本的采集相对比较直观。音乐家在真实乐器上演奏不同的音符，选择采样频率为 44.1kHz、16b 量化的乐音样本，这相当于 CD-DA 的质量，把不同音符的真实声音记录下来，这就完成了乐音样本的采集。“波形表”合成法是当今使用最广泛的一种音乐合成技术。“波形表”可形象地理解为把声音波形排成波的一个表格，这些波形实际上就是真实乐器的声音样本。例如，钢琴声音样本就是把真实钢琴的声音录制下来存储成波形文件，如果需要演奏“钢琴”音色，合成芯片就会把这些样本播放出来。由于这些样本本来就是真实乐器录制成的，所以效果也非常逼真。一个 MIDI 设备通常包含多种乐器的声音，而一个乐器又往往需要多个样本，所以把这些样本排列起来形成一个表格以方便调用。这就称之为波形表，简称波表。

在实际中，常有“软波表”和“硬波表”之称。其实，“波表”本无软硬之分，之所以这样分是有一定历史原因的。在个人计算机的整体性能(特别是 CPU 速度)还不够高时，波表技术只能够通过专门的 DSP 芯片来完成。这些专门的 DSP 芯片就构成了那些专业硬件设备，如音源、合成器等。而当个人计算机迈入奔腾时代以后，其处理速度已经足够快，可以实时处理波表数据，所以，当时就出现了靠计算机 CPU 来运算的“软波表”，由此可见，“软波表”就是靠 CPU 来运算的波表技术，除此之外的都称作“硬波表”(无论是在声卡上还是在专用设备上)。“硬波表”的乐音样本通常放在 ROM 芯片上，ROM 是超大规模集成电路(Very Large Scale Integrated，VLSI)芯片。使用乐音样本合成器的原理框图，如图 2.10 所示。

波形表合成法的主要技术指标如下。

(1) 最大复音数。最大复音数直接由计算机的处理能力来决定，以现在计算机的处理速度来说，32 甚至是 64 复音数是没有多大问题的，这对于普通的 MIDI 文件来说也是足够了。

(2) 波形容量。就是所有波形样本的总容量大小。很明显，波形容量越大，所容纳的波形样本也就越多，所模仿的乐器音色也就越真实。通常，软波表的波形容量大都是 4～8MB。

(3) 波形的采样质量。即录制样本所采用的数字录音格式。一般的专业设备，其采样质量都是 16b、44.1kHz(或者 48kHz)，即相当于普通 CD 的质量。

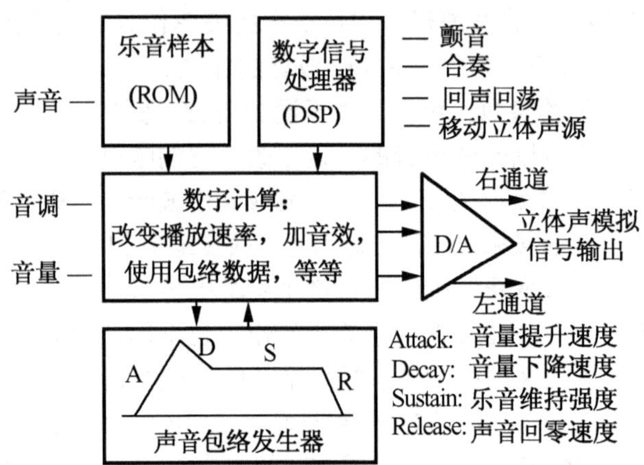


图 2.10　乐音样本合成器的工作原理

### 2.5.4　电子乐器数字接口(MIDI)系统

MIDI 协议提供了一种标准的和有效的方法，用来把演奏信息转换成电子数据。MIDI 信息是以“MIDI messages”传输的，它可以被认为是告诉音乐合成器(Music Synthesizer)如何演奏一小段音乐的一种指令，而合成器把接收到的 MIDI 数据转换成声音。国际 MIDI 协会(International MIDI Association)出版的 MIDI 1.0 规范对 MIDI 协议做了完整的说明。

MIDI 数据流是单向异步的数据位流(bit stream)，其速率为 31.25 kb/s，每个字节为 10 位(1 位开始位，8 位数据位和 1 位停止位)。MIDI 数据流通常由 MIDI 控制器(MIDI Controller)产生，如乐器键盘(Musical Instrument Keyboard)，或者由 MIDI 音序器(MIDI Sequencer)产生。MIDI 控制器是当作乐器使用的一种设备，在播放时把演奏转换成实时的 MIDI 数据流，MIDI 音序器是一种装置，允许 MIDI 数据被捕获、存储、编辑、组合和重奏。MIDI 乐器上的 MIDI 接口通常包含 3 种不同的 MIDI 连接器，用 IN(输入)、OUT(输出)和 THRU(穿越)。来自 MIDI 控制器或者音序器的 MIDI 数据输出通过该装置的 MIDI OUT 连接器传输。

通常，MIDI 数据流的接收设备是 MIDI 声音发生器(MIDI Sound Generator)或者 MIDI 声音模块(MIDI Sound Module)，它们在 MIDI IN 端口接收 MIDI 信息(MIDI Messages)，然后播放声音。图 2.11 表示的是一个简单的 MIDI 系统，它由一个 MIDI 键盘控制器和一个 MIDI 声音模块组成。许多 MIDI 键盘乐器在其内部既包含键盘控制器，又包含 MIDI 声音模块功能。在这些单元中，键盘控制器和声音模块之间已经有内部链接，这个链接可以通过该设备中的控制功能(Local Control)对链接打开(ON)或者关闭(OFF)。

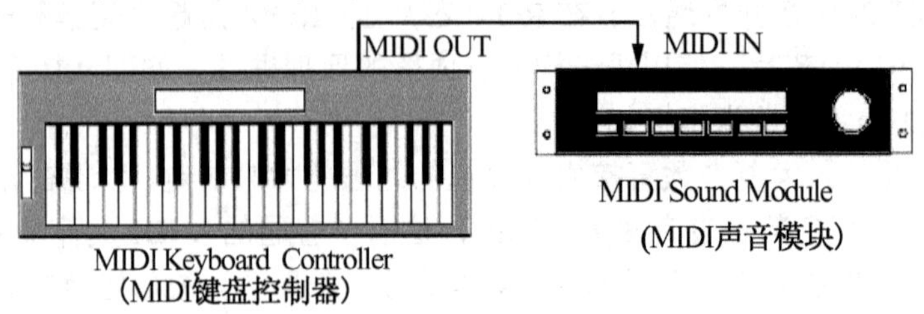


图 2.11　简单的 MIDI 系统

单个物理 MIDI 通道(MIDI Channel)分成 16 个逻辑通道，每个逻辑通道可指定一种乐器，音乐键盘可设置在这 16 个通道之中的任何一个，而 MIDI 声源或者声音模块可被设置在指定的 MIDI 通道上接收。

在一个 MIDI 设备上的 MIDI IN 连接器接收到的信息可通过 MIDI THRU 连接器输出到另一个 MIDI 设备，并可以菊花链的方式连接多个 MIDI 设备，这样就组成了一个复杂的 MIDI 系统，如图 2.12 所示。在这个例子中，MIDI 键盘控制器对 MIDI 音序器(MIDI Sequencer)来说是一个输入设备，而音序器的 MIDI THRU 端口连接了几个声音模块。作曲家可使用这样的系统来创作几种不同乐音组成的曲子，每次在键盘上演奏单独的曲子。这些单独曲子由音序器记录下来，然后音序器通过几个声音模块一起播放。每一曲子在不同的 MIDI 通道上播放，而声音模块可分别设置成接收不同的曲子。例如，声音模块＃1 可设置成播放钢琴声并在通道 1 接收信息，模块#2 设置成播放低音并在通道 5 接收信息，而模块#3 设置成播放鼓乐器并在通道 10 上接收消息等。在图 2.12 中使用了多个声音模块同时分别播放不同的声音信息。这些模块也可以做在一起构成一个称为多音色的声音模块，它同样可以起到同时接收和播放多种声音的作用。

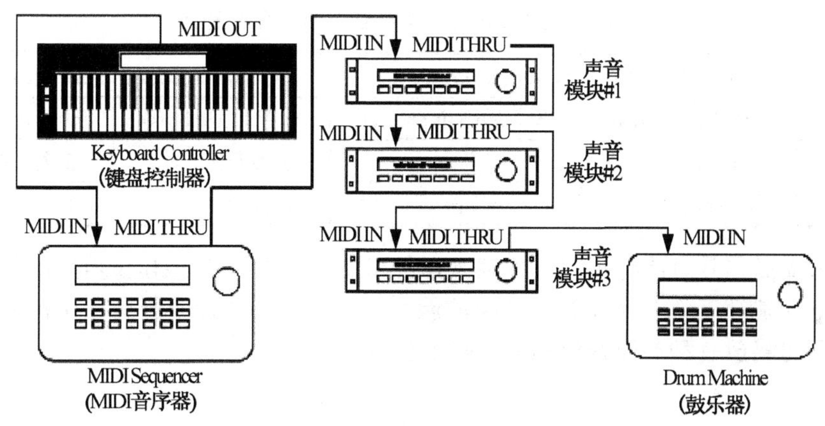


图 2.12　复杂 MIDI 系统

图 2.13 是用 PC 构造的 MIDI 系统，该系统使用的声音模块就是这样一种单独的多音色声音模块。在这个系统中，PC 使用内置的 MIDI 接口卡，用来把 MIDI 数据发送到外部的多音色 MIDI 合成器模块。像多媒体演示程序、教育软件或者游戏等应用软件，它们把信息通过 PC 总线发送到 MIDI 接口卡。MIDI 接口卡把信息转换成 MIDI 消息，然后送到多音色声音模块同时播放出许多不同的乐音，如钢琴声、低音和鼓声。使用安装在 PC 上的高级的 MIDI 音序器软件，用户可把 MIDI 键盘控制器(MIDI Keyboard Controller)连接到 MIDI 接口卡的 MIDI IN 端口，也可以有相同的音乐创作功能。

使用 PC 构造 MIDI 系统可以有不同的方案。例如，可把 MIDI 接口和 MIDI 声音模块组合在 PC 添加卡上。MPC 规范就要求 PC 添加卡上必须有这样的声音模块，称为合成器(Synthesizer)。通过已有的电子波形来产生声音的合成器称为 FM 合成器(FM Synthesis)，而通过存储的乐音样本来产生声音的合成器称为波表合成器(Wave Table Synthesis)。

MPC 规格需要声音卡的合成器是多音色和多音调的合成器。多音色是指合成器能够同时播放几种不同乐器的声音，在英文文献里常看到用 voices 和 patches 来表示，音色就是把一个人说话(或一种乐器)的声音与另一个人说话(或另一种乐器)的声音区分开来的音品；多音调是指合成器一次能够播放的音符(note)数。MPC 规格定义了两种音乐合成器：基本合成器(Base-level synthesizer)和扩展合成器(Extended synthesizer)，基本合成器和扩展合成器之间的差别见表 2-5。

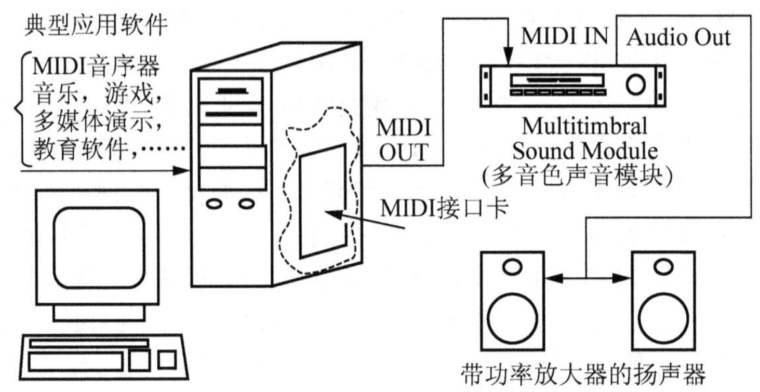


图 2.13　使用 PC 构成的 MIDI 系统

表 2-5　基本合成器和扩展合成器之间的差别

| 合成器名称 | 旋律乐器声(melodic instruments) | | 打击乐器声(percussive instruments) | |
|---|---|---|---|---|
| (synthesizer) | 音色数(timbres) | 音调数(polyphony) | 音色数(timbres) | 音调数(polyphony) |
| 基本合成器 | 3 种音色 | 6 个音符 | 3 种音色 | 3 个音符 |
| 扩展合成器 | 9 种音色 | 16 个音符 | 8 种音色 | 16 个音符 |

基本合成器必须具有同时播放 3 种旋律音色和 3 种打击音色(鼓乐)的能力，而且还必须具有同时播放 6 个旋律音符和 3 个打击音符的能力，因此，基本合成器具有 9 种音调；扩展合成器要能够同时播放 9 种旋律音色和 8 种打击音色。

## 2.6　音频信息的压缩技术

数字化波形声音的数据量很大，数字语音 1h 的数据量大约是 30MB，而 CD 盘片上所存储的立体声高保真的数字音乐 1h 的数据量大约是 635MB。为了降低存储成本和提高通信效率，对数字波形声音进行数据压缩是十分必要的。

波形声音的数据压缩也是完全可能的。其依据是声音信号中包含有大量的冗余信息(如话语之间的停顿)，再加上还可以利用人的听觉感知特性，因此，产生了许多压缩算法。一个好的声音数据压缩算法通常应做到压缩倍数高，声音失真小，算法简单，编码器/解码器的成本低。

音频信息的压缩方法有多种，见表 2-6。无损压缩法包括不引入任何数据失真的熵编码；有损压缩法又可分为波形编码、参数码和同时利用这两种技术的混合编码方法。波形编码利用采样和量化过程来表示音频信号的波形，使编码后的波形与原始波形尽可能匹配。它主要根据人耳的听觉特性进行量化，以达到压缩数据的目的。波形编码的特点是在较高码率的条件下可以获得高质量的音频信号，适合对音频信号的质量要求较高和高保真语音与音乐信号的处理。参数编码把音频信号表示成某种模型的输出，利用特征提取的方法抽取必要的模型参数和激励信号的信息，并对这些信息编码，最后在输出端合成原始信号。参数编码的压缩率很大，但计算量大，保真度不高，适合语音信号的编码。混合编码介于波形编码和参数编码之间，集中了这两种方法的优点。

表 2-6　音频信号压缩方法

<table>
<tr><td rowspan="2">无损压缩</td><td colspan="2">Huffman 编码</td></tr>
<tr><td colspan="2">行程编码</td></tr>
<tr><td rowspan="7">有损压缩</td><td rowspan="3">波形编码</td><td>全频带编码、PCM、DPCM、ADPCM、MPEG-1、MPEG-2 及 AC-3</td></tr>
<tr><td>子带编码：自适应变换编码(ATC)；心理学模型</td></tr>
<tr><td>矢量量化编码</td></tr>
<tr><td>参数编码</td><td>线性预测 LPC</td></tr>
<tr><td rowspan="3">混合编码</td><td>矢量和激励线性预测 VSELP</td></tr>
<tr><td>多脉冲线性预测 MP-LPC</td></tr>
<tr><td>码本激励线性预测 CELP</td></tr>
</table>

目前在几种常用的全频带声音的压缩编码方法中，MPEG-1、MPEG-2 和杜比数字 AC-3 应用得更为普遍。其中，MPEG-1 的声音压缩编码标准分为 3 个层次：层 1(layer1)的编码较简单，主要用于数字盒式录音磁带；层 2(layer2)的算法复杂度中等，其应用包括数字音频广播(DAB)和 VCD 等；层 3(layer3)的编码较复杂，主要应用于 Internet 上高质量声音的传输，如流行的“MP3 音乐”就是一种采用 MPEG-1 层 3 编码的高质量数字音乐，它能以 10 倍左右的压缩比降低高保真数字声音的存储量，使一张普通 CD 光盘上可以存储大约 100 首 MP3 歌曲。

MPEG-2 的声音压缩编码采用与 MPEG-1 声音相同的编译码器，层 1、层 2 和层 3 的结构也相同，但它能支持 5.1 声道和 7.1 声道的环绕立体声。

杜比数字 AC-3 是美国杜比实验室开发的多声道全频带声音编码系统，它提供的环绕立体声系统由 5 个(或 7 个)全频带声道加一个超低音声道组成，所有声道的信息在制作和还原过程中全部数字化，信息损失很少，细节十分丰富，具有真正的立体声效果，在数字电视、DVD 和家庭影院中广泛使用。

在有线电话通信系统中，数字语音在中继线上传输时采用的压缩编码方法是国际电信联盟 ITU 提出的 G.711 和 G.721 标准，前者是 PCM(脉冲编码调制)编码，后者是 ADPCM(自适应差分脉冲编码调制)编码。它们的码率虽然比较高(分别为 64kb/s 和 32kb/s)，但能保证语音的高质量，且算法简单、易实现，多年来在固定电话通信系统中得到了广泛应用。由于它们采用波形编码，便于计算机编辑处理，所以在计算机中也被广泛使用，如多媒体课件中教员的讲解、动画演示中的配音、游戏中角色之间的对白等都采用 ADPCM 编码。

## 2.7　数字语音的应用

声音是人类信息交流最自然的一种方式，随着声音数字化技术的不断成熟，数字语音的应用领域日趋广泛，人机交互更加自然，目前数字语音的应用大都集中在语音识别和语音合成两个方面。在语音识别方面目前在我国比较成功的应用是汉字的语音输入，其正确率可达 90%以上。而文－语转换则是语音合成方面一个较有发展前途的应用。本节将介绍语音识别和语音合成的基本方法、原理和技术。

### 2.7.1 语音识别

语音识别是指机器收到语音信号后，如何模仿人的听觉器官辨别所听到的语音内容或讲话人的特征，进而模仿人脑理解出该语音的含义或判别出讲话人的过程。语音识别是数字语音应用的一个重要方面，语音识别系统按其构成与规模有多种不同的分类标准。

#### 1. 按讲话者分类

语音识别系统如果按讲话者作为分类标准，可分为特定人语音识别系统和非特定人语音识别系统。

1) 特定人语音识别系统

特定人语音识别系统的特点是依赖于讲话者，只有在用特定单词组形成的词汇表系统训练后，它才能识别。为了训练系统识别单词，讲话者要说出具体规定的词汇表中的单词，一次一个。把单词输入系统的过程重复几次，这样会在计算机中生成单词的参考模板。系统必须在将来使用的环境中训练，以便考虑周围环境的影响。例如，如果系统要在工厂中使用，就必须在工厂中训练它，以把背景噪声也考虑在内。训练是很枯燥的，但为使识别器能高效地工作，彻底训练是很重要的。如果不在它进行训练的环境中使用识别器，它也许不能很好地工作。

特定人语音识别系统的优点是它是可训练的，系统很灵活，可以训练它来识别新词。通常，这种类型的系统用于词汇量少于 1 000 词的小词汇表情况。这种小词汇表的典型应用是用于定制应用软件需要的用户命令和用户界面。虽然可以训练特定人的系统来识别更大的词汇表，但还存在一些要权衡考虑的方面：第一，这需要彻底的训练，因为要把单词输入系统需要重复进行很多次；第二，为识别大词汇表中的单词需要大量的存储；第三，为识别词而进行的搜索需要更长的时间，这影响了系统的整体性能。

特定人的系统的缺点是由一个用户训练的系统不能被另一用户使用。如果训练系统的用户得了常见的感冒或声音有些变化，系统就会识别不出用户或犯错误。在支持大量用户的系统中，存储要求会很高，因为必须为每个用户存储语音识别数据。目前，市面上常见的汉字语音输入系统基本都是基于特定人语音识别。

2) 非特定人识别系统

此类系统可识别任何用户的语音。它不需要任何来自用户的训练，因为它不依赖于个人的语音签名。无论是男声还是女声，用户是否得了感冒，环境是否改变或噪声如何，或者用户讲方言并带有口音，都没有关系。为生成非特定人识别系统，需大量的用户训练一个大词汇表的识别器。在训练系统时，男声和女声，不同的口音和方言，以及带有背景噪声的环境都计入了考虑范围之内以生成参考模板。系统并不是为每种情况下的每个用户建立模板，而是为每种声音生成了一批模式，并在此基础上建立词汇表。

#### 2. 按识别词的性质分类

如果按识别词的性质来分，语音识别系统又可分成 3 类：孤立词语音识别、连接词语音识别和连续语音识别。

这 3 种系统具有不同的作用和要求。它们使用不同的机理来完成语音识别任务。

1) 孤立词(语音)识别系统

孤立词(语音)识别系统如图 2.14 所示，一次只提供一个单一词的识别。用户必须把输入的每个词用暂停分开，暂停像一个标志，它标志一个词的结束和下一词的开始。识别器的第一个任务是进行幅度和噪声归一化，以使由于周围的噪声、讲话者的声音、讲话者与麦克风的相对距离和位置，以及由讲话者的呼吸噪声而引起的语音变化最小化。下一步是参数分析，这是一个抽取语音参数的时间相关变化序列，如共振峰、辅音、线性可预测编码系数等的预处理阶段。这一阶段的作用有两个：第一，它抽取了与下一阶段相关的时间变化语音参数；第二，它通过抽取相关语音参数而减少了数据量。如果识别器在训练方式中，就会把新的帧加在参考表上。如果它是在识别方式中，就会把动态时间变形用于未知的模式上以计划音素持续的平均值。然后，未知模式与参考模式相比较，从表中选出最大相似度参考模式。

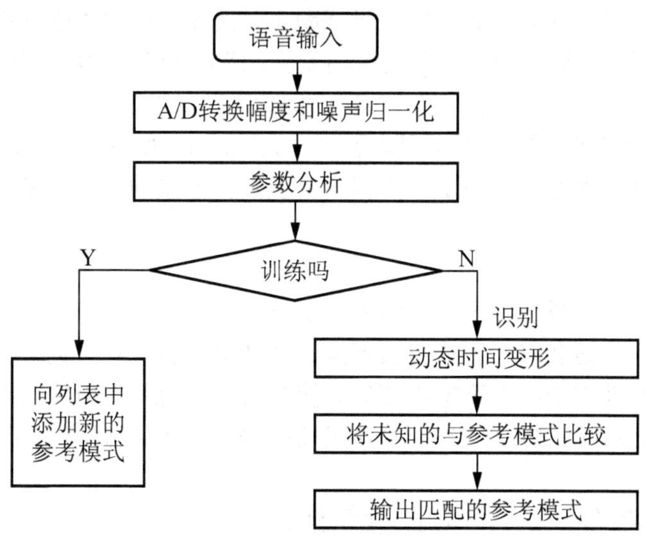


**图 2.14　孤立词(语音)识别系统**

可以通过把对应于一个词的大量样本聚集为单一群来获得非特定人孤立单词语音识别器。例如，可以把 100 个用户(带有不同的口音和方言)的每个单词 25 遍的发音收集成样本集，这样每个词就有 2 500 个样本。把这 2 500 个样本中声学上相似的样本聚集在一起就形成了对应于单词的单一群，群就成为了这个词的参考。

随着词汇表尺寸的增加，参考模式需要更多的存储空间，计算和搜索就需要更多的计算时间，如果计算时间和搜索时间变长，反应时间就会变长，同时随着处理信息的增加，错误率也会增加。

前面已经讨论了特定人和非特定人语音识别系统间区别的关键。而孤立单词语音识别器和连接词语音识别器之间的主要区别是正确地把两个词之间的沉默与所讲词的音节之间的沉默分离开来的这种能力。有效地使用单词识别的音素分析会有助于识别音节之间的间断。

2) 连接词语音识别

连接词语音与连续语音的区别是什么？连接词的语音由所说的短语组成，而短语又是由词序列组成，如“王主任”和“我们的领导是王主任”。相比较而言，连续语音由在听写中形成段落的完整句子组成，同时它需要更大的词汇表比较。

那么，为什么要把连接词识别单独分出来？孤立单词语音识别(也称命令识别)使用暂停作为词的结束和开端标志。讲出的连接词的序列，如在短语中那样，也许在单词之间没有足够长的暂停来清楚地确定一个词的结束和下一个词的开始。识别连接词短语中单词的一种方法是采用词定位技术。在这一技术中，通过补偿语音速率变化来完成识别，而补偿语音速率变化又是通过前面所述的称为动态时间变形的过程，以及把调整了的连接词短语表示成沿时间轴滑过所存储的单词模板以找到可能的匹配这样一个过程来实现的。如果在给定时间内，任何相似性显示出已经在说出的短语和模板中找到了相同的词，识别器就定位出模板中的关键词。将动态时间变形技术用于连接词短语上来消除或减少由于讲话者个人或其他影响语音的因素，如因兴奋而造成的讲出单词速率的变化。不同情况下，可以用不同的重音和速度说出同一短语。如果我们在每次用不同的重音说出短语时，都抽取所说短语的瞬时写照，并在时间域中生成帧，我们会很快发现每一获取帧是如何相对其他帧而变化的。这就提供了表示所说短语中可能变化的时间变化参数范围。当把动态时间变形技术用于连接词语音识别时，就可以用数学上的压缩或扩展帧去除可能的时间变化，然后把帧与存储模板相比较来进行识别。

为什么连接词语音识别是有用的？这是一种命令识别的高级形式，其中命令是短语而不是单一的词。例如，连接词语音识别可以用于执行操作的应用中。如短语“给总部打电话”，会引起查询总部电话并拨号。类似于孤立词语音识别，连接词语音识别可用于命令和控制应用之中。

3) 连续语音识别

这种方法比孤立单词或连接词语音识别都复杂许多。它提出了两个主要问题：分割和标志过程，在此过程中把语音段标记成代表音素、半音节、音节和单词等更小的单元，以及为跟上输入语音并实时地识别词序列所需要的计算能力。用现行的数字信号处理器，可以通过选择正确的 CPU 体系结构来获得实时连续语音识别需要的计算能力。连续语音识别系统可以分以下 3 部分。

(1) 数字化、幅度归一化、时间归一化和参数表示。

(2) 分割并把语音段标记成在基于知识或基于规则系统上的符号串。用于表征语言段特征的知识类型是：语音学，它描述了语音声音(英语中只有 41 个音素)；词汇学，它描述了声音类型；语法，它描述了语言的语法结构；语义学，它描述了词和句子语义；语用学，它描述了句子的上下文。多数连续语音识别系统是使用基于语音学的、词汇学的、语法的知识系统。

(3) 识别词序列并进行语音段匹配。在连续语音识别系统中，语音信号的前端处理与孤立单词语音识别系统中的一样。它把模拟信号转换成数字信号，进行幅度和噪声归一化以使由于周围噪声、讲话者的声音、讲话者相对于麦克风的距离和位置、讲话者的呼吸噪声等引起的语音变化最小化。下一步由参数分析组成，它是一个抽取时间变化的语音参数，如共振峰、辅音、线性可预测编码系数等的预处理阶段。这一步骤有两个目的：首先，它抽取了与下一步相关的时间变化语音参数；其次，它通过抽取相关语音参数而减少了数据量。

下一步完成把语音分割为 10ms 的段并标记这些段。如何标记语音段？孤立词语音识别器使用了把未知发音与已知的参考模式相比较的技术。如果未知发音与已知参考模式之一相类似，那么就找到了一个匹配并识别出了发音。对于连续语音识别，例如，100 个词的词汇表会需要超过 1 000 个参考模式。这就要求更大的存储和更快的计算引擎在模式中搜索并完成把模式输入到系统中的处理。如果实时地完成上述处理，这将会是一个很高的要求。为解决这一问题，要把语音分割成更小的符号单元段，它们表示语音、音素、半音节、音节和单词。分割过程生成了 10ms 的“快照”，并把语音的时间变化表示转换成符号表示。

再下一步是对语音段作标记，其中使用了由语音、词汇语法和语义知识组成的知识系统。这一过程应用了一种基于知识系统来标记语音段的启发式方法。把语音段结合起来以形成音素，把音素结合起来以形成单词。单词经过一种确认过程，并使用语法和语义知识来形成句子。这一过程是极为数学化，十分复杂，在此不再赘述。

### 2.7.2 语音合成

语音合成是人工产生语音的过程，根据语音生成原理，现在的语音合成方法大致可分为 3 种类型：基于波形编码的合成；基于分析-合成法的合成；按规则合成。上述 3 种方法的基本原理，如图 2.15 所示。

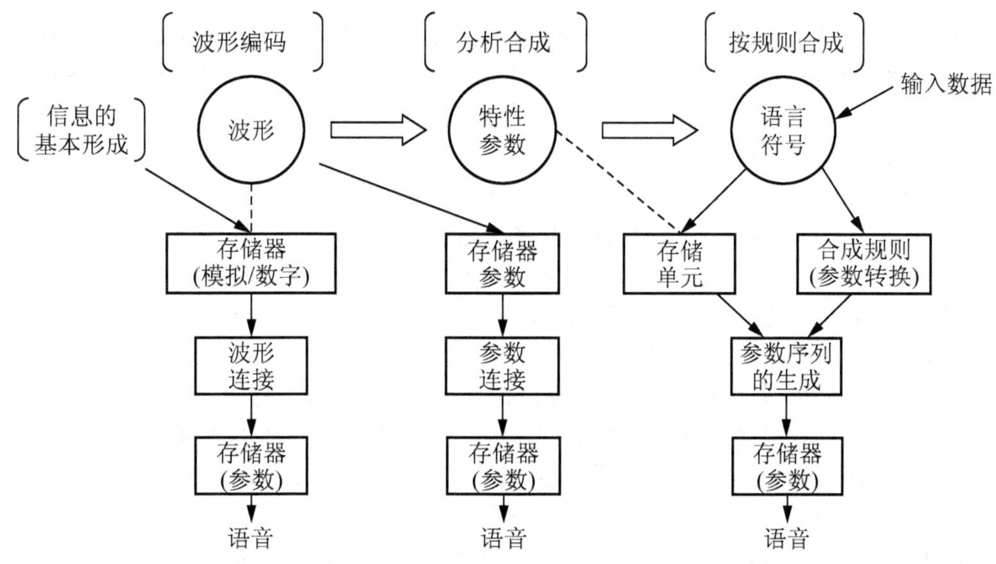


图 2.15 3 种语音合成方法的基本原理

基于波形编码合成方法的合成系统，它的特点是简单，并能产生高质量的语音，但不够灵活；按规则合成方法构造的系统是另一种极端，它具有非常大的灵活性，但相当复杂，它产生的语音质量与人产生的语音质量相比，仍然相差甚远。实际应用中，到底采用什么方法，应按使用环境和目的加以选用。

#### 1. 波形编码合成法

波形编码合成法首先把人说的词或短语记录下来并存放在存储器中，若有一个句子要让机器读出来，则选择适当的词和短语单元，然后把它们连接起来产生语音输出。用这种方法产生的语音，其质量是受单元之间连接处的声学特性的影响，连接处的声学特性包括谱包络、幅度、基频及速率。若存储和使用较大的语音单元，如短词和句子，则合成产生的词和句子的种类和数量均受到限制，但合成语音的可懂度和自然度都比较好。相反，如果存储和使用的语音单元较小，如音节和音素，那么合成语音的质量将大大降低，但合成产生的词和句子的范围较广。在这种合成法中，由于词或短语在不同句子中的音调不同，如疑问句、陈述句或感叹句，因此一个相同的词或短语往往要以几种不同音调的形式存储。

用这种方法产生的语音存在两个不足：一是用孤立词或短语连接的句子，产生的声音听起来觉得慢；另一个是句子的重音、节奏、语调听起来不太自然。

#### 2. 分析一合成法

分析一合成法是根据语音生成模型，把人说的词或短语进行分析，抽取它们的特性参数，并按特性参数的时间顺序把参数存储起来。合成语音时，把恰当单元的参数序列连接起来，然后送到语音合成器产生语音输出。用这种方法产生的语音，虽然它的自然度稍差，但由于存储的是词或短语的特性参数，所以可以大大降低存储容量的要求。此外，单元连接处的语音特性可以通过控制特性参数来改善。这种方法存储的语音单元不是简单的原始语音，而是对词或短词进行压缩，存储的是特性参数。因此，从这个观点来看，分析－合成法可以认为是波形编码方法的一种高级形式。

3. 基于语音生成机理的合成法

用电路模拟语音生成机理以产生合成语音，文献上介绍较多的有两种方法，一种称为声道模拟法(Vocal Track Analog)，另一种称为终端模拟法(Terminal Analog)。前者是模拟声波在声道上传播，把声道看成由许多管子串联的系统；后者是模拟声道的频谱结构，也就是谐振和反谐振特性，把声道看成是谐振腔。

文－语转换(Text to Speech)是文字转换成语音的简称。文字是以数字或代码形式表示的语言信息，而这里指的语音不是通过人的嘴巴说出的语音，而是指由计算机合成后发出的语音。这项技术曾广泛用于为盲人设计的语音阅读设备，但在过去的几年里，这项技术的迅速发展已远远超出了盲人的使用范围。例如，文－语转换技术能够把电子邮件(Electronic Mail)转换成语音邮件(Voice Mail)，再通过电话来阅读；通过电话来阅读大型文本数据库是文－语转换的另一个应用例子。目前，在多媒体 PC 中，文－语转换功能已很普及，配有语音卡的 PC 都可以具有这种功能。

早期的文－语转换是把预先记录好的词、音节、音素连接成适当的顺序后再发出语音。这个语音不是真正的合成语音，而是现存语音的重新安排。在要求词汇量少的情况下，这种文－语转换是很有用的，如电话簿的辅助系统中仅需有限的短语和电话号码。但即使在这类应用系统中也有一个音调问题，有些话不得不用不同的音调录好几遍，而应用系统也不得不根据内容选择音调合适的话。

文－语转换与录音的重放不同，它是从输入的任何文本产生合成语音输出，这就相当于人读书面文章的过程。这个过程既包含有很高级的信息处理，又包含发音器官复杂的生理控制。因此，要实现这种文－语转换需要广博的知识和高深技术。典型的文－语转换系统结构如图 2.16 所示。

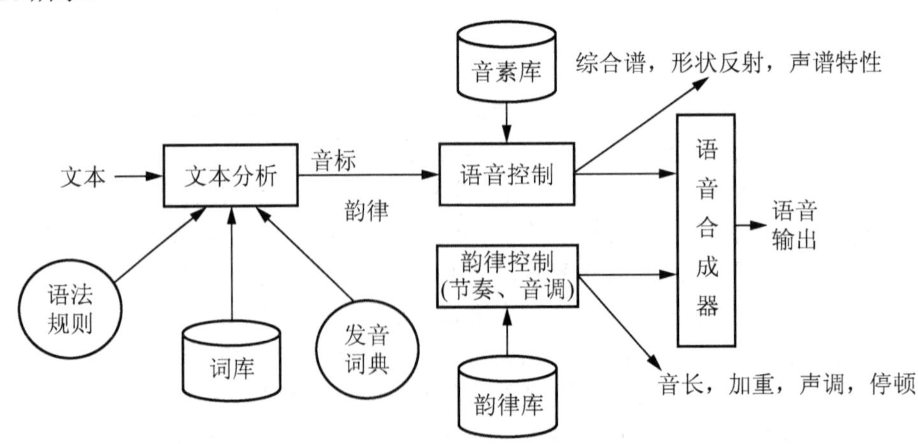


**图 2.16　文－语转化系统结构**

由图 2.16 可以看出，文－语转换系统由两个部分组成，一部分是发音器，这里主要是指语音合成器，它相当人的发音系统。另一部分是发声的驱动器，它的输入是要发声的文本串或其他语言信息，而它的输出用来驱动发声器发声。这两个部件都可用软件实现。国内一些大学、研究所已完成了文－语转换的实验性系统，随着功能的不断完善，实用化可望早日实现。总的来说，文－语转换是一个多学科的研究领域，它需要多方面的科学工作者，如语言学家、语音学家、通信科学家、生理学家、心理学家及电子工程技术人员的共同努力。

## 2.8 声音媒体编辑软件的应用

为了能对数字声音进行录制与编辑，涌现出了许多声音编辑软件。本节介绍两种常用的声音编辑软件。

### 2.8.1 Windows 的录音机软件

如果在计算机上安装了声卡和录音话筒(麦克风)，使用便捷的 Windows 录音机软件便可直接进行声音的录制、编辑或播放。

Windows 录音机的主要功能涉及声音的录制、播放、编辑、效果处理和文件的管理。在 Windows 中选择“开始”→“所有程序”→“附件”→“娱乐”→“录音机”选项，打开声音控制面板，如图 2.17 所示。Windows 附件中的录音机界面上除了菜单和常规录音机的录放控制按钮外，还提供了录音或播放过程中的有关信息。当前声音所处的位置和总长度是以时间为参照单位显示的，可移动的滑块位置与播放声音所处的位置相对应。同时还用动态方式来显示即时声波的波形。“录音机”中编辑的声音文件必须是未压缩的；录下的声音被保存为波形(.wav)文件。

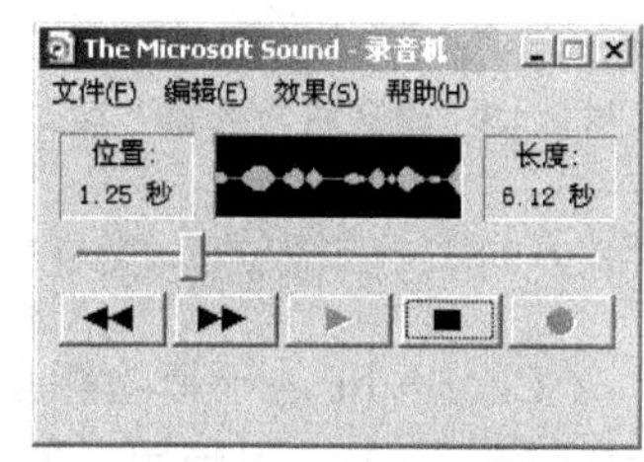


图 2.17 录音机程序界面

1. *声音的录制和播放*

(1) 录制声音：单击程序界面上的红色“录音”按钮，程序开始接收传入的声音。

默认录音“长度”值为 60s，当录音进行到 60s 时将自动停止。如果再次按下“录音”按钮，“长度”值将会增加 60s。

录音之后，选择“文件”→“保存”选项，打开“另存为”对话框，在“文件名”文本框中输入文件名，单击“保存”按钮，便将刚录入的数字声音存盘。

(2) 播放声音：可针对刚录制的声音，或者选择“文件”→“打开”选项，打开已存在的声音文件。单击软件面板上的“放音”按钮，可使声音文件从头播放，而移动滑块可随意改变播放位置。

2. *声音的编辑*

(1) 裁剪首、尾声音片段：拖曳滑块到要分隔声音的位置，选择“编辑”→“删除当前位置以前的内容”或“删除当前位置以后的内容”选项，在打开的提示对话框中单击“确定”按钮，完成首部或尾部声音的裁剪。

(2) 裁剪中间声音片段：拖曳滑块到第一部分要保留的声音结束位置，选择“编辑”→“复制”选项。拖曳滑块到要删除部分的结束位置，选择“编辑”→“粘贴插入”选项。然后选择“编辑”→“删除当前位置以前的内容”选项，在打开的提示对话框中单击“确定”按钮，可完成中间片段的裁剪。

(3) 插入声音片段：先打开声音文件，如“w1.wav”，将滑块移动到需要插入其他声音文件的位置。选择“编辑”→“插入文件”选项，可将其他声音文件，如“w2.wav”，从滑块位置插入“w1.wav”。

(4) 合并声音片段：先打开声音文件，如“w1.wav”，将滑块移动到需要与其他声音文件合并的位置。选择“编辑”→“与文件混音”选项，可将其他声音文件与当前文件声音效果相混合。

3. 编辑声音使形成特殊效果

在“效果”菜单中，选择相应的选项可以使录制的声音变调而产生特殊的效果，如图2.18所示。

图2.18 录音机“效果”菜单

对声音效果每选择一次“加大音量”选项，将提高原来音量的25%，声音将变得高而润；每选择一次“减速”选项，声音的时间将比原来延长一倍，原来的声音将变慢；选择“添加回音”选项，便可产生回荡效果；选择“反转”选项，可反向播放声音文件。

事实上，Windows“录音机”编辑波形文件的功能较弱，有些软件如Cool Edit提供了很强的编辑功能。

## 2.8.2 声音编辑软件Cool Edit

Cool Edit是一个功能强大的多音轨音频混合编辑软件，集录音、混音、编辑于一体。使用简捷、方便，很受用户的欢迎，它包含高品质的数字效果组件，可在任何声卡上进行64轨混音，只要存储空间允许也可以任意时间长度地录音，在互联网上，可以下载到它的免费试用版。

1. 启动运行Cool Edit

首先安装Cool Edit，然后启动它，运行后的界面如图2.19所示。打开一个声音文件，可以看到图中显示了该声音的左右声道的波形(上为L，下为R)，默认情况下，可以对两个声道同时操作，也可以单独对其中的一个声道操作。

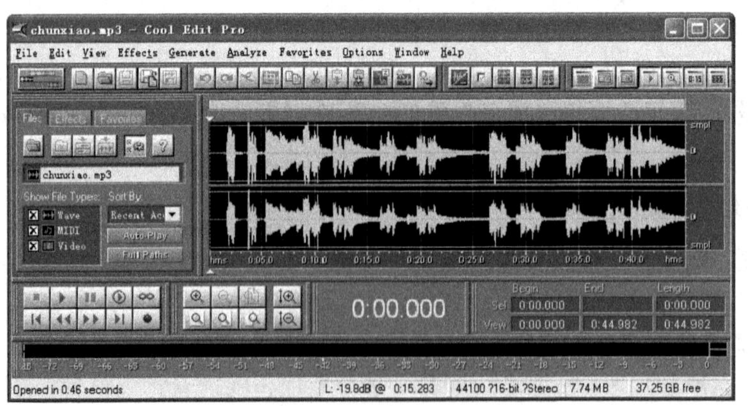


图2.19 Cool Edit的运行界面

用鼠标选择波形的一部分，被选中的部分将会反色显示，可以像操作文件一样地进行简单的声音编辑(如复制、插入、删除等)，如图 2.20 所示。

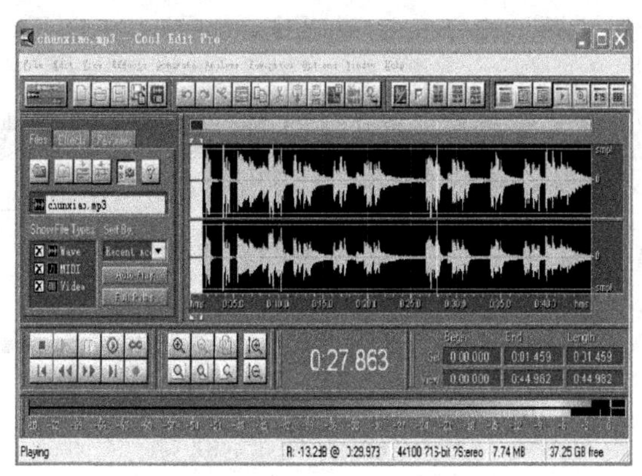

图 2.20　音频的简单编辑

## 2. 数字音频的简单编辑

Cool Edit 对声音的编辑非常简单，如同 Word 对文字的编辑一样，首先选中要编辑的部分，然后进行编辑操作(如复制、插入、删除等)，操作后在 Cool Edit 的运行界面区便可看到编辑效果。

例如，将声音文件的某一段移动到另外一个位置，操作步骤如下。

(1) 用鼠标选择要移动波形的部分，被选中的部分将会反色显示(如图 2.20 所示)。

(2) 选择“Edit”→“Cut”选项(或按 Ctrl+X 组合键)。

(3) 将光标移到另外一个所要的位置，选择“Edit”→“Paste”选项(或按 Ctrl+V 组合键)。即可完成将一段声音从一个位置移动到另一个位置。

## 3. 放大、衰减、去噪

1) 声音的放大或衰减

在菜单栏中选择“Effects”→“Amplitude”→“Amplify”选项，选择放大或衰减的系数，或者从右上角的 Presets 预设中选取原来已经设置好的参数。单击“OK”按钮开始渲染，可以看到波形已经发生了变化。

2) 去噪

从旧磁带中翻录或者从现场采集声音，难免会有些杂音，即使是崭新的录音带，在转录的过程中也会混入一些系统噪声和环境噪声。Cool Edit 提供了强大的去噪功能。它对降低噪声的基本思路是，先设法分析出噪声源的频谱特性，然后削弱整个声音文件中符合该特征的成分。

操作步骤是，在菜单栏中选择“Effects”→“Noise Reduction”→“Noise Reduction”选项，打开“Noise Reduction”对话框，调整相应的参数设置，就可以对原始声音素材进行降噪处理了。

## 4. 淡入淡出处理

在声音处理中，经常用到的一个效果是淡入淡出，如一个声音开始的时候，音量从小到大渐变，或者一首歌到了末尾结束的时候声音渐渐变小，给人以远去的感觉。淡入淡出是影视作品中很常用的一种处理手段，它能使不同场景之间的音乐或背景音效过渡更为自然。

在 Cool Edit 中实现这些效果非常容易，选择“Effects”→“Amplitude”→“Amplify”选项，打开“Amplify”对话框，选择 Fade 选项卡，如图 2.21 所示，就可以对声音进行淡入淡出的处理了。

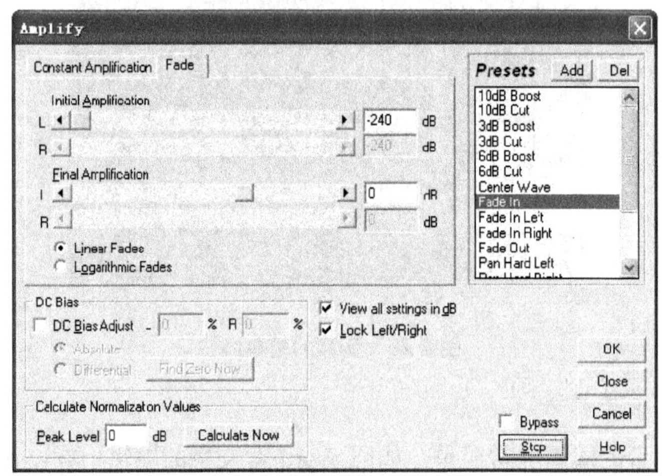


图 2.21　声音的淡入淡出处理

5. 增加特殊效果

Cool Edit 可为编辑的声音加上如变调、回音等特殊效果。

1) 声音的变调处理

启动 Cool Edit，载入需要处理的声音文件。选择“Effects”→“Time/Pitch”→“Stretch”选项，打开“Stretch”对话框，点选“Pitch Shift”单选按钮，固定音频的节拍。然后，通过 Transpose 下拉列表框进行调整，软件已经按音乐调子设好变调幅度，可以半度半度地升调或降调，如图 2.22 所示。

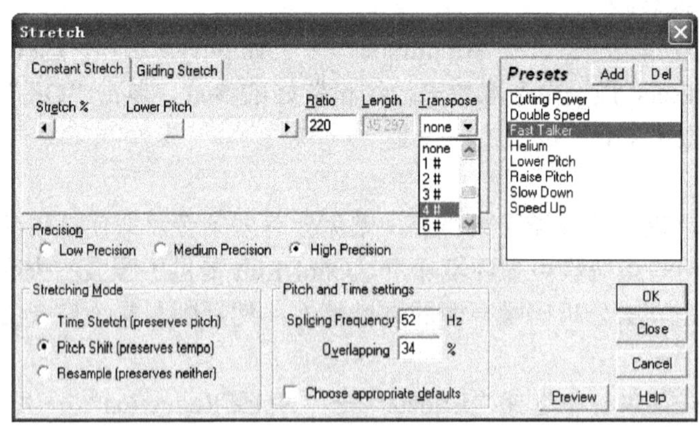


图 2.22　变调的参数设置

单击“OK”按钮，开始渲染。完成后，即可按播放键试听变调后的效果。

2) 加入回音效果

选择“Effects”→“Delay Effects”→“Echo”选项，打开“Echo”对话框，即可对声音进行回音处理。回音的选项很多，一般可以使用已经存在的预设值。通过改变这些值，可以得到不同的回音效果。

6. 混音

若要将两个声音文件叠加在一起，如为一段语音解说配上背景音乐，则可进行混音处理。假设有两个波形声音文件 A.wav 和 B.wav，想混合成一个同时输出的 WAV 文件，打开两个声音文件，在第一音轨上(TRACK1)右击，在弹出的快捷菜单中选择“Insert”→“Wave form file”选项，打开“Open a Waveform”对话框，选择 B.wav 文件，单击“打开”按钮，即插入 B.wav 文件，再在第二音轨上用同样的方法将 A.wav 文件插入到 Cool Edit 中，通过剪切、删除，复制等操作，将两部分声音文件的长度修改为一致，使两个声音的波形基本上对应，按 P1ay 键试听效果，然后选择“Edit”→“Mix Down to File”→“All Waves”选项，把这两个声音信号混合成一个正常的双声道 WAV 文件。

Coo1 Edit 还支持多种声音文件格式及它们之间的转换。

## 2.9 小　　结

声音是表达信息的一种有效方式。在多媒体应用中，适当运用语音和音乐能起到文本、图像等媒体无法替代的效果，使得多媒体应用更加生动有趣。

本章首先介绍了声音的基本概念，声音的性质、类型，声卡的基本知识和声卡的技术特性，以及计算机如何处理声音的方法。音频信息的数字化可分为采样、量化和编码 3 步，语音可以用波形文件的格式存储；对于音乐，还有一种更为节省存储空间的方法即 MIDI 文件。

音频信息数据量大，因此需要压缩，压缩方法可分为两大类：有损压缩方法和无损压缩方法。

由于声音是人类交流的最自然的方式，因此，很多学者以人的语音为研究对象，创建了新的研究领域：语音识别和语音合成。语音识别是指机器收到语音信号后，如何模仿人的听觉器官辨别所听到的语音内容或讲话人的特征，进而模仿人脑理解出该语音的含义或判别出讲话人的过程。语言合成是指机器接到要发音的字符串后，模仿人脑在讲话之前的思维过程及模仿人的发音器官发出声音的过程。本章中概要介绍了数字语音的各种应用，以增强读者对音频处理技术的进一步了解。

## 2.10 习　　题

1. 填空题

(1) 人类能够接受的听觉带宽是从________Hz～________kHz。

(2) 声音数字化的步骤可分为 3 步进行，第 1 步：________。第 2 步：________。第 3 步：________。

(3) 重新播放数字化声音(即声音的重构)步骤：解码、________、________。

(4) 目前产生 MIDI 乐音的方法很多，现在用的较多的方法有两种：一种是 FM (Frequency Modulation)合成法，另一种是________合成法。

(5) 采样频率为 22.05kHz、量化精度为 16 位、持续时间为两分钟的双声道声音，未压缩时，数据量是________MB。

(6) 使用数字波形法表示声音信息时，采样频率越高，则声音质量越________。

2. 选择题

(1) 使用 16 位二进制表示声音要比使用 8 位二进制表示声音的效果____。

A．噪声小，保真度低，音质差　　B．噪声小，保真度高，音质好

C．噪声大，保真度高，音质好　　D．噪声大，保真度低，音质差

(2) 使用数字波形法表示声音信息时，采样频率越高，则数据量____。

A．越小　　B．越大　　C．恒定　　D．不能确定

(3) 两分钟双声道，16 位采样位数，22.025kHz 采样频率声音的不压缩的数据量是____。

A．5.05MB　　B．10.58MB　　C．10.35MB　　D．10.09MB

(4) PC 中有一种类型为 MID 的文件，下面关于此类文件的一些叙述中，不正确的是____。

A．它是一种使用 MIDI 规范表示的音乐，可以由媒体播放器之类的软件进行播放

B．播放 MID 文件时，音乐是由 PC 中的声卡合成出来的

C．同一 MID 文件，使用不同的 PC 播放时，音乐的质量是完全一样的

D．PC 中的音乐除了使用 MID 文件表示之外，也可以使用 WAV 文件表示

(5) MP3 文件是目前较为流行的音乐文件，它是采用下列____标准对 WAVE 音频文件进行压缩而成的。

A．MPEG-7　　B．MPEG-4　　C．MPEG-2　　D．MPEG-1

(6) 在下列有关声卡的叙述中，不正确的是____。

A．声卡的主要功能是控制波形声音和 MIDI 声音的输入和输出

B．波形声音的质量与量化位数、采样频率有关

C．声卡中的数字信号处理器在完成数字声音的编码、解码及许多编辑操作中起着重要的作用

D．因为声卡所要求的数据传输率不高，所以用 ISA 总线进行传输已足够，因此，目前的声卡都是 ISA 接口声卡。

(7) 下面关于 PC 数字声音的叙述中，正确的是____。

A．语音信号进行数字化时，每秒产生的数据量大约是 64KB

B．PC 中的数字声音，指的就是对声音的波形信号数字化得到的“波形声音”

C．波形声音的数据量较大，一般需要进行压缩编码

D．MIDI 是一种特殊的波形声音

(8) MP3 是一种得到广泛应用的数字声音的格式，下面关于 MP3 的叙述中，不正确的是____。

A．与 MIDI 相比，表达同一首乐曲时它的数据量比 MIDI 声音要少得多

B．MP3 声音是一种全频带声音数字化之后经过压缩编码得到的

C．MP3 声音的码率小，适合在网上传输

D．MP3 声音的质量几乎与 CD 唱片的声音质量相当

3. 判断题

(1) 声音处理硬件“声卡”就是一块插在计算机主板上的卡。（　）

(2) 声卡的采样率与量化精度都是影响声音数字化质量的重要因素。（　）

(3) MIDI 乐曲可合成任何声音且数据量最少。（　）

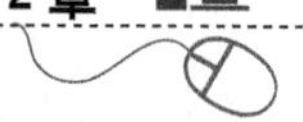

(4) 声音重构的 3 步骤是解码、DA 转换和插值。 ( )

(5) 在声音处理中，经常用到的一个效果是淡入淡出。即一个声音开始的时候，音量从小到大渐变，或者一首歌到了末尾结束的时候声音渐渐变小，给人以远去的感觉。 ( )

4. 简答题

(1) 声卡的主要功能有哪些？声卡一定是一块卡吗？

(2) 什么是 MIDI 音乐？MIDI 音乐如何产生的？有什么优缺点？

(3) 要使声音比较真实、音质清晰取决于声卡的什么性能？

(4) 试计算以 44.1kHz 采样，16 位量化精度为多少。双声道录制 5min 的波形声音，如果未加压缩，其信息量为多少？

(5) 什么是 MP3？其压缩标准是什么？

(6) 什么是语音合成？

(7) 什么是语音识别？

(8) 声音编辑软件 Cool Edit 具有哪些主要功能？

# 第3章 数字图像与视频处理技术

## 教学提示

➢ 图像与视频是两种常见的可视媒体。图像、视频的获取、处理与数字化技术是多媒体信息处理的重要内容。视频是指内容随时间变化的一个图像序列也称活动图像或运动图像。数字图像与视频的处理技术是一门发展迅速、应用广泛的学科分支，其应用范围涉及人类生活的各个方面。

## 教学目标

➢ 本章主要介绍图像、视频的基础知识与处理技术，包括图像、视频的获取、表示、处理与应用等，以及常用图像、视频处理软件的使用。通过本章的学习，要求掌握多媒体技术中有关图像、视频数字化的基本概念、方法、技术与应用等知识。

## 3.1 概　　述

信息的表示形式是多种多样的，有文字、数字、图形、声音、图像和视频等，而图像和视频则是多媒体中携带信息极其重要的两种媒体，人们获取的信息的70%来自视觉系统，将这些信息的表现形式引入计算机，便给传统的计算机赋予了新的含义，也对计算机的体系结构和相关的处理技术提出了新的要求。

计算机中的数字图像按其生成方法可以分为两大类，一类是从现实世界中通过数字化设备获取的图像，它们称为取样图像(Sampled Image)、点阵图像(Dot Matrix Image)、位图图像(Bit Map Image)，以下简称图像(Image)；另一类是计算机合成的图像，它们称为矢量图形(Vector Graphics)，或简称图形(Graphics)。本章主要介绍第一类图像。

从现实世界中获得数字图像的过程称为图像的获取(Capturing)，所使用的设备统称为图像获取设备。常用的设备有图像扫描仪、数码照相机等。图像扫描仪可用于对印刷品、照片或照相底片等进行扫描输入，用数码照相机或数码摄像机可对选定的景物进行拍摄。图像获取的过程实质上是模拟信号的数字化过程。

数字图像最基本的表示单位称为像素(Picture Element，pel)，像素对应于图像数字化过程中的一个取样点。按照取样点表示方式的不同，数字图像又可分为二值图像、灰度图像和彩色图像。将一幅数字图像中的数据按一定的方式进行组织称为图像的编码。为了减少数字图像的存储空间往往要进行压缩编码，支持图像压缩编码有许多国际标准和文件存储格式，如BMP、GIF、TIFF、JPEG、JPEG 2000等。

借助于专用软件可对图像进行缩放、旋转、变形、色彩校正、图像增强和修饰等滤镜操作，以提高图像的视觉效果或用于各种不同的应用领域。美国Adobe公司的Photoshop以其强大的功能成为人们进行图像处理与编辑首选的工具之一。

视频是影像视频的简称。与动画一样，视频是由连续的随着时间变化的一组图像(或称帧)组成。由于人类“视觉暂留”的生理现象，当1s内连续播放多幅相互关联的静止图像时就会产生运动的感觉，即运动视频。因此，图像可以看作视频的特例。

摄像机是获取视频信号最常用的工具，根据摄像机的类别，可分为模拟视频与数字视频。由模拟视频转变为数字视频的过程称为视频的数字化。在个人计算机中较常用的设备是视频采集卡，简称视频卡。它能将输入的模拟信号(及其伴音信号)进行数字化，然后存储在硬盘中。

由于数字电视、VCD、DVD及数字监控、可视通信、远程医疗、远程教学等视频应用的不断普及，大大推动了数字视频处理技术的研究与应用。特别是网络视频和交互式电视等新的应用的出现，诞生了许多视频处理、播放软件，以及支持不同格式的视频压缩编码标准，如MPEG-1、MPEG-2、MPEG-4和H.261等。

本章以数字图像处理为基础，首先介绍数字图像处理技术，然后介绍动态视频处理技术及应用。

## 3.2 数字图像数据的获取与表示

计算机要对图像进行处理，首先必须获得图像信息并将其数字化。利用图像扫描仪、数码照相机等常用的图像输入设备对印刷品、照片或选定的景物进行拍摄，完成图像输入过程。下面将介绍数字图像数据的获取与表示的基本原理与相关知识。

### 3.2.1 数字图像数据的获取

图像数据的获取是图像数字化的基础。图像获取的过程实质上是模拟信号的数字化过程。它的处理步骤大体分为 3 步。

(1) 采样。将画面划分为 $M \times N$ 个网格，每个网格称为一个取样点，用其亮度值来表示。这样，一幅模拟图像就转换为 $M \times N$ 个取样点组成的一个阵列，如图 3.1 所示。

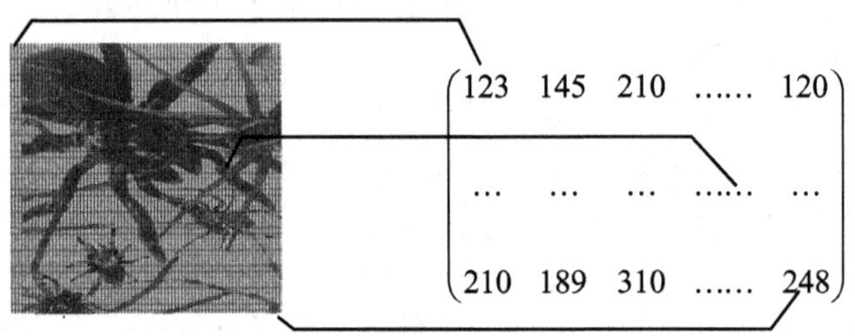


图 3.1 图像采样示意图

(2) 分色。将彩色图像的取样点的颜色分解成 3 个基色(如 R、G、B 三基色)，若不是彩色图像(即灰度图像或黑白图像)，则每一个取样点只有一个亮度值。

(3) 量化。对采样点的每个分量进行 A/D 转换，把模拟量的亮度值使用数字量来表示(一般是 8～12 位的正整数)。

### 3.2.2 数字图像的表示

从数字图像的获取过程可以知道，一幅取样图像由 $M$(行)×$N$(列)个取样点组成，每个取样点是组成取样图像的基本单位，称为像素，黑白图像的像素只有 1 个亮度值，彩色图像的像素是矢量，它由多个彩色分量组成，一般有 3 个分量(R-红，G-绿，B-蓝)，因此，取样图像在计算机中的表示方法是，单色图像用一个矩阵来表示；彩色图像用一组(一般是 3 个)矩阵来表示，矩阵的行数称为图像的垂直分辨率，列数称为图像的水平分辨率，矩阵中的元素是像素颜色分量的亮度值，使用整数表示，一般是 8～12 位。彩色图像的表示如图 3.2 所示。

| 153 | 156 | 159 | 170 | 150 | 151 | 175 | 176 |
|---|---|---|---|---|---|---|---|
| 150 | 154 | 159 | 166 | 156 | 158 | 177 | 178 |
| 147 | 153 | 158 | 162 | 156 | 168 | 180 | 188 |
| 168 | 175 | 175 | 174 | 177 | 182 | 187 | 183 |
| 225 | 225 | 219 | 217 | 216 | 218 | 223 | 227 |
| 225 | 224 | 221 | 220 | 214 | 215 | 222 | 225 |
| 240 | 233 | 226 | 233 | 219 | 220 | 224 | 229 |
| 233 | 231 | 229 | 226 | 220 | 220 | 227 | 230 |

红色分量

| 178 | 176 | 176 | 176 | 176 | 205 | 216 | 226 |
|---|---|---|---|---|---|---|---|
| 179 | 178 | 175 | 180 | 177 | 200 | 223 | 231 |
| 174 | 175 | 178 | 184 | 181 | 189 | 217 | 224 |
| 208 | 203 | 208 | 196 | 193 | 197 | 216 | 225 |
| 212 | 210 | 215 | 202 | 192 | 196 | 207 | 218 |
| 211 | 212 | 212 | 210 | 198 | 194 | 207 | 210 |
| 224 | 227 | 224 | 214 | 197 | 196 | 213 | 220 |
| 228 | 231 | 233 | 220 | 202 | 197 | 210 | 217 |

绿色分量

| 180 | 177 | 187 | 190 | 190 | 220 | 225 | 231 |
|---|---|---|---|---|---|---|---|
| 182 | 184 | 179 | 188 | 192 | 217 | 239 | 233 |
| 182 | 185 | 190 | 191 | 194 | 207 | 229 | 235 |
| 219 | 215 | 218 | 198 | 198 | 205 | 220 | 237 |
| 211 | 214 | 218 | 202 | 192 | 195 | 212 | 234 |
| 217 | 214 | 213 | 210 | 194 | 192 | 214 | 238 |
| 222 | 225 | 226 | 214 | 197 | 200 | 216 | 230 |
| 228 | 230 | 230 | 225 | 200 | 206 | 212 | 220 |

蓝色分量

图 3.2 彩色图像的表示

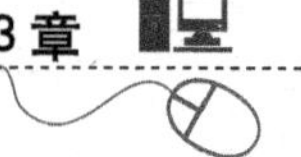

## 3.3 图像的基本属性

在计算机中存储的每一幅数字图像，除了所有的像素数据之外，至少还必须给出如下一些关于该图像的描述信息(属性)。

### 3.3.1 分辨率

经常用到的分辨率有两种：显示分辨率和图像分辨率。

1. 显示分辨率

显示分辨率是指显示屏上能够显示出的像素数目。例如，显示分辨率为640×480表示显示屏分成480行，每行显示640个像素，整个显示屏就含有307 200个显像点。屏幕能够显示的像素越多，说明显示设备的分辨率越高，显示的图像质量也就越高。除目前大多计算机用的液晶显示器(Liquid Crystal Display，LCD)外，早期计算机一般都采用阴极射线管(Cathode Ray Tube，CRT)显示，它类似于彩色电视机中的CRT。显示屏上的每个彩色像点由代表R、G及B 3种模拟信号的相对强度决定，这些彩色像点就构成一幅彩色图像。

计算机用的CRT和家用电视机用的CRT之间的主要差别是显像管玻璃面上的孔眼掩模和所涂的荧光物不同。孔眼之间的距离称为点距(Dot Pitch)。因此，常用点距来衡量一个显示屏的分辨率。电视机用的CRT的平均分辨率为0.78mm，而标准显示器的分辨率为0.28mm。孔眼越小，分辨率就越高，这就需要更小更精细的荧光点。这也就是为什么同样尺寸的计算机显示器比电视机的价格贵得多的原因。

早期用的计算机显示器的分辨率是0.41mm，随着技术的进步，分辨率由0.41→0.38→0.35→0.31→0.28一直到0.28mm以下。显示器的价格主要集中体现在分辨率上，因此在购买显示器时应在价格和性能上综合考虑。

2. 图像分辨率

图像分辨率是指组成一幅图像的像素密度的度量方法。对同样大小的一幅图，若组成该图的图像像素数目越多，则说明图像的分辨率越高，看起来就越逼真；相反，图像显得越粗糙。

在用扫描仪扫描彩色图像时，通常要指定图像的分辨率，用每英寸多少点(Dots Per Inch，DPI)表示。如果用300dpi来扫描一幅8″×10″的彩色图像，就得到一幅2 400×3 000像素的图像。分辨率越高，像素就越多。

图像分辨率与显示分辨率是两个不同的概念。图像分辨率是确定组成一幅图像的像素数目，而显示分辨率是确定显示图像的区域大小。如果显示屏的分辨率为640×480像素，那么一幅320×240像素的图像只占显示屏的1/4；相反，2 400×3 000像素的图像在这个显示屏上就不能显示一个完整的画面。

### 3.3.2 像素深度

像素深度，即像素的所有颜色分量的二进制位数之和，它决定了不同颜色(亮度)的最大数目。或者确定灰度图像的每个像素可能有的灰度级数。例如，一幅彩色图像的每个像素用R、G、B 3个分量表示，若每个分量用8位，那么一个像素共用24位表示，就说像素的深度为

24，每个像素可以是 $2^{24}$＝16 777 216 种颜色中的一种。在这个意义上，往往把像素深度说成是图像深度。表示一个像素的位数越多，它能表达的颜色数目就越多，而它的深度就越深。

虽然像素深度或图像深度可以很深，但各种 VGA(Video Graphics Array，视频图形阵列)的颜色深度却受到限制。例如，标准 VGA 支持 4 位 16 种颜色的彩色图像，多媒体应用中推荐至少用 8 位 256 种颜色。由于设备的限制，加上人眼分辨率的限制，一般情况下，不一定要追求特别深的像素深度。此外，像素深度越深，所占用的存储空间越大。相反，如果像素深度太浅，那也影响图像的质量，图像看起来让人觉得很粗糙也很不自然。

在用二进制数表示彩色图像的像素时，除 R、G、B 分量用固定位数表示外，往往还增加 1 位或几位作为属性(Attribute)位。例如，RGB 5∶5∶5 表示一个像素时，用 2 个字节共 16 位表示，其中 R、G 及 B 各占 5 位，剩下一位作为属性位。在这种情况下，像素深度为 16 位，而图像深度为 15 位。

属性位用来指定该像素应具有的性质。例如，在 CD-I 系统中，用 RGB 5∶5∶5 表示的像素共 16 位，其最高位($b_{15}$)用作属性位，并把它称为透明(Transparency)位，记为 $T$。$T$ 的含义可以这样来理解：假如显示屏上有一幅图，当这幅图或者这幅图的一部分要重叠在上面时，$T$ 位就用来控制原图是否能看得见。例如，定义 $T=1$，原图完全看不见；$T=0$，原图能完全看见。

在用 32 位表示一个像素时，若 R、G、B 分别用 8 位表示，剩下的 8 位常称为 α 通道位，或称为覆盖位、中断位、属性位。它的用法可用一个预乘 α 通道(Premultiplied Alpha)的例子说明。假如一个像素(A，R、G、B)的 4 个分量都用归一化的数值表示，(A，R、G、B)为(1，1，0，0)时显示红色。当像素为(0.5，1，0，0)时，预乘的结果就变成(0.5，0.5，0，0)，这表示原来该像素显示的红色的强度为 1，而现在显示的红色的强度降了一半。

用这种办法定义一个像素的属性在实际中很有用。例如，在一幅彩色图像上叠加文字说明，而又不想让文字把图覆盖掉，就可以用这种办法来定义像素，而该像素显示的颜色又有人把它称为混合色(Key Color)。在图像产品生产中，也往往把数字电视图像和计算机生产的图像混合在一起，这种技术称为视图混合(Video Keying)技术，它也采用 α 通道。

### 3.3.3 颜色空间

颜色空间的类型，指彩色图像所使用的颜色描述方法，也称颜色模型。一个能发出光波的物体称为有源物体，它的颜色由该物体发出的光波决定，使用 RGB 相加混色模型；一个不发光波的物体称为无源物体，它的颜色由该物体吸收或者反射哪些光波决定，用 CMY 相减混色模型。

#### 1. 显示彩色图像用颜色模型

显示彩色图像的电视机和计算机显示器色彩显示原理主要基于图像的颜色模型。在此类装置中，使用的阴极射线管(CRT)是一个有源物体。CRT 使用 3 个电子枪分别产生红、绿和蓝 3 种波长的光，并以各种不同的相对强度综合起来产生颜色，如图 3.3 所示。组合这 3 种光波以产生特定颜色称为相加混色，又称 RGB 相加模型。相加混色是计算机应用中定义颜色的基本方法。

从理论上讲，任何一种颜色都可用 3 种基本颜色按不同的比例混合得到。3 种颜色的光强越强，到达我们眼睛的光就越多，它们的比例不同，我们看到的颜色也就不同，没有光到

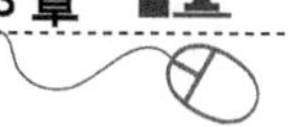

达眼睛，就是一片漆黑。当三基色按不同强度相加时，总的光强增强，并可得到任何一种颜色。某一种颜色和这 3 种颜色之间的关系可用下面的式子来描述。

$$颜色=R(红色的百分比)+G(绿色的百分比)+B(蓝色的百分比)$$

当三基色等量相加时，得到白色；等量的红绿相加而蓝为 0 值时得到黄色；等量的红蓝相加而绿为 0 时得到品红色；等量的绿蓝相加而红为 0 时得到青色。这些三基色相加的结果如图 3.4 所示。

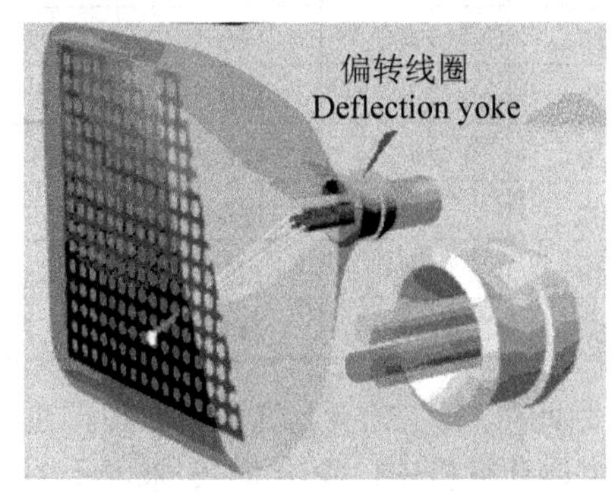


图 3.3　彩色显像管产生颜色的原理

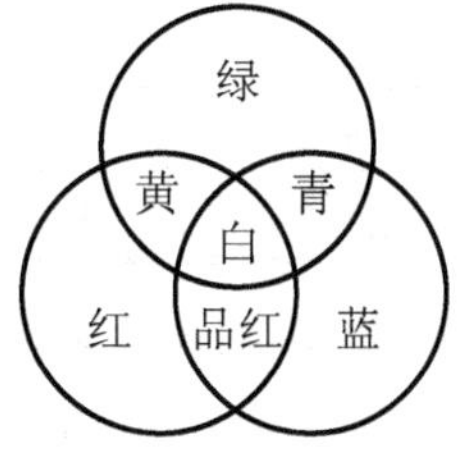


图 3.4　混色相加

一幅彩色图像一个像素值往往用 3 个分量 R、G 及 B 表示。如果每个像素的每个颜色分量用二进制的 1 位来表示，那么每个颜色的分量只有“1”和“0”这两个值。这也就是说，每种颜色的强度是 100%，或者是 0。在这种情况下，每个像素所显示的颜色是 8 种可能出现的颜色之一，见表 3-1。

表 3-1　相加色

| RGB | 颜色 | RGB | 颜色 |
|---|---|---|---|
| 000 | 黑 | 100 | 红 |
| 001 | 蓝 | 101 | 品红 |
| 010 | 绿 | 110 | 黄 |
| 011 | 青 | 111 | 白 |

对于标准的电视图形阵列适配卡的 16 种标准颜色，其对应的 R、G、B 值见表 3-2。在 Microsoft 公司的 Windows 操作系统中，用代码 0～15 表示。在表中，代码 1～8 表示的颜色比较暗，它们是用最大光强值的一半产生的颜色；9～15 是用最大光强值产生的。

表 3-2　16 色 VGA 调色板的值

| 代码 | R | G | B | H | S | L | 颜色 |
|---|---|---|---|---|---|---|---|
| 0 | 0 | 0 | 0 | 160 | 0 | 0 | 黑 |
| 1 | 0 | 0 | 128 | 160 | 240 | 60 | 蓝 |
| 2 | 0 | 128 | 0 | 80 | 240 | 60 | 绿 |
| 3 | 0 | 128 | 128 | 120 | 240 | 60 | 青 |
| 4 | 128 | 0 | 0 | 0 | 240 | 60 | 红 |
| 5 | 128 | 0 | 128 | 200 | 240 | 60 | 品红 |

续表

| 代码 | R | G | B | H | S | L | 颜色 |
|---|---|---|---|---|---|---|---|
| 6 | 128 | 128 | 0 | 40 | 240 | 60 | 褐色 |
| 7 | 192 | 192 | 192 | 160 | 0 | 180 | 白 |
| 8 | 128 | 128 | 128 | 160 | 0 | 120 | 深灰 |
| 9 | 0 | 0 | 255 | 160 | 240 | 120 | 淡蓝 |
| 10 | 0 | 255 | 0 | 80 | 240 | 120 | 淡绿 |
| 11 | 0 | 255 | 255 | 120 | 240 | 120 | 淡青 |
| 12 | 255 | 0 | 0 | 0 | 240 | 120 | 淡红 |
| 13 | 255 | 0 | 255 | 200 | 240 | 120 | 淡品红 |
| 14 | 255 | 255 | 0 | 40 | 240 | 120 | 黄 |
| 15 | 255 | 255 | 255 | 160 | 0 | 240 | 高亮白 |

在表 3-2 中，每种基色的强度是用 8 位表示的，因此可产生 $2^{24}$＝16 777 216 种颜色。但实际上要用 1 600 多万种颜色的场合是很少的。在多媒体计算机中，除用 RGB 来表示图像之外，还用色调－饱和度－亮度(Hue-Saturation-Lightness，HSL)颜色模型。

在 HSL 模型中，H 定义颜色的波长，称为色调；S 定义颜色的强度(Intensity)，表示颜色的深浅程度，称为饱和度；L 定义掺入的白光量，称为亮度。用 HSL 表示颜色的重要性，是因为它比较容易为画家所理解。若把 S 和 L 的值设置为 1，当改变 H 时就是选择不同的纯颜色；减小饱和度 S 时，就可体现掺入白光的效果；降低亮度时，颜色就暗，相当于掺入黑色。因此在 Windows 中也用了 HSL 表示法。

2. 打印彩色图像用 CMY 相减混色模型

用彩色墨水或颜料进行混合，这样得到的颜色称为相减色。在理论上说，任何一种颜色都可以用 3 种基本颜料按一定比例混合得到。这 3 种颜色是青色(Cyan)、品红(Magenta)和黄色(Yellow)，通常写成 CMY，称为 CMY 模型。用这种方法产生的颜色之所以称为相减色，是因为它减少了为视觉系统识别颜色所需要的反射光。

黄
绿 红
黑
青 蓝 品红

图 3.5 三基色相减模型

在相减混色中，当三基色等量相减时得到黑色；等量黄色(Y)和品红(M)相减而青色(C)为 0 时，得到红色(R)；等量青色(C)和品红(M)相减而黄色(Y)为 0 时，得到蓝色(B)；等量黄色(Y)和青色(C)相减而品红(M)为 0 时，得到绿色(G)。这些三基色相减结果如图 3.5 所示。

### 3.3.4 真彩色、伪彩色与直接色

真彩色、伪彩色与直接色是图像又一重要的属性。理解这些属性的含义，对于编写图像显示程序，理解图像文件的存储格式均有一定的指导意义。

1. 真彩色

真彩色(True Color)是指在组成一幅彩色图像的每个像素值中，有 R、G、B 3 个基色分量，每个基色分量直接决定显示设备的基色强度，这样产生的彩色称为真彩色。例如，用 RGB 5：

5∶5 表示的彩色图像，R、G、B 各用 5 位，用 R、G、B 分量大小的值直接确定 3 个基色的强度，这样得到的彩色是真实的原图彩色。

如果用 RGB 8∶8∶8 方式表示一幅彩色图像，就是 R、G、B 都用 8 位来表示，每个基色分量占一个字节，共 3 个字节，每个像素的颜色就是由这 3 个字节中的数值直接决定，如图 3.6(a)所示，可生成的颜色数就是 $2^{24}$ ＝16 777 216 种。用 3 个字节表示的真彩色图像所需要的存储空间很大，而人的眼睛是很难分辨出这么多种颜色的，因此在许多场合往往用 RGB 5∶5∶5 来表示，每个彩色分量占 5 个位，再加 1 位显示属性控制位共 2 个字节，生成的真颜色数目为 $2^{15}$＝32 768 种。

在许多场合，真彩色图通常是指 RGB 8∶8∶8，即图像的颜色数等于 $2^{24}$，也常称为全彩色(Full Color)图像。但在显示器上显示的颜色就不一定是真彩色，要得到真彩色图像需要有真彩色显示适配器。

2. 伪彩色

伪彩色(Pseudo Color)图像的含义是每个像素的颜色不是由每个基色分量的数值直接决定，而是把像素值当作彩色查找表(Color Look-Up Table，CLUT)的表项入口地址，去查找一个显示图像时使用的 R、G、B 强度值，用查找出的 R、G、B 强度值产生的彩色称为伪彩色。

彩色查找表 CLUT 是一个事先做好的表，表项入口地址也称为索引号。例如，16 种颜色的查找表，0 号索引对应黑色，15 号索引对应白色。彩色图像本身的像素数值和彩色查找表的索引号有一个变换关系，这个关系可以使用 Windows 系统中定义的变换关系，也可以使用用户自己定义的变换关系。使用查找得到的数值显示的彩色是真的，但不是图像本身的真正颜色，它没有完全反映原图的彩色，如图 3.6(b)所示。

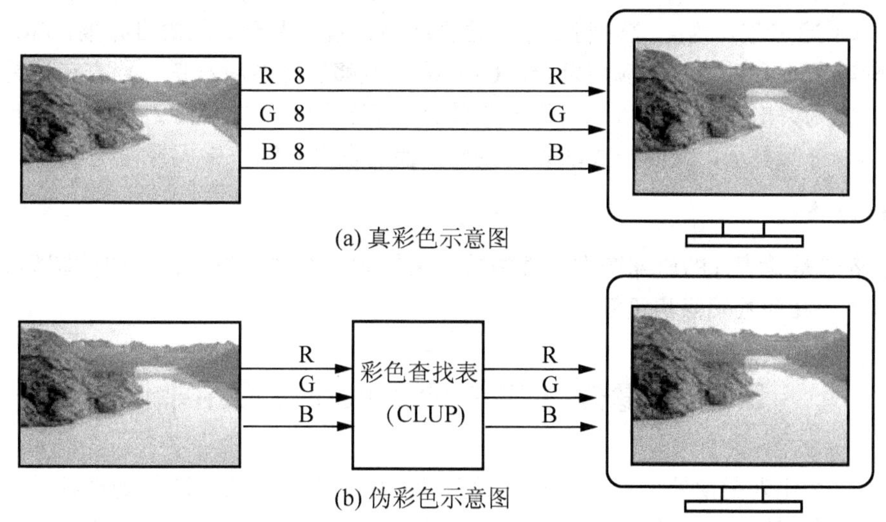


**图 3.6 真彩色和伪彩色图像之间的差别**

3. 直接色

每个像素值分成 R、G、B 分量，每个分量作为单独的索引值对它做变换。也就是通过相应的彩色变换表找出基色强度，用变换后得到的 R、G、B 强度值产生的彩色称为直接色(Direct Color)。它的特点是对每个基色进行变换。

用这种系统产生颜色与真彩色系统相比，相同之处是都采用 R、G、B 分量决定基色强度，不同之处是前者的基色强度直接用 R、G、B 决定，而后者的基色强度由 R、G、B 经变换后决定。因而这两种系统产生的颜色就有差别。试验结果表明，使用直接色在显示器上显示的彩色图像看起来真实、自然。

这种系统与伪彩色系统相比，相同之处是都采用查找表，不同之处是前者对 R、G、B 分量分别进行变换，后者是把整个像素当作查找表的索引值进行彩色变换。

### 3.3.5 常用图像文件的格式

图像是一种普遍使用的数字媒体，有着广泛的应用。多年来不同公司开发了许多图像应用软件，再加上应用本身的多样性，因此出现了许多不同的图像文件格式，常用的有以下几种。

#### 1. BMP 格式

BMP 图像是 Microsoft 公司在 Windows 操作系统下使用的一种标准图像文件格式，一个文件存放一幅图像，可以使用行程长度编码(RLC)进行无损压缩，也可不压缩。不压缩的 BMP 文件是一种通用的图像文件格式，几乎所有 Windows 应用软件都能支持。

#### 2. TIFF 格式

TIFF(Tagged Image File Format，标签图像文件格式)大量使用于扫描仪和桌面出版，能支持多种压缩方法和多种不同类型的图像，有许多图像图形应用软件支持这种文件格式。

#### 3. GIF 格式

GIF(Graphics Interchange Format)是目前 Internet 上广泛使用的一种图像文件格式，它的颜色数目较少(不超过 256 色)，文件特别小，适合网络传输。由于颜色数目有限，GIF 适用于插图、剪贴画等色彩数目不多的应用场合。GIF 格式能够支持透明背景，具有在屏幕上渐进显示的功能。尤为突出的是，它可以将许多张图像保存在同一个文件中，显示时按预先规定的时间间隔逐一进行显示，从而形成动画的效果，因而在网页制作中大量使用。

#### 4. JPEG 格式

JPEG 格式是最流行的压缩图像文件格式，采用静止图像数据压缩编码的国际标准压缩，大量用于 Internet 和数码照相机等。

## 3.4 图像处理软件 Photoshop 应用举例

图像的数字化为图像处理奠定了必要的基础，由于不同领域对图像处理各种应用的需要产生了许许多多图像处理软件。在众多图像处理软件中，Photoshop 成为个人计算机上使用最为广泛的应用软件之一。

### 3.4.1 图像处理软件 Photoshop 简介

Photoshop 是美国 Adobe 公司开发的真彩色和灰度图像编辑处理软件，它提供了多种图像涂抹、修饰、编辑、创建、合成、分色与打印的方法，并给出了许多增强图像的特殊手段，可广泛地应用于美工设计、广告及桌面印刷、计算机图像处理、旅游风光展示、动画设计、影视特技等领域，是计算机数字图像处理的有力工具。Adobe Photoshop 自问世以来就以其在图像编辑、制作和处理方面的强大功能和易用性、实用性而备受广大计算机用户的青睐。

Photoshop 在图像处理方面，被认为是目前世界上最优秀的图像编辑软件之一；运行在 Windows 图形操作环境中，可在 Photoshop 和其他标准的 Windows 应用程序之间交换图像数据。Photoshop 支持 TIF、TGA、PCX、GIF、BMP、PSD、JPEG 等各种流行的图像文件格式，能方便地与文字处理、图形应用、桌面印刷等软件或程序交换图像数据。Photoshop 支持的图像类型除常见的黑白、灰度、索引 16 色、索引 256 色和 RGB 真彩色图像外，还支持 CMYK、HSB 及 HSV 模式的彩色图像。

作为图像处理工具，Photoshop 着重在效果处理上，即对原始图像进行艺术加工，并有一定的绘图功能。Photoshop 能完成色彩修正、修饰缺陷、合成数字图像，以及利用自带的过滤器来创造各种特殊的效果等。Photoshop 擅长利用基本图像素材(如通过扫描、数字相机或摄像等手段获得图像)进行再创作，得到精美的设计作品。

Adobe 公司又专门针对中国用户对其最新的 Photoshop 版本进行了全面汉化，使得这一图像处理的利器更容易被人们所掌握和使用。

### 3.4.2 Photoshop 的运行界面

Photoshop 的界面和大多数 Windows 应用程序一样，有菜单栏和状态栏，也有它独特的组成部分，如工具箱、属性栏和浮动面板等，如图 3.7 所示。

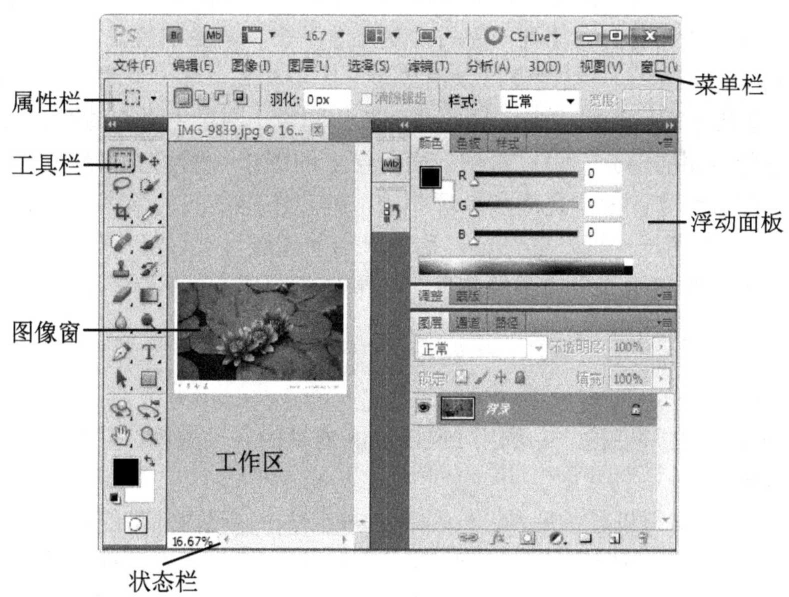


图 3.7 Photoshop 工作界面

(1) 菜单栏。Photoshop 的菜单栏中包括 9 个主菜单，Photoshop 的绝大多数功能都可以通过调用菜单来实现。

(2) 工具箱。Photoshop 的工具箱中提供了 20 多组工具，用户可以利用这些工具轻松地复制和编辑图像。Photoshop 把功能基本相同的工具归为一组，工具箱中凡是带下三角符的工具都是复合工具，表示在该工具的下面还有同类型的其他工具存在。如果要使用这组中其他的按钮，单击此按钮，将会弹出整个按钮组。

(3) 属性栏。属性栏的内容是与当前使用的工具相关的一些选项内容。在工具箱中选不同的工具，属性栏就会显示不同的选项设置供用户设置。

(4) 状态栏。状态栏提供目前工作使用的文件的大多数信息，如文件大小、图像的缩放比例及当前工具的简要用法等。

(5) 图像窗口。图像窗口是为编辑图像而创建的窗口。每一个打开的图像文件都有自己的编辑窗口，所有编辑操作都要在编辑窗口中进行才能完成。

(6) 工作区。图像处理的场所。Photoshop 可以同时处理多个图像，即在工作区中可以同时有多个图像窗口。

(7) 浮动面板。在 Photoshop 中提供了十几种面板，其中包括图层面板、颜色面板、风格面板、历史记录面板、动作面板、通道面板等。通过这些面板，用户可以快速便捷地对图层、颜色、动作、通道等进行操作和管理。

### 3.4.3 Photoshop 的图层与滤镜

#### 1. 图层

在 Photoshop 中，图层是一个极富创意的功能，是 Photoshop 进行图像处理的高级技术之一，图层概念的引入，给图像的编辑处理带来了极大的便利。

图层是一组可以用于绘制图像和存放图像的透明层。可以将图层想像为一组透明的胶片，在每一层上都可以绘图，它们叠加到一起后，从上看下去，看到的就是合成的图像效果。

因此，在 Photoshop 中，一幅图像可以由很多个图层构成，每一个图层都有自己的图像信息。若干图层重叠在一起，就构成了一幅效果全新的图像，图层中没有图像的部分是透明的，也就是说透过这些透明的部分，可以看到下面图层上的图像；图层上有图像信息的部分将遮挡位于其底下的图层图像；图层之间是有顺序的，修改图层之间的顺序，图像就可能随之发生变化。Photoshop 总有一个活动的图层，称为“当前图层”，以蓝色表示，修改时，只会影响当前图层，而不影响其他图层的图像信息，如果当前图层有选区的话，作用范围将进一步缩小为“当前图层的当前选区”。

#### 2. 滤镜

滤镜是 Photoshop 的特色之一。利用 Photoshop 提供的各种滤镜，可以制作出各种令人眼花缭乱的图像效果。

Photoshop 中的滤镜可以分为两种：一种是 Photoshop 自己内部带的滤镜，这些滤镜在安装了 Photoshop 之后，可以在滤镜菜单下看到。Photoshop 提供了近百种内置的滤镜，每一种都可以产生神奇的效果。另一种是由第三方开发的外挂滤镜，这种滤镜在安装了 Photoshop 后，还需要另外安装这些滤镜后才可以使用。

根据滤镜的效果不同，Photoshop 中的滤镜分为两种：一种是破坏性滤镜；一种是校正性滤镜。

### 3.4.4 Photoshop 应用举例

利用 Photoshop 对图像素材进行各种编辑，可产生让人赏心悦目的视觉效果。下面略举几例加以说明。

【例 3.1】 制作晕映效果

晕映(Vignettss)效果是指图像具有柔软渐变的边缘效果，如图 3.8 所示。使用 Photoshop 制作晕映效果主要是使用选区的羽化(Feather)特性形成的。Feather 值越大，晕映效果越明显。任意形状的晕映效果可以先利用快速遮罩建立一个形状不规则的选区，然后进行反选、羽化、填充即可，操作步骤如下。

(1) 使用 Photoshop 打开一幅图像，如图 3.9(a)所示。

(2) 在工具栏中选择椭圆套索工具。

(3) 用椭圆套索工具在图像中选取所需的部分，如图 3.9(a)所示。

(4) 选择“选择”→“修改”→“羽化”选项，设置羽化值为 40 pixels。

(5) 选择“选择”→“反向”选项或按 Shift+Ctrl+I 组合键来反转选择区域，如图 3.9(b)所示。

图 3.8 椭圆晕映效果示例

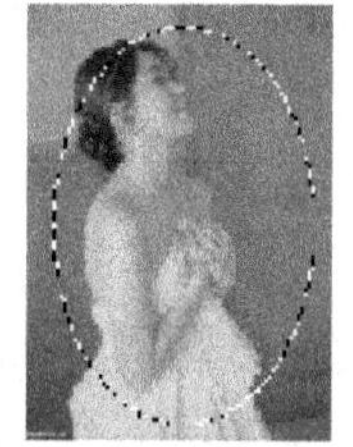

(a) 套索工具选择对象

(b) 反转选择区域

图 3.9 反转选择区域示例

(6) 设置背景色，如白色。

(7) 按 Delete 键用背景色填充选择区域，晕映效果即形成。

【例 3.2】 制作倒影效果

在 Photoshop 图像制作过程中，特别是进行图像合成时，有时需要制作图像的倒影。其实，倒影的制作主要是用图层的功能。倒影其实是原图像的一个复制，只是考虑到它们之间的映象关系，所以对它进行了垂直翻转。另外，通常倒影一般要比原图像模糊些，所以使用模糊滤镜进行模糊处理。使用 Photoshop 制作倒影很简单。例如，在图 3.10 中，利用 Photoshop 可将(b)图中的小狗添加到(a)图中，由于是在水边，所以在制作时要考虑给第二只小狗制作水中倒影。图像合成并制作倒影效果后的图像，如图 3.10(c)所示操作步骤如下。

(1) 使用 Photoshop 打开图 3.10(b)所示的小狗图片。

(2) 在工具栏中选择磁性套索工具，选择其中的小狗部分，利用 Ctrl+C 组合键复制选中的部分。

(3) 选择“文件”→“打开”选项，打开“打开”对话框，选择图 3.10(a)所示的图片，单击“打开”按钮。

(4) 在新打开的图片中，选择“编辑”→“粘贴”选项，并移到如图 3.10(c)所示的合适位置。

(5) 在图 3.10(a)图层，选择“编辑”→“变换”→“垂直翻转”选项。将翻转后的图像放置在图中倒影的位置，并修改图层的不透明度为 50%。

(a) 水边小狗

(b) 小狗

(c) 图像合成并制作倒影效果

**图 3.10 制作倒影效果示例**

**【例 3.3】** 制作雨中摄影效果

在 Photoshop 图像制作过程中，可对一幅已有的图像加上下雨的特效，给人一种雨中摄影的效果，如图 3.11 所示，操作步骤如下。

(1) 使用 Photoshop 打开图 3.11 所示的人像图片。

(2) 新建一个图层，并填充为黑色。

(3) 选择“滤镜”→“像素化”→“点状化”选项，设置单元格大小为 8。

(4) 选择“滤镜”→“模糊”→“动感模糊”选项，设置角度为−60°，距离为 98 像素。

(5) 在图层面板中，设置该图层的混合模式为“滤色”。

(6) 根据实际需要调整该图层的亮度/对比度。

(a) 原图像

(b) 雨中摄影效果

**图 3.11 制作雨中摄影效果示例**

Photoshop 是一个功能很强的图像编辑软件，有兴趣的读者可查阅相关书籍，自己上机动手做一做。因篇幅所限，此处不再赘述。

## 3.5 视频的基本知识

一般说来，视频信号是指连续的随着时间变化的一组图像(24 帧/s、25 帧/s、30 帧/s)，又称运动图像或活动图像。人们需对视频信息进行记录、存储、传输和播放。常见的有电影、电视和动画。视频信号按其特点可分为模拟和数字两种形式。

### 3.5.1 视频信号的特性

#### 1. 模拟视频

迄今为止，绝大多数视频的记录、存储和传输仍是模拟方式。例如，人们在电视机上所见到的图像便是以一种模拟电信号的形式来记录的，并依靠模拟调幅(Analog Amplitude Modulation)在空中传播，利用盒式磁带录像机便可将其作为模拟信号存放在磁带上。科学技术发展到今天，人类已能对自然界中大多数物体进行模拟。真实的图形和声音是基于光亮度和声压值的。它们是空间和时间的连续函数，将图像和声音转换成电信号是通过使用合适的传感器来完成的。我们所熟悉的摄像机便是一种将自然界中真实图像转换为电信号的传感器。

2. 扫描和同步

模拟视频信号是涉及一维时间变量的电信号 $f(t)$，它可通过对 $Sc(x_1, x_2, t)$在时间坐标 $t$ 和垂直分量 $x_2$ 上采样得到，其中，$x_1$、$x_2$ 是空间变量，$t$ 是时间变量。视频摄像机将摄像机前面的图像转换成电信号，电信号是一维的。例如，它们在图像的不同点只有一个值。然而，图像是两维的，并在一个图像的不同位置有许多值。为了转换这个两维的图像成为一维的电信号，图像被以一种步进次序的方式来扫描(Orderly Progressive Manner)，这种方式称为光栅扫描(Raster Scan)。扫描是通过将单个传感点在图像上移动来实现的。必须以一个足够快的速度扫描、捕获全部图像后，这个图像的扫描才算完成。当扫描点在移动时，根据扫描点所在图像的亮度和颜色决定变化其电子信号输出。这个不断变化的电信号将图像以一系列按时间分布的值来表示，称为视频信号。图 3.12 给出了一幅静止黑白画被以快速方式扫描的过程。图像扫描从左上角开始，步进地水平横扫图像，产生一条扫描线。同时，扫描点以非常慢的速度移动，当达到右边图像时再回到左边。

由于扫描点竖直方向的慢速移动，现在它位于第一条线开始点的下面，然后再横扫下一条线，再迅速折回左边，并继续扫描直到整个图像被从上至下一系列的线所扫描。当每一条线被扫描时，来自扫描传感器的电子输出信号表示图像扫描点每一位置光的强度。在迅速折回时称为水平空隙(Horizontal Blanking Interval)，传感器被关闭，其输出信号为零，或称空级(Blanking Level)。一幅完全被扫描图的电信号是一个线性信号序列，被一系列水平空隙所隔开，称其为帧。

当摄像机对准景物开始摄像时，对一幅图像由上至下的扫描过程由摄像机自动完成，产生的模拟视频信号可记录在录像带上或直接输入计算机经数字化后存储在磁盘上。

扫描有隔行扫描(interlaced scanning)和非隔行扫描(non-interlaced scan)之分。非隔行扫描也称逐行扫描，在逐行扫描中，电子束从显示屏的左上角一行接一行地扫到右下角，在显示屏上扫一遍就显示一幅完整的图像，如图 3.13 所示。

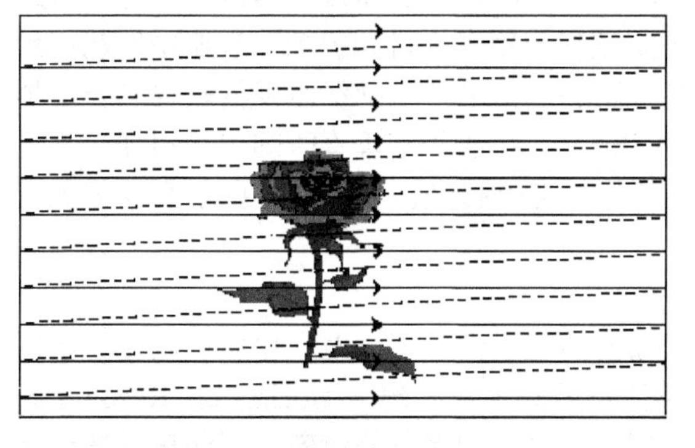

图 3.12　光栅扫描

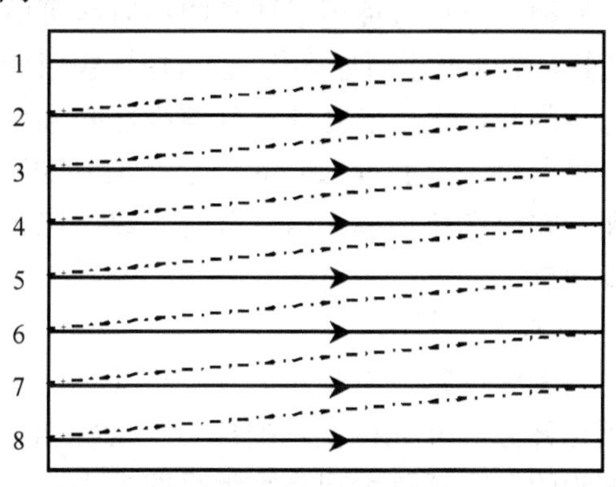


图 3.13　逐行扫描

在隔行扫描中、扫描的行数必须是奇数。如前所述，一帧画面分两场，第一场扫描总行数的一半，第二场扫描总行数的另一半。图 3.14 的隔行扫描中，要求第一场结束于最后一行的一半，不管电子束如何折回，它必须回到显示屏顶部的中央，这样就可以保证相邻的第二场扫描恰好嵌在第一场各扫描线的中间。正是由于这个原因，才要求总的行数必须是奇数。

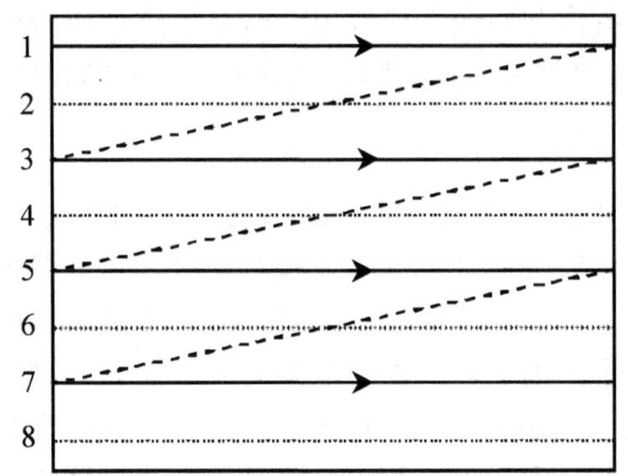


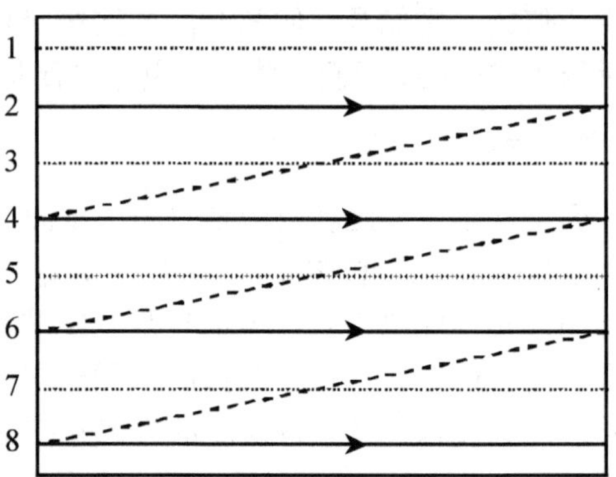


**图 3.14　隔行扫描**

每秒扫描多少行称为行频 $f_H$；每秒扫描多少场称为场频 $f_f$；每秒扫描多少帧称为帧频 $f_F$。$f_f$ 和 $f_F$ 是两个不同的概念。

计算机行业对高分辨率采用逐行扫描的 $\Delta t$ 为 1/70s，电视行业使用 2∶1 隔行扫描，其间依次对称为奇数场和偶数场的奇数行和偶数行进行扫描。这样做目的是在一个固定带宽下可降低闪烁。因为心理视觉研究表明：如果显示的刷新率每秒大于 50 次，人眼就不会感到光闪烁变化。而电视系统若既要采用高的帧率又要维持高分辨率，就需要一个大的传输带宽，而采用隔行扫描可以实现在不增加传输带宽的前提下，降低闪烁。

### 3. 视频信号的空间特性

由光栅扫描所得的视频信息显然具有空间特性。所涉及的主要概念有以下几个。

1) 长宽比

扫描处理中一个重要参数是长宽比(Aspect Ratio)，即图像水平扫描线的长度与图像竖直方向所有扫描线所覆盖距离的比。它也可被认为是一帧宽与高的比。电视的长宽比是标准化的，早期为 4∶3 或 16∶9。其他系统如电影利用了不同的长宽比，有的高达 2∶1。

2) 同步

假如视频信号被用于调节阴极射线管电子束的亮度时，它能以和传感器恰好一样的方式被扫描，重新产生原始图像(显示扫描的原始图像)，这在家用电视机和视频监视器中能精确地进行。因此，电子信号被送到监视器必须包含某些附加的信息，以确保监视器扫描与传感器的扫描同步(Synchronization)。这个信息被称为同步信息，由水平和垂直时间信号组成。在空隙期，它或许包括视频信号自身，或许在一个电缆上被分开传送，传送的这些信息恰好就是同步信息。

3) 水平分辨率

当摄像机扫描点在线上横向移动时，传感器输出的电子信号连续地变化以反映传感器所见图像部分的光亮程度。扫描特性的测量是用所持系统的水平分辨率(Horizontal Resolution)来刻画的。它依赖于扫描感光点的大小。为了测试一个系统的水平分辨率，即测量其重新产生水平线的精细程度的能力，通常将一些靠得很近的竖直线放在摄像机前面。如果传感器区域小于竖直线之间的空隙时，这些线将重新产生，但当传感器区域太大时，产生的是平均信

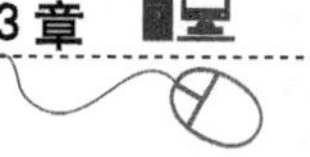

号，将看不到这些线的输出信号。

为了取得逼真的测量效果，水平分辨率必须与图像中的其他参数相联系。在电视工业中，水平分辨率是通过数黑白竖直线来进行测量的。这些竖直线能以相当于光栅高度的距离被重新产生。因此，一个水平分辨率为 300 线的系统，就能够产生 150 条黑线和 150 条白线。黑白相间，横穿于整个图像高度的水平距离。

黑白线的扫描模式在于能产生高频电子信号，用于处理和转换这些信号的电路均有一个适当的带宽，广播电视系统中每 80 条线的水平分辨率需要 1MHz 的带宽。由于北美广播电视系统利用的带宽为 4.5MHz，所以水平分辨率的理论极限是 380 线。

4) 垂直分辨率

第二个分辨率参数是垂直分辨率(Vertical Resolution)。它简单地依赖于同一帧面扫描线的数量。扫描线越多，垂直分辨率就越高。广播电视系统利用了每个帧面 525(北美)或 825(欧洲)线的垂直分辨率。

#### 4. 视频信号的时间特性

视频信号的时间特性可用视频帧率(Video Framerate)刻画。视频帧率表示视频图像在屏幕上每秒显示帧的数量即每秒帧数(frame per second，fps)。图 3.15 给出了视频帧率与图像动态连续性的关系。

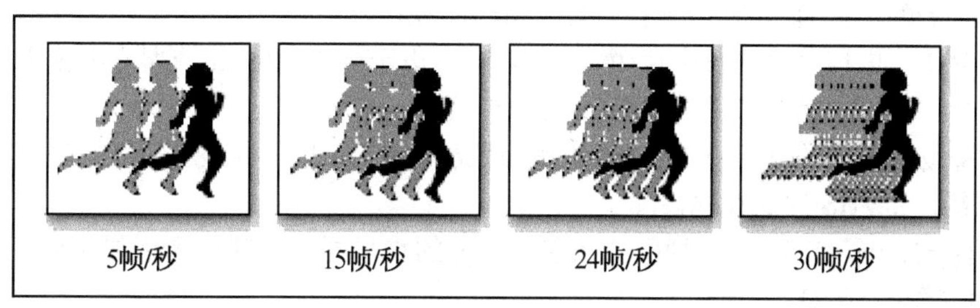


**图 3.15　视频帧率**

由该图可看出：帧率越高，图像的运动就越流畅，大于每秒 15 帧便可产生连续的运动图像。在电视系统中，PAL 制式采用 25 帧/s，隔行扫描的方式；NTSC 制式则采用 30 帧/s，隔行扫描的方式。较低的帧率(低于 10)仍然呈现运动感，但看上去有“颠簸”感。

### 3.5.2　彩色电视制式

目前世界上使用的彩色电视制式有 3 种：NTSC 制、PAL 制和 SECAM 制。其中 NTSC (National Television Systems Committee)彩色电视制式是 1952 年美国国家电视标准委员会定义的彩色电视广播标准，称为正交平衡调幅制。美国、加拿大等大部分西半球国家，以及日本、韩国、菲律宾等国和中国台湾地区采用这种制式。

由于 NTSC 制存在相位敏感造成彩色失真的缺点，因此德国(当时的联邦德国)于 1982 年制定了 PAL(Phase-Alternative Line)制彩色电视广播标准，称为逐行倒相正交平衡调幅制。德国、英国等一些西欧国家，以及中国、朝鲜等国家采用这种制式。

法国制定了 SECAM 彩色电视广播标准，称为顺序传送彩色与存储制。法国、前苏联及东欧国家采用这种制式。世界上约有 65 个地区和国家使用这种制式。

NTSC 制、PAL 制和 SECAM 制都是兼容制制式。这里说的“兼容”有两层意思：一层意思是指黑白电视机能接收彩色电视广播，显示的是黑白图像；另一层意思是彩色电视机能接收黑白电视广播，显示的也是黑白图像，这称为逆兼容性。

不同的电视制式其扫描特性各不相同。

1. PAL 制电视的扫描特性

PAL 电视制的主要扫描特性如下。

(1) 625 行(扫描线)/帧，25 帧/s(40 ms/帧)。

(2) 高宽比(aspect ratio)为 4∶3。

(3) 隔行扫描，2 场/帧，312.5 行/场。

(4) 颜色模型为 YUV。

一帧图像的总行数为 625 行，分两场扫描。行扫描频率是 15 825Hz，周期为 84μs；场扫描频率是 50Hz，周期为 20ms；帧频是 25Hz，是场频的一半，周期为 40ms。在发送电视信号时，每一行中传送图像的时间是 52.2μs，其余的 11.8μs 不传送图像，是行扫描的逆程时间，同时用作行同步及消隐用。每一场的扫描行数为 625/2＝312.5 行，其中 25 行作场回扫，不传送图像，传送图像的行数每场只有 287.5 行，因此每帧只有 575 行有图像显示。

2. NTSC 制的扫描特性

NTSC 彩色电视制式的主要特性如下。

(1) 525 行/帧，30 帧/s(29.97 fps，33.37 ms/frame)。

(2) 高宽比：电视画面的长宽比(电视为 4∶3；电影为 3∶2；高清晰度电视为 16∶9)。

(3) 隔行扫描，一帧分成 2 场(field)，262.5 线/场。

(4) 在每场的开始部分保留 20 扫描线作为控制信息，因此只有 485 条线的可视数据。Laser disc 约 420 线，S-VHS 约 320 线。

(5) 每行 63.5μs，水平回扫时间 10μs(包含 5μs 的水平同步脉冲)，所以显示时间是 53.5μs。

(6) 颜色模型：YIQ。

一帧图像的总行数为 525 行，分两场扫描。行扫描频率为 15 750Hz，周期为 63.5μs；场扫描频率是 80Hz，周期为 16.67ms；帧频是 30Hz，周期 33.33ms。每一场的扫描行数为 525/2＝282.5 行。除了两场的场回扫外，实际传送图像的行数为 480 行。

3. SECAM

SECAM 制式是法国开发的一种彩色电视广播标准，称为顺序传送彩色与存储制。这种制式与 PAL 制类似，其差别是 SECAM 中的色度信号是频率调制(FM)，而且它的两个色差信号：红色差(R'-Y')和蓝色差(B'-Y')信号是按行的顺序传输的。图像格式为 4∶3，625 线，50 Hz，6 MHz 电视信号带宽，总带宽为 8MHz。

## 3.6 视频的数字化

视频信息是人们喜闻乐见的一种信息表示形式，将这些信息的表现形式引入计算机，就必须将其数字化。现有的技术已使 PC 足以具备视频信息的处理功能。

### 3.6.1 视频信息的获取

视频信息的获取主要可分为两种方式：其一，通过数字化设备，如数码摄像机、数码照相机、数字光盘等获得；其二，通过模拟视频设备，如摄像机、录像机(VCR)等输出的模拟信号再由视频采集卡将其转换成数字视频存入计算机，以便计算机进行编辑、播放等各种操作。

在第二种方法中，要使一台PC具有视频信息的处理功能，系统对硬件和软件的需求如图3.16所示。这些设备是视频卡、视频存储设备、视频输入源及视频软件。

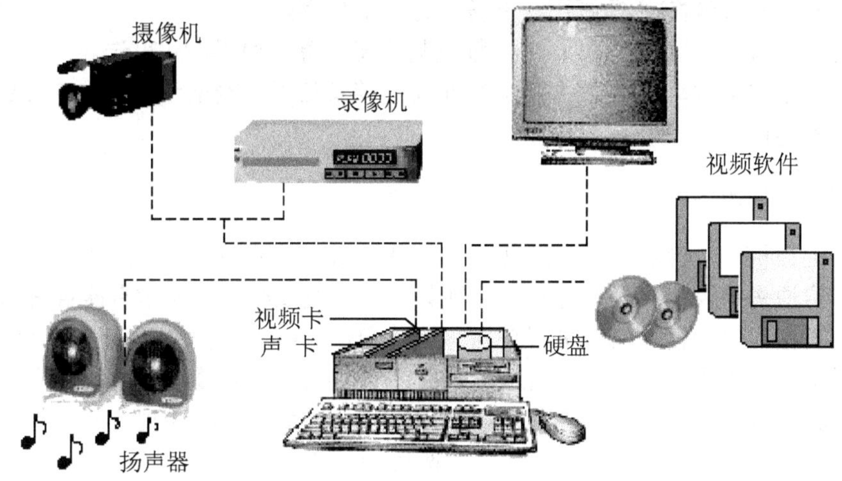


**图3.16 PC上录制视频的系统需求**

(1) 视频(捕获)卡：将模拟视频信号转换为数字化视频信号。

(2) 视频存储设备：至少有30MB的自由硬盘空间或更多。

(3) 一个视频输入源，如视频摄像机，录像机或光盘驱动器(播放器)，这些设备连到视频捕获板上。

(4) 视频软件(如Video for Windows)：包括视频捕获、压缩，播放和基本视频编辑功能。

在PC中的视频卡将模拟视频信号转换为数字信号，并记录在一个硬盘文件中。文件格式依赖于录制视频的硬件和软件。一般说来，录制后的视频质量不会比原先的图像质量更高。在MPC环境中，捕获视频质量的好坏是衡量其性能的一个重要指标。原则上讲，在MPC中视频质量主要依赖于3个因素：视频窗口大小、视频帧率及色彩的表示能力。

(1) 视频窗口的大小是以像素来表示的(组成图像的一个点称为一个像素)，如320×240或180×120像素。VGA标准屏幕上640×480像素，这意味着一个320×240的视频播放窗占据了VGA屏幕的1/4。目前，个人计算机显示器的分辨率常用的还有800×600、1 024×768等。系统能够提供的视频播放窗口越大，对软、硬件的要求就越高。

(2) 视频帧率表示视频图像在屏幕上每秒钟显示帧的数量。一般把屏幕上一幅图像称为一帧。视频帧率的范围可从0(静止图像)～30帧/s。帧率越高，图像的运动就越流畅，最高的帧率为30帧/s。

(3) 色彩表示能力依赖于色彩深度(Color Depth)和色彩空间分辨率。色彩深度指允许不同色彩的数量。色彩越多，图像的质量越高，并且表示的真实感就越强。PC上的色彩深度范围从VGA调色板的4位、16色到24位真彩色1 670万种色彩，要用于视频至少需要一个256色的VGA卡或更高。色彩空间分辨率指色彩的空间“粒度”或“块状”。即每个像素是否都能赋予它自身的颜色。当每个像素都能赋予它自身颜色时，质量最高。

视频卡是多媒体计算机中处理视频信号获取与播放的插件，主要功能如下。

(1) 从多种视频源中选择一种输入。

(2) 支持不同的电视制式(如 NTSC、PAL 等)。

(3) 同时处理电视画面的伴音。

(4) 可在显示器上监看输入的视频信号、位置及大小可调。

(5) 可将 VGA 画面内容(graphics、text、image)与视频叠加处理。

(6) 可随时冻结(定格)一幅画面，并按指定格式保存。

(7) 可连续地(实时地)压缩与存储视频及其伴音信息，编码格式可选。

(8) 可连续地(实时地)解压缩并播放视频及其伴音信息，输出设备可选(VGA 监视器、电视机、录像机等)。

### 3.6.2 视频信息的数字化

通常，摄像机、录像机所提供的视频信息是模拟量，要使计算机能接受并处理，需将其数字化，即将原先的模拟视频变为数字化视频。视频图像数字化通常有两种方法。一种是复合编码，它直接对复合视频信号进行采样、编码和传输；另一种是分量编码，它先从复合彩色视频信号中分离出彩色分量(Y：亮度；U、V：色度)，然后数字化。我们现在接触到的大多数数字视频信号源都是复合的彩色全视频信号，如录像带、激光视盘、摄像机等。对这类信号的数字化，通常是先分离成 Y、U、V 或 R、G、B 分量信号，分别进行滤波，然后用 3 个 A/D 转换器对它们数字化，并加以编码。图 3.17 是分量编码系统的基本框图。目前，这种方案已成为视频信号数字化的主流。自 20 世纪 90 年代以来颁布的一系列图像压缩国际标准均采用分量编码方案。

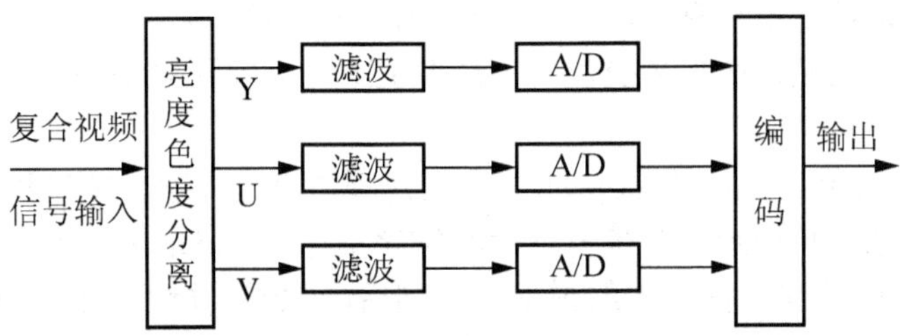


**图 3.17 分量编码系统的基本框图**

### 3.6.3 视频信号的采样格式

采样是视频信号数字化的重要内容。对彩色电视图像进行采样时，可以采用两种采样方法。一种是使用相同的采样频率对图像的亮度信号和色差信号进行采样；另一种是对亮度信号和色差信号分别采用不同的采样频率进行采样。如果对色差信号使用的采样频率比对亮度信号使用的采样频率低，这种采样就称为图像子采样。

图像子采样在数字图像压缩技术中得到广泛的应用。可以说，在彩色图像压缩技术中，最简便的图像压缩技术是图像子采样。这种压缩方法的基本根据是人的视觉系统所具有的两条特性。一是人眼对色度信号的敏感程度比对亮度信号的敏感程度低，利用这个特性可以把图像中表达颜色的信号去掉一些而使人不察觉；二是人眼对图像细节的分辨能力有一定的限度，利用这个特性可以把图像中的高频信号去掉而使人不易察觉。子采样也就是利用人的视觉系统将这两个特性达到压缩彩色电视信号而尽量不失真的目的。

试验表明，使用下面介绍的子采样格式，人的视觉系统对采样前后显示的图像质量没有感到有明显差别。目前使用的子采样格式有如下几种。

(1) 4∶4∶4：这种采样格式不是子采样格式，它是指在每条扫描线上每 4 个连续的采样点取 4 个亮度 Y 样本、4 个红色差 $C_r$ 样本和 4 个蓝色差 $C_b$ 样本，这就相当于每个像素用 3 个样本表示。

(2) 4∶2∶2：这种子采样格式是指在每条扫描线上每 4 个连续的采样点取 4 个亮度 Y 样本、2 个红色差 $C_r$ 样本和 2 个蓝色差 $C_b$ 样本，平均每个像素用 2 个样本表示。

(3) 4∶1∶1：这种子采样格式是指在每条扫描线上每 4 个连续的采样点取 4 个亮度 Y 样本、1 个红色差 $C_r$ 样本和 1 个蓝色差 $C_b$ 样本，平均每个像素用 1.5 个样本表示。

(4) 4∶2∶0：这种子采样格式是指在水平和垂直方向上每 2 个连续的采样点上取 2 个亮度 Y 样本、1 个红色差 $C_r$ 样本和 1 个蓝色差 $C_b$ 样本，平均每个像素用 1.5 个样本表示。

图 3.18 用图解的方法对以上 4 种子采样格式做了说明。

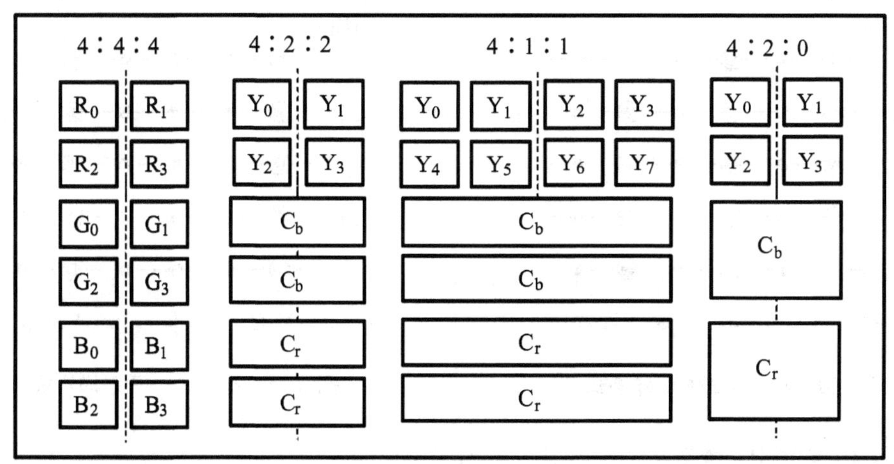


图 3.18　彩色图像 $YC_bC_r$ 样本空间位置

1. 4∶4∶4 $YC_bC_r$ 格式

图 3.19 说明 625 扫描行系统中采样格式为 4∶4∶4 的 $YC_bC_r$ 的样本位置。对每个采样点，Y、$C_b$ 和 $C_r$ 各取一个样本。对于消费类和计算机应用，每个分量的每个样本精度为 8bit；对于编辑类应用，每个分量的每个样本的精度为 10bit。因此，每个像素的样本需要 24bit 或者 30bit。

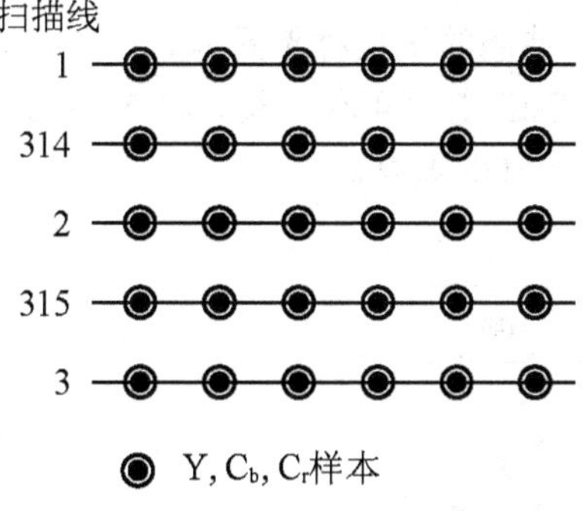


图 3.19　4∶4∶4 子采样格式

2. 4∶2∶2 $YC_bC_r$ 格式

图 3.20 说明 625 扫描行系统中采样格式为 4∶2∶2 的 $YC_bC_r$ 的样本位置。在水平扫描方向上，每 2 个 Y 样本有 1 个 $C_b$ 样本和一个 $C_r$ 样本。对于消费类和计算机应用，以及编辑类

应用，每个分量的每个样本精度同 4∶4∶4 $YC_bC_r$ 格式的每个分量的每个样本精度。在帧缓存中，每个样本需要 16bit 或者 20bit。显示像素时，对于没有 $C_r$ 和 $C_b$ 的 Y 样本，使用前后相邻的 $C_r$ 和 $C_b$ 样本进行计算得到的 $C_r$ 和 $C_b$ 样本。

3. 4∶1∶1 $YC_bC_r$ 格式

图 3.21 说明 625 扫描行系统中采样格式为 4∶1∶1 的 $YC_bC_r$ 的样本位置。这是数字电视盒式磁带(digital video cassette，DVC)上使用的格式。在水平扫描方向上，每 4 个 Y 样本各有 1 个 $C_b$ 样本和一个 $C_r$ 样本，每个分量的每个样本精度为 8bit。因此，在帧缓存中，每个样本需要 12bit。显示像素时，对于没有 $C_r$ 和 $C_b$ 的 Y 样本，使用前后相邻的 $C_r$ 和 $C_b$ 样本进行计算得到该 Y 样本的 $C_r$ 和 $C_b$ 样本。

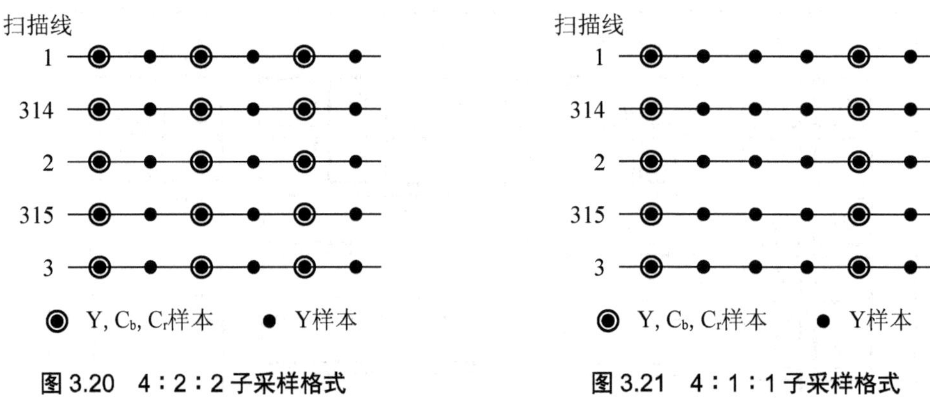


图 3.20　4∶2∶2 子采样格式　　图 3.21　4∶1∶1 子采样格式

4. 4∶2∶0 $YC_bC_r$ 格式

1) H.261，H.263 和 MPEG-1

图 3.22 说明 625 扫描行系统中采样格式为 4∶2∶0 的 $YC_bC_r$ 的样本位置。这是 H.261，H.263 和 MPEG-1 使用的子采样格式。在水平方向的 2 个样本和垂直方向上的 2 个 Y 样本共 4 个样本有 1 个 $C_b$ 样本和一个 $C_r$ 样本。如果每个分量的每个样本精度为 8bit，在帧缓存中每个样本就需要 12bit。

2) MPEG-2

虽然 MPEG-2 和 MPEG-1 使用的子采样都是 4∶2∶0，但它们的含义有所不同。图 3.23 说明采样格式为 4∶2∶0 的 $YC_bC_r$ 空间样本位置。与 MPEG-1 的 4∶2∶0 相比，MPEG-2 的子采样在水平方向上没有半个像素的偏移。

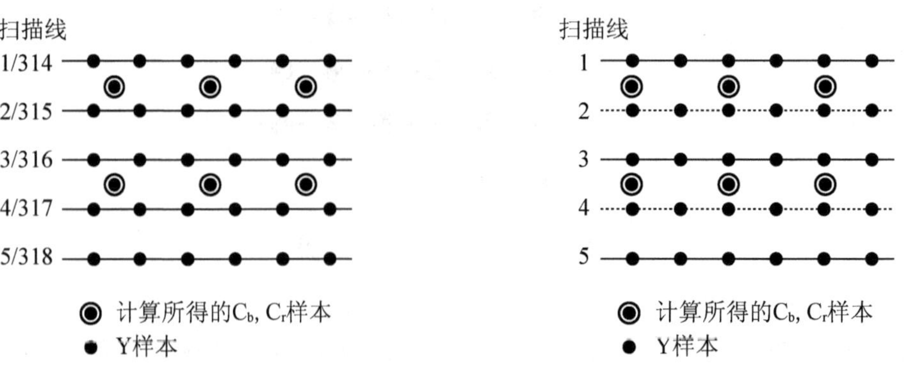


图 3.22　MPEG-1 使用的 4∶2∶0 子采样格式　　图 3.23　MPEG-2 的空间样本位置

## 3.7 数字视频标准

为了能方便地在不同的应用和产品中间交换数字视频信息，就需要将数字视频标准化。视频数据是按照压缩的形式来交换的，这就导致了压缩标准的出现。在计算机行业中，有显示分辨率的标准，在 TV 行业中，有数字化演播室标准，而在通信行业中已经建立了标准的通信协议。数字视频通信的出现使得上述 3 个行业联系更加紧密。近年来，横贯所有行业的标准化进程已经开始。

早在 20 世纪 80 年代初，国际无线电咨询委员会(International Radio Consultative Committee，CCIR)就制定了彩色电视图像数字化标准，称为 CCIR 801 标准，现改为 ITU-R BT.801 标准。该标准规定了彩色电视图像转换成数字图像时使用的采样频率，RGB 和 $YC_bC_r$(或者写成 $YC_BC_R$)两个彩色空间之间的转换关系等。

### 1. 彩色空间之间的转换

在数字域而不是模拟域中 RGB 和 $YC_bC_r$ 两个彩色空间之间的转换关系用下式表示：

$$Y=0.299R+0.587G+0.114B$$
$$C_r=(0.500R-0.418\,7G-0.081\,3B)+128$$
$$C_b=(-0.168\,7R-0.331\,3G+0.500B)+128$$

### 2. 采样频率

CCIR 为 NTSC 制、PAL 制和 SECAM 制规定了共同的电视图像采样频率。这个采样频率也用于远程图像通信网络中的电视图像信号采样。

对 PAL 制、SECAM 制，采样频率 $f_s$ 为

$$f_s=625\times25\times N=15\,825\times N=13.5(\text{MHz}),\quad N=864$$

其中，$N$ 为每一扫描行上的采样数目。

对 NTSC 制，采样频率 $f_s$ 为

$$f_s=525\times29.97\times N=15\,734\times N=13.5(\text{MHz}),\quad N=858$$

其中，$N$ 为每一扫描行上的采样数目。

采样频率和同步信号之间的关系如图 3.24 所示。

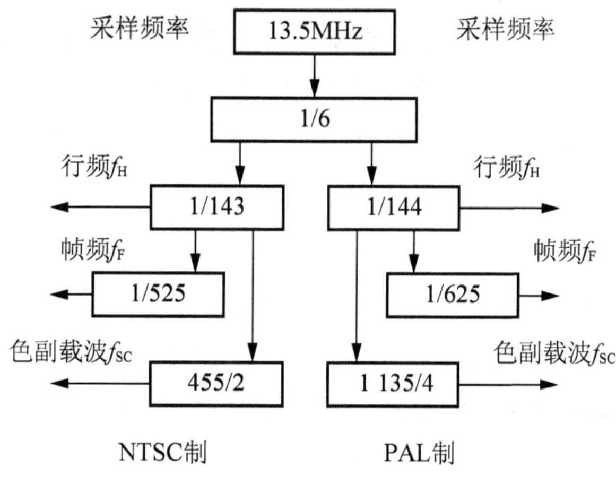


图 3.24 采样频率

3. 有效显示分辨率

对 PAL 制和 SECAM 制的亮度信号，每一条扫描行采样 864 个样本；对 NTSC 制的亮度信号，每一条扫描行采样 858 个样本。对所有的制式，每一扫描行的有效样本数均为 720 个。每一扫描行的采样结构如图 3.25 所示。

4. ITU-R BT.601 标准摘要

ITU-R BT.601 用于对隔行扫描电视图像进行数字化，对 NTSC 和 PAL 制彩色电视的采样频率和有效显示分辨率都做了规定。表 3-3 给出了 ITU-R BT.601 推荐的采样格式、编码参数和采样频率。

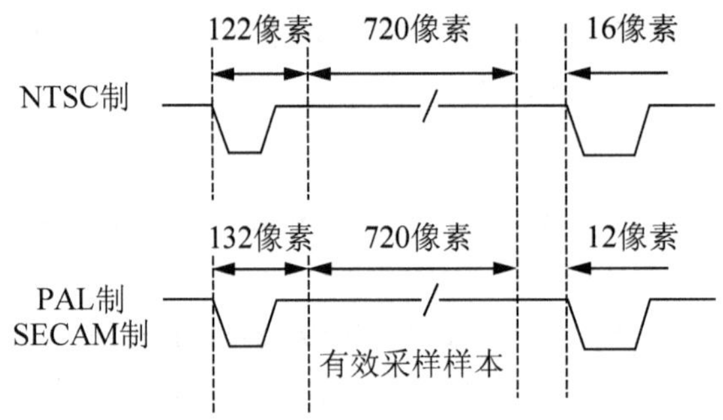


图 3.25 ITU-R BT.801 的亮度采样结构

表 3-3 彩色电视数数字化参数摘要

| 采样格式 | 信号形式 | 采样频率(MHz) | 样本数(扫描行) | | 数字信号取值 |
|---|---|---|---|---|---|
| | | | NTSC | PAL | 范围(A/D) |
| 4∶2∶2 | Y | 13.5 | 858(720) | 864 (720) | 220 级(16～235) |
| | $C_r$ | 6.75 | 429(360) | 432(360) | 225 级(16～240) |
| | $C_b$ | 6.75 | 429(360) | 432(360) | (128±112) |
| 4∶4∶4 | Y | 13.5 | 858(720) | 864(720) | 220 级(16～235) |
| | $C_r$ | 13.5 | 858(720) | 864(720) | 225 级(16～240) |
| | $C_b$ | 13.5 | 858(720) | 864(720) | (128±112) |

ITU-R BT.601 推荐使用 4∶2∶2 的彩色电视图像采样格式。使用这种采样格式时，Y 用 13.5 MHz 的采样频率，$C_r$、$C_b$ 用 8.75MHz 的采样频率。采样时，采样频率信号要与场同步和行同步信号同步。

5. CIF、QCIF 和 SQCIF

为了既可用 625 行的电视图像又可用 525 行的电视图像，CCITT 规定了称为公用中分辨率格式(Common Intermediate Format，CIF)，1/4 公用中分辨率格式(Quarter-CIF，QCIF)和(Sub-Quarter Common Intermediate Format，SQCIF)格式，具体规格见表 3-4。

表 3-4　CIF、QCIF 和 SQCIF 图像格式参数

| 项目 \ 图像格式 | CIF | | QCIF | | SQCIF | |
|---|---|---|---|---|---|---|
| | 行数(帧) | 像素(行) | 行数(帧) | 像素(行) | 行数(帧) | 像素(行) |
| 亮度(Y) | 288 | 380(352) | 144 | 180(176) | 96 | 128 |
| 色度($C_b$) | 144 | 180(176) | 72 | 90(88) | 48 | 64 |
| 色度($C_r$) | 144 | 180(176) | 72 | 90(88) | 48 | 64 |

CIF 格式具有如下特性。

(1) 电视图像的空间分辨率为家用录像系统(Video Home System，VHS)的分辨率，即 352×288。

(2) 使用非隔行扫描。

(3) 使用 NTSC 帧速率，电视图像的最大帧速率为 30 000/1 001≈29.97 幅/s。

(4) 使用 1/2 的 PAL 水平分辨率，即 288 线。

(5) 对亮度和两个色差信号(Y、$C_b$ 和 $C_r$)分量分别进行编码，它们的取值范围同 ITU-R BT.801。即黑色＝18，白色＝235，色差的最大值等于 240，最小值等于 18。

## 3.8　视频信息的压缩编码

数字化后的视频信号将产生大量的数据。例如，一幅具有中等分辨率(840×480)的彩色(24 位/像素)数字视频图像的数据量约占将近 1MB 的存储空间，100MB 的硬盘空间也只能存储约 100 帧静止图像画面。如果以 25 帧/s 的帧率显示运动图像，100MB 的硬盘空间所存储的图像信息也只能显示约 4s。由此可见，高效实时地压缩视频信号的数据量是多媒体计算机系统不可回避的关键性技术问题，否则难以推广使用。

### 3.8.1　概述

从 20 世纪 80 年代开始，世界上许多大的集团和公司就积极从事视频、音频数据压缩技术的研究，并推出了许多商品化的产品，如荷兰 Philips 公司等推出的 CD-I 紧凑盘交互系统采用一个 5 英寸 840MB 只读光盘(CD-ROM)，将声、文、图、动画、静止画面和全运动屏幕等大量信息以压缩形式存储在光盘上，其压缩比约为 10∶1，由 Intel 和 IBM 公司推出的 DVI 多媒体系统产品在 CD-ROM 只读光盘基础上开发了一套全屏幕、全运动视频系统。DVI 的视频压缩技术是由 Intel 公司独家生产的 i750 专用芯片组完成的，这套芯片组的特点是利用微程序控制，通过载入微代码，可以执行多种图像压缩算法和图像像素处理及视频显示等特殊功能。目前该芯片组的压缩比可达 100∶1 至 180∶1 的水平，随着芯片版本不断更新，将可提供更好的压缩算法，从而提高图像的画面质量。

数据压缩之所以可以实现是因为原始的视频图像信息存在很大的冗余度。例如，当移动视频从一帧移到另一帧时，大量保留的信息是相同的，压缩(或硬件)检查每一帧，经判别后仅存储从一帧到另一帧变化的部分。例如，由运动引起的改变。此外，在同一帧里面某一区域可能由一组相同颜色的像素组成，压缩算法可将这一区域的颜色信息作为一个整体对待，而不是分别存储每个像素的颜色信息。这些冗余，归结起来可有 3 种能够易于识别的类型。

(1) 空间冗余：由相邻像素值之间的关系所致。

(2) 频谱冗余：由不同颜色级别或频谱带的关系所致。

(3) 暂存冗余：由一个图像序列中不同帧之间的关系所致。

压缩方案可以针对任一种类型或所有类型进行压缩。另外，由于在多媒体应用领域中，人是主要接收者，眼睛是图像信息的接收端，就有可能利用人的视觉对于边缘急剧变化不敏感(视觉掩盖效应)和眼睛对图像的亮度信息敏感，对颜色分辨力弱的特点及听觉的生理特性实现高压缩比，而使得由压缩数据恢复的图像信号仍有满意的主观质量。

图像压缩的目的在于移走冗余信息，减少表示一个图像所需的存储量。有许多方法用于图像压缩，但它们可基本分为两种类型：无损压缩和有损压缩。

在无损压缩中，压缩后重构的图像在像素级是等同的，因而压缩前后显示的效果是一样的，显然，无损压缩是理想的。然而，仅可能压缩少量的信息。

在有损压缩中，重构的图像和原先图像相比退化了，结果能获得比原无损压缩更高的压缩率。一般地，压缩率越高，重构后的图像退化越严重。

### 3.8.2 常用的图像压缩方案

下面列出几种目前较有影响的图像压缩方案。

#### 1. JPEG

“联合图像专家组”(the Joint Photographic Experts Group，JPEG)经过 5 年的细致工作后，于 1991 年 3 月提出了 ISO CD10918 号建议草案：“多灰度静止图像的数字压缩编码”，主要内容如下。

(1) 基本系统(Baseline System)提供顺序扫描重建的图像，实现信息有丢失的图像压缩，而重建图像的质量要达到难以观察出图像损伤的要求。它采用 8×8 像素自适应 DCT 算法、量化及哈夫曼型的熵编码器。

(2) 扩展系统(Extended System)选用累进工作方法，编码过程采用具有自适应能力的算术编码。

(3) 无失真的预测编码，采用帧内预测编码及哈夫曼编码(或算术编码)，可保证重建图像数据与原始图像数据完全相同(即均方误差等于零)。

JPEG 能以 20∶1 的压缩比压缩图像，且不明显损失图像质量。压缩高达 100∶1 压缩也是可能的，但压缩率越高，图像损失越大。

JPEG 的另一个优点是，它是一个对称算法，同样的硬件和软件能被用于压缩和解压缩一个图像。此外，压缩与解压缩的时间是相同的。这对大多数视频压缩方案来说是做不到的。JPEG 事实上已成为压缩静止图像的公认的国际标准。

#### 2. 电视电话/会议电视 $P$×64Kb/s 标准

CCITT 第 15 研究组积极进行视频编码和解码器的标准化工作，于 1984 年提出了“数字基群传输电视会议”的 H.120 建议。其中，图像压缩采用“帧间条件修补法”的预测编码“变字长编码及梅花型亚抽样/内插复原”等技术。该研究组又在 1988 年提出电视电话/会议电视 H.28 建议 $P$×64Kb/s，即(CCITTH.28)标准，$P$ 是一个可变参数，取值为 1～30，$P$=1 或 2 时，支持 1/4 通用中间格式每秒帧数较低的视频电话；当 $P$≥8 时可支持通用中间格式每秒帧数较高的电视会议。$P$×84Kb/s 视频编码压缩算法采用的是混合编码方案，在低速时($P$=1 或 2，即 64 或 128Kb/s)除采用 QCIF 外，还可采用亚帧(Sub-frame)技术，即隔 1(或 2、3)帧处理 1 帧，压缩比可达 48∶1。

3. 运动图像专家组 MPEG-1 标准

JPEG 发起者——国际电报电话咨询委员会和国际标准化组织已专门为处理运动视频定义了一个压缩标准，称为 MPEG。ISO CD11172 号建议于 1992 年通过。它包括 3 部分：MPEG 视频、MPEG 音频和 MPEG 系统。由于视频和音频需要同步，所以 MPEG 压缩算法对视频和音频联合考虑，最后产生一个具有电视质量的视频和音频压缩形式的 MPEG 单一位流，其位速率约为 15Mb/s。

MPEG 视频压缩算法采用两个基本技术：运动补偿即预测编码和插补编码；变换域(DCT)压缩技术。在 MPEG 中，如果一个视频剪辑的背景在帧与帧之间是相同的，MPEG 将存储这个背景一次，然后仅存储这些帧之间的不同部分。MPEG 平均压缩比为 50∶1。

此外，MPEG 的内部编码能力在其压缩算法的对称性方面不同于 JPEG，它是非对称的，MPEG 压缩全运动视频比解压缩需要利用更多的硬件和时间。

以 MPEG-1 作为视音频压缩标准的 VCD 在我国已经形成了庞大的市场。

4. 运动图像专家组 MPEG-2 及其他标准

MPEG-2 主要针对数字电视(DTV)的应用要求，码率为 1.2～1.5Mb/s 甚至更高。MPEG-2 最显著的特点是通用性，它保持了 MPEG-1 向下兼容，以 MPEG-2 作为视音频压缩标准的数字卫星电视接收机 IRD 已经形成了很大市场。1993 年下半年，美国高级电视联盟(ATV Grand Alliance)和欧洲数字视频广播计划(Digital Video Broadcast Project)先后决定将 MPEG-2 用于高清晰度电视(HDTV)广播中，新一代的数字视盘 DVD 也采用 MPEG-2 作为其视频压缩标准。

此外，常用的还有 MPEG-4 和 H.261。MPEG-4 支持在各种网络条件下交互式的多媒体应用，H.261 是国际电信联盟的前身 CCITT 制定的数字视频编码标准，它适用于 ISDN 网上以 $P\times 64$Kb/s($P$=1，2，…，30)的速率开展视频会议和可视电话业务，目前仍在广泛使用。

## 3.9 Windows 中的视频编辑软件

Windows Movie Maker 是 Windows 系统自带的视频制作工具，简单易学，可以在个人计算机上创建、编辑和分享自己制作的家庭电影。通过简单的拖放操作，精心的筛选画面，然后添加一些效果、音乐和旁白，家庭电影就初具规模了。之后就可以通过 Web、电子邮件、个人计算机或 CD，甚至 DVD，与亲朋好友分享制作成果了。同时，还可以将电影保存到录影带上，在电视机或者摄像机上播放。

### 3.9.1 Windows Movie Maker 的运行

Windows Movie Maker 的运行步骤如下。

选择“开始”→“所有程序”→“Windows Movie Maker”选项即可运行该软件，软件运行后，显示如图 3.26 所示的运行界面。

Windows Movie Maker 的运行界面包含 3 个主要区域：菜单栏和工具栏、窗格及情节提要/时间线。

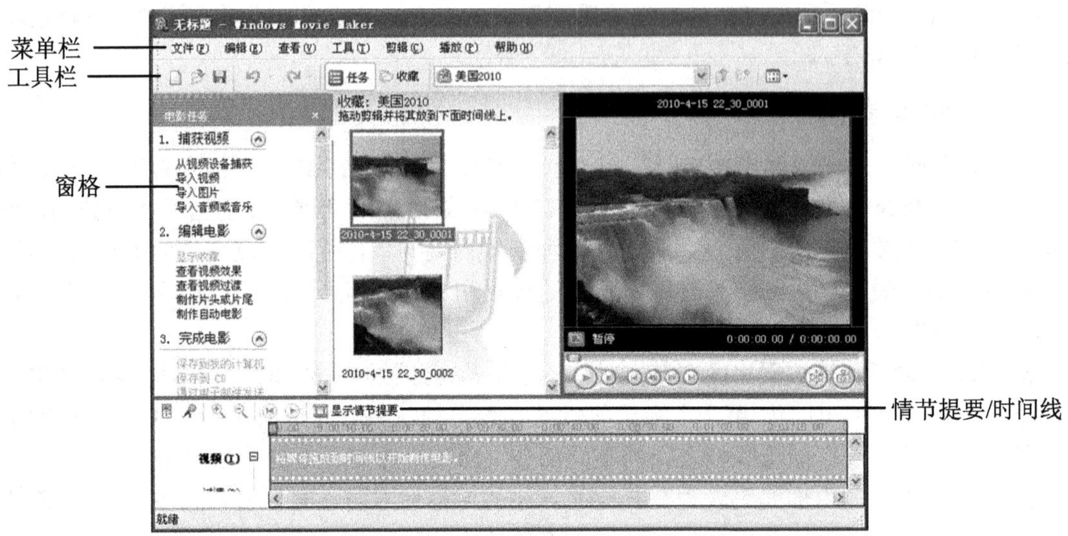


图 3.26　Windows Movie Maker 的运行界面

其中，菜单栏和工具栏，提供了有关在 Windows Movie Maker 中使用菜单命令和工具栏执行任务的信息。

Windows Movie Maker 用户界面的主要功能显示在不同的窗格中，有“电影任务”窗格、“收藏”窗格、“内容”窗格和“视频展示”窗格。根据单击工具栏中的“任务”按钮、“收藏”按钮的不同，在最左边窗格的位置会显示“电影任务”窗格(如图 3.26 所示)或“收藏”窗格。“电影任务”窗格列出了制作电影时可能需要执行的常见任务。“收藏”窗格显示收藏，这些收藏中包括剪辑。收藏按名称列在左边的“收藏”窗格中，而选定收藏中的剪辑便显示在中间的“内容”窗格中。“视频展示”窗格可以播放控制浏览单个剪辑或整个项目。

情节提要和时间线是用于制作和编辑项目的区域。有两个视图：情节提要视图和时间线视图。制作电影时可以在这两个视图间切换。

### 3.9.2　获得要编辑的视频

用户可以使用 Windows Movie Maker 将视频和音频捕获到计算机上。在进行捕获之前，计算机必须正确连接视频捕获设备，并且 Windows Movie Maker 可以检测到该设备。用户可以使用的音频和视频捕获设备及捕获源包括数字视频(DV)摄像机、模拟摄像机、VCR、Web 摄像机、电视调谐卡或麦克风等。可以捕获实况内容或从视频磁带上捕获内容。

在 Windows Movie Maker 中捕获视频和音频时，“视频捕获向导”将指导用户按特定步骤正确进行。

在 Windows Movie Maker 中也可导入计算机或存储介质上的现有音频、视频数字媒体文件。操作步骤如下。

(1) 选择“文件”菜单中的“导入到收藏”选项，打开“导入文件”对话框。

(2) 在“文件名”文本框中输入要导入的文件的文件名，在“查找范围”下拉列表中选择要导入文件的路径，然后单击“导入”按钮。

注：也可单击工具栏中的“任务”按钮，然后根据要导入的数字媒体文件的类型，在“电影任务”窗格中的任务“捕获视频”中，单击“导入视频”(或“导入图片”、“导入音频或音乐”)链接，即可打开“导入文件”对话框。

### 3.9.3 编辑视频

首先在“内容”窗格中选中要编辑的视频片段，然后将其拖到“情节提要视图和时间线视图”中，如图 3.27 所示。编辑视频时，可对视频进行拆分、合并、剪辑等操作，具体步骤如下。

图 3.27 编辑界面

1) 拆分剪辑

拆分剪辑可以将一个视频剪辑拆分成两个剪辑。如果要在剪辑中间插入图片或视频过渡，此选项将非常有用，操作步骤如下。

(1) 在“内容”窗格中或在情节提要/时间线上，单击所要拆分的剪辑。

(2) 找到要拆分的位置。选择“播放”→“播放剪辑”选项，待播放到要拆分的位置后，选择“播放”→“暂停剪辑”选项，使视频在要进行拆分的点暂停。

(3) 选择“剪辑”→“拆分”选项。

2) 合并剪辑

合并剪辑可以合并两个或多个连续的视频剪辑。若有几个较短的剪辑并要在情节提要/时间线上将它们看作一个剪辑，则可合并剪辑，操作步骤如下。

在“内容”窗格中或在情节提要/时间线上，按住 Ctrl 键，然后选择要合并的连续剪辑。选择“剪辑”→“合并”选项。

3) 剪裁剪辑

剪裁剪辑可以隐藏不愿显示的剪辑片断。例如，可将一个剪辑的某一段剪裁掉。剪裁剪辑的步骤如下。

(1) 在“内容”窗格中选中要裁剪的视频片段，然后将其拖到“情节提要视图和时间线视图”中，如图 3.27 所示。

(2) 在时间线上，选择要剪裁的剪辑。

(3) 在时间线上，单击播放指示器并将它拖到所要剪裁剪辑的点(或使用监视器上的播放控制定位到要剪裁剪辑的点)。当播放指示器位于要开始播放选定的视频剪辑或音频剪辑的点时，选择“剪辑”→“设置起始剪裁点”选项。当播放指示器位于要停止播放选定的视频剪辑或音频剪辑的点时，选择“剪辑”→“设置终止剪裁点”选项，即可获得一段从“起始剪裁点”到“终止剪裁点”的视频。

注：还可以在时间线上选中剪辑时，通过拖动剪裁手柄来设置起始剪裁点和终止剪裁点。剪裁剪辑时，并不是将剪裁的信息删除，而只是将这些信息对观众隐藏起来，这样，多余的部分就不会出现在项目和最终保存的电影中。若对音频剪辑或视频剪辑剪裁得过多或过少，则可以在 Windows Movie Maker 中调整或清除已建立的剪裁点。

### 3.9.4 使用视频过渡、视频效果、片头/片尾

可以在电影中添加不同元素来增强其效果，如添加视频过渡、视频效果，以及片头/片尾。

视频过渡控制电影如何从播放一段剪辑或一张图片过渡到播放下一段剪辑或下一张图片的效果。Windows Movie Maker 包含多种可以添加到项目中的过渡。过渡存储在“收藏”窗格中的“视频过渡”文件夹内。

视频效果决定了视频剪辑、图片或片头在项目及最终电影中的显示方式。可以通过视频效果将特殊效果添加到电影中。例如，可使要编辑的视频变旧以便呈现出经典老片的电影效果。可以向视频剪辑或图片添加某一种“旧胶片”视频效果等。Windows Movie Maker 中自带了 53 种特效，无论想应用其中哪一种视频效果，只需将相应图标拖至故事板内的目标剪辑文件上即可。

通过添加片头和片尾，可以向电影添加基于文本的信息，如电影片名、的姓名、日期之类的信息。除了更改片头动画效果外，还可以更改片头或片尾的外观，这决定了片头或片尾在电影中的显示方式。

#### 1. 添加视频过渡效果

添加视频过渡效果的步骤如下。

(1) 在情节提要/时间线上，选择要在它们之间添加过渡的两段视频剪辑第二段剪辑(或两张图片中的第二张图片)。

(2) 在“电影任务”窗格中的“编辑电影”中，单击“查看视频过渡”链接，如图 3.28 所示。

(3) 在视频过渡窗格中选择所要的视频过渡，然后选择“剪辑”→“添加到时间线”或“添加到情节提要”选项。

注：也可以通过将视频过渡拖到时间线上并将其放在“视频”轨上的两段剪辑之间来添加视频过渡。

图 3.28　查看视频过渡界面

### 2. 添加视频效果

添加视频效果的步骤如下。

(1) 在情节提要/时间线上，选择要添加视频效果的视频剪辑(或图片)。

(2) 在“电影任务”窗格中的“编辑电影”中，单击“查看视频效果”链接(如图 3.28 所示)。

(3) 选择所要的“视频效果”。

(4) 选择“剪辑”→“添加到时间线”或“添加到情节提要”选项。

注：也可以通过将视频效果拖到时间线上并将其放在要添加视频效果视频剪辑上。

### 3. 添加片头/片尾

为视频剪辑添加片头/片尾的步骤如下。

(1) 在“电影任务”窗格中的“编辑电影”中，单击“制作片头或片尾”链接，打开如图 3.29 所示的操作界面。

图 3.29　添加片头操作界面

(2) 在"要将片头添加到何处？"区域中，根据所需要添加片头的位置单击其中一个链接，如单击“在电影开头添加片头”链接。

(3) 在“输入片头文本”区域中，输入要作为片头显示的文本，如图 3.30 所示。

图 3.30　为视频添加片头文本

(4) 单击"更改片头动画效果"链接，然后在"选择片头动画"区域中选择片头动画效果。

(5) 单击“更改文本字体和颜色”链接，然后在“选择片头字体和颜色”区域选择片头的字体、字体颜色、格式、背景颜色、透明度、字体大小和位置。

(6) 单击“完成，为电影添加片头”链接，便完成了在电影中添加片头操作。

### 3.9.5　为视频剪辑添加背景音乐

利用 Windows Movie Maker 可以方便地为视频剪辑(或图片)添加背景音乐，操作步骤如下。

(1) 在“内容”窗格中选中要编辑的视频片段，然后将其拖到“情节提要视图和时间线视图”中。

(2) 在电影任务窗格中单击“导入音频或音乐”链接，选择所要添加的背景音乐，便在收藏窗格中显示背景音乐图标，如图 3.31 所示。

图 3.31　为视频添加背景音乐界面

(3) 将背景音乐图标拖放到“情节提要视图和时间线视图”中。

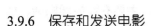

### 3.9.6 保存和发送电影

使用“保存电影向导”可以快速将项目保存为最终电影。项目的计时、布局和内容将保存为一个完整的电影。可以将电影保存到计算机或可写入的 CD 上，或者以电子邮件附件的形式发送或发送给 Web 上的视频宿主提供商。此外，还可以选择将电影录制到摄像机中的磁带上，操作步骤如下。

(1) 选择“文件”菜单中的“保存电影文件”选项，将打开如图 3.32 所示的对话框。

(2) 选择“将电影保存到计算机上以便进行播放”选项，单击“下一步”按钮。

(3) 在“为所保存的电影输入文件名”文本框中输入文件名，并在“选择保存电影的位置”下拉列表中选择存放位置。单击“完成”按钮。

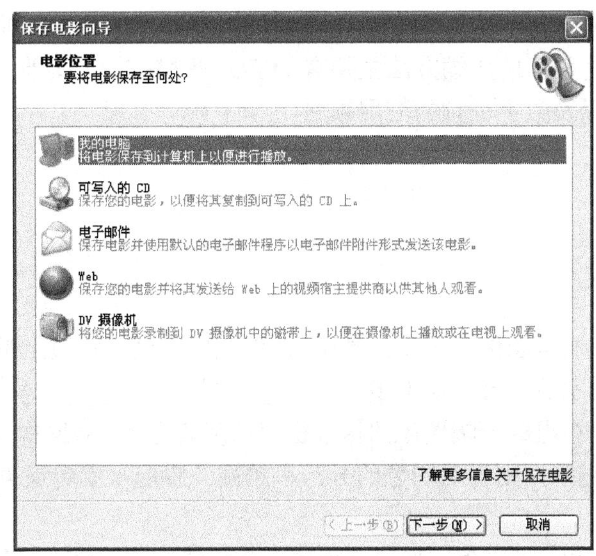


图 3.32 “保存电影向导”对话框

注：除指定要将电影保存到本地计算机或共享的网络位置外，还可指定要将电影保存到可写入的 CD 或可重写的 CD(CD-R 或 CD-RW)上。或指定将电影保存为电子邮件附件以通过电子邮件发送它。

## 3.10 数字视频的应用

随着视频处理技术的日趋成熟和应用的不断深入，数字视频已经并正在用于社会的许多方面。其应用领域主要有以下几方面。

(1) 娱乐出版。数字视频在娱乐、出版业中广泛应用。其表现形式主要有 VCD、DVD、视频游戏和其他各种 CD 光盘出版物。

(2) 广播电视。在广播电视业数字视频的主要应用有：高清晰度电视(HDTV)、交换式电视(ITV)、视频点播(VOD)、电影点播(MOD)、新闻点播(NOD)、卡拉 OK 点播(KOD)等。

(3) 教育训练。数字视频在教育、训练中的应用主要有：多媒体辅助教学、远程教学、远程医疗等。

(4) 数字通信。数字视频的实用化为通信业提供了新的应用服务，主要有：视频电话、视频会议、网上购物、计算机支持的协同工作等。

(5) 监控。目前，数字视频也用于各种数字视频监控系统中，这样系统的性能优于模拟视频监控系统，有着广阔的发展前景。

## 3.11 小　　结

视觉表示媒体中，高分辨率的数字化彩色静止图像和全运动图像虽然对于处理速度、存储容量、传输带宽和显示精度的要求较高，但也更加引人入胜。

本章着重介绍了视频的基本概念，视频信号的特性，视频信号的存储，如何获取、编辑、播放数字视频。和音频数据一样，视频数据也需要压缩。视频数据能够压缩是因为视频信息有很大的冗余度，较为著名的压缩方法主要有 JPEG 和 MPEG。此外，本章还介绍了视频卡的结构和技术特性，以及数字视频的应用领域。

## 3.12 习　　题

1. 填空题

(1) 图像数据的获取是图像数字化的基础。图像获取的过程实质上是模拟信号的数字化过程，它的处理步骤大体分为 3 步，第 1 步：________。第 2 步：________。第 3 步：________。

(2) 图像分辨率是指组成一幅图像的像素密度的度量方法。对同样大小的一幅图，若组成该图的图像像素数目越多，则说明图像的分辨率越高，看起来就越逼真。图像分辨率的单位是________。

(3) 颜色空间的类型，指彩色图像所使用的颜色描述方法，也称颜色模型。显示彩色图像的电视机和计算机显示器色彩显示原理主要基于________颜色模型。

(4) 视频信号是指连续的随着时间变化的一组图像(24 帧/s、25 帧/s、30 帧/s)，又称运动图像或活动图像。常见的视频信号按其特点可分为模拟和________两种形式。

(5) 一幅 1 024×768 真彩色的数字图像，在未压缩的情况下所占用的存储空间为________MB。

(6) VCD 采用的压缩标准是________。

2. 选择题

(1) Windows XP 支持目前流行的多种多媒体数据文件格式。下列文件格式(类型)中，____均是图像文件。

A．GIF、JPG 和 TIFF　　B．JPG、MPG 和 BMP

C．GIF、BMP 和 MPG　　D．CDA、DXF 和 ASF

(2) 数字视频信息的数据量相当大，对计算机的存储、处理和传输都是极大的负担，为此必须对数字视频信息进行压缩编码处理。目前 DVD 光盘上存储的数字视频采用的压缩编码标准是____。

A．MPEG-1　　B．MPEG-2　　C．MPEG-4　　D．MPEG-7

(3) 下列关于图像的说法不正确的是____。

A．图像的数字化过程大体可分为3步：取样、分色、量化

B．像素是构成图像的基本单位

C．尺寸大的彩色图片数字化后其数据量必定大于尺寸小的图片的数据量

D．黑白图像或灰度图像只有一个位平面

(4) 一幅具有真彩色(24位)、分辨率为1 024×768的数字图像，在没有进行数据压缩时，它的数据量大约是____。

A．900KB　　B．1 200KB　　C．3.75MB　　D．2.25MB

3. 判断题

(1) GIF格式的图像是一种在Internet上大量使用的数字媒体，一幅真彩色图像可以转换成质量完全相同的GIF格式的图像。 (　)

(2) DVD与VCD相比其图像和声音的质量均有了较大提高，所采用的视频压缩编码标准为MPEG-4。 (　)

(3) MPEG由MPEG视频、MPEG音频和MPEG系统3部分组成。 (　)

(4) 视频信号的时间特性可用视频帧率刻画。视频帧率表示视频图像在屏幕上每秒显示帧的数量，视频帧率越高图像抖动越小。 (　)

4. 简答题

(1) 什么是视频卡？有哪几种类型？

(2) 在空间上和二维平面上图像是如何表示的?

(3) 什么是计算机图像处理？数字图像处理技术包括哪些内容?

(4) 图像数字化过程的基本步骤是什么?

(5) 图像数字化的主要设备有哪些？

(6) 图像的描述信息(属性)主要有哪些？什么是真彩色？

(7) 颜色深度反映了构成图像的颜色总数目，某图像的颜色深度为16，则可以同时显示的颜色数目是多少？

(8) 常见的数字图像文件格式有哪些?

(9) 图像压缩的目的是什么?

(10) 如何利用Windows系统自带的视频制作工具制作一张DVD?

# 第 4 章 多媒体数据压缩技术

## 教学提示

➢ 多媒体数据压缩技术是多媒体技术中的核心技术之一。它揭示了多媒体数据处理的本质，是在计算机上实现多媒体信息处理、存储和应用的前提。静态图像和视频数据压缩国际标准的制定为多媒体通信和大规模应用提供了统一的技术标准。学习和掌握多媒体数据压缩技术的相关知识，是深入学习多媒体技术其他知识所必备的。

## 教学目标

➢ 在本章中，将从基础理论开始，对数据压缩的基本原理与方法、静态图像压缩编码国际标准 JPEG 及 JPEG 2000、运动图像压缩编码国际标准中 ISO/IEC 制定的 MPEG 系列和 ITU-T 制定的 H.26x 系列进行讲述。

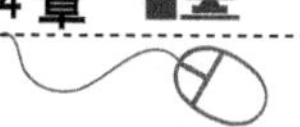

数字多媒体技术是 20 世纪后期在计算机应用领域诞生的一朵奇葩，它为计算机的大规模普及应用创造了必备的技术条件。早期的计算机只能处理文本这样的信息，主要应用于军事和工业领域，随着数字多媒体技术的发展，尤其是多媒体信息压缩编码技术的发展，使得音频、图形、图像、视频、动画等多媒体信息在普通计算机中的应用成为可能。多媒体数据压缩技术的目的是将原先比较庞大的多媒体信息数据以较少的数据量表示，而不影响人们对原信息的识别。多媒体信息在计算机及网络中的应用，极大地改善了人机交互的方式，使得以往只有专业人员使用的计算机进入了寻常百姓家。随着多媒体信息在计算机中的大量应用，计算机在承担传统任务的同时，也可以让用户通过计算机制作图文并茂的文档、听音乐、看电影、远程语音通信、在线视频聊天等。同时多媒体数据压缩技术也是实现数字高清晰电视机和信息家电中不可缺少的技术，是实现信息家电产业化的技术前提。多媒体数据压缩技术的发展潜力十分巨大，具有极其广阔的应用前景。

本章主要介绍多媒体数据压缩技术的基本原理和方法，并介绍了得到广泛应用和影响巨大的相关图像、视频压缩编码国际标准及其新技术。

## 4.1　数据压缩的基本原理和方法

数据压缩是指对原始数据进行重新编码，除去原始数据中的冗余，以较小的数据量表示原始数据的技术。数据压缩技术是实现在计算机上处理音视频等多媒体信息的前提。

数据压缩技术可分为两种类型：一种是无损压缩，一种是有损压缩。

无损压缩是指对被压缩数据进行解压缩(或称还原)时，解压缩得到的数据与原始数据完全相同。这样，原始数据经过无损压缩后，编码的总长度减少了；另一方面，经压缩后的数据经过解压缩又可以得到没有任何损失的信息还原。无损压缩常用于对信息还原要求很高的情况下，如计算机程序、原始数据文件等磁盘文件。就目前的技术而言，无损压缩一般不具有太高的压缩比。

有损压缩是指对被压缩数据进行解压缩时，解压缩得到的数据与原始数据不完全相同，但一般不影响人对原始数据所表达的信息的理解。有损压缩常用于对信息还原要求不太严格的情况下，如音频数据的压缩，压缩的目的是在保证所需要的音频质量情况下，尽可能多的压缩原始数据，以便以较少的数据量表达复杂的音频信息。尤其是在视频信息的压缩过程中，因视频信息中所包含的信息更丰富，其中信息的冗余度也更大，所以在保证要求的视频质量、丢掉一部分信息而不至于影响人对视频信息理解的情况下，其压缩的比例也就可以更高一些，从而达到更高的压缩比。

### 4.1.1　数据压缩概述

多媒体数据区别于文本数据的突出特点之一就是数据量十分庞大(尤其是视频)。如一部《红楼梦》约 100 万字，如果用文本方式保存大约只需 2MB。而对于音频信息来说，若按 CD 音质(CD-A)对原始音频进行不经压缩的数字化，以 CD-A 音频标准，采样频率为 44.1kHz、采样精度为 16bit/样本、双声道立体声，则每分钟的数据量为

$$44.1\times10^3\times16\times2\times60\div8\div2^{20}=10.1(\text{MB})$$

这样，一张 CD-ROM 光盘按 650MB 的容量来计算，只能存放 1h 的 CD 音乐。

以不经压缩的静态图像为例，目前家用数码照相机的分辨率一般在 500～800 万像素，以 500 万像素(2 578×1 936)为例，若按 24 位色深来表达，则每个像素点需要 24 位来表示，存储这张图片所需的磁盘空间为

$$5\,000\,000\times24\div8\div2^{20}=14.3(\mathrm{MB})$$

则一张 128MB 的存储卡，只能存储 8 张照片。

以计划中的高清晰数字电视视频数据为例，其最高分辨率达 1 920×1 152(采用 MPEG-2 的 MP@HL(主框架和高级别)编码方案)，则其每秒钟视频数据量为

$$1\,920\times1\,152\times24\div8\div2^{20}\times25=158.2(\mathrm{MB})$$

由一张 CD-ROM 光盘按 650MB 的容量来计算，只能存放 4s 的高清晰电视节目。

多媒体信息的数据量过大使得利用计算机对多媒体数据处理面临很大的困难，再加上多媒体数据处理通常还有实时性的要求，多媒体信息的处理要求计算机具有极高的带宽、很高的运算速度和“海量”的存储器才能完成，而这是大多数普通计算机所不可能完成的。所以对多媒体原始数据经过压缩，只保留有用的信息并交给计算机处理，就可以解决上述问题。

### 4.1.2 数据压缩的基本原理

编码是指将各种信息以 0、1 数字序列来表示。数据压缩编码是指减少码长的有效编码。根据数据压缩编码的长度，可以将编码方法分为等长编码和不等长编码。以最简单的情况为例，下面看一看数据压缩编码的基本原理。

**【例 4.1】** 对字符串“aa bb cccc dddd eeeeeeee”进行编码。

上述字符串的每一个字符，在 ASCII 码表中都可以查到，每一个字符对应用一个 8 位二进制码，存储时占用 1 个字节。字符与其 ASCII 编码的对应关系见表 4-1。

**表 4-1 字符的 ASCII 编码表**

| 字符 | ASCII 编码 | 字符 | ASCII 编码 |
|---|---|---|---|
| 空格 | 00100000 | c | 01100011 |
| a | 01100001 | d | 01100100 |
| b | 01100010 | e | 01100101 |

则可以采取以下几种编码方式。

方式 1：ASCII 码直接编码。

对每一个字符直接写出其 ASCII 编码为：

01100001 01100001 00100000 01100010 01100010……

上述字符串的编码总长度为：

24(字符个数)×8(每个字符的编码长度)＝192(bit)

方式 2：等长压缩编码。

取每一个字符 ASCII 码的后 3 位进行观察，可以看出它们各不相同(即可以通过这 3 个 b 唯一识别)，如只取每个字符的后 3 位直接编码，则新的码字序列可写为：

001 001 000 010 010……

则可计算出编码总长度为：

24(字符个数)×3(每个字符的编码长度)＝72(bit)

数据压缩比为 37.5%。

方式 3：不等长编码。

考查字符串中不同字符出现的概率并对其重新定义一个编码见表 4-2。

**表 4-2 字符与其新定义的编码**

| 字符 | 出现次数 | 出现概率 | 新编码 |
|---|---|---|---|
| e | 8 | 1/3 | 0 |
| d | 4 | 1/6 | 100 |
| c | 4 | 1/6 | 101 |
| 空格 | 4 | 1/6 | 110 |
| a | 2 | 1/12 | 1110 |
| b | 2 | 1/12 | 1111 |

则其编码的总长度为

$$8\times1+4\times3\times3+2\times4\times2=60(\text{bit})$$

数据压缩比达到 31.2%。

与之对应，数据经过压缩编码后，若要解开压缩的数据，则可采取相应的解压缩方法得到(如查编码表)。对于等长编码方式来说，解压缩过程比较简单，只要从压缩编码中取出 $n$ 位，就可以得到对应的一个原始字符，而对于不等长编码来说，解压缩过程相对复杂一些。

### 4.1.3 常用的数据压缩方法

#### 1. 行程长度

行程长度编码(游程长度编码)是指将一系列的重复值(如像素值)由一个单独的值和一个计数值代替的编码方法。行程长度编码是一种无损压缩编码方法，它是视频压缩编码中最简单、但十分常见的方法，如在静态图像压缩编码国际标准 JPEG 可就采用了行程长度编码方法。

以黑白二值图像(仅有黑白两种像素构成)为例，由于图像中相邻像素之间存在较大的相关性，所以在图像的一个扫描行上，它总是由若干段连续的黑色像素点和若干段连续的白色像素点构成。黑(白)像素点连续出现的点数称为行程长度。黑白像素点的行程长度总是交替出现，其交替的频度与图的复杂程度有关。

例如，对二值图像像素序列，如图 4.1 所示。

○○○○○○○○●●●●●○○○●●●●●●●●○○○○○○

**图 4.1 二值图像的一行中黑、白像素分布**

按行程长度编码方法可编写为：白 8 黑 5 白 3 黑 8 白 6……

行程长度编码是一种基于统计的压缩编码方法。对于灰度图像和色彩不太复杂的二维图像来说，也可以按照相似的方法进行压缩编码。对于出现概率大的像素，分配短的编码，对于出现概率小的像素可分配长的编码，以达到信息压缩的目的。对于二维图像，除可以按上述的编码方法外，还要考虑相邻行像素之间存在的相关性，如在 JPEG 对图像的压缩编码中，就采用了 Z 形扫描方法，得到一个扫描序列后再进行编码。

行程长度编码最适用于有大面积颜色相同的图像，可以取得较好的压缩效果。在实际应用中，对二值图像、灰度图像、色彩不太丰富的彩色图像常采用行程长度编码方法。但对于特征比较复杂的自然图像(如纯随机的“沙土型”图像)，编码效果不理想。

2. 预测编码

自然界中的音频和视频信息都是连续变化的模拟信号。模拟信号是无穷量，计算机要对这些多媒体信息进行处理，必须将模拟信号转化为有穷的、可以为计算机处理的数字信号，并在保持信息和可理解性的前提下，尽可能地压缩编码的数据量。预测编码的基本思想是根据原始信号的相关性，在当前时刻(或位置)预测下一时刻(或位置)的信号值，并对预测出现的误差进行编码的压缩编码方法。一般而言，通过预测产生的误差信息与原始信号相比会比较小，所以对误差信号进行编码就可以用较小的值来表达，这样可以压缩编码所用的数据长度，即缩短了编码长度，从而达到数据压缩的目的。预测编码主要考虑消除两个方面的信息冗余：一是消除存在于图像内部的数据冗余，即空间冗余度；二是消除存在于相邻图像之间的数据冗余，即时间冗余度。

1) 消除空间冗余度的预测编码

空间冗余度可能出现在一维也可能出现在二维空间中。

(1) 对于一维情况下的原始音、视频信号，可表示为如图 4.2 所示。

$S_i$ 为第 $i$ 时刻的信号采样值。设当前信号为 $S_{i-1}$，则对下一时刻(第 $i$ 时刻)的信号预测算法可表述为以下面两种形式。

$S'_i = S_{i-1}$ (算法 1)

$S'_i = 2*S_{i-1} - S_{i-2}$ (算法 2)

其中，$S'_i$ 为第 $i$ 时刻的预测值。

则经过预测后，预测值与实际值之间会存在一个预测误差 $\Delta_i$ 可记为

$$\Delta_i = S_i - S'_i$$

依次对 $\Delta_i$ 进行编码即可得到预测压缩的编码序列。

(2) 二维情况下，图像中相邻像素点之间的关系如图 4.3 所示。

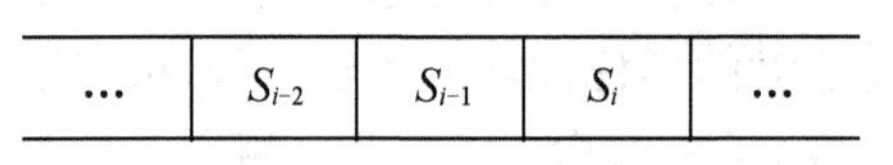

| … | $S_{i-2}$ | $S_{i-1}$ | $S_i$ | … |
|---|---|---|---|---|

图 4.2 一维信息

| $X(i-1, j-1)$ | $X(i, j-1)$ | $X(i+1, j-1)$ |
|---|---|---|
| $X(i-1, j)$ | $X(i, j)$ | $X(i+1, j)$ |

图 4.3 图像中相邻像素的位置关系(二维信息)

$X(i, j)$为第 $i$ 行第 $j$ 列像素的实际值。

在实际图像中，相邻像素之间往往存在较大的相关性，所以对 $X(i, j)$像素点的预测，可以通过相邻像素值的运算进行预测，常用以下 3 种预测方式。

$X'(i, j) = [X(i-1, j) + X(i, j-1)]/2$ (算法 1)

$X'(i, j) = [X(i-1, j) + X(i+1, j-1)]/2$ (算法 2)

$X'(i, j) = X(i-1, j) - X(i-1, j-1) + X(i, j-1)$ (算法 3)

其中，$X'(i, j)$为第 $i$ 行第 $j$ 列位置像素点的预测值。

与一维情况下一样，经过预测后，预测值与实际值之间会存在一个预测误差 $\Delta(i, j)$可记为

$$\Delta(i, j) = X(i, j) - X'(i, j)$$

依次对 $\Delta(i, j)$进行编码即可得到预测压缩的编码序列。

2) 消除时间冗余度的预测编码

时间冗余度出现在视频的帧与帧之间。在连续的视频图像中，以VCD为例，标准要求每秒播放30帧，则在相邻两帧之间的相关性很大，差别非常小。这样在进行预测压缩编码时，可利用上一帧图像中的数据去预测下一帧图像。若是设计比较好的预测算法，则经过预测后产生的误差与原始视频信号相比，大部分误差为0或接近于0，少数点上存在一些误差，则经预测后的编码序列将会比较短。帧间存在的时间冗余如图4.4所示。帧间预测不直接传送当前的像素值，而是传送$X$和其前一帧对应像素间的差值。

不管是对消除空间冗余度方面还是时间冗余度方面的预测，多数情况下都存在预测误差。和原始信号相比，误差是一个比较小的量，所以可以用比较少的比特数来编码。这是预测编码能够对视频信息进行压缩的本质。

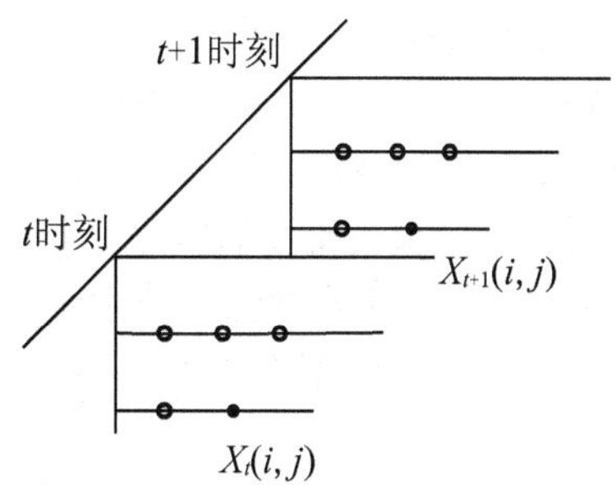

**图4.4　帧间的时间冗余**

预测编码算法简单、易操作，计算复杂度不高，有较高的编解码效率，所以基于预测编码技术的传统算法得到广泛应用，如DPCM(差分脉冲编码调制)方法、ADPCM(自适应差分脉冲编码调制)方法、DM(增量调制)方法、ADM(自适应增量调制)方法等。同时计算机软硬件技术的发展，基于预测编码的新算法不断涌现并得到大量的应用，如LPC(线性预测编码)方法、APC(自适应预测编码)方法、MPC(多脉冲线性预测编码)方法、CELPC(码激励线性预测编码)方法等。这些算法被广泛应用于数字音视频编码技术中。

3. 变换编码

变换编码的基本思想是利用变换方法(如离散余弦变换，即DCT)先改变表示图像的模式(如RGB模式→YUV模式)，再对变换得到的变换基信号进行量化取整和编码的技术。变换编码不直接对原始的空域信号(基于空间的视频信号)进行编码，而是首先将空域信号映射到另一个正交矢量空间(如以可见光频率表示的图像频域空间)，经过这样的变换后，将得到一批变换系数(即基信号)，再对这些系数进行编码的技术。在这个变换的过程中，常用的正交变换是最佳正交变换——K-L变换和次最优正交变换——DCT两种。尤其是DCT变换，在近年来被广泛应用于数字图像处理和视频压缩编码技术中。

离散余弦变换的优势在于其压缩变换的性能和误差与最佳正交变换——K-L变换非常接近，但其计算复杂度要比K-L变换要小，而且还具有可分离特性(有选择地压缩编码)、快速算法等特点。从20世纪90年代以后的数字图像压缩和视频压缩技术中，DCT变换广泛应用于JPEG、MPEG、H.26x等国际或行业标准中，成为计算机多媒体技术中的基本压缩算法之一。DCT变换可表示为

$$F(u,v)=\frac{1}{4}C(u)C(v)[\sum_{x=0}^{m}\sum_{y=0}^{n}f(x,y)\cos(\frac{(2x+1)u\pi}{16})\cos(\frac{(2y+1)v\pi}{16})]$$

其中

$$C(z)=\begin{cases}\frac{1}{\sqrt{2}} & z=0\\ 1 & z\neq 0\end{cases}$$

利用 DCT 变换对图像进行处理的原理可以理解为：在计算机中，一般图像的模式为 RGB 模式，利用 DCT 变换，可以将以 RGB 色度空间表达的图像变换为用 YUV(Y 表示亮度，U、V 表示色度差)色度空间表达，在对一个具有 $m \times n$ 个像素的图像块进行变换的过程中，产生 $m \times n$ 个正交基信号(即变换系数)，每个基信号对应于独立二维空间频率中的一个，这些频率由输入信号的频谱组成。对正交基信号量化取整后，再进行编码就可以得到相应的压缩编码。

对图像经过 DCT 变换编码后，可利用离散余弦变换的逆变换(IDCT)对编码数据进行逆变换，可将图像变换回 RGB 色度空间，从而实现图像的解压缩，图像得到还原。

4. 矢量量化编码

矢量量化编码是一种有失真的压缩编码方法，是近年来在图像压缩编码和音频压缩编码技术中应用比较多的一种新型量化编码方法。矢量量化是相对于标量量化而言的。标量是指对只有大小、没有方向或其他限制的量，标量量化是一次只对单个采样点量化的技术(如 PCM 方法)；矢量是指既有大小、又有方向或其他限制的量，矢量量化是指一次对多个具有相关性的采样点进行的量化的技术。

矢量量化编码技术流程如图 4.5 所示。

图 4.5 矢量量化编码与解码流程

矢量量化过程中，对于给定的矢量 $\boldsymbol{X}_i$，在码本中进行比较得到一个与 $\boldsymbol{X}_i$ 最为接近的矢量 $\boldsymbol{Y}_i$，则码本矢量 $\boldsymbol{Y}_i$ 在码本中的矢量编号 $i$ 即为 $\boldsymbol{X}_i$ 的量化值。这样，对于某个矢量 $\boldsymbol{X}_i$ 在编码时可以用一个编号 $i$ 进行编码。

矢量量化编码可以将多个复杂的采样点编码量化到一个码本矢量的编号，进而对这一矢量编号进行编码。只要有码本和相应的编号，就可以快速解码，所以可以极大地压缩编码率。矢量量化的关键是设计一个能体现矢量关键特征的码本。

5. 熵编码

行程长度编码、预测编码、变换编码和矢量量化编码等几种编码方法，都是从消除信息冗余度方面来考虑的。压缩算法的实质是将原始信息中的多余部分去除，以较小的编码数据来表示原始信息。熵编码则是一种基于统计的、可变码长的压缩编码方法，它从另外一个方面来考虑压缩编码：首先将原始信息中所有不同的信息(也称为事件)进行统计，将出现概率最多的信息赋予最短的编码，将出现概率较少的信息赋予较长的编码，以缩短平均编码长度。

1) 熵及其计算

熵用于表示一个事件所包含的信息量大小。信息量越大，表示事件的不稳定性越大，则对该事件进行编码时就需要更多的比特数。假设 $N$ 为待编码的信息集(如一幅图像中的像素色彩等级)，$P_i$ 为某事件(如图像中的某种色彩)出现的概率，则 $P_i$ 的信息量 $A$ 可记为

$$A = \log_2(1/P_i)$$
$$= -\log_2 P_i$$

则信息集 $N$ 的平均信息量为

$$H = -\sum_{i=1}^{n} P(i)\log_2 P(i) \qquad (i=1, \cdots, n)$$

$H$ 即为信息熵。上式可以证明：当所有事件的概率相等时，$H$ 最大；当只有一个事件的概率为 1，而其他事件概率为 0 时，$H$ 最小。

在多媒体压缩编码技术中，信息熵的引入主要用于解决信息压缩编码的极限问题。对于某一个信息集 $N$，若其中包含了 $i$ 个事件，每个事件的编码长度为 $C_i$，对应的概率为 $P_i$ 的话，则信息集 $N$ 中每个事件的平均编码长度可记为

$$L(\text{平均码长}) = \sum_{i=1}^{n}(C_i \times P_i)$$

则一个编码方案是否是最佳编码，可以下式来验证：

$$H \leqslant L \leqslant H+1$$

实践证明：若 $L$ 远远大于 $H$，则该编码为非最佳编码，说明编码中仍有数据冗余，可以进一步压缩；若 $L$ 小于 $H$，证明是不可实现的。所以通常情况下，最佳编码应满足 $L$ 稍大于 $H$。

2) 熵编码实例——哈夫曼编码

哈夫曼(Huffman)编码方法于 1952 年问世，是一种典型的熵编码，并被广泛应用于现代数字图像处理技术中，如 JPEG、MPEG、和 H.26x 等压缩标准中。哈夫曼编码过程采用变字长的编码方法，编码过程中，编码器对不同概率的信息输出的编码长度不同。对于大概率信息符号，赋予短字长的输出(编码)，对于小概率的信息符号，赋予长字长的输出(编码)。已证明，按照概率出现的大小顺序，对输出码字分配不同码长的变字长编码方法，其输出的编码平均码长最短，与信息熵理论值接近，是一种最佳的压缩编码方法。以一幅图像的哈夫曼编码为例，其算法可描述为：

(1) 对图像中出现的不同像素值进行概率统计，得到 $n$ 个不同概率的信息符号。

(2) 按符号出现的概率由大到小、由上到下排列。

(3) 对两个最低概率符号分别以二进制 0、1 赋值。

(4) 两最低概率相加后作为一个新符号的概率重新置入符号序列中。

(5) 对概率按从大到小重新排列。

(6) 重复(2)～(5)，直到只剩下两个概率符号的序列。

(7) 分别以二进制 0、1 赋值后，以此为根节点，沿赋值的顺序的逆序依次写出该路径上的二进制代码，得到哈夫曼编码。

**【例 4.2】** 根据表 4-3 中的信息及出现的概率，写出其哈夫曼编码。

**表 4-3 信息及出现的概率**

| 信息 | 00 | 01 | 10 | 02 | 20 | 11 | 12 | 21 | 22 |
|---|---|---|---|---|---|---|---|---|---|
| 出现概率 | 0.49 | 0.14 | 0.14 | 0.07 | 0.07 | 0.04 | 0.02 | 0.02 | 0.01 |

上述信息按哈夫曼编码方法，其编码过程如图 4.6 所示。

哈夫曼编码的过程形成了一个二叉树，上例的哈夫曼编码形成的二叉树如图 4.7 所示。在编写哈夫曼编码时，只要从根节点开始，沿根节点到编码节点的路径依次写出各段的权值即可得到哈夫曼编码。

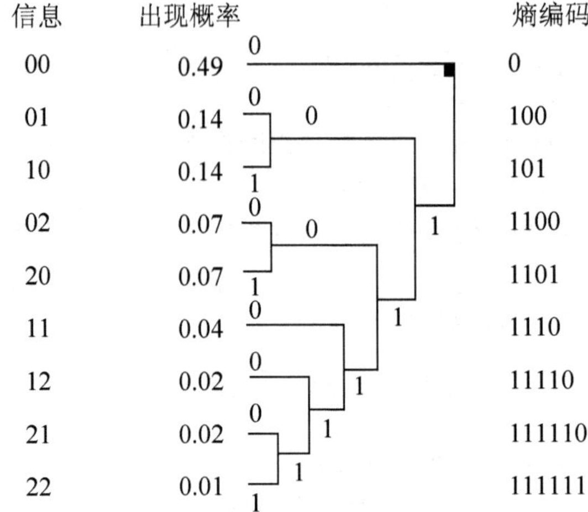


图 4.6 哈夫曼编码过程

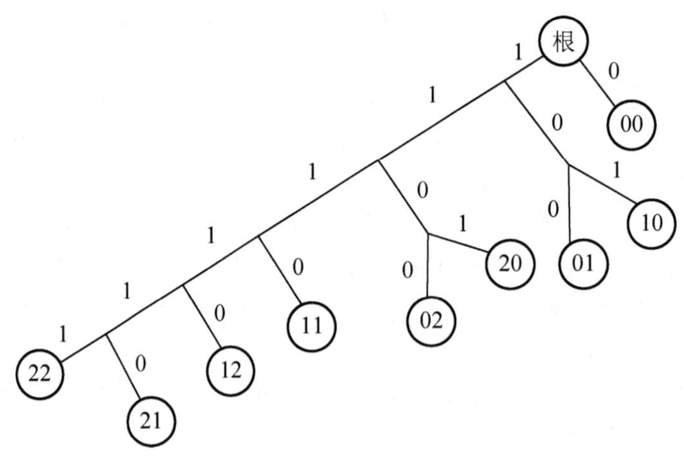


图 4.7 哈夫曼编码的二叉树

哈夫曼编码的最终结果包含了一个可供查询的哈夫曼表，每个信息符号与其对应的编码一一对应。在解码过程中，对于输入的编码值，可通过查询哈夫曼表而快速得到信息符号，所以哈夫曼方法的解码速度比较快，是一种成熟、优秀的压缩算法。

6. *算术编码*

算术编码也是一种基于统计的压缩编码方法。算术编码中，信息符号用 0～1 的实数进行编码。算术编码以符号的概率和它的编码间隔为参数，信息符号的概率决定了压缩编码的效率，也决定了编码过程中信息符号的间隔，而这些间隔包含在 0～1。编码过程中的间隔决定了符号压缩后的输出。下面以具体的例子说明算术编码的编码与解码过程。

**【例 4.3】** 一个信息符号集为{00，01，10，11}，每个符号对应的概率分别为{0.1，0.4，0.2，0.3}，当输入的信息符号序列为 10 00 11 00 10 11 01 时，写出其算术编码及解码过程。

编码过程中，首先按概率确定每个符号所在的编码区间。对于一个编码信息集，所有的信息符号的总概率和为 1。所以可以 0 为起点，1 为终点，将信息符号依次对应到一个区间内。则符号 00 在[0，0.1)内，01 在[0.1，0.5)内，10 在[0.5，0.7)内，11 在[0.7，1)内。

对于输入的信息符号序列，第一个输入的符号为 10，则可判断其信息编码落在[0.1，0.5)内，当第二个符号 00 输入时，对上一符号所在区间仍按信息符号的概率再进行一次区间划分，它落在[0.5，0.7)的第一个 1/10 处，即它的区间为[0.5，0.52)；当第三个符号 11 输入时，对区间[0.5，0.52)再按前面的方法进行区间划分，则可知其落在[0.514，0.514 6]；依此类推，如图 4.8 所示。

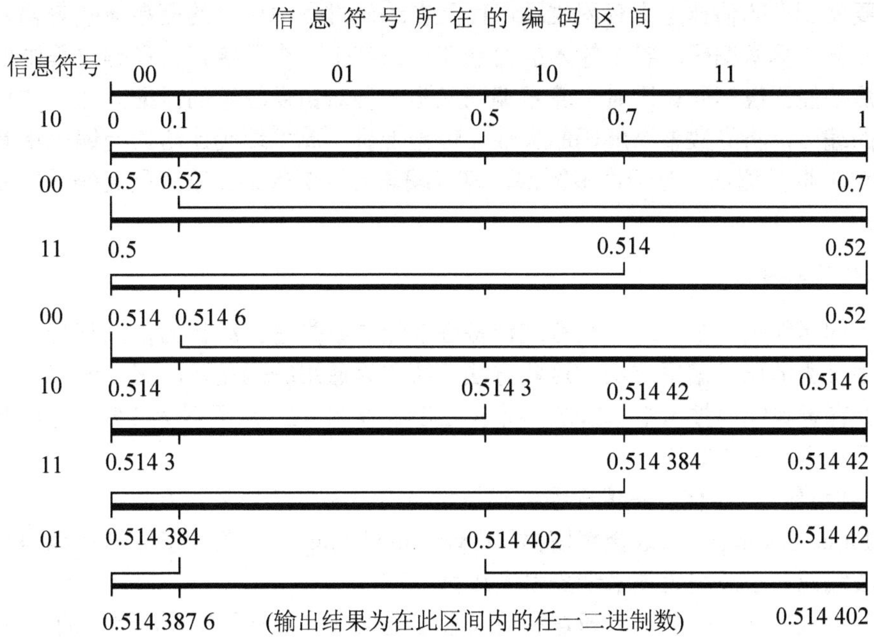

**图 4.8　算术编码的过程**

这样，对于输入的信息符号序列 10 00 11 00 10 11 01，其算术编码应落在 0.514 387 6～0.514 402 这个区间内，所以区间内的任一数据都可表达出该符号序列。

解码时，对于给出的一个解码序列，如$(0.514\ 39)_{10}$，其解码过程如图 4.9 所示。

信息符号所在的编码区间

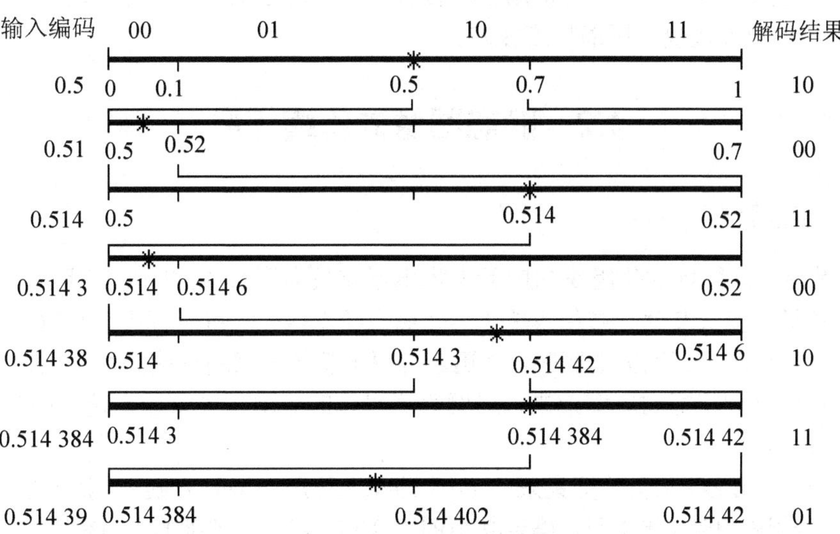


**图 4.9　算术编码的解码过程**

注：*为输入编码在解码的不同阶段所处的区间及位置。

上例中解码过程是在已知编码长度的情况下进行的，对于未知长度的解码过程，只需要设置一个终止符用于终止解码过程即可。

算术编码是基于统计的编码方法，需要对待编码的信息符号进行概率估计，但实际编码过程中，要做到准确估计是十分困难的，而且在编码过程中估计的概率会随着输入信息符号的变化而变化。算术编码对整个输入的消息序列只产生一个码字，其译码过程中要求将全部编码输入后才能正确解码。同时，算术编码又是一种对错误敏感的压缩方法，如果码字是传递了错误的编码，将导致整个解码的失败。理论上讲，算术编码比哈夫曼编码更具压缩的优势。据 JPEG 成员测试，对于许多图像，算术编码的压缩效果比哈夫曼编码的压缩效果要好 5%～10%。

7. 其他编码技术

在传统的压缩技术中，对于没有统计特性或无法事先进行统计的信息符号，不少学者提出了一些很优秀的压缩编码方法，这些方法，统称为通用编码技术，其中的代表算法为词典编码方法。在词典编码技术中，LZ77 算法、LZSS 算法、LZ78 算法及 LZW 算法等都是较有代表性的词典压缩编码算法。

进入 20 世纪 90 年代，图像压缩编码技术研究出现了两个重要方向：一是多分辨率编码(Multiresolution Coding)；二是金字塔编码(Pyramid Coding)。尤其在多分辨率编码技术上发展起来的分波编码和小波编码技术十分引人注目。

分波变换编码技术的基本原理是利用人眼的视觉特点，使用分波几何中的自相似原理(仿射变换)实现。其本质在于保存极小量的仿射变换系数来取代存储大量的图像数据。它的特点是图像压缩比要比经典方法高得多；压缩和解压缩不对称，压缩慢但解压缩快；与分辨率无关。

小波变换编码技术的基本原理是对整幅图像进行变换，采用小波变换的本质是对一幅图像进行高通和低通滤波，对不同的频带上的图像部分可采用不同的量化技术进行量化。其主要依据是变换后的各级分辨率的图像之间自相似的特点，采用逐级逼近技术来实现减少编码的数据量。它的特点是适应性广，可适用于各种视频数据的压缩；压缩比较高，可达到 300∶1 或 450∶1；压缩速度较快；压缩精度较高。

## 4.2 静态图像的压缩标准

### 4.2.1 JPEG 标准简介

JPEG 是指由国际标准化组织和国际电报电话委员会联合成立的专家组联合制定的一个适用于连续色调、多级灰度、彩色或单色静止图像数据压缩的国际标准。JPEG 方案的问世，在多媒体技术领域产生了巨大的影响，并迅速应用于视频压缩编码国际标准 MPEG 中。JPEG 以其较大的压缩比和很好的压缩效果，对网络多媒体的应用、多媒体系统集成等产生了极其重要的推动作用。

1987 年 6 月，JPEG 从全球征集来的 12 个静态图像压缩编码方案中，筛选出了 3 个方案，并对其进行了改进。1988 年 1 月，确定其中的以 8×8 DCT 为基础的“ADCT”方案的画面质量最好，1991 年被确定为国际标准。以 JPEG 有损压缩方式、压缩比为 25∶1 对图像进行压缩处理，压缩后的图像与原图像比较，用肉眼几乎分辨不出它们之间的差别，而数据量仅为原始图像的 1/25。1997 年 3 月，JPEG 又开始着手制定用于静态图像压缩的更优秀的方案，该方案采用以小波转换(Wavelet Transform)为主的多解析编码方式，并命名为 JPEG2000，并于 1999 年 11 月公布为国际标准，成为图像压缩领域又一项具有划时代意义的技术。

### 4.2.2 JPEG 标准中的主要技术

在 ISO 公布的 JPEG 标准方案中，包含了两种压缩方式。一种是基于 DCT 变换的有损压缩编码方式，它包含了基本功能和扩展系统两部分；一种是基于空间 DPCM(预测编码的一种)方法的无损压缩编码方式。这两种方式中，基于 DCT 的压缩编码方式虽然是有损压缩，但它可用较少的编码得到较好品质的还原图像，所以作为 JPEG 标准的基础。另一方面，基于二维空间的 DPCM 压缩编码方法虽然压缩比较低，但可实现图像的无失真还原，可满足对图像还原要求较为苛刻的处理环境，如卫星图像、遥感图像的处理等。为实现标准的完整性，所以也作为标准的一部分。在 JPEG 标准中采用的相关技术主要分为 3 个部分。

在有损压缩编码的基本功能(Baseline)部分，主要采用对 8×8 像素块的 DCT 变换，对 DCT 系数采用 Z 形扫描得到数据序列并使用哈夫曼编码，输入图像精度为 8 位，编码图像还原后的显示方式为顺序方式。顺序方式是指图像的解码显示从一幅图像的开始处(左上角)依次解码显示。

在有损压缩编码的扩展功能部分，采用对 8×8 像素块的 DCT 变换，对 DCT 系数采用 Z 形扫描得到数据序列并使用哈夫曼编码，输入图像精度为 12 位，编码图像还原后的显示方式为累进方式。累进方式是指图像的解码显示按复合显示程序，由一幅粗略的图像概貌开始，逐步细化到一幅完整的清晰图像。

在无损压缩编码部分，主要采用基于二维空间的 DPCM 预测编码，输入图像精度 2～16bit，对预测编码进一步采用哈夫曼编码，顺序方式显示图像。

### 4.2.3 JPEG 标准对静态图像的压缩过程

JPEG 压缩编码的基本单位是图像中的 8×8 像素块，所以 JPEG 在压缩开始之前需要把原始图像分割为若干个 8×8 像素块。压缩开始，按照从上到下、从左到右的顺序，依次对 8×8 像素块进行 DCT 变换，对变换系数量化后再进行熵编码，并输出压缩图像的编码数据。解压缩过程是压缩过程的逆过程，并最终得到还原重构的图像。JPEG 的压缩/解压缩过程如图 4.10 所示。

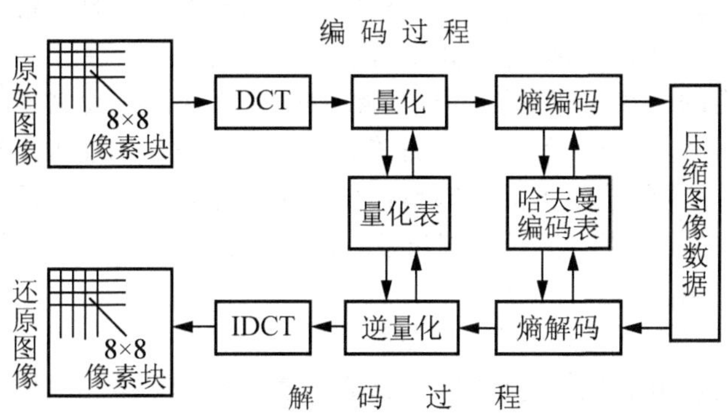


图 4.10 JPEG 编码与解码流程

对有关 JPEG 的编码与解码过程中的几个问题说明如下。

1. DCT 变换

DCT 变换用于将 RGB 色彩空间的图像信号变换为以 YUV 频率空间表达的图像信号。变换后，每一个像素点对应形成一个变换系数。这样每一个 8×8 像素块经 DCT 变换后得到了 64 个变换系数，这些系数是进行下一步编码的依据。经过 DCT 变换，图像的频率信息被集中在少数几个系数中，大部分的系数值为 0。这为图像的压缩打下了良好的基础。DCT 使用 8×8 像素块进行变换的原因还在于当像素块小于 8×8 时，采用变换处理可能带来块与块之间边界上存在着被称为"边界效应"的不连续点。实验证明，当像素块小于 8×8 时，边界效应明显；而像素块过大，虽然可以得到更佳的压缩效果和重构图像质量，但在应用上已没有太多的实际意义，而变换过程的计算量将在大幅度增加，对计算机性能要求高，实现起来比较困难。

2. 量化

量化是对 DCT 变换的系数进行的，量化实际上是一个取整处理的过程，可表示为

$$R_{uv}=\mathrm{round}(S_{uv}/Q_{uv})$$

其中 $S_{uv}$ 为 DCT 变换得到的数据，$Q_{uv}$ 为某个整数，它来自于量化表。量化的目的是减少非"0"系数的幅度并增加"0"值系数的数量。量化的结果直接导致了失真的出现，也是导致图像质量下降的主要原因。细粒度的量化可以产生好的还原图像质量，但会导致压缩比下降。相反，较粗粒度的量化在提高压缩比的同时，会导致还原图像质量的下降。JPEG 允许用户自定义量化表来控制压缩图像的品质。

3. 熵编码用于消除图像内的空间冗余度

在消除图像内的空间冗余度技术中的熵编码主要包括 3 个压缩过程。

首先，对于 8×8 像素块经 DCT 变换和量化后得到的数据，在 8×8 块的左上角的一个数据称为直流系数(DC)，它代表了 8×8 像素块的平均灰度，是 64 个采样点实际值的平均值。JPEG 对一幅图像的直流系数进行编码时，将整幅图像中每一个 8×8 像素块，按从左到右、从上到下顺序，抽取其中的直流系数进行空间 DPCM 编码。其依据是：在自然图像中，图像灰度变化比较平缓，相邻直流系数的数据差别一般不大，所以对灰度信息使用 DPCM 方法进行编码可达到较好的压缩效果。

其次，每一个 8×8 像素块中其余的 63 个系数，被称为交流系数(AC)，代表频率信息。交流系数表达了对应像素的亮度信息。由于相邻像素的亮度信息具有很强的相关性，也就是说，相邻的若干个像素出现相同亮度的概率比较大。对 AC 系数进行 Z 形扫描的目的就是要增加连续的"0"系数的个数，即增加"0"系数的行程长度。经过 Z 形扫描后，就将一个 8×8 的矩阵变成了一个具有 64 个数据的一维矢量，同时，对重构图像影响较大的高频系数被集中在前面，对图像重构影响不大的低频系数会集中在后面。经量化后，后面的低频系数大多为"0"。对于这样的数据序列采用行程长度编码方法进行编码可以达到较高的压缩比。AC 系数的 Z 形扫描方法如图 4.11 所示。

最后，对 DPCM 编码后的直流系数和行程长度编码后的交流系数还有进一步压缩的潜力，采用熵编码中的哈夫曼编码可进一步压缩信息量。使用哈夫曼编码的原因是可以使用比较简单的查表方法进行编码，压缩过程中，对高概率符号分配较短的编码，对低概率符号分配较长的编码，而这种变长编码所用的码表可事先进行定义，JPEG 标准中给出了建议的哈夫曼编码表。

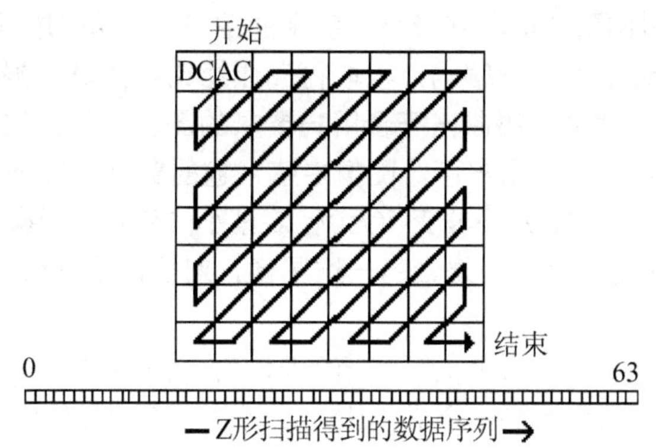


图 4.11　8×8 块 AC 系数的 Z 形扫描

经过 3 步压缩后，JPEG 最后将各种标记代码和编码后的图像数据按帧组成数据位流，用于保存、传输和应用。

4. IDCT 是逆 DCT 变换

用于将 YUV 信号变换为 RGB 信号，用于图像的重建输出。

### 4.2.4　JPEG 2000

JPEG 2000 是由 ISO 的 JPEG 组织负责制定的，正式名称为“ISO 15444”，1997 年 3 月开始筹划，1999 年年底制定完成。JPEG 2000 与 JPEG 相比，可得到更高的压缩比，在相同的压缩比情况下，可以得到更好的还原图像质量。JPEG 2000 在 200 倍的压缩比下，仍然可以得到不错的显示品质，而 JPEG 一般的压缩比为 20～40。不管是对与数字影像相关的软件或硬件而言，JPEG 2000 技术标准的问世，都具有里程碑式的意义。

1. JPEG 2000 的原理

JPEG 2000 与传统 JPEG 最大的不同，在于它放弃了 JPEG 所采用的以离散余弦转换(Discrete Cosine Transform) 为主的区块编码方式，而改用以小波转换(Wavelet Transform)为主的多解析编码方式。DCT 变换方式对图像信息中的频率信息进行处理，但时间信息无法表达。DCT 处理了图像的频率分辨率问题，但不知道这些频率什么时候及在什么地方出现，即没有处理时间分辨率的问题；同时以区块编码方式的主要缺点是将自然图像中的相关性人为地割裂开来，所以会导致图像还原时出现块与块之间的“边界效应”。小波转换将一幅图像作为一个整体进行变换和编码，很好地保存了图像信息中的相关性，达到了更好的压缩编码效果，如图 4.12 所示。

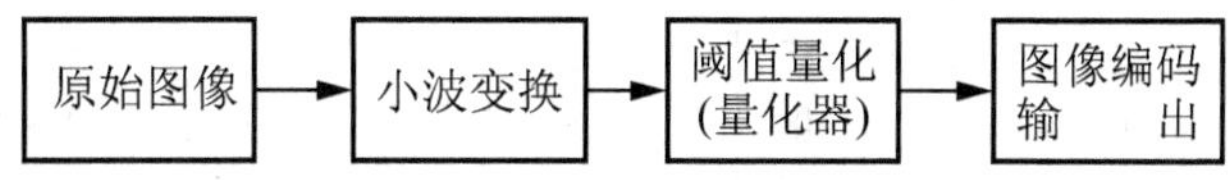


图 4.12　小波图像分解编码过程

小波变换是一种函数。用于不同压缩目的的小波函数常以开发者的名字命名，如 Haar(哈尔)小波、Morlet 小波等。在小波变换中，采用缩放和平移的方法对图像进行处理，经过小波变换处理的图像，既包含了频率分辨率的信息，也包含了时间分辨率的信息。频率分辨率可以用以控制编码图像的大小，时间分辨率可以选择对图像的哪一部分进行压缩。这样，用户可以构造出从最大(原始图像)分辨率到极小分辨率的图像。在编码过程中，小波可用一个极小分辨率的图像加上图像细节值进行编码，以取得高压缩比。同时，根据压缩数据解压缩时，只要选择合适的量化器，就可以还原出符合用户要求的图像质量。这一过程既可以是无失真的，也可以是有失真的。这样，用户可对图像中感兴趣的部分进行分别处理。

以最简单的小波变换——Haar 小波变换为例，观察小波变换对图像信息的分解与压缩过程。

**【例 4.4】** 一幅图像是只有 4 个像素的一维图像，对应的像素值为{11 7 4 6}，计算它的 Haar 变换系数。

(1) 求均值：将像素值从左至右，两个一组求均值，得到{9 5}。经过这一步，图像分辨率从 1×4 变换为 1×2，从而得到一个大小为 1/2 低分辨率的图像(若是二维图像，则得到一个分辨率为原图像 1/4 的低分辨率图像)。

(2) 求差值：求均值的过程丢掉了一些信息(细节系数)，而这部分信息正是还原图像时所需要的图像细节。要弥补因图像分辨率缩小而造成的图像损失，需要将丢失的信息写进编码中。方法是从左向右，将每像素对中的第一个像素值减去它们的平均值，从而得到一个细节系数，并依次写入均值后面。求差值过程的结果为{9 5 2 −1}。这样，一幅图像经一次求均值和差值后，可以用两个平均值和两个细节值来表达。

(3) 重复 1 和 2，把图像{9 5 2 −1}进一步分解为{7 2 2 −1}。这样原图像被分解为一个平均值和 3 个细节值。分辨率只有原始图像的 1/4(若是二维图像，则得到一个分辨率为原图像 1/16 的低分辨率图像)。

对第 3 步的结果采用合适的量化器量化后就可以进行小波编码。与 DCT 中的量化相似，量化过程主要目的是将一些不太重要(值比较小)的细节量化为 0，以便取得较高的压缩比，同时又不对还原图像的质量产生过大的影响。

对于二维图像的小波分解与变换也可以分为 3 个步骤：首先将像素值构成的矩阵的所有行执行求均值和求差值；然后对所有列执行求均值和求差值；最后经量化器量化后进行小波编码。对一幅原始图像进行处理及结果如图 4.13 所示。在处理过程中，量化器中阈值取值为 5，也就是把[5，−5]的细节值量化为 0。

从图 4.13 可以看出原始图像信息经过小波分解变换后，其非“0”数据集中在两个位置，一个是位于左上角的一个值，它代表了整个图像的像素平均值。一个是位于右下角的若干个值，它们代表了图像的细节系数。对于图像处理而言，去掉一些对视觉影响不大的“小细节”(即绝对值小于阈值的细节系数)，对重构图像质量的影响不大，是可以接受的。

$$
\begin{bmatrix}
64 & 2 & 3 & 61 & 60 & 6 & 7 & 57 \\
9 & 55 & 54 & 12 & 13 & 51 & 50 & 16 \\
17 & 47 & 46 & 20 & 21 & 43 & 42 & 24 \\
40 & 26 & 27 & 37 & 36 & 30 & 31 & 33 \\
32 & 34 & 35 & 29 & 28 & 38 & 39 & 25 \\
41 & 23 & 22 & 44 & 45 & 19 & 18 & 48 \\
49 & 15 & 14 & 52 & 53 & 11 & 10 & 56 \\
8 & 58 & 59 & 5 & 4 & 62 & 63 & 1
\end{bmatrix}
\xrightarrow{\text{小波分解变换}}
\begin{bmatrix}
32.5 & 0 & 0 & 0 & 0 & 0 & 0 & 0 \\
0 & 0 & 0 & 0 & 0 & 0 & 0 & 0 \\
0 & 0 & 0 & 0 & 0 & 0 & 0 & 0 \\
0 & 0 & 0 & 0 & 0 & 0 & 0 & 0 \\
0 & 0 & 0 & 0 & 27 & -25 & 23 & -21 \\
0 & 0 & 0 & 0 & -11 & 9 & -7 & 0 \\
0 & 0 & 0 & 0 & 0 & 7 & -9 & 11 \\
0 & 0 & 0 & 0 & 21 & -23 & 25 & -27
\end{bmatrix}
$$

原始图像数据 —小波分解变换→ 量化后的数据

**图 4.13　小波变换前后数据对比**

阈值的使用可以用来消除图像中的噪声，同时设置不同大小的阈值可以得到不同的压缩比。阈值越大，压缩比越高，同时图像质量会有所下降。对一般图像阈值设置为 5 时，重构的图像质量与原始图像肉眼不能区分；当阈值设置为 10 时，对重构图像的质量影响不大。

对二维图像的所有行进行一次求均值相当于在水平方向将图像分辨率降低 1/2。对二维图像的所有列进行一次求均值相当于在垂直方向将图像分辨率降低 1/2。图 4.14 演示了一幅图像经过 3 次小波分解变换后图像分辨率变化的情况。

(a) 原始图像　(b) 1/4分辨率图像

(c) 1/16分辨率图像　(d) 1/64分辨率图像

**图 4.14　小波分解产生的多种分辨率图像**

2. JPEG 2000 的优势及应用

JPEG 2000 标准作为 JPEG 升级版，其压缩率比 JPEG 高约 30%左右；同时支持有损压缩(阈值非 0)和无损压缩(阈值为 0)，而 JPEG 较常用的压缩方案为有损压缩；支持所谓的“感兴趣区域”特性，可任意指定影像上感兴趣区域的压缩质量，还可以选择指定的部分先解压缩，便于突出重点。JPEG 2000 可以实现累进式传输，特别适合具有 QoS 要求的网络传输；图 4.15 展示了低压缩比下 JPEG 和 JPEG 2000 的压缩效果。

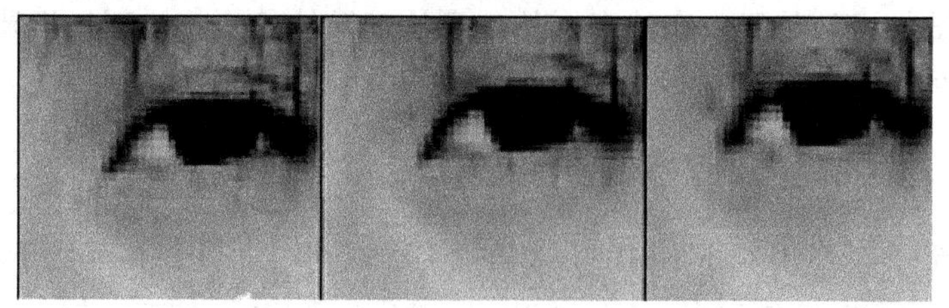

JPEG图像质量85　文件大小：25 472b

JPEG2000压缩比11　文件大小：24 324b

JPEG2000压缩比21　文件大小：12 802b

**图 4.15　人脸压缩细节效果对比**

高压缩比下，以相同的压缩率压缩后的图像细节放大对比如图 4.16 所示。

JPEG 2000 和 JPEG 相比优势明显，且向下兼容，有可能取代传统的 JPEG 格式。JPEG 2000 在图像的网络传输方面具有明显的优势。对于高质量的图像，往往因为数据量较大，所以在

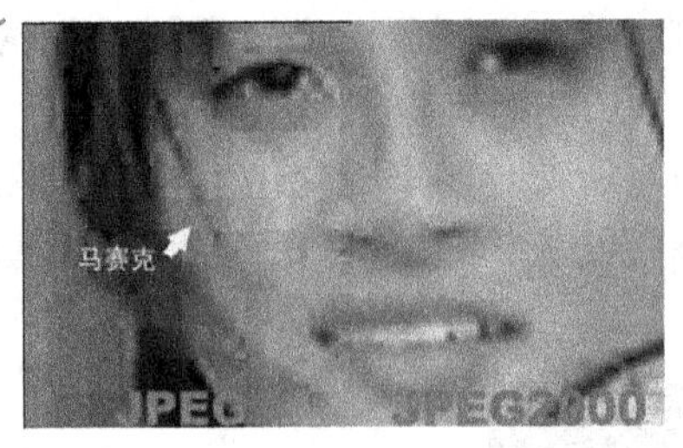


图 4.16　JPEG 与 JPEG 2000 压缩图像的细节对比

网络上传输会有较大的延迟，利用 JPEG 2000 对图像进行压缩后，可大幅度降低图像的数据量。因此，对于使用 PC、笔记本式计算机、便携式计算机或 PDA，通过 Modem 接入 Internet 访问图像数据的用户来说是非常必要的。另外在需要进行保密或抗干扰要求比较高的应用(如卫星图像传输等)中，JPEG 2000 编码器特有的码流组织形式使输出码流具有有效抑制误码的能力。这样，可以大幅度降低由于传输误码而造成的损失。可以预见，JPEG 2000 将在以下领域得到广泛的应用：Internet、移动和便携设备、印刷、扫描(出版物预览)、数码照相机、遥感、传真(包括彩色传真和 Internet 传真)、医学应用、数字图书馆和电子商务等。

## 4.3　运动图像压缩标准

### 4.3.1　MPEG 系列标准

MPEG 系列标准是由 ISO/IEC(国际标准化组织/国际电工委员会)共同制定的。MPEG 专家组始建于 1988 年，专门负责为运动图像建立视频和音频标准，以适用于配合不同带宽和数字影像质量的要求。现有 3 个版本：MPEG-1、MPEG-2 及 MPEG-4(MPEG-3 标准制定后因与 MPEG-2 的部分内容相近，故很快被废止)。如果说 MPEG-1“文件小，但质量差”，而 MPEG-2“质量好，但更占空间”的话，那么 MPEG-4 则很好地结合了前两者的优点。它于 1998 年 10 月定案，在 1999 年 1 月成为国际标准，随后为扩展用途又进行了第二版的开发，目前标准的扩充仍在继续。继 MPEG-4 之后，为解决快速增长的多媒体信息的管理和快速检索，MPEG 又提出了解决方案 MPEG-7。该工作于 1998 年提出，已在 2001 年底基本完成。

MPEG 系列标准作为运动图像压缩编码国际标准具有很好的兼容性和较高的压缩比(最高可达 200∶1)。而且数据的损失小。MPEG-1 和 MPEG-2 的成功推出和应用成为推动新的电子消费市场的动力，如 Video CD、数字电视、DVD 和 DBS(Direct Broadcasting Satellite，卫星直播系统)。MPEG-4 则提供了基于对象的多媒体解决方案。随着 MPEG 新标准的推出，数据压缩编码、传输技术和基于内容的多媒体信息检索等技术将趋向更加规范化和实用化。本节将介绍有关 MPEG 系列标准中的基本内容。

### 4.3.2　MPEG-1 标准中的主要技术及压缩过程

MPEG-1 标准公布于 1992 年。MPEG-1 是按工业级标准而设计并可用于不同带宽的设备，如 CD-ROM、Video-CD、CD-I 等，它还对 SIF 标准分辨率(对于 NTSC 制为 352×240；对 PAL 制为 352×288)的图像进行压缩，传输速率为 1.5Mb/s，每秒播放 30 帧，具有 CD 音质，质量级别基本与 VHS 相当。MPEG-1 的编码速率最高可达 4～5Mb/s，但随着速率的提高，其解码后的图像质量有所降低。MPEG-1 也被用于数字电话网络上的视频传输，如非对称数字用户线路(ADSL)、视频点播(VOD)及教育网络等。同时，MPEG-1 也可用于多媒体信息的存储和 Internet 音频的传输。

1. MPEG-1 标准系统结构

MPEG-1 标准体系共分为 5 个部分。

第一部分(ISO/IEC 11172-1：系统)：用于将一个或多个 MPEG-1 标准的视频音频流进行合并，并同步成为一个数据流，以便于进行数字化存储和传输。

第二部分(ISO/IEC 11172-2：视频)：定义了视频压缩编码的表示方法，比特率大约为 1.5Mb/s。

第三部分(ISO/IEC 11172-3：音频)：定义了音频(单声道或多声道)压缩编码表示方法。其技术核心是子带编码和心理声学模型。音频采样输入编码器映射后，产生了经过过滤和子抽样的输入音频流，心理声学模型根据输入音频产生相应的参数，用于控制量化和编码。量化及编码部分根据映射后的样本产生编码标记。经打包将数据流输出。音频编码器的结构如图 4.17 所示。

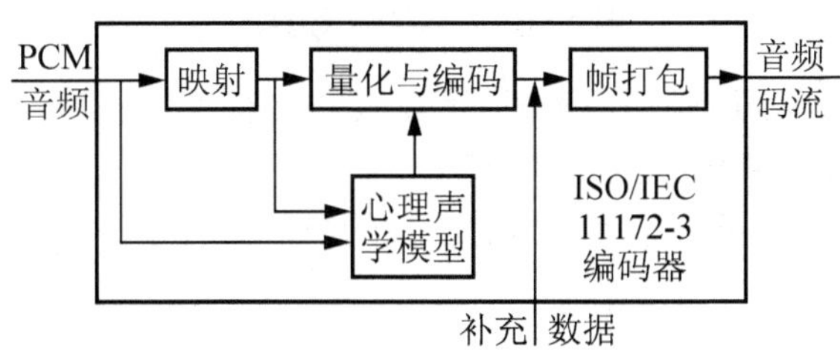


图 4.17　MPEG-1 音频编码的基本结构

第四部分(ISO/IEC 11172-4：统一性监测)：介绍设计检测手段来证明比特流和解码器是否能满足 MPEG-1 标准中前 3 部分要求的方法。编码器制造商和客户均可使用这些方法来验证编码器产生的码流是否正确。

第五部分(ISO/IEC 11172-5：软件模型)：从技术上讲，这部分不算标准，只是一种技术报告，描述了 MPEG-1 标准的前 3 部分功能的软件实现，源代码是不公开的。

2. MPEG-1 中的关键技术

MPEG-1 编码过程中既要考虑消除一帧图像内部的数据冗余，又要考虑消除存在于帧与帧之间的数据冗余。对于视频来说，视频中的一帧可看作一幅静态图像，所以可以用静态图像的压缩方法来消除数据冗余。而在连续的相邻两帧甚至多帧之间会有相当大的数据冗余。以电视信号为例，每秒电视要播放(刷新)25 帧图像以保持视频的稳定。除镜头切换等特殊情况外，绝大多数情况下，在 1/25s 时间间隔中的两帧图像，会存在绝大多数的相同点。这样在帧与帧之间，可以通过运动估计和运动补偿等方法来消除时间冗余度导致的数据冗余。

MPEG-1 标准在编码开始时，首先要对视频源的图像序列进行分组。通常以 10 或 15 帧图像为一组开始其压缩过程。按照标准的规定，MPEG-1 视频帧率为 30 帧/s，一般情况下，在 1/2 可 1/3s 内，视频镜头切换的几率比较小，换而言之，在这个期间，视频信息中数据冗余量很大，即使存在镜头切换，在下一个在 1/2 可 1/3s 内再进行处理也不会对视觉造成大的影响。这样，经分组后，对于每组图像就可以进行分类处理。MPEG-1 对于一组图像只对少量的图按照 JPEG 方式进行压缩编码，以消除帧内存在的空间冗余度，对其他的大部分图像则进行以运动估计和运动补偿为主要压缩算法的预测编码。这样可以在当时技术条件下，最大限度地压缩编码数据。图 4.18 描述了 MPEG-1 标准中使用的编码帧及其分块结构。在图中，描述了对一幅图像进行内部划分的情况。其中切片是对一幅图像按行(每行包含 8 列像素)的划分，其目的是为了进一步详细地划分图像。宏块用于消除帧间数据冗余的运动估计和补偿算法。块用于消除帧内数据冗余的 JPEG 压缩编码算法。

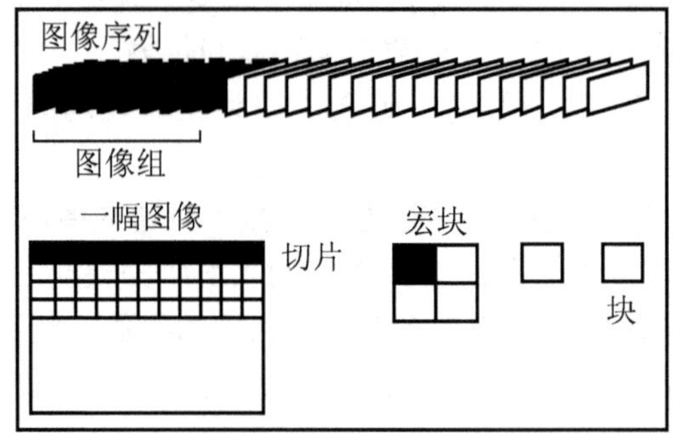


图 4.18 MPEG-1 帧结构

在 MPEG-1 标准中，用于帧内压缩编码的主要技术有以下几种。

1) 基于 8×8 像素块的离散余弦变换 DCT

DCT 不直接对图像产生压缩作用，但对图像的能量具有很好的集中效果，为压缩打下了基础。

2) 量化器

量化过程是指以某个量化阈值去除 DCT 系数并取整。量化步长的大小称为量化精度，量化步长越小，量化精度就越细，包含的信息越多，但所需的编码数据越多。不同的 DCT 变换系数对人类视觉感应的重要性是不同的，因此编码器根据视觉感应准则，对一个 8×8 的 DCT 变换块中的 64 个 DCT 变换系数采用不同的量化精度，以保证尽可能多地包含特定的 DCT 空间频率信息，又使量化精度不超过需要。DCT 变换系数中，低频系数对视觉感应的重要性较高，因此分配的量化精度较细；高频系数对视觉感应的重要性较低，分配的量化精度较粗，通常情况下，一个 DCT 变换块中的大多数高频系数量化后都会变为零。

3) Z 形扫描与行程长度编码

DCT 变换产生一个 8×8 的二维数组，为进行传输，还须将其转换为一维排列方式。Z 形扫描(Zig-Zag)是较常用的一种将二维数组转换成一维数组的方法。由于经量化后，大多数非零 DCT 系数集中于 8×8 二维矩阵的左上角，即低频分量区。Z 形扫描后，这些非零 DCT 系数就集中于一维排列数组的前部，后面跟着长串的量化为零的 DCT 系数，这些就为行程长度编码创造了条件。行程长度编码中，只有非零系数被编码。一个非零系数的编码由两部分组成：前一部分表示连续非零系数的数量(称为行程长度)，后一部分是那个非零系数。这样就把 Z 形扫描的优点体现出来了，行程长度编码的效率比较高。当一维序列中的后部剩余的 DCT 系数都为零时，只要用一个“块结束”标志(EOB)指示，就可结束这一 8×8 变换块的编码，产生的压缩效果非常明显。

4) 熵编码

量化仅生成了 DCT 系数的离散表示，实际传输前，还须对其进行压缩编码，产生用于传输的数字比特流。熵编码是基于编码信号统计特性的优秀的压缩编码方法。在视频压缩编码技术中使用很广，主要用于帧内的空间冗余度的消除。哈夫曼编码是熵编码中的杰出代表。哈夫曼编码在确定了所有编码信号的概率后生产一个码表，对大概率信号分配较少的比特表示，对小概率信号分配较多的比特表示，使得平均码长趋于最短。

5) 信道缓存

由于采用了熵编码，产生的比特流的速率是变化的，随着视频图像的统计特性变化。但大多数情况下传输系统分配的频带都是恒定的，因此在编码比特流进入信道前需设置信道缓存。信道缓存以变比特率从熵编码器接收数据，以传输系统标定的恒定比特率向外读出，送入信道。并通过反馈控制压缩算法，调整编码器的比特率，使得缓存器的写入数据速率与读出数据速率趋于平衡。使得缓存既不上溢也不下溢。

为了解决帧间的数据冗余压缩问题，MPEG-1 对视频编码时，将编码图像被分为 3 类，分别称为 I 图(帧内图)、P 图(预测图)和 B 图(插补图)。MPEG-1 视频图像序列中 I、P、B 3 类图像的分布情况如图 4.19 所示。

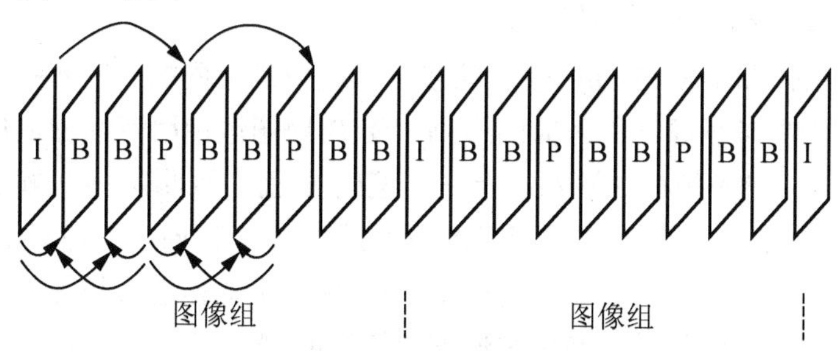


**图 4.19　MPEG-1 视频图像序列分布**

图 4.19 中，I 图图像采用帧内编码方式，即只利用了单帧图像内的空间相关性进行压缩。压缩技术核心为 JPEG 压缩算法。I 图的主要作用是实现 MPEG-1 视频流中图像的随机存取。如定格、快进、快退等 VCR 操作。I 图图像的压缩比相对较低，同时也是 P 图和 B 图产生的依据，所以 I 图质量好坏直接影响整个 MPEG-1 视频流的还原质量。I 图是周期性出现在图像序列中的，出现频率可由编码器选择。

P 图由最近的前一个 I 图或 P 图通过预测编码算法产生(采用向前预测算法)，所以可以有较大的压缩比。同时，因为 P 图是经过预测编码产生的，所以必然存在着一些预测误差，而且 P 图可以作为下一个 P 图产生的依据，所以使用 P 图会引起误差的传递和扩大。

B 图既可以使用前一图像(I 图或 P 图)、又可以使用后一图像(I 图或 P 图)、或使用前后两个图像(I 图或 P 图)预测编码的图像。B 图提供了最大程度的压缩效果，并且不会产生误差传递。双向预测是两个图像的平均，它可根据前面或后面图的信息进行双向插补，从而调节画面的质量。增加 B 图的数目，能提高压缩比，但视频质量会有损失。所以在 MPEG-1 中，允许用户根据压缩视频画面的复杂程度和还原视频的质量要求来综合考虑决定 I、P、B 3 类图像之间的时间间隔。典型的 MPEG-1 视频图像序列安排如图 4.20 所示。

|—— 0.5s ——|

··· I B B P B B P B B P B B P B B I ···

**图 4.20　典型的 MPEG-1 视频图像序列**

所以 P 帧和 B 帧图像采用帧间编码方式，即同时利用了空间和时间上的相关性，可以提高压缩效率。MPEG-1 用以帧间压缩编码的主要技术有以下几种。

1) 运动估计

运动估计是指利用相邻帧之间的相关性，对于当前目标图像中的某一宏块(best match)，在参考图像中寻找与之最相似的宏块，然后对它们的差值进行编码。运动估计用于消除帧间的时间冗余度，估计的准确程度直接影响帧间编码的压缩效果。运动估计以宏块(16×16 像素块)为单位进行，计算被压缩图像与参考图像的对应位置上的宏块间的位置偏移。并以相应的运动矢量来描述，一个运动矢量代表水平和垂直两个方向上的位移。运动估计的本质是预测编码，用于运动估计的基本算法如下。

向前预测：$\boldsymbol{I}_1(\boldsymbol{X})=\boldsymbol{I}_0(\boldsymbol{X}+\boldsymbol{mv}_{01})$

向后预测：$\boldsymbol{I}_1(\boldsymbol{X})=\boldsymbol{I}_2(\boldsymbol{X}+\boldsymbol{mv}_{21})$

双向预测：$\boldsymbol{I}_1(\boldsymbol{X})=[\boldsymbol{I}_0(\boldsymbol{X}+\boldsymbol{mv}_{01})+\boldsymbol{I}_2(\boldsymbol{X}+\boldsymbol{mv}_{21})]/2$

其中，预测误差为$\boldsymbol{I}_1(\boldsymbol{X})-\boldsymbol{I}_0(\boldsymbol{X})$；$\boldsymbol{X}$为像素坐标；$\boldsymbol{mv}_{01}$为宏块相对于参考图 $I_0$ 的运动矢量；$\boldsymbol{mv}_{21}$为宏块相对于参考图 $I_2$ 的运动矢量。

运动估计时，P 帧和 B 帧图像所使用的参考帧图像是不同的。P 帧图像使用前面最近解码的 I 帧或 P 帧作为参考图像，称为前向预测；而 B 帧图像使用两帧图像作为预测参考，称为双向预测，其中一个参考帧在显示顺序上先于编码帧(前向预测)，另一帧在显示顺序上晚于编码帧(后向预测)，B 帧的参考帧在任何情况下都是 I 帧或 P 帧。上述算法可用差分编码(即对相邻的块的运动矢量信息的差值矢量进行编码)。由于运动差值矢量信号除了物体边缘外，其他部分差别都很小，所以可进一步使用熵编码压缩数据。

2) 运动补偿

利用运动估计得到的运动矢量，将参考帧图像中的宏块移至水平和垂直方向上的相对应位置，即可生成对被压缩图像的预测。在绝大多数的自然场景中运动都是有序的。因此，这种运动补偿生成的预测图像与被压缩图像的差分值是很小的，可以最大限度上压缩数据。

MPEG-1 标准公布后，迅速在应用领域取得了极大的成功。尤其是 VCD 数字视频系统，可谓是风靡一时，而 MPEG-1 标准中的音频编码技术也为我们提供了优美动听的 MP3 技术。

### 4.3.3 MPEG-2 标准对 MPEG-1 的改进

MPEG-2 标准于 1994 年由 ISO/IEC 制定公布，是多媒体视频压缩技术中的又一重要标准。MPEG-2 在 MPEG-1 基础上，对音频、视频、码流合成、音视频控制等方面进行了大量的扩充，同时保持了向下兼容。

#### 1. MPEG-2 标准的体系结构

MPEG-2 标准目前分为 9 个部分，统称为 ISO/IEC 13818 国际标准。各部分的内容简单描述如下。

第一部分(ISO/IEC 13818-1，System——系统)：描述多个视频、音频和数据基本码流合成传送流和程序流的方式。图 4.21 给出了 MPEG-2 的编码系统模型。

程序流与 MPEG-1 中的系统复合流相似。它由一个或多个同一时刻的 PES(Packetized Elementary Stream，打包的基本流)合成一个流。程序流一般用在错误相对较少的环境下，适用于包含软件处理的应用中。程序流的长度是可变的，而且可以相对较长。传送流是将一个或多个不同时刻的 PES 合成到一个流中。传送流适用于可能出错的环境下，如在有丢失或噪声的媒体中传输或存储中。传送流包的长度固定为 188 字节。

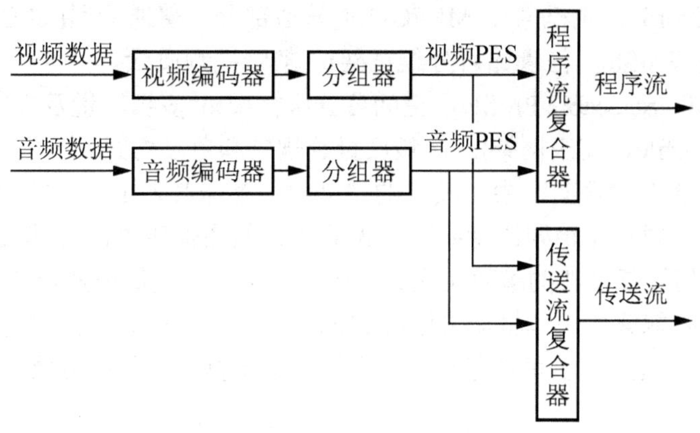


图 4.21 MPEG-2 系统模型

第二部分(ISO/IEC 13818-2，Video——视频)：描述视频编码方法。MPEG-2 在 MPEG-1 标准视频压缩能力的基础上，新增加了大量的编码工具。

第三部分(ISO/IEC 13818-3，Audio——音频)：描述与 MPEG-1 音频标准向下兼容的音频编码方法。

第四部分(ISO/IEC 13818-4，Compliance——符合测试)：描述测试一个编码码流是否符合 MPEG-2 码流的方法。

第五部分(ISO/IEC 13818-5，Software——软件)；描述了 MPEG-2 标准的第一、二、三部分的软件实现方法。

第六部分(ISO/IEC 13818-6，DSM-CC——Digital Storage Media Command and Control，数字存储媒体命令与控制)：描述交互式多媒体网络中服务器与用户间的会话指令集。DSM-CC 定义了一个称为会议及资源管理器(SRM)的逻辑部分，它提供一个逻辑上集中的对 DSM-CC 会议及资源的管理。

以上 6 个部分在数字电视、DVD 技术等领域得到了广泛应用。此外，MPEG-2 标准中的第七部分规定了不与 MPEG-1 音频向下兼容的多通道音频编码；第八部分现已停止；第九部分规定了传送码流的实时接口。这里不予详述。

2. MPEG-2 的框架与级

MPEG-2 视频编码标准(ISO/IEC 13818)是一个分等级的系列，按编码图像的分辨率分成 4 个“级”(Levels)；按所使用的编码工具的集合分成 5 个“框架”(Profiles)。“级”与“框架”的若干组合构成 MPEG-2 视频编码标准在某种特定应用下的子集：对某一输入格式的图像，采用特定集合的压缩编码工具，产生规定速率范围内的编码码流，称为 MPEG-2 适用点。MPEG-2 中的框架划分如图 4.22 所示。

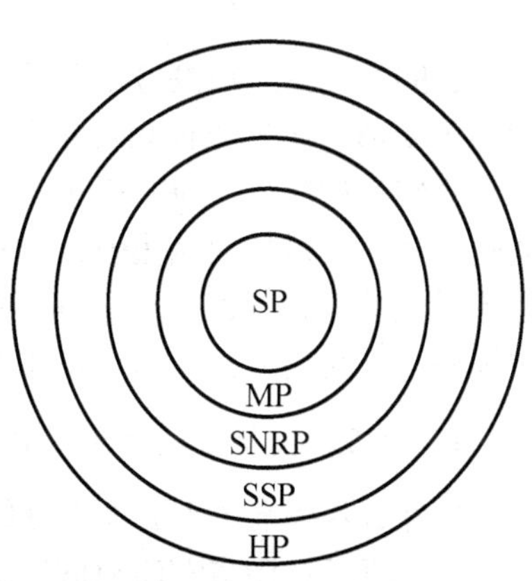


图 4.22 MPEG-2 的框架

说明：每一个框架可在一定的应用范围内支持多组相应的应用特征。

(1) SP(Simple Profile，简单框架)：低延迟视频会议。

(2) MP(Main Profile，主框架)：MPEG-2 的核心部分，普通应用(如 DVD)。

(3) SNRP(SNR Profile，信噪比可分级框架)：多级视频质量。

(4) SSP(Spatially Scaleable Profile，空间可分级框架)：多级质量及方案；

(5) HP(High Profile，高级框架)：多级质量、规定和色度格式。

在 MPEG-2 的 5 个“框架”中，较高的“框架”意味着采用较多的编码工具集，对编码图像进行更精细的处理，在相同比特率下将得到较好的图像质量，当然实现的代价也较大。较高框架编码除使用较低框架的编码工具外，还使用了一些较低框架没有的附加工具，因此，较高框架的解码器除能解码用本框架方法编码的图像外，也能解码用较低框架方法编码的图像，即 MPEG-2 的“框架”之间具有向下兼容性。关于框架与级的分类情况见表 4-4。

表 4-4　MPEG-2 的框架与级

| 级 | 框架 | | | | |
|---|---|---|---|---|---|
| | 简单框架 4:2:0 | 主框架 4:2:0 | 信噪比可分级框架 4:2:0 | 空间可分级框架 4:2:0 | 高级框架 4:2:0 或 4:2:2 |
| 高级 1920×1152 | | 80Mb/s | | | 100 Mb/s for 3 layers |
| 高级-1440 1440×1152 | | 60 Mb/s | | 60 Mb/s for 3 layers | 80 Mb/s for 3 layers |
| 主级 720×480 | 15 Mb/s | 15 Mb/s | 15 Mb/s for 2 layers | | 20 Mb/s for 3 layers |
| 低级 352×288 | | 4 Mb/s | 4 Mb/s for 2 layers | | |

目前，标准数字电视和 DVD 视盘采用的是 MP@ML(主框架和主级)，而 HDTV 采用的是 MP@HL(主框架和高级)。

MPEG-2 中编码图像仍被分为 3 类，分别称为 I 帧、P 帧和 B 帧。其产生方式与 MPEG-1 中的方式相同。不同之处在于 MPEG-2 中 I 帧的出现频率和图像分辨率在不同的框架和级中可调节度更大，编码方式更加灵活多样。

### 4.3.4　MPEG-4 标准中的新技术

1999 年 1 月，MPEG-4 正式成为国际标准，并在 2000 年推出了 MPEG-4 Version 2.0，增加了可变形、半透明视频对象和工具，以进一步提高编码效率，所有版本都是向下兼容的，即兼容较低的版本。MPEG-4 视频编码技术采用了现代图像编码方法，利用人眼视觉特性，从轮廓——纹理的思路出发，支持基于内容和对象的编码与交互功能。MPEG-4 视频编码正在完成从基于像素的传统编码向基于对象和内容的现代编码的转变，它代表了新一代智能图像编码，必将对未来图像通信机制产生深远的影响。

#### 1. MPEG-4 标准的体系结构

MPEG-4 标准由下面 5 部分组成。

第一部分：DMIF(The Delivery Multimedia Integration Framework，多媒体传送整体框架)。DMIF 主要解决交互网络、广播环境及磁盘应用中多媒体信息的操作问题。通过传输多路合成比特信息来建立客户和服务器之间的交互和传输。通过 DMIF，MPEG-4 可以建立起具有服务质量(Quality of Service，QoS)保证的通道和面向每个基本流的带宽。DMIF 整体框架主要包括 3 方面的技术，交互式网络技术(Internet、ATM 等)，广播技术(电视、卫星等)和磁盘技术(CD、DVD 等)。

第二部分：缓冲区管理和实时识别。MPEG-4 定义了一个系统解码模型(SDM)，该解码模型描述了理想情况下解码比特流的句法语义，它要求特殊的缓冲区和实时处理模式。通过有效的管理，可以更好地利用有限的缓冲区空间。

第三部分：音频编码。MPEG-4 不仅支持自然声音，而且支持合成声音。MPEG-4 的音频部分将音频的合成编码和自然声音的编码相结合，并支持音频的对象特征。

第四部分：视频编码。与音频编码类似，MPEG-4 也支持对自然和合成的视觉对象的编码。合成的视觉对象包括 2D、3D 动画和人面部表情动画等。

第五部分：场景描述。MPEG-4 提供了一系列工具，用于描述组成场景中的一组对象。这些用于合成场景的描述信息，就是场景描述。场景描述以二进制格式 BIFS(binary format for scene description)表示，BIFS 与 AV 对象一同传输、编码。场景描述主要用于描述各 AV 对象在一具体 AV 场景坐标下，如何组织与同步等问题。同时还有 AV 对象与 AV 场景的知识产权保护等问题。MPEG-4 为我们提供了丰富的 AV 场景。图 4.23 描述了一个 MPEG-4 视频终端根据对象及场景描述重建一个场景的例子。

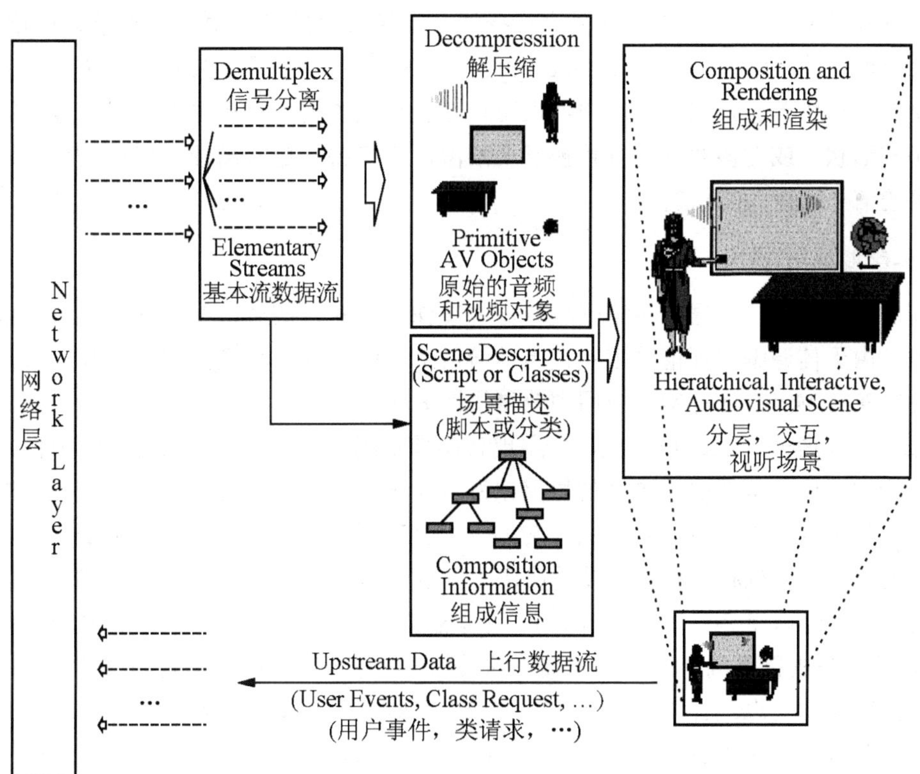


图 4.23　MPEG-4 接收端模型

2. MPEG-4 视频编码功能与特点

MPEG-4 为支持众多的多媒体应用，不仅保留了现有 MPEG 标准中的解决方案，而且开发了众多的面向对象和基于内容的视频编码、传输、存取、交互等新功能。这些功能的应用，使得交互式视频游戏、实时可视通信、交互式存储媒体应用、虚拟会议、多媒体邮件、移动多媒体应用、远程视频监控等成为现实。

MPEG-4 的视频编码部分提供的算法和工具，可实现下列功能。

(1) 图像和视频的有效压缩。

(2) 2D 和 3D 网格纹理映射图(用于合成图像编码)的有效压缩。

(3) 隐含的 2D 网格的有效压缩。

(4) 控制网格运动的数据流的有效压缩。

(5) 对各种视频对象的有效存取。

(6) 对图像和视频序列的扩展操纵。

(7) 基于内容的图像和视频编码。

(8) 纹理、图像和视频基于内容的伸缩性。

(9) 视频序列中时域、空间及质量的伸缩性。

(10) 易错环境下的稳健性。

上述功能大部分与基于内容的创作、发布和存取有关。

MPEG-4 支持合成视频对象技术。MPEG-4 可对合成的面部与人体进行参数化描述；对面部与身体活动信息以参数化的数据流进行描述；支持具有纹理映射功能的静态/动态网格编码；支持视点有关应用(View Dependent Application)中的纹理编码。使用户根据制作者设计的具体自由度，与场景进行交互。用户不仅可以改变场景的视角，还可以改变场景中物体的位置、大小和形状，或对该对象进行置换甚至清除。用户将从这些简便、灵活的交互过程中获得的丰富的信息和极大的乐趣。

3. 从矩形帧到 VOP

传统图像编码方法依据信源编码理论，将图像作为随机信号，利用其随机特性来达到压缩的目的。由于信源编码理论的限定使得传统的图像编码具有较高的概括性和综合性，并在 H.261、MPEG-I/MPEG-2 等实际应用中获得了巨大成功。

MPEG-4 在博采众长的基础上，采用现代图像编码方法，利用人眼的视觉特性，抓住图像信息传输的本质，从轮廓－纹理的思路出发，实现了支持基于视觉内容的交互功能。其关键技术是基于视频对象的编码。为此 MPEG-4 引入了视频对象面(Video Object Plane，VOP)的概念。这一概念将视频场景的一帧看成由不同视频对象面 VOP 所组成，VOP 可以是人们感兴趣的物体的形状、运动、纹理等，而同一对象连续的 VOP 称为一个视频对象(Video Object，VO)。VO 可以是视频序列中的人物或具体的景物，如电视新闻中的播音员，或是电视剧中一辆奔驰的汽车；也可以是计算机图形技术生成的二维或三维图形。对于输入视频序列，通过分析可将其分割为 $n$ 个 VO($n$=1，2，3，…)，对同一 VO 编码后形成 VOP 数据流。VOP 的编码包括对运动(采用运动预测方法)及纹理(采用变换编码方法)的编码，其基本原理与 H.261 和 MPEG-l/MPEG-2 极为相似。由于 MPEG-4 基于内容图像编码方法 VOP 具有任意形状，因此要求编码方案可以处理形状(Shape)和透明(Transparcncy)信息，这同只能处理矩形帧序列的现有视频编码标准形成了鲜明的对照。在 MPEG-4 中，矩形帧被认为是 VOP 的一个特例，这时编码系统不用处理形状信息，退化为类似于 H.261、MPEG-1/MPEG-2 的传统编码系统，同时也实现了与现有标准的兼容。从矩形帧到 VOP，MPEG-4 实现了从基于像素的传统编码向基于对象和内容的现代编码的方式的转变，体现了视频编码技术的最新发展成果。

4. 基于 VOP 的视频编码

VOP 编码器通常由两个主要部分组成：形状编码和纹理、运动信息编码。其中纹理编码、运动预测和运动补偿部分同现有标准基本一致。

MPEG-4 在 MPEG 图像编码标准系列中第一次引入形状编码技术。为了支持基于内容的功能，编码器可对图像序列中具有任意形状的 VOP 进行编码。但编码的基本技术仍然是基于 16×l6 像素宏块(Macroblock)来设计的，一方面考虑到与现有标准的兼容，另一方面是为了便于对编码器进行更好的扩展。VOP 被限定在一个矩形窗口内，称之为 VOP 窗口(VOP Window)，窗口的长、宽均为 16 的整数倍，同时保证 VOP 窗口中非 VOP 的宏块数目最少。标准的矩形帧可认为是 VOP 的特例，在编码过程中其形状编码模块可以被屏蔽。系统依据不同的应用场合，对各种形状的 VOP 输入序列采用固定的或可变的帧频。对 VOP 的编码算法采用帧内(Intra)变换编码与帧间预测编码相结合的方法，所采用的技术与 MPEG-1/MPEG-2 相同。对于极低码率(≤64kb/s 下的应用，由于方块效应较明显，需用除方块滤波器进行相应处理。

1) 形状编码

将“形状”纳入完整的视频编码标准内，这是 MPEG-4 对 MPEG 系列标准的重大贡献。VO 的形状信息有两类：二值形状信息和灰度形状信息。二值形状信息用 0、1 来表示 VOP 的形状，0 表示非 VOP 区域，1 表示 VOP 区域。二值形状信息的编码采用基于运动补偿块的技术，可以是无损或有损编码。灰度形状信息用 0～255 的数值来表示 VOP 的透明程度，其中 0 表示完全透明(相当于二值形状信息中的 0)，255 表示完全不透明(相当于二值形状信息中的 1)。灰度形状信息的编码采用基于块的运动补偿和 DCT 方法(同纹理编码相似)，属于有损编码。目前的标准中采用矩阵的形式来表示二值或灰度形状信息，称之为位图(或阿尔法平面)。实验表明，位图表示法具有较高的编码效率和较低的运算复杂度。但为了能够进行更有效的操作和压缩，在最终的标准中使用了另一种表示方法，即借用高层语义的描述，以轮廓的几何参数进行表征。图 4.24 演示了典型新闻节目头肩像的形状编码过程。

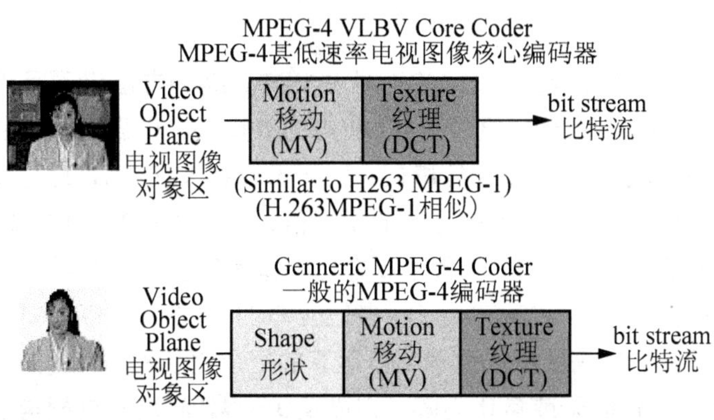


图 4.24 MPEG-4 中的形状编码

2) 运动信息编码

MPEG-4 采用运动预测和运动补偿技术去除图像信息中的时间冗余度，这些编码技术是现有标准向任意形状的 VOP 的延伸。VOP 的编码有 3 种模式，即帧内(Intra-frame)编码模式(I-VOP)，帧间(Inter-frame)预测编码模式(P-VOP)，帧间双向(Bidirectionally)预测编码模式(B-VOP)。在 MPEG-4 中运动预测和运动补偿可以是基于 16×16 像素宏块的，也可以是基于 8×8 像素块的。为了能适应任意形状的 VOP，MPEG-4 引入了图像填充(Image Padding)技术和多边形匹配(Polygon Matching)技术。图像填充技术利用 VOP 内部的像素值来外推 VOP 外的像素值，以此获得运动预测的参考值。多边形匹配技术则将 VOP 的轮廓宏块的活跃部分包含在多边形之内，以此来增加运动估值的有效性。此外，MPEG-4 采用 8 参数仿射运动变换来进行全局运动补偿；支持静态或动态的 Sprite 全局运动预测(如图 4.25 所示)，对于连续图像序列，可由 VOP 全景存储器预测得到描述摄像机运动的 8 个全局运动参数，利用这些参数来重建视频序列。

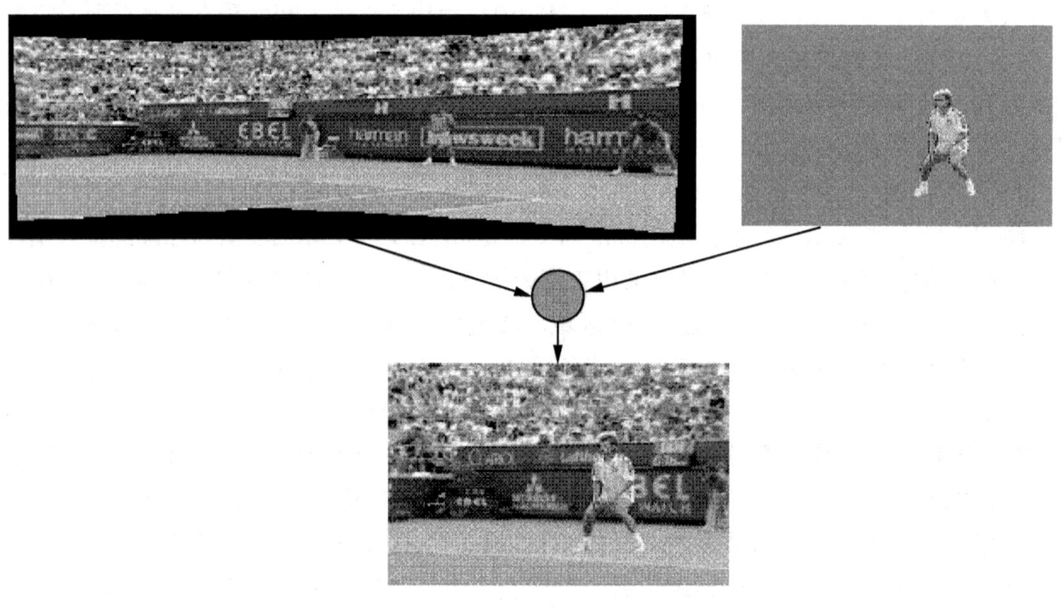

图 4.25　视频序列 Sprite 编码实例

3) 纹理编码

纹理编码的对象可以是 I-VOP、B-VOP 或 P-VOP。编码方法仍采用基于 8×8 像素块的 DCT 方法。I-VOP 编码时，对于完全位于 VOP 内的像素块，则采用经典的 DCT 方法；对于完全位于 VOP 之外的像素块，则不进行编码；对于部分在 VOP 内，部分在 VOP 外的像素块则首先采用图像填充技术来获取 VOP 之外的像素值，之后再进行 DCT 编码。对 B-VOP 和 P-VOP 编码时，可将那些位于 VOP 活跃区域之外的像素值设为 128 再进行预测编码。此外，还可采用 SADCT(Shape-adaptive DCT，形状自适应 DCT)方法对 VOP 内的像素进行编码，该方法可在相同码率下获得较高的编码质量，但运算的复杂程度稍高。变换之后的 DCT 因子还需经过量化(采用单一量化因子或量化矩阵)、扫描及变长编码，这些过程与现有标准基本相同。

4) 分级编码

分级编码是为实现需要系统支持时域、空域及质量可伸缩的多媒体应用而制定的。例如，在远程多媒体数据库检索及视频内容重放等应用中，分级编码的引入使得接收机可依据具体的通道带宽、系统处理能力、显示能力及用户需求进行多分辨率的解码回放。接收机可视具体情况对编码数据流进行部分解码。若要求较低的解码复杂度，同时也意味着较低的重建图像质量、较低的空间分辨率和时间分辨率，即相同空间分辨率及帧率条件下，较低的重建图像质量。MPEG-4 通过视频对象层 VOL 的数据结构来实现分级编码。每一种分级编码都至少有两层 VOL，低层称为基本层，高层称为增强层。空间伸缩性可通过增强层强化基本层的空间分辨率来实现，因此在对增强层中的 VOP 进行编码之前，必须先对基本层中相应的 VOP 进行编码。同样对于时域伸缩性，可通过增强层来增加视频序列中某个 VO(特别是运动的 VO)的帧率，使它与其余区域相比更为平滑。

MPEG-4 引入 VO 的目的是希望实现基于内容的编码，但对视频流中的对象提取问题涉及模式识别等诸多方面的问题，目前还没有非常有效的方法进行对象分割，所以真正意义的基于 VO 的视频编码技术还有很长的路要走。

### 4.3.5 多媒体内容描述接口标准 MPEG-7

对于多媒体信息，要实现基于内容的检索的关键是定义一种描述多媒体信息内容及特征的方法。MPEG-7 的目标就是为多媒体信息制定一种标准化的描述方法，即多媒体内容描述接口(Multimedia Content Description Interface)。这种描述与多媒体信息的内容一起，帮助用户实现对多媒体信息基于内容的快速的检索。MPEG-7 采用以下的概念来描述多媒体信息。

(1) 特征：数据的特性。特征本身不能比较，它需要使用描述子和描述值来表示，如图像的颜色、语音的声调、音频的旋律等。

(2) 描述子(Descriptor，D)：特征的表示。它定义特征表示的句法和语义，可以赋予描述值。一个特征可能有多个描述子，如颜色特征可能的描述子有颜色直方图、频率分量的平均值、运动的场描述、标题文本等。

(3) 描述值：描述子的实例。描述值与描述模式结合，形成描述。

(4) 描述模式(Description Scheme，DS)：说明其成员之间的关系结构和语义。成员可以是描述子和描述模式。描述模式和描述子的区别是，描述子仅仅包含基本的数据类型；不引用其他描述子或描述模式，如对于影片，按时间结构化为场景和镜头，在场景级包括一些文本描述子，在镜头级包含颜色、运动和一些音频描述子。

(5) 描述：由一个描述模式和一组描述值组成。

(6) 编码的描述：对已完成编码的描述，满足诸如压缩效率、差错恢复和随机存取的相关要求。

(7) 描述定义语言(Description Definition Language，DDL)：一种允许产生新的描述模式和描述子的语言，允许扩展和修改现有的描述机制。

MPEG-7 主要工作是标准化以下内容。

(1) 描述方案和描述符的集合。

(2) 指定描述方案的语言，即 DDL。

(3) 描述的编码策略。

MPEG-7 标准需要制定有关静止图像、图形、音频、动态视频及合成信息的描述方法，而这种基于内容的标准化描述可以附加到任何类型的多媒体资料上，不管多媒体资料的表示格式如何，以及压缩形式如何，加上了这种标准化描述的多媒体数据就可以被索引和检索了。MPEG-7 标准可以独立于其他 MPEG 标准使用，但 MPEG-4 中所定义的音频、视频对象的描述适用于 MPEG-7。MPEG-7 的适用范围广泛，既可以应用于存储，也可以用于流式应用，它还可以在实时或非实时的环境下应用。MPEG-7 的系统组成如图 4.26 所示。

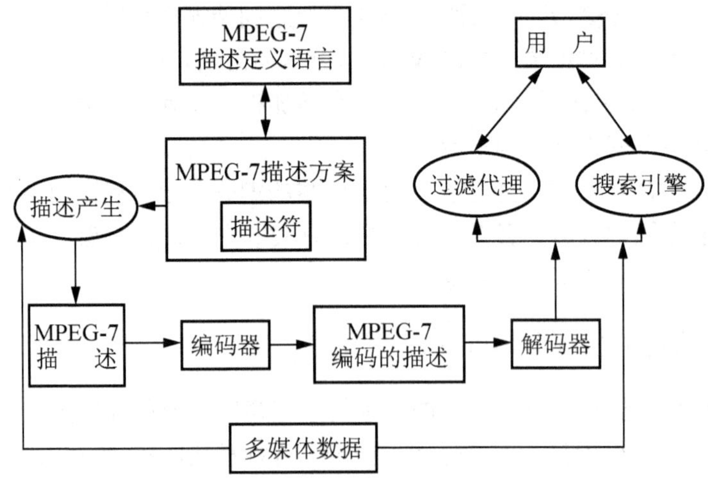


图 4.26　MPEG-7 的系统组成

MPEG-7 标准不包括对描述特征的自动提取，因此特征提取技术不是 MPEG-7 的标准部分。这样做的目的是可以使这些算法的新进展及时物化，避免阻碍未来 MPEG-7 的应用，同时生产厂家可以在这些算法中体现自己的特色，充分发挥自身优势。搜索引擎和数据库的组织也是 MPEG-7 的非标准部分。另外，和以前的 MPEG 标准一样，MPEG-7 只标准化它的码流语法，只规定了解码器的标准，而编码器的具体实现不在标准之内。

MPEG-7 标准的制定将主要应用于以下领域：数字化图书馆、多媒体目录服务、广播式媒体选择、多媒体编辑、教育、娱乐、新闻、旅游、医疗、购物、地理信息系统等。

## 4.4　ITU-T H.26x 视听通信编码解码标准

### 4.4.1　H.26x 标准简介

数字视频技术广泛应用于通信、计算机、广播电视等领域，带来了会议电视、可视电话及数字电视、媒体存储等一系列应用，促使了许多视频编码标准的产生。ITU-T 是国际电信同盟远程通信标准化组(ITU Telecommunication Standardization Sector)的简称，成立于 1993 年，其前身为国际电报电话咨询委员会。ITU-T 与 ISO/IEC 是制定视频编码标准的两大组织。ISO/IEC 负责制定了 MPEG 系列视频压缩编码国际标准，主要应用于视频存储(DVD)、广播电视、Internet 或无线网上的流媒体等。而 ITU-T 制定出了 H.26x(包括 H.261、H.262、H.263、H.264 等)系列电信行业的国际标准。H.26x 主要应用于实时视频通信领域，如会议电视；两个组织也共同制定了一些标准，H.262 标准等同于 MPEG-2 的视频编码标准，而最新的 H.264 标准则被纳入 MPEG-4 的第十部分。可以说从标准产生的时间、参与制定标准的专家及采用的关键技术等方面看，MPEG 系列标准与 H.26x 系列标准都有着千丝万缕的联系。

1. H.261 视频编码标准

H.261 是 ITU-T 为在综合业务数字网(ISDN)上开展双向声像业务(可视电话、视频会议)而制定的，主要针对于 64Kb/s 的多重数据率而设计。几乎与 MPEG 同时，1988 年，ITU-T 开始制定 H.261，并于 1990 年 12 月正式公布。它又称为 P*64，其中 P 为 1 到 30 的可变参数。这些数据率适合于 ISDN 线路，因此设计出视频编和译码。H.261 结合携带 RTP 的任意底层协议，并利用实时传输协议 RTP 传输视频流。H.261 只对 CIF(分辨率为 352×288)和 QCIF(分辨率为 176×144)两种图像格式进行处理，每帧图像分成图像层、宏块组(GOB)层、宏块(MB)层、块(Block)层来处理。H.261 是最早的运动图像压缩标准，它详细制定了视频编码的各个部分，包括运动补偿的帧间预测、DCT 变换、量化、熵编码，以及与固定速率的信道相适配的速率控制等部分。具体技术可参阅 4.4.2 节的有关内容。

2. H.263 视频编码标准

H.263 是 ITU-T 第一个专为低于 64Kb/s 的窄带通信信道制定的视频编码标准。1996 年 3 月制定完成后，又在 H.263＋及 H.263＋＋等升级版本中增加了许多更强大的功能，使其具有更广泛的适用性。H.263 以 H.261 为基础，该标准对帧内压缩采用变换编码，但对帧间压缩采用的预测编码进行了改进，主要包括半像素精度运动补偿、无限制运动矢量、基于句法的算术编码、PB-帧及先进的预测算法等。标准是输入图像格式可以是 S-QCIF、QCIF、CIF、4CIF 或者 16CIF 的彩色 4∶2∶0 取样图像。

(1) 无限制运动矢量。无限制运动矢量模式允许运动矢量指向图像以外的区域。当某一运动矢量所指的参考宏块位于编码图像之外时，就用其边缘的图像像素值来代替。当存在跨边界的运动时，这种模式能取得很大的编码增益，对小图像尤其有效。此外，该模式还包括了运动矢量范围的扩展，允许使用更大的运动矢量，更有利于摄像机运动方式的编码。

(2) 基于句法的算术编码。基于句法的算术编码比哈夫曼编码可以更大幅度地降低码率。

(3) 先进的预测模式。先进的预测模式允许一个宏块中 4 个 8×8 亮度块各对应一个运动矢量，从而提高预测精度；两个色度块的运动矢量则取这 4 个亮度块运动矢量的平均值。补偿时，使用重叠的块运动补偿，8×8 亮度块的每个像素的补偿值由 3 个预测值加权平均得到。使用该模式可以产生显著的编码增益，特别是采用重叠的块运动补偿，会减少块效应，提高主观质量。

(4) PB-帧。PB-帧模式规定一个 PB-帧包含作为一个单元进行编码的两帧图像。PB-帧模式可在码率增加不多的情况下，使帧率加倍。

在 H.263 基础上，1998 年，ITU-T 发布了 H.263 标准的版本 2，非正式地命名为 H.263＋标准。在向下兼容的同时，进一步提高了压缩效率或改善某方面的功能。H.263＋标准允许更大范围的图像输入格式和自定义图像的尺寸，使之可以处理基于视窗的计算机图像、更高帧频的图像序列及宽屏图像。H.263＋采用先进的帧内编码模式、增强的 PB-帧模式和去块效应滤波器，在提高压缩效率的同时，也提高了重建图像的质量。H.263＋增加了时间分级、信噪比和空间分级，另外还对片结构的模式、参考帧的选择模式等进行了改进，以适应误码率较高的网络传输环境。

在 H263＋基础上，为了增强码流在恶劣信道上的抗误码性能，同时为了提高增强编码效率，H263＋＋又增加了 U、V、W 3 个选项。

(1) 选项 U——增强型参考帧选择，用于提供增强的编码效率和信道传输错误的再生能力(如包丢失)，它需要有多个缓冲区用于存储多参考帧图像，以便进行错误的恢复。

(2) 选项 V——数据分片，能够提供增强型的抗误码能力(特别是在传输过程中本地数据被破坏的情况下)，通过分离视频码流中 DCT 的系数头和运动矢量数据，采用可逆编码方式保护运动矢量。

(3) 选项 W——在 H263＋的码流中增加补充信息，保证增强型的反向兼容性，附加信息包括：指示采用的定点 IDCT、图像信息和信息类型、任意的二进制数据、文本、重复的图像头、交替的场指示、稀疏的参考帧识别。

### 3. H.264 视频编码标准

H.264 也被称为 MPEG-4 AVC，是由 ISO/IEC 与 ITU-T 组成的联合视频组(JVT)制定的新一代视频压缩编码标准。ITU-T 的视频编码专家组(VCEG)在制定 H.263 标准后的 1998 年 1 月，开始研究制定一种新标准以支持极低码率的视频通信，即 H.26L。1999 年 9 月，完成第一个草案，2001 年 5 月制定了其测试模式 TML-8，并于 2002 年 6 月的 JVT 第 5 次会议通过了 H.264 的 FCD(Final Committee Draft，草案最终稿)版。2001 年，ISO 的 MPEG 组织认识到 H.26L 潜在的优势，便与 ITU 开始组建包括来自 ISO/IEC MPEG 与 ITU-T VCEG 的 JVT。JVT 的主要任务是将 H.26L 草案发展为一个国际性标准，并在 ISO/IEC 中该标准命名为 AVC(Advanced Video Coding)，作为 MPEG-4 标准的第十个选项，而在 ITU-T 中正式命名为 H.264 标准。H.264 可以在相同的重建图像质量下比 H.263＋和 MPEG-4(SP)减小 50%码率，同时对信道延时适应性增强。H.264 既可满足低延时的实时业务需要(如会议电视等)，也可满足无延时限制的视频存储等场合。

H.264 提高网络适应性，强化了对误码和丢包的处理，提高了解码器的差错恢复能力。在编/解码器中对图像质量进行了可分级处理，以适应不同复杂度的应用。在 H.264 还增加了 4×4 整数变换、空域内的帧内预测、1/4 像素精度的运动估计、多参考帧与多种大小块的帧间预测技术等。新技术带来了较高的压缩比，同时大大提高了算法的复杂度。

(1) 4×4 整数变换。H.26L 中建议的整数变换采用基于 4×4 的 DCT 变换，在大大降低算法的复杂度的同时对编码的性能几乎没有影响，而且实际编码还稍好一些。

(2) 基于空域的帧内预测技术。视频编码是通过去除图像的空间与时间冗余度来达到压缩的目的。空间冗余度通过变换技术消除(如 DCT 变换、H.264 的整数变换)，时间冗余度通过帧间预测来去除。在此前的编码技术中，变换仅在所变换的块内进行(如 8×8 或者 4×4)，并没有块与块之间的处理。H.263＋与 MPEG-4 引入了帧内预测技术，在变换域中根据相邻块对当前块的某些系数做预测。H.264 则是在空域中，利用当前块的相邻像素直接对每个系数做预测，更有效地去除相邻块之间的相关性，极大地提高了帧内编码的效率。H.264 基本部分的帧内预测包括 9 种 4×4 亮度块的预测、4 种 16×16 亮度块的预测和 4 种色度块的预测。

(3) 运动估计。H.264 的运动估计具有 3 个新的特点：1/4 像素精度的运动估计，7 种大小不同的块进行匹配，前向与后向多参考帧。H.264 在帧间编码中，一个宏块(16×16)可以被分为 16×8、8×16、8×8 的块，而 8×8 的块被称为子宏块，又可以分为 8×4、4×8、4×4 的块。总体而言，共有 7 种大小不同的块做运动估计，以找出最匹配的类型。与以往标准的 P 帧、B 帧不同，H.264 采用了前向与后向多个参考帧的预测。半像素精度的运动估计比整像素运动估计有效地提高了压缩比，而 1/4 像素精度的运动估计可带来更好的压缩效果。

编码器中运用多种大小不同的块进行运动估计，可节省 15%以上的比特率(相对于 16×16 的块)。运用 1/4 像素精度的运动估计，可以节省 20%的码率(相对于整像素预测)。多参考帧预测方面，假设为 5 个参考帧预测，相对于一个参考帧，可降低 5%～10%的码率。

(4) 熵编码。H.264 标准采用的熵编码有两种：一种是基于内容的自适应变长编码(CAVLC)与统一的变长编码(UVLC)结合；另一种是基于内容的自适应二进制算术编码(CABAC)。CAVLC 与 CABAC 根据相临块的情况进行当前块的编码，以达到更好的编码效率。CABAC 比 CAVLC 压缩效率高，但要复杂一些。

(5) 去块效应滤波器。H.264 标准引入了去块效应滤波器，对块的边界进行滤波，滤波强度与块的编码模式、运动矢量及块的系数有关。去块效应滤波器在提高压缩效率的同时，改善了图像的主观效果。

### 4.4.2 H.261 标准中的主要技术

H.261 标准中的编码算法主要有变换编码、帧间预测和运动补偿。帧内编码采用 JPEG，帧间采用预测编码和运动补偿。编码算法的数据率为 40Kb/s～2Mb/s。H.261 标准中的关键技术与 MPEG-1 的基本技术原理十分相似。在 H.261 的编码序列中，只有帧内图(I 图)和预测图(P 图)而没有插补图(B 图)，其解码图像序列如图 4.27 所示。

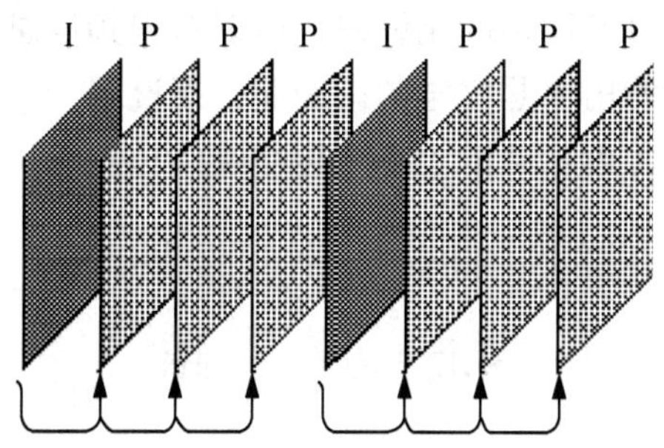


图 4.27 H.261 标准的解码图像序列

H.261 的压缩编码过程要经过转换、预处理、源图像编码、多元视频编码和传输编码等多个过程。其压缩编码处理过程如图 4.28 所示。

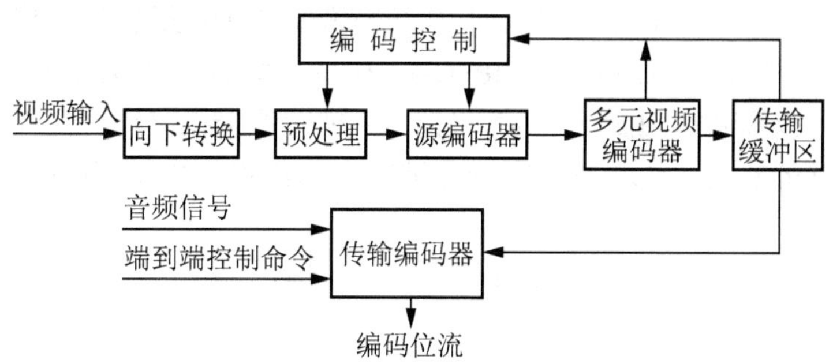


图 4.28 H.261 的压缩编码流程

1. 向下转换

向下转换主要有两项工作，首先是将模拟视频信号转成 CIF 或 QCIF 格式的数字图像，其次图像的色彩空间由 RGB 模式转换为 YUV 模式。

2. 预处理

视频信号的模数转换和格式转换成会引入噪声及假频瑕疵。预处理的目的是减少噪声及假频瑕疵的影响，使画面看起来比较柔和。预处理通常采用平滑算法(如线性低通滤波器)。

3. 源编码

源编码阶段采用的主要方法有转换编码(基于 8×8 的 DCT)、量化、熵编码、运动估计和运动补偿等。其中前 3 项技术与 MPEG-1 中采用的 JPEG 帧内压缩编码方法完全一致。在运动估计及补偿阶段所使用的预测与补偿技术与 MPEG-1 没有太大的区别，但 H.261 只考虑预测图像(P 图)的编码问题，这是与 MPEG-1 最大的不同之处。P 图的产生可以使用 I 图或前一个 P 图。P 图的使用可以较大幅度降低编码率，但 P 图本身所携带的误差将会向下一个 P 图传递，从而导致误差的放大增值。所以在实际应用中，P 图的连续使用通常是 3 帧，这样既达到了数据压缩的目的，同时，视频的质量在明显下降之前，下一个 I 图就已经出现。

4. 传输缓冲器

H.261 的传输缓冲器与 MPEG-1 中的信道缓冲器的作用相同。在熵编码和运动补偿阶段的编码过程中，因为采用了可变码率的熵编码，所以对视频信息编码后产生的编码率不是恒定不变的，但在输出端的位输出率是固定的。因此必须设置一个传输器缓冲器来对数据进行缓冲处理，并由传输缓冲器中数据量的大小来控制编码器的编码数据的速率，以保证信息压缩的进度和传输。

## 4.5 小　结

本章以信息压缩编码技术为主线，介绍了数据压缩的基本原理与方法、静态图像压缩编码国际标准 JPEG 及 JPEG 2000、ISO/IEC 制定的运动图像压缩编码国际标准 MPEG 系列和 ITU-T 制定的 H.26x 系列。其中，对数据压缩的基本原理、常用的压缩编码方法、JPEG 压缩编码方法、小波分割与变换算法、MPEG-1 压缩编码过程与算法进行了较为详细的讲述。同时对 JPEG2000、MPEG-2、MPEG-4、MPEG-7、H.26x 的框架和主要技术进行了概要性的介绍，并对 MPEG 系列标准与 H.26x 系列标准的关系进行了讲述。本章内容是深入了解多媒体信息压缩编码技术的基础，也为进一步学习多媒体技术的相关知识打下了坚实的基础。

## 4.6 习　题

1. 填空题

(1) 计算机中处理的多媒体信息需要压缩的原因是________。

(2) 行程长度编码的基本思想是________。

(3) 预测编码的基本思想是________。

(4) 变换编码的基本思想是________。

(5) 矢量量化编码的基本思想是________。

(6) MPEG-7 是________。制定 MPEG-7 的目的是________。

2. 单选题

(1) 下列关于无损压缩的说法，不正确的是____。
  A. 压缩后的数据在还原后与原数据完全一致
  B. 压缩比一般为 2∶1～5∶1，一般用于文本
  C. 一般用于数据及应用软件的压缩
  D. 这种压缩是不可逆的基于对象的编码

(2) 下列关于多媒体数据压缩的说法，不正确的是____。
  A. 冗余度压缩是一个不可逆过程，也称有失真压缩
  B. 数据中间尤其是相邻的数据之间，常存在着相关性
  C. 可以利用某些变换来尽可能地去掉数据之间的相关性
  D. 去除数据中的冗余信息，可以实现对数据的压缩

(3) 多媒体数据压缩的评价标准包括____3 个方面。
  A. 压缩比率、压缩与解压缩的速度、编码方法
  B. 压缩质量、压缩与解压缩的速度、编码方法
  C. 压缩比率、压缩质量、压缩与解压缩的速度
  D. 压缩比率、压缩质量、编码方法

(4) 根据压缩前后的数据是否完全一致，可分为____压缩和____压缩。
  A. 音频、视频　B. 动态、静态　C. 无损、有损　D. 图像、文字

(5) 利用视频图像各帧之间的____，用帧间预测编码技术可以减少帧内图像信号的冗余度。该编码方法被广泛应用于视频图像压缩。
  A. 空间相关性　B. 像素相关性　C. 位置相关性　D.时间相关性

(6) 下列____字符序列采用行程编码，可以获得最高的压缩比。
  A. AAAADDDDRRGHDDD　B. AAADDDDDRRGDDDD
  C. AADDDDRRRRRRDDD　D. AAAADDDDRRGGGGF

(7) 以下的编码方法中，不属于统计编码的是____。
  A. 变换编码　B. 行程编码　C. 哈夫曼编码　D. 算术编码

(8) MP3 音乐文件是目前最为流行的音乐文件。当录制了 WAV 音频格式文件后，希望压缩为 MP3 格式，采用____压缩标准能够实现。
  A. MPEG-1　B. MPEG-2　C. MPEG-4　D. MPEG-7

(9) 图像序列中的两幅相邻图像，后一幅图像与前一幅图像之间较大相关性属于____ 冗余。
  A. 信息熵　B. 时间　C. 空间　D. 视觉

(10) 以下____属于统计编码。
  A. 行程编码、变换编码　B. 哈夫曼编码、预测编码
  C. PCM 编码、算术编码　D. 行程编码、哈夫曼编码

(11) 下列关于预测编码的说法，正确的是____。
  A. 预测编码的算法模型是固定的

B. 预测编码只需存储和传输预测误差

C. 预测编码只能针对空间冗余进行压缩

D. 预测编码压缩有 PCM 和 ADPCM

(12) MPEG-1 标准在对动态图像压缩时采用的是基于____的变换编码技术。

A. DCT　　B. K-L 变换　　C. DFT　　D. DWT

(13) ____标准被称为“多媒体内容描述接口”，用于解决多媒体信息的检索问题。

A. MPEG-1　　B. MPEG-2　　C. MPEG-4　　D. MPEG-7

(14) 下列关于多媒体原始数据冗余类型的说法，正确的是____。

A. 人眼对低于某一极限的幅度变化已无法感知等属于结构冗余

B. 图片中的纹理表现出相当强的规律性属于视觉冗余

C. 电视信号的相邻帧之间可能只有少量的变化，声音信号有时具有一定的规律性和周期性等属于知识冗余

D. 图片中常常有色彩均匀的背景属于空间冗余

3. 多选题

(1) JPEG 静态图像压缩编码技术的主要技术有____。

A. 行程长度编码　　B. 二维空间的 DPCM 编码

C. 熵编码　　D. 基于对象的编码

(2) MPEG-2 对 MPEG-1 的发展主要体现在____方面。

A. 音频、视频、码流合成、音视频控制等方面进行了扩充

B. 保持了向下兼容

C. 实现了分级编码

D. 实现了智能化的对象分割与编码

(3) 在 MPEG-1 中，为提高数据的压缩比，采用的主要压缩技术有____。

A. Z 型扫描的行程长度编码　　B. 空间的 DPCM 编码

C. 熵编码　　D. 运动估计与补偿　　E. 分级编码

(4) MPEG-4 中采用基于 VOP 的视频编码新技术主要有____。

A. 形状编码　　B. 运动信息编码

C. 纹理编码　　D. 分级编码

(5) MPEG-1 与 H.261 共同采用的压缩编码技术有____。

A. 帧内的变换编码　　B. 帧间的预测编码

C. 运动估计与补偿　　D. 基于 VOP 的分级编码

(6) 在 JPEG 标准中使用了____统计编码方法。

A. 哈夫曼编码　　B. PCM 编码　　C. 算术编码　　D. 变换编码

4. 操作题

(1) 利用画图(或其他图像处理工具)制作一幅图像，分别保存为 BMP 格式和 JPG 格式，比较文件的大小，并分析原因。

(2) 根据表 4-5 中的信息及出现的概率，利用哈夫曼算法，求出其编码 (提示：答案不唯一)。

表 4-5 信息及出现的概率表

| 信息 | $A_1$ | $A_2$ | $A_3$ | $A_4$ | $A_5$ | $A_6$ | $A_7$ | $A_8$ |
| --- | --- | --- | --- | --- | --- | --- | --- | --- |
| 出现概率 | 0.40 | 0.20 | 0.15 | 0.10 | 0.07 | 0.04 | 0.03 | 0.01 |

(3) 一个信息符号集为{a，b，c，d}，每个符号对应的概率分别为{0.4，0.1，0.3，0.2 }，当输入的信息符号序列为 baacd 时，写出其算术编码及解码过程。

# 第 5 章　多媒体计算机动画技术

## 教学提示

➢ 计算机动画是多媒体应用系统中不可缺少的重要技术之一。动画作为一种人们喜闻乐见的信息表现形式，在多媒体计算机的多种信息媒体中受到了人们的普遍欢迎。其应用范围从专业影视片的制作、广告宣传、教育培训到工程设计几乎无处不有。目前计算机动画已从早期的二维动画发展到了三维动画，如今一些在高性能机器上制作的动画甚至可以达到以假乱真的程度。

## 教学目标

➢ 本章将介绍计算机动画的基本知识，动画的分类、生成过程、计算机中二维、三维动画的有关概念、实现方法、相关技术、动画语言、动画传输，以及发展趋势等内容。通过本章的学习，要求掌握计算机动画的基本概念，了解常用的动画制作软件和动画制作的基本知识等。

## 5.1 计算机动画

许多人童年时代所看过的动画片中的某些情节至今可能还记忆犹新，世界许多国家虽然语言、文字不同，文化背景各异，但人们对动画片的喜爱却是一样的。由此可见，动画这种极具表现力的信息表示形式受到了人们的欢迎。当我们学习这部分内容的时候不禁要问：什么是动画？动画是怎样产生的？计算机动画是什么？

一般地讲，动画是一种产生运动图像的过程。事实上，运动的图像并不真正运动，任何看过胶片电影的人就会知道它是由许多静止图像所组成的。从严格的科学观点来看，动画依赖于眼睛的结构，当物体移动快于一个特定的速率时(每秒 18～24 次)，一个称为视觉暂留的生理现象便起作用，在短暂的时间间隔尽管没有图像出现，但脑子里仍保留上一幅图像的幻觉，如果第二幅图像能在一个特定的极小时间内出现(大约 50ms)，那么大脑将把上幅图像的幻觉和这幅图像结合起来。当一系列的图像序列一个接一个，以一个特定的极小时间间隔连续出现，其最终的效果便是一个连续运动的图像，即动画。

正如我们后面将要看到的动画能以几种不同的方式产生。在这些方式中，一秒内呈现给眼睛图像的数量决定了景物有“闪烁率”。当眼睛能够测出每一图像帧时，便出现抖动(Flicker)，这是因为帧与帧之间的时间间隔太长。标准的 35mm 胶片的电影采用 24 帧/s 的帧率，这意味着每秒将有 24 帧的图像信息呈现在屏幕上。以这个速率，通常不可见抖动感。电视不同的制式其帧率略有不同，NTSC 制式 30 帧/s，PAL 和 SECAM 制式均为 25 帧/s。当电影在电视上播放时，常采用补帧的方法，如在 NTSC 制式上播放，每秒应补 6 帧，通常每个第 4 帧播两次。

计算机动画是采用计算机生成一系列可供实时演播的连续画面的一种技术，即通过计算机产生可视运动的过程。根据计算机硬件和动画制作软件的不同，所产生的动画质量和用途也有明显的区别，一般可分为二维动画和三维动画。计算机动画的制作过程与影视动画有相似之处。我们知道卡通动画片传统地是由手工一幅一幅画出来的，每一帧的图案与上一帧的图案有细微的不同。在计算机动画中，尽管计算机也画出不同的帧，但在大多数情况下，动画的创作人员只要画出开始和结束帧，计算机将由软件自动产生中间的各帧。在全计算机动画中，利用复杂的数学公式产生最终的图片。这些公式对一个内容广泛的数据库中的数据进行操作，这些数据定义了物体存在的数学空间。这个数据库由端点、颜色、明暗度、运动轨迹等构成，对于真空感较强的三维动画将涉及三维变换、阴影、三维模型、光线等专门的计算机技术。

如今的个人计算机已完全具备制作二维与三维动画的能力。除了可用计算机语言的绘图语句画出各类图案外，有许多专业的动画制作软件，如二维动画软件 Animator、Flash，三维动画软件 3ds Max 等。这些内容在本书的后续章节中都将会有更详细的叙述。

计算机中动画的原理和影视动画类似，也是由若干连续的帧序列组成的，只要以足够高的帧率显示这些图案(一般 24 帧/s，或更高)就会在计算机屏幕上呈现出连续运动的画面而没有抖动感。图 5.1 给出了一匹马奔跑 1s 的 24 帧图案。

计算机动画有很多用途，它可辅助制作传统的卡通动画片或通过对三维空间中虚拟摄像机、光源及物体的变化(形状、彩色等)和运动的描述，逼真地模拟客观世界中真实的或虚构的三维场景随时间演变的过程。

图 5.1　马奔跑 1s 的各种不同姿势

## 5.2　计算机动画的应用

计算机动画的应用十分广泛，可用于影视领域中的电影特技，动画片制作，片头制作，基于虚拟角色的电影制作等；还有电视广告制作，教育领域中的辅助教学，教育软件等；科技领域中的科学计算可视化，复杂系统工程中动态模拟；视觉模拟领域中的作战模拟，军事训练驾驶员训练模拟；此外有娱乐业中的各种大型游戏软件，尤其是与虚拟现实技术相结合，将会创建各种幻想游乐园。目前，计算机动画已渗透到社会的许多方面，下面将介绍计算机动画在几个主要方面的应用情况。

1. 在电影工业中的应用

可能计算机动画使用最多的要数电影工业了。早在 20 世纪 60 年代，两位来自贝尔实验室的科学家 Messrs Zajac 和 Knowtion 就开始了这方面的尝试，后来由于计算机图形学方面的进步和一系列图形输出设备的推出，在电影界开始用计算机代替手工制作动画。据资料显示，近年来所推出的影视作品中的动画和许多特技镜头，大都是计算机的杰作。看过《侏罗纪公园》这部电影的读者一定会对影片中那些栩栩如生的庞然大物——恐龙记忆犹新，如图 5.2 所示。它能和演员同处一个画面，并能将汽车掀翻。这个影片中的所有动画镜头全是计算机制作的，其效果达到了以假乱真的程度。另外，《星球大战》也是一部许多人熟悉的科幻影片，在影片中出现的 X 形机翼的战斗机，看上去和真实的模型没有任何区别。

图 5.2　《侏罗纪公园》中的恐龙

利用计算机动画制作电影的好处在于能让计算机控制物体的运动，无需重构每一步。这样便提高了真实感，并且降低了制作成本。然而用计算机制作动画也需较长的时间，动画的质量越高所需的时间越长，因为其中将涉及许多复杂的数学计算。这些数学公式能被用于处理景物和产生带有特殊效果的真实感的图像。时至今日，计算机图形学和计算机图形硬件的发展已取得很大的突破，一些厂家已相继推出了面向动画制作和图像处理的图形工作站。制作动画对大多数人来说已不再是一件难事。然而，好的动画设计毕竟还需要艺术天赋，尤其是用于影视艺术的动画。而对于一般的动画制作，现在的软件已能使大多数初学计算机的人就可方便地制作，其过程基本上是自动的。

2. *在教育中的应用*

计算机动画在教育领域中的应用有着光辉灿烂的未来。随着个人计算机的不断普及，将会有越来越多的课程利用计算机辅助教学。而在计算机辅助教学中，动画则是一种人们喜闻乐见的信息表示形式，如利用动画可以教幼儿识数，辨别上、下、左、右，利用动画可以演示一个物理定律，说明一个化学反应过程。目前，我国已有较多的计算机辅助教学软件用于幼儿园、小学、中学、职业培训乃至大学，如图5.3所示。

在这些软件中，出现了大量的计算机动画，学习者可以自己操纵计算机，计算机按照人们输入的信息显示各种信息和动画的运动过程，这会极大提高学习者的兴趣，巩固所学的知识。例如，有些化学实验的化学反应，需要一定的时间(有的长达几天)，并且若操作不当还会发生爆炸、燃烧等危及人身安全的情况；同时，化学实验还需耗费大量的实验材料。而利用计算机动画模拟的化学实验，学生只需在计算机上选择所要做的实验，以及进行该实验的材料、步骤，计算机便会用动画动态地模拟实验的每一步过程，给出反馈信息和学生学习情况，使实验者能够从计算机屏幕上一目了然地获得实验数据。在教育的各个层次与此相似的例子比比皆是，数不胜数。

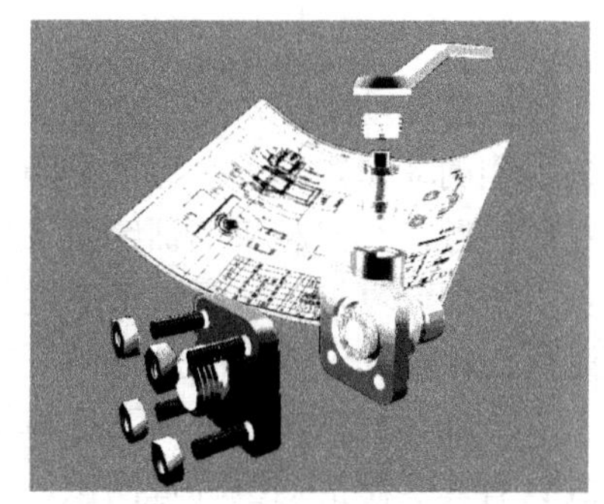

图5.3 计算机辅助教学软件

3. *在科学研究中的应用*

动画在科学研究中被大量用来模拟和仿真某些自然现象、物体的内部构造及其运动规律。在空间探测领域，计算机动画被用来模拟飞行器或行星的运行轨道或太空中的某些自然现象。凡看过卫星发射电视转播的人都还记得，在卫星发射中心的控制室的大屏幕上能动态地画出卫星的运行轨道及所处的位置，使控制中心的工作人员一目了然。这便是计算机动画所起的作用。当卫星发射后，各种测量仪器将测量的卫星飞行数据源源不断地送往控制中心的计算机中，计算机再根据这些数据，准确、及时地在屏幕上画出卫星的飞行情况。

早在1986年1月由美国国家航空航天局(National Aeronautics and Space Administration，NASA)发射的先驱者和旅行者空间探测器的探测情况被由喷气推进实验室的科学家根据所接收的观察数据和太空的自然运动法则来动态地显示在计算机屏幕上。美国国家航空航天局的科学家们能够直观地了解太空行星特定轨道和太空中观察的景色，就好像科学家们自己乘坐探测器观察的那样。这个软件还允许选择观察的视角，将观察点放在探测器的后面，这样可以看到探测器也可以看到行星。图5.4给出了美国旅行者号火星车着陆火星表面行走的动态行模拟。

图 5.4　美国旅行者号火星车着陆火星表面爬行的模拟图

在医学研究中，计算机动画能够帮助医生和研究者可视化地构造特定的器官和骨骼结构，分析病人的病症，以便对症下药。如今像这些带有计算机动画功能的医疗设备在一些大的医院和医学研究机构中随处可见。

4. 在训练模拟中的应用

计算机动画也可用于训练模拟。例如，在运动员训练中，可以利用计算机帮助运动员改进他们的动作。如一个运动员跑步时，计算机能根据捕获的图像数据，分析运动员训练时存在的问题，给出相应的训练建议和动作要求，其中动作的要求也由计算机用动画产生，运动员可根据计算机的动画演示来进行动作训练；同样的思想可用于游泳、网球等。据资料显示，采用这种辅助训练系统，对纠正运动员不规范的动作，提高运动成绩有很大的帮助。

计算机动画技术在飞行模拟器的设计中起着非常重要的作用。该技术主要用来实时生成具有真实感的周围环境图像，如机场、山脉和云彩等。此时，飞行员驾驶舱的舷舱成为计算机屏幕，飞行员的飞行控制信息转化为数字信号直接输出到计算机程序，进而模拟飞机的各种飞行特征。飞行员可以模拟驾驶飞机进行起飞、着落、转身等操作，如图 5.5 所示。

图 5.5　飞行模拟器

5. 在工程设计中的应用

计算机辅助设计(CAD)在如今的工程界已不再是一个新的名词了，在世界许多国家有大量的计算机用于工程设计，如今的 CAD 软件已能做到以动态形式将设计结果用三维图形显示出来，如图 5.6 所示。例如，一个机械设计师为某一机器设计了一个部件后，计算机便可模拟这个部件的真实情况，能以不同的光洁度和不同的视角显示设计结果；如果是一组配套部件，还能够显示装配过程。

图 5.6　计算机辅助设计应用

在建筑工程中，在开始施工之前，就提供大楼的建筑模型能有助于防止大量由于设计方案疏忽所引起的不良结果。例如，当一座大楼设计完毕，计算机能显示这幢楼房的模型，同时计算机动画还能模拟这幢楼房对周围环境的影响。例如，能动态显示太阳升起时，各个不同时刻光线照在楼房窗子上的情况，各个不同角度光线反射情况，如果反射的光线直接影响楼房入口处，或楼房边马路上汽车驾驶员的行驶(如容易产生危险，发生交通事故等)，那么设计师们将根据计算机动画的模拟结果，修改大楼的设计方案，调整大楼的位置或角度。

6. 在艺术和广告中的应用

计算机和艺术家相结合无疑会给艺术家的艺术创作提供极大的便利和许多艺术灵感，计算机的绘画软件能提供更多的色彩，并提供使物体更具真实感的各种光照模型，且用计算机作画、修改也极为方便。

在广告领域，计算机动画是大有用武之地的，如今各类电视广告在各种节目中出现，而在这些广告中，有相当一部分是利用计算机动画来制作产生的。如今某些专用动画软件的功能是许多艺术家所望尘莫及的，而对使用者的要求很低，只要略懂计算机就可以。

计算机动画除了影视广告中的应用之外，在各类信息板、广告牌中也大量使用。当我们穿梭在繁华闹市或暂留在车站码头时，到处可见五颜六色的各类大型电子广告牌，而这些广告牌中显示的各种文字、图案、动画均是计算机的杰作。图 5.7 为计算机制作的汽车广告。

图 5.7　计算机广告动画

## 5.3　计算机动画的分类

计算机动画的分类方法有多种，按不同的方法有不同的分类。按生成动画的方式分为帧到帧动画(Frame by Frame Animation)、实时动画(Real Time Animation )；按运动控制方式来分，有关键帧动画、算法动画、基于物理的动画；按变化的性质又可分为运动动画(如景物位置发生改变)、更新动画(如光线、形状、角度、聚焦发生改变)。

1. 关键帧动画

关键帧动画实际上是基于动画设计者提供的一组画面(即关键帧)，自动产生中间帧的计算机动画技术。关键帧动画有以下几种实现方法。

(1) 基于图形的关键帧动画，它是通过对关键帧图形本身的插值获得中间画面，其动画形体是由它们的顶点刻画的。运动由给定的关键帧规定，每一个关键帧由一系列对应于该关键帧顶点的值构成，中间帧通过对两关键帧中对应顶点施以插值法来计算，插值法可以是线性的或三次曲线或样条的插值，我们在网上所见到的大多数 Flash 动画都是此类动画。

(2) 参数化关键帧动画，又称关键—变换动画。可以这样认为：一个实体是由构成该实体模型的参数所刻画的，动画设计者通过规定与某给定时间相适应的该参数模型的参数值集合来产生关键帧，然后对这些值按照插值法进行插值，由插值后的参数值确定动画形体的各中间画面的最终图形。

2. 算法动画

算法动画形体的运动是基于算法控制和描述的。在这种动画中，运动使用变换表(如旋转大小、位移、切变、扭曲、随机变换、色彩改变等)，由算法进行控制和描述，每个变换由参数定义，而这些参数在动画期间可按照任何物理定律来改变。常用的物理定律包括运动学定理和动力学定理。这些定理可以使用解析形式定义或使用复杂的过程(如微分方程的解)来定义。

3. 基于物理的动画

基于物理的动画是指采用基于物理的造型，运用物理定律及基于约束的技术来推导、计算物体随时间运动和变化的一种计算机动画。

基于物理的造型将物理特性并入模型中，并允许对模型的行为进行数值模拟，使其模型中不仅包含几何造型信息，而且也包含行为造型信息，它将与其行为有关的物理特性、形体间的约束关系及其他与行为的数值模拟相关信息并入模型中。

动画的运动和变化的控制方法中引进了物理推导的控制方法，使产生的运动在物理上更准确、更有吸引力、更自然。

## 5.4 计算机动画的生成

计算机动画的生成过程一般包括以下几个步骤。

(1) 关键帧与背景的绘制及其输入。

(2) 中间帧的自动生成。

(3) 前景与背景的复合。

(4) 配音。

(5) 预演(preview)，编辑修改。

(6) 动画输出。

采用计算机所生成的一系列画面可在显示屏上动态演示，也可记录在电影胶片上或转换成视频信息输出到录像带上。

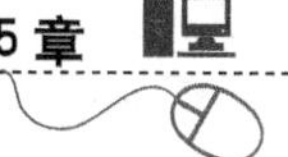

### 5.4.1 二维动画

我们已经知道由计算机制作的动画画面是二维的透视效果时便是二维动画。二维动画是计算机动画中的一种最简单形式，即使没有专门的动画软件，利用已有的计算机语言(如PASCAL 语言)也能产生各种动画效果。下面介绍二维动画的一般实现方法。

1. 字符集动画

在任意一种计算机中都提供了许多字符(如字母等)符号、图符等，我们把这些称为字符集。利用这些字符集中的字符或自己制造一些图符，编一个简单的小程序就可实现二维动画。一般在动画创作中，先创作关键帧。例如，设计一个人与另一个人再见的动画，可先设计两幅关键帧，一帧是将手臂伸出做再见的手势，另一帧将手臂放回原处的图案。为了使运动的动作流畅、连续，往往在两个关键帧之间还要补上许多中间帧。利用计算机内部提供的字符集就可以设计关键帧与中间帧。假设要设计一个鸟飞行的动画，其过程是，首先选择拼成鸟飞行时各种姿势图案的字符集。下面选择下列 4 个字符，其点阵的放大图如图 5.8 所示。

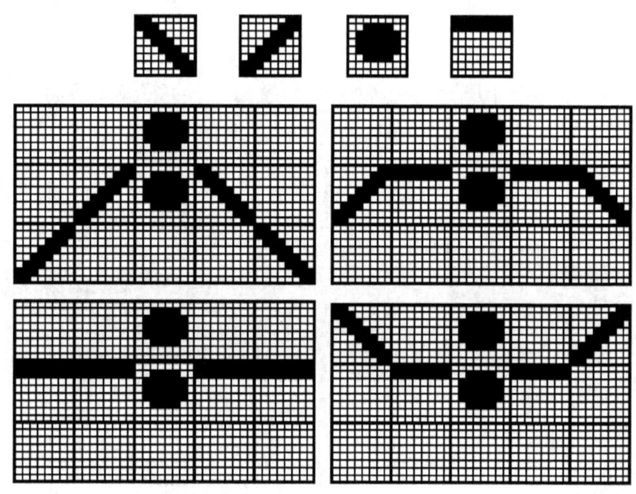

图 5.8 字符集动画

由图 5.8 可以看出，每一帧由 3×5 个字符拼成，将这 4 个帧以一个特定的顺序循环显示，这只鸟便可飞起来了，其循环的序列如下。

帧 1 循环开始
帧 2
帧 3
帧 4 循环的中间点
帧 3
帧 2
帧 1 循环的终点，开始下一轮循环
帧 2
……

由于上述原因，将其称为循环动画，这是动画中较容易实现的一种。下面给出实现该动画的类 Pascal 的算法描述，读者很容易将其改写成其他程序。

```
Program Character_animator;
usescrt;
type fram=array [1..3] of string [5] ;
var
i,j:integer;
bird1,bird2,bird3,bird4:fram;
procedure display(bird:fram);                    { 显示动画的一帧 }
begin
writeln(bird [1] );
writeln(bird [2] );
writeln(bird [3] );
delay(1000);
end;
begin
window(1,1,70,70);                               { 定义动画显示窗口 }
textmode(3);
bird1 [1] :='      .     ';                      { 字符集动画第 1 帧 }
bird1 [2] :='  /   +   \';
bird1 [3] :='/          \';
bird2 [1] :='      .     ';                      { 字符集动画第 2 帧 }
bird2 [2] :=' / - *  - \  ';
bird2 [3] :='             ';
bird3 [1] :='      .      ';                     { 字符集动画第 3 帧 }
bird3 [2] :=' --  *  --   ';
bird3 [3] :='             ';
bird4 [1] :='\     .     /';                     { 字符集动画第 4 帧 }
bird4 [2] :='  -- *  --   ;
bird4 [3] :='             ';
For i:=1 to 500 do
begin
gotoxy(1,1);
display(bird1);                                  { 显示第 1 帧 }
gotoxy(1,1);
display(bird2);                                  { 显示第 2 帧 }
gotoxy(1,1);
display(bird3);                                  { 显示第 3 帧 }
gotoxy(1,1);
display(bird4);                                  { 显示第 4 帧 }
gotoxy(1,1);
display(bird3);                                  { 显示第 3 帧 }
gotoxy(1,1);
display(bird2);                                  { 显示第 2 帧 }
end;
end.
```

以上给出的程序所产生的动画只在一个地方运动，如果要使这只鸟沿着给定的路线运动，如沿屏幕对角线或水平运动，可每次修改 gotoxy 语句中的屏幕坐标，在新的图形显示前，将老的图形消去(可编一子程序，用空格字符消去原图形)，有兴趣的读者不妨上机一试。当然，也可自己定义字符集产生动画。

### 2. 图形动画

在二维动画中大量出现的是基于图的动画。这种方法产生的动画将比用字符方式产生的动画有更好的效果。一般在个人计算机中，若不用专门的动画软件，用某一种计算机语言，如 BASIC 语言也能创作动画。基本方法是，在图形方式下，首先选择某种色彩，然后用绘图语句，如 DRAW、LINE、Circle 等画图，要使图形移动，再选一种新的色彩(往往是底色)将原图再画一遍(即消去原图)；然后，再用另一种颜色在新的位置将原图再画一遍，这种方式对初学者来说容易掌握，但速度、效果等可能不太令人满意。用该方法产生动画的步骤可分为以下几步。

(1) 产生运动物体。

(2) 描述运动轨迹。

在计算动画中物体运动轨迹(路线)的描述一般可分为两种情况，对于有规则的运动则可以将物体的运动路线用数学公式来表示(如圆、直线、斜线、抛物线等)，如图 5.9(a)所示的运动过程。

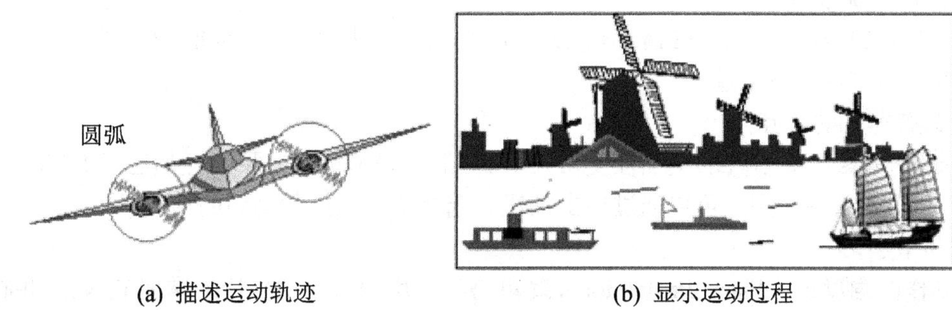


(a) 描述运动轨迹　　(b) 显示运动过程

图 5.9　图形动画

而对于无规则的运动，可采用坐标组来刻画其运动规则。现在许多专门的动画软件和多媒体著作软件，如 ToolBook，当定义了运动物体之后，可用鼠标拖动该运动物体在屏幕上移动，计算机自动记录运动路径的平面坐标，并能按设定的路线使物体运动。

(3) 产生运动过程中各运动物体的中间图像。

计算机动画过程中，各运动物体的中间图像不论是二维的还是三维的，都可以通过各种数学变换，如平移、旋转等获得，在这方面已有相当成熟的图形变换算法和软件可供使用。而对于一些简单图形的变换，利用 BASIC 语言就可实现。

(4) 显示运动过程。

由本章开头部分所述的动画原理可知，一个连续的运动过程是由若干幅离散的图形组成的，只要以一定的速度依次显示这些图形即可。如果显示速度达不到一定的要求，就会出现运动不连续的抖动感。动画显示速度除受计算机硬件本身性能的制约外，软件及实现方法也起着重要的作用。为了提高显示速度，常采用局部运动的方法。例如，图 5.9(b)要产生运动效果，可有 3 种处理方案：让小船运动，让波浪运动，让背景山峰向后运动。一般先消去原运动物体，再在新的位置重新显示该物体。如今这一过程在专用的动画软件中已完全由计算机自动实现，无需使用者编写程序。

### 3. 二维动画软件——Flash

Flash Professional 是目前最为流行的动画制作软件。由 Macromedia 公司在 1996 年推出，现被 Adobe 收购。自 Flash 2.0 公布以来，历经 3.x、4.x、5.x，到 Flash Professional，其影响迅速扩大，现已发展成为迄今流行最广，兼具“网页动画插件”与“专业动画”制作功能的动画制作软件。Flash Professional 的功能具有以下特点。

1) 多媒体电影制作工具

Flash Professional 提供了大量的适合于网页特点的新技术和开发工具，使网页动画和交互电影能够在最短的时间内设计、制作完成。采用 Flash Professional 制作出的网页，整个页面就像一部多变的电影，页面中的文字、图片、按钮、菜单都随鼠标与键盘信息而变化，显得格外美观。更为突出的是，使用 Flash Professional，可以轻松地在任意两帧图形之间制作变形动画。另外，它还支持 WAV 和 AIFF 声音文件的播放，增加了对 MP3 的支持，所以 Flash Professional 能够制作真正的网上电影。

2) 采用矢量图形技术

Flash Professional 由于采用矢量图形技术，所以制作的动画文件很小，如一个 Flash Professional 制作的包含动画和声音的几十秒视频动画，往往只有几千字节大小。

3) 运用了流技术

从浏览者的角度看，Flash Professional 动画是边下载边演示的，因此，如果速度控制得好，几乎感觉不到文件的下载过程。

4) 具有非凡的交互性

Flash Professional 非凡的交互性使得采用 Flash 制作的网页效果远远超出了 HTML、Java、ActiveX 制作的效果，用户可以通过单击按钮、选择菜单来控制动画的播放。

5) 易于学习

从制作的角度说，Flash Professional 简单易学，用户可以很轻松地掌握 Flash，并制作出效果非凡的 Flash 动画。

### 5.4.2 三维动画

#### 1. 三维动画的发展和应用

由于三维动画的表现形式更加直观，早期人们为了创作三维动画，不得不用木头、泥土或纸张等建立各种各样的三维模型，再设法使其运动。然而，在现实世界中建立一个三维模型需具有一定的专业技能，并且建立模型的过程是一件令人乏味的事，一个模型一旦建立，若要修改必须花费大量的劳动。人类为了方便地交流信息，更多的是将这些三维物体在一个平面上(如纸上)表示。如今即使一个最复杂的三维结构也能被以二维形式表示出来，并且这种表示方式被大量用于工程设计和影视动画。

随着计算机技术的进步和计算机图形学的发展，特别是微型计算机的迅速普及，已有越来越多的人感受到用计算机制作三维模型和动画的优越性。首先获利的是工程设计和影视制作。如今设计工程师们能够利用计算机辅助设计(CAD)系统方便地建立设计模型，让计算机自动画出该模型的各种图纸，并能获得用其他物理模型都无法获得的视觉效果。例如，建筑设计师能够在计算机上产生其设计的建筑模型，能够“进入”计算机产生的房子，从居住者所希望的视角来观察，也能快速、容易地修改计算机产生的模型，并能为模型选择建筑材料。

计算机三维动画也给影视业制作注入了新的活力。使用计算机人们能够较容易地创作各种动画角色和特技效果，采用现有的视频技术能使计算机动画产生的角色和许多著名影星同场演出，目前已出现了计算机“演员”，如图 5.10 所示的《玩具总动员》中的动画角色。

图 5.10 《玩具总动员》中的动画角色

正如我们所知道的那样，动画是一种基于时间、空间的媒体。正由于这些，计算机三维动画能让我们自主地控制自己的信息空间。利用动画能够在几秒内有效地显示一个长的时间过程(如土壤的分化)；相反，为了便于理解一些瞬间即逝的事件发生过程，利用动画可减慢其发生过程，让它在 5～10s 内发生。

2. 建立三维动画

早期在计算机上建立三维动画是靠用某一种计算机语言编写程序实现的，这需要有较高的计算机、数学和艺术素养。在计算机技术迅速发展的今天，对一般用户而言，没有必要从基础做起，因为如今在各类计算机上已有足够多的三维动画软件或工具供选择。用这些软件建立三维动画一般来说有 5 个基本的步骤，这对大多数软件包而言是共同的，无需考虑正在使用的计算机平台。这 5 个基本步骤如下。

(1) 建立一个三维模型。

(2) 应用逼真的材料。

(3) 加入光线和摄像机。

(4) 使物体移动。

(5) 表演。

下面就详细地看一下这些步骤。

1) 建立三维模型

在一个典型的三维建模软件中，有多种方法构造一个三维模型。第一种方法，建模对象能从一些原始的物体中产生，或从像立方体、球体、锥体、圆柱这样简单的三维模型中产生。事实上，现实世界有许多物体和这些物体是相似的。例如，一张桌子通常是由 4 个圆柱和 1 个长方体组成的。

第二种方法是由二维轮廓线来构造三维物体。例如，一个酒杯的断面能够旋转 360°形成一个三维的高脚杯，如图 5.11 所示。相似地，一根香蕉能由一个圆沿着一段弧增大或减少其圆周时形成。

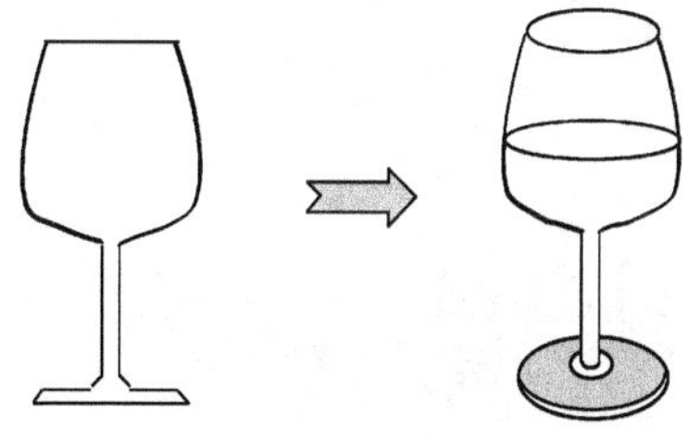

图 5.11 用二维轮廓构造三维图物体

此外，在现在的一些三维软件包中已预先设置了许多常用的三维物体，这些三维物体的原始模型往往是用计算机辅助设计软件建立的，它们被存储在一个标准的数据交换格式文件中(.dxf)。国外的某些公司，如 Viewpoint Engineering，现在专门为多媒体开发者提供三维模型。他们能够按照用户提供的真实物体数字化的要求来数字化真实世界中的物体。

2) 应用逼真的材料

一旦一个几何形状已经获得或建立，建立动画的下一步便是在实景中用材料附于物体表面。例如，桌面能用灰色大理石来装饰，而椅子则可选用一种橡木材料来装饰。这样做的目的是使物体更具有真实感。而有时材料的选用目的并不是为了使景物看上去更真实，而是其看上去更具幻想和有趣。在计算机中，将各种材料特性赋予任何物体的能力是三维动画功能强大的方面之一。通常，三维计算机动画软件包括一个内部建立的材料库，库中存有多种材料，并提供一个材料编辑器，用于创立或修改材料。

指定一种材料最基本的方法是指定其颜色特性，如物体的反光强度。通常颜色特性利用光的 3 属性来说明，分别是扩散(Diffuse)、泽(Specular)和环境(Ambient)。扩散分量是指物体自身的颜色。例如，有一个球体，若给扩散分量赋上红颜色，便能模拟一个红色的塑料球。“光泽”量是指物体表面光线最强处的光亮程度。例如，若想把同一个红球装饰成用玻璃做成的，便可将一个小的白色的强光点赋在这个材料上，这样球的表面就像玻璃的了。通过改变光泽点的大小和颜色，也能近似地把该球看作由别的材料如金属或橡胶等做成的。“周围环境”参数是指它在实景中周围的光线。

指定对象属性的另一种方法称为纹理图案(Texture Map)。例如，假设现已建立了一辆汽车的模型，若要说明该车是救护车，则最好的办法是将一个带有红十字标记的特征图放在汽车上。特征图是一种简单的位图，可用计算机绘图程序产生或扫描到计算机中。若想在计算机中产生一个地毯，则可先扫描一个地毯样板输入计算机，然后将它用于模型地面的装饰材料。特征图能够用作物体的底或按一定的比例来应用。例如，如果将一块大理石特征图放在一个黄色材料上，并让它通过黄色颜色渗透出来，便能让物体看上去更复杂，就像一团变幻莫测的浓雾一样。

特征图也能以一种称为簸箕图的技术被用于模拟一个凹凸不平的表面。这时的特征图的值被用于模拟一个表面区域的升高或降低，所以其结果看上去像是粒状的不光滑。

创作一个物体表面最高级的方法之一是利用一个称为 Shader 的可编程过程。因为许多普通材料，如大理石、木头和砖等，利用计算机算法都能有效地实现，它比特征图更具真实感。

在一个动画场景中，可以利用软件为各物体广泛地选择材料，但材料选择得越多，数据占用的磁盘空间就越大。

3) 加入光线和摄像机

为了使物体更具有真实感和达到特殊的修饰效果，必须为已建好的模型加入光线和摄像机。就像在现实世界中一样，光在不同的位置照在物体上其反射的程度和效果是不一样的。图 5.12 给出了加入光线和摄像机后的显示效果。如今在大多数动画软件中，设有许多不同种类的光线，就像每天在我们周围的各种自然光线一样。例如，聚光灯常被用来在一个特定的方向上发送锥形光线，我们可以决定锥形光线的大小和光照的位置。使用聚光灯一般能在物体的后面产生阴影。这通常是与聚光灯相联系的另一个参数，聚光灯在三维动画中是一个想象中的光源，在实际场合中是看不到的，

图 5.12 加入光线和摄像机的效果图

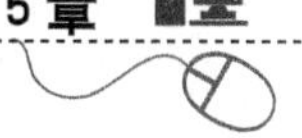

只能从物体表面的反光程度和物体的阴影感受到它的存在。

大多数三维动画软件包也含有一个自动摄像机，我们可将其设置在场景中的不同位置。该功能实际上是让人们从各个不同的角度来观察场景和场景中的物体。

4) 表演

完成了上述 3 步之后，为了查看创作的模型和场景的实际效果，便可进行第四步——表演。这时可利用软件将其中的摄像机移到期望的位置，然后显示一个单景物。表演实际上是计算机化的处理过程，这意味着计算机需要花费一定的时间为其服务。因此，表演的速度受到许多因素的制约。

在软件中有几种不同级别的表演。就表演速度而言，最简单且最快速的渐变方法是“单调渐变”(Flat Shading)，事实上，某些计算机能用硬件完成模型小到中的瞬间渐变。但是一个单调渐变表演给人的感觉是很差的，每一多边形被赋上单一的颜色，其结果常常使人看上去像假的。单调渐变常用在电影的先期制作和时装款式的开发中。

渐变技术的高一级别是平滑渐变(Smooth Shading)，这种类型的渐变克服了单调渐变在物体表面颜色上单调刻板，不是每一面只有一种颜色，而是可以有多种颜色，以产生平滑的表现效果，但这将要多花费一些计算时间，因而显示的时间也相应加长。还有其他形式的渐变方法，但限于目前微型计算机的计算速度，要用其制作多帧动画，需要太长的时间，以致不太容易实现，如象鼻卷动梨子的动画目前未实现。

5) 使物体移动

当我们了解了如何建立一个模型，为其开发材料特性，以及如何演示单帧画面，下面是该考虑怎样使它运动。

在二维动画的情况下，正如前面所说的，我们可用传统的方法画出每一个帧面。在每个帧面中，运动物位置略有不同，一般说来，观察是固定的，物体在前面移动。而三维动画，其过程稍有不同。目前使用最多的是一种称为关键帧的动画实现技术。关键帧动画被定义为这样一个过程：指派特定数量帧面的物体，让其运动。这些帧面构成了一个动画序列。例如，在第 30 帧上设置了一个球抛向空中的位置，并建立了一个关键帧，则计算机将平滑地移动这个球从 0 帧到 30 帧。这个球移动轨迹的光滑程度可通过软件设置。

通常在完成关键帧动画时，现在的软件能帮助我们建立物体之间的某种联系，以使得当一个物体运动时，与它相联系的物体也发生变化。例如，可将手与臂建立联系，使得臂移动时，手也随着移动。

在交互式图形系统中，一般常用关键帧技术产生动画。在这类系统中，可用鼠标和其他设备移动关键帧中的物体。在辅助动画设计方面，计算机软件做得越来越好。在某些情况下，特定物体的属性能被编程。在一些像 3D Studio 这样的专业动画制作软件中，飞机能自动地围绕跑道倾斜行进。一个球无需人工关键帧也能设置成上下弹跳，甚至波和涟漪在目前的动画制作软件中也能自动实现。

总的说来，三维动画的产生过程可以是简单的也可以是复杂的，这不仅与所采用的软件及运动物体的复杂程度有关，还与计算机动画的相关技术(如造型技术、图像绘制技术、运动控制和描述技术、图像编辑与合成技术、特殊视觉效果生成技术等)有关。

### 5.4.3 三维动画制作软件——3ds Max

3ds Max 全称为 3D Studio Max，是 Autodesk 公司开发的三维动画渲染和制作软件。3ds

Max 广泛应用于广告、影视、工业设计、建筑设计、多媒体制作、游戏、辅助教学，以及工程可视化等领域。

3ds Max 为方便、快捷制作模型和纹理、角色动画及更高品质的图像提供了许多新技术。建模与纹理工具集的巨大改进可通过新的前后关联的用户界面调用，有助于加快日常工作流程，而非破坏性的 Containers 分层编辑可促进并行协作。同时，用于制作、管理和动画角色的完全集成的高性能工具集可帮助快速呈现栩栩如生的场景。而且，借助新的基于节点的材质编辑器、高质量硬件渲染器、纹理贴图与材质的视口内显示及全功能的 HDR 合成器，能够轻松制作炫目的写实图像。

1. 3ds Max 的特色

(1) 软件结构十分完整，从平面造型到立体造型及立体编辑工具，甚至动画画面的产生与素材的编辑，都完整地包含在一套软件之中。

(2) 与 AutoCAD 及 Animator Pro 软件相兼容。原来各行各业的资料都可以送入 3ds Max 中处理，如建筑业的 AutoCAD 文件(.dwg)，可由 DXFOUT 指令转换成.dxf 格式以供 3ds Max 读取；而原先由 Animator Pro 所做的公司简介或广告等，也可以送入 3ds Max 做贴图处理，呈现美观的立体效果。

(3) 由于 3ds Max 使用普遍，它的.fli 与.flc 文件格式俨然成为计算机动画的标准，与 Microsoft 的.avi 视频文件成为多媒体世界的宠儿，使得各多媒体展示与简报软件纷纷加入这几种文件格式的播放功能，就连其他某些著名的动画软件也加入了这种文件格式。

2. 3ds Max 的组成

3ds Max 有以下 5 个功能模块。

1) 建模(Modeling Object)

3ds Max 的重要特点是有一个集成的建模环境。可以在同一个工作空间完成二维图纸、三维建模及制作动画的全部工作。建模、编辑和动画工具都可以在命令面板和工具栏上找到。3ds Max 是关于 3D 建模、动画和渲染的新的解决方案。该软件能够有效解决由于不断增长的 3D 工作流程的复杂性对数据管理、角色动画及其速度/性能提升的要求，是目前业界帮助客户实现游戏开发、电影和视频制作，以及可视化设计中三维创意的最受欢迎的软件。该软件含有如高级的角色工具、脚本特性和资源管理等工具。

2) 材质设计(Material Design)

3ds Max 在一个浮动的窗口中提供了一个高级材质编辑器，可通过定义表面特征层次来创建真实的材质。表面特征可以是静态材质，在需要特殊效果时也可以产生动画材质。3ds Max 允许进行无限量贴图混合来表现超级真实的材质效果，并可使用 UV Pelt Mapping(UV 贴图工具)，该工具可基于给定的几何表面的 UV 坐标快速地生成精确的贴图。

3) 灯光和相机(Lighting and Camera)

创建各种特性的灯光是为了照亮场景。灯光可产生投射阴影、投影图像，也可以创建大气光源的容积光效果。

创建的相机有着真实相机的控制器，如焦距、景深，还有各种运动控制，如推进、转动、平移。

4) 动画(Animate)

通过单击 Animate 按钮，可以在任意时间使场景产生动画。通过时间的改变及对场景中对象参数的控制即可产生动画。

还可以通过轨迹视图(Track View)控制动画。轨迹视图是一个浮动窗口，可用于编辑关键帧，建立动画控制器或编辑运动曲线。

在角色动画方面，从 3ds Max 开始，采用了全新的 IK 系统，包括了历史无关和历史相关的反向动力学算法和肢体算法，及新增的可视化着色骨骼系统(Volumetric shaded Bones)，可进行精确的蒙皮骨架匹配和预览及变形。

5) 渲染(Rendering)

3ds Max 渲染器的特征包括选择性的光线跟踪、分析性抗锯齿、运动模糊、容积光、环境效果和新加入的动态着色(Active Shade)及渲染元素(Render Elements)。新的功能将提供更方便的交互式渲染控制和更强大的渲染能力。

3ds Max 还支持网络渲染，如果计算机接入网络可将渲染工作分配到多台计算机上。

3. 最新版本的功能与优点

由于 3ds Max 具有良好的三维动画特性，所以它仍是目前市场上热门的多媒体三维动画制作软件之一。目前最新版本为 3ds Max 2013，它具有以下功能与优点。

1) Slate 材质编辑器

使用 Slate 轻松可视化和编辑材质分量关系，这个新的基于节点的编辑器可以大大改进创建和编辑复杂材质网络的工作流程与生产力。直观的结构视图框架能够处理苛刻的制作所需的大量材质。

2) Quicksilver 硬件渲染器

使用 Quicksilver 可更便捷地制作高保真可视化预览、动画和游戏方面的营销资料。Quicksilver 是一种创新的硬件渲染器，可快速制作高品质的图像。这个新的多线程渲染引擎同时使用 CPU 和 GPU，支持 alpha 和 z-缓冲区渲染元素，景深，运动模糊，动态反射，区域、光度学、环境遮断和间接灯光效果及精度自适应阴影贴图，并能以大于屏幕的分辨率进行渲染。

3) Containers 本地编辑

通过能让用户在引用内容之上非破坏性地添加本地编辑层的大大改进的 Containers 工作流程，更高效地进行协作。通过并行工作满足紧张的最后时限要求：在一个用户迭代编辑嵌套的未锁定方面时，另一个用户可以继续精调基本数据。多个用户可以一次修改同一嵌套的不同元素，且防止同时编辑同一个分量。

4) 建模与纹理改进

利用扩展 Graphite 建模和视口画布工具集的新工具，加快建模与纹理制作任务：用于在视口内进行 3D 绘画和纹理编辑的修订工具集，使用对象笔刷进行绘画以在场景内创建几何体的功能，用于编辑 UVW 坐标的新笔刷界面，以及用于扩展边循环的交互式工具。

5) 3ds Max 材质的视口显示

利用在视口中查看大部分 3ds Max 纹理贴图与材质的新功能，在高保真交互式显示环境中开发和精调场景，而无需不断地重新渲染。建模人员和动画设计人员可以在一个更紧密匹配最终输出的环境中做出交互式决定，从而帮助减少错误并改进创造性故事讲述过程。

6) 3ds Max Composite

利用 3ds Max Composite 改进渲染传递并把它们融合到实拍镜头中：基于 Autodesk Toxik 技术的全功能、高性能 HDR 合成器。3ds Max Composite 工具集整合了抠像、校色、摄像机贴图、光栅与矢量绘画、基于样条的变形、运动模糊、景深及支持立体视效制作的工具。

7) 前后关联的直接操纵用户界面

利用新的前后关联的多边形建模工具用户界面，节省建模时间，当用户始终专注于当前的创作任务，该界面可以使用户不必把鼠标从模型移开。建模人员可以交互式地操纵属性，直接在视口中的兴趣点输入数值，并在提交修改之前预览结果。

8) CAT 集成

使用角色动画工具包(CAT)更轻松地制作和管理角色，分层、加载、保存、重新贴图和镜像动画。CAT 现已完全集成在 3ds Max 之中，提供了一个开箱即用的高级搭建和动画系统。通过其便利、灵活的工具集，动画师可以使用 CAT 中的默认设置在更短的时间内取得高质量的结果，或者为更苛刻的角色设置完全自定义骨架，以加入任意形态、嵌入式自定义行为和程序性控制器。

9) Ribbon 自定义

利用可自定义的 Ribbon 布局，最大化可用工作空间，并专注于对专业化工作流程最有意义的功能。创建和存储个性化用户界面配置，包括常用的操作项和宏脚本，并能轻触热键或按钮切换这些配置的显示。

10) 支持多种格式文件导入

支持从多种建模软件所生成的格式文件导入数据，如 Google SketchUp、Autodesk Inventor 等软件。利用新的 FBX 文件链接，接收和管理从 Autodesk Revit Architecture 导入的文件的更新。

11) Autodesk 材质库

从多达 1 200 个材质模板中进行选择，更精确地与其他 Autodesk 软件交换材质。

## 5.5 计算机动画运动控制方法

运动控制方法指的是控制和描述动画形体随时间而运动和变化的运动控制模型。主要方法有运动学方法、物理推导方法、随机方法、自动运动控制方法、刺激－响应方法、行为规则方法等。

### 1. 运动学方法

运动学方法是通过几何变换(旋转、比例、切变、位移)来描述运动的。在运动的生成中并不使用物体的物理性质。运动学的控制包括正向运动学和逆向运动学。正向运动学通过变换矩阵对运动物体进行变换映射来确定点的位置，逆向运动学则是从空间某些特定点所要求的终结效果确定所用几何变换的参数。可见，运动学方法是一种传统的动画技术。

### 2. 物理推导方法

物理推导方法是运用物理定律推导物体的运动。运动是根据物体的质量、惯量作用于物体上的内部和外部的力、力矩及运动环境中其他物理性质来计算的。采用此方法，动画设计者可不必详细规定其运动的细节，采用动力学作为控制技术，并建立一个系统，可实现以最少的用户交互作用产生高度复杂的真实运动，能逼真地模拟自然现象，可自动反映物体对内部和外部环境的约束。

3. 随机方法

随机方法是在造型和运动过程中使用随机扰动的一种方法。它与分维造型、粒子系统等方法相结合，确定不规则的随机体(如云彩、火焰等)的运动和变化。

4. 自动运动控制方法

自动运动控制方法是基于人造角色，使用人工智能、机器人技术，在任务级上设计并用物理定律计算运动。它可用于跟踪实际动作，产生行为动画等。

5. 刺激-响应方法

在运动生成期间，考虑环境的相互影响，建立一个神经控制网络，从对象的传感器接受输入，由神经网络输出激发对象运动。采用此方法，可生成反映人面部表情的愉快与忧愁的运动情况等。

6. 行为规则方法

使用这种方法，从传感器接受输入，由运动的对象感知，使用一组行为规则，确定每步运动要执行的动作。例如，由人控制传感器输入到计算机中，从而实时产生相应的(如唐老鸭)各种动作。

## 5.6 动画语言、动画传输与发展趋势

### 5.6.1 动画语言简介

什么是动画语言？动画语言是用于规定和控制动画的程序设计语言。在动画语言中，运动的概念和过程由抽象数据类型和过程来加以表示。动画形体造型、形体部件的时态关系和运动变量显式地由程序设计语言描述。动画语言适用于算法控制或模拟物理过程的运动，其缺点主要是动画设计者在完成程序设计并绘出整个动画之前，不能看到其设计结果。

基于动画描述模型开发的动画语言主要有以下 3 类。

(1) 线性表语言，即用符号表达的线性表来描述动画功能。线性表语言简单直观，一般提供编码、求精和动画过程，编码任务可通过一种智能的记号编辑器来完成。

(2) 通用语言，在通用程序设计语言中嵌入动画功能是一种常用的方法，语言中变量的值可用作执行动画例程的参数，如 C 语言及 C＋＋中也开发了很多动画语言。

(3) 图形语言，它支持可视的设计方式，以可视化的方式描述、编辑修改动画功能。这种语言能将动画中场景的表示、编辑、表现同时显示在屏幕上。

### 5.6.2 动画的传输

动画的传输主要有两种方式：一是以符号方式表示和传输动画对象及运动命令；二是以位图图像方式表示和传输。前者需传输的数据量少，接收端需花费大量处理时间生成动画；后者需传输的数据量大，接收端重显动画所需处理的工作量较少。

### 5.6.3 计算机动画的发展趋势

自从贝尔实验室于 1963 年制作了第一部计算机动画片以来，计算机动画技术已有了很快

的发展。计算机动画的研究涉及具有人的意识的虚拟角色的集成动画系统。研究内容不仅包含动画描述模型、动画语言、运动控制方法，还包括关键帧的生成技术、三维动画中的物体造型技术、动画的相关技术、动画的生成与绘制技术。总之研究内容涉及多种学科的知识、技术和方法，如动画、力学、机器人技术、生物学、心理学和人工智能等。研究计算机动画所要实现的目标：能自动产生计算机生成的虚拟角色——人的自然行为；提高计算机动画运动的复杂性和真实性；应减少运动描述的复杂性，特别是在任务级上进行运动的描述，从而解决制作复杂动画的很多难题。在不久的将来导演可在视频屏幕前，使用不同的命令来导演虚拟角色、灯光、舞台布置和摄像机。如果这一切能实时完成(前提为计算机硬件性能大大提高，数据存储设备能提供足够的速度和容量，软件所能实现的效果不至于受计算机时间和空间的影响，且人们对人脑和人类行为的认识基本达到了一定的程度)时，那将像是在虚拟世界里导演一部真实的影片。把计算机动画、多媒体、人工智能等多种技术相结合将会完善虚拟环境技术，即动画技术的发展，会促进虚拟现实的进一步完善，实现智能的人机交互界面，从而真正地实现虚拟环境系统。可以预见，不久的将来，虚拟现实能对人类的生活产生重大的影响。

## 5.7 Flash Professional 动画制作

如前所述，Flash Professional 是美国 Macromedia 公司(现被 Adobe 收购)出品的矢量图形编辑和动画创作的软件，它与该公司推出的 Dreamweaver (网页设计)和 Fireworks (图像处理)组成了网页制作的“三剑客”，而 Flash 则被誉为“闪客”。

Flash Professional 动画是由时间发展为先后顺序排列的一系列编辑帧组成的，在编辑过程中，除了传统的“帧-帧”动画变形以外，还支持了过渡变形技术，包括移动变形和形状变形。“过渡变形”方法只需制作出动画序列中的第一帧和最后一帧 (关键帧)，中间的过渡帧可通过 Flash 计算自动生成。这样不但大大减少动画制作的工作量，缩减动画文件的尺寸，而且过渡效果非常平滑。对帧序列中的关键帧的制作，产生不同的动画和交互效果。播放时也是以时间线上的帧序列为顺序依次进行的。

Flash Professional 动画与其他电影的一个基本区别是具有交互性。交互是通过使用键盘、鼠标等工具，可以在作品各个部分跳转，使受众参与其中。从制作的角度说，Flash Professional 简单易学，用户可以很轻松地掌握 Flash，并制作出效果非凡的 Flash 动画。

### 5.7.1 Flash Professional 的启动与用户界面

#### 1. Flash Professional CS5 的启动

选择“开始”→“程序”→“Adobe Flash Professional CS5”选项，出现欢迎界面。

#### 2. Flash Professional CS5 的用户界面

启动 Flash Professional CS5 后，打开如图 5.13 所示的工作界面，熟悉该工作界面的构成是正确使用 Flash Professional 的基础。

1) 菜单栏

菜单栏包含除绘图命令以外的绝大多数 Flash 命令。可依次选择“文件”、“编辑”、“查看”等菜单，了解各主菜单包含的子菜单。

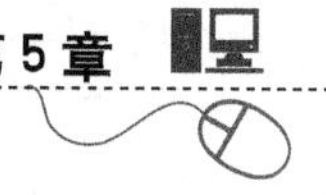

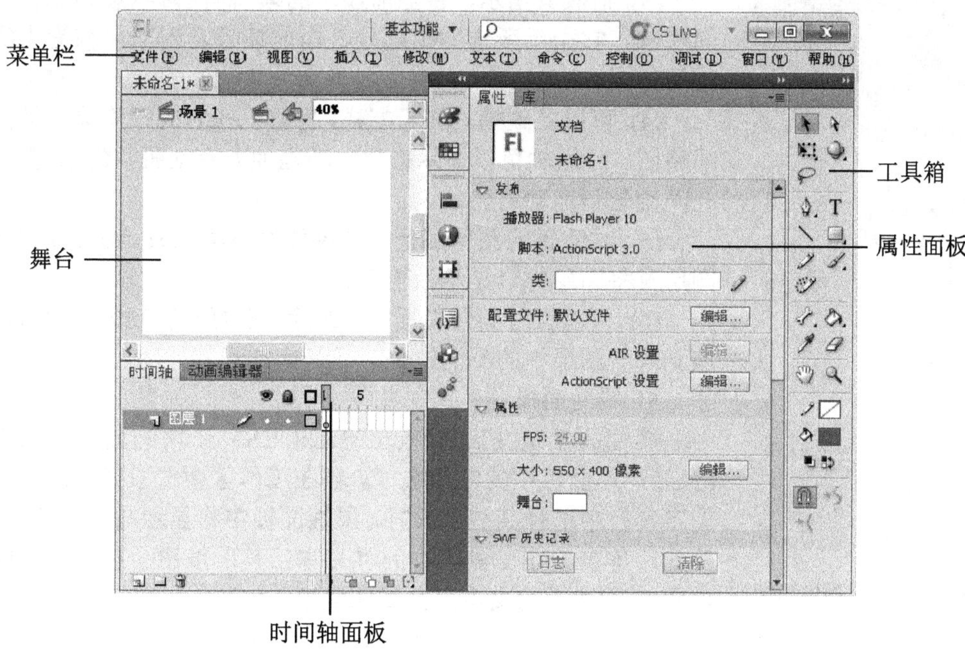


图 5.13　Flash Professional CS5 的工作界面

2) 工具箱

工具箱包含用于创建、放置和修改文本与图形的工具。它位于窗口的左侧，可以使用鼠标将其拖至窗口的任意位置。

3) 浮动面板

浮动面板是指可以在窗口任意位置移动的面板。Flash Professional CS5 中除了工作区域，其他的内容都作为浮动面板。该版本对某些面板进行了改进(如时间轴面板、调色板面板)，并且新增了一些面板(如属性面板、组件面板、组件选项面板等)。

4) 时间轴面板

时间轴用于组织和控制影片内容在一定时间内播放的层数和帧数。时间轴面板位于标准工具栏下方，如图 5.14 所示。选择“窗口”→“时间轴”选项，可打开或关闭时间轴面板。

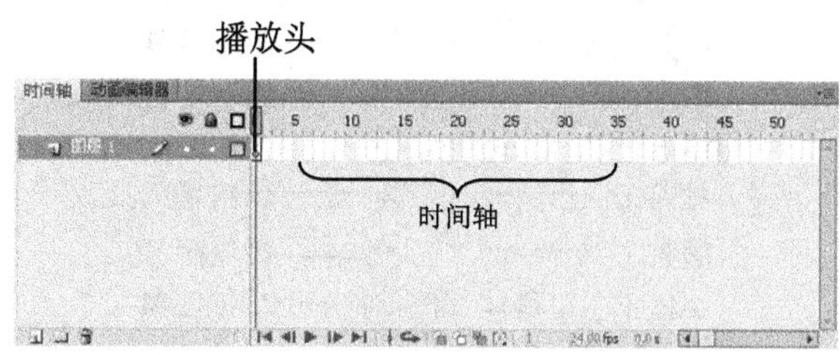


图 5.14　时间轴面板

时间轴的各组成部分如下。

(1) 时间轴的主要组件是图层和帧。与胶片一样，Flash 影片也将时长分为帧。图层就像层叠在一起的幻灯胶片一样，每个图层都包含一个显示在舞台中的不同图像。

(2) 文档中的图层显示在时间轴左侧的列中。每个图层中包含的帧显示在该图层名右侧的一行中。时间轴顶部的时间轴标题显示帧编号。

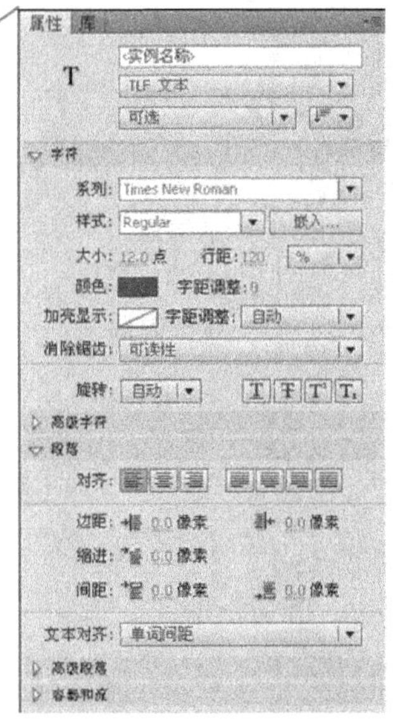


图 5.15 文本工具属性面板

(3) 播放头指示舞台当前显示的帧，时间轴状态显示在时间轴的底部，它指示所选的帧编号、当前帧频及到当前帧为止的运行时间。

(4) 可以更改帧的显示方式，也可以在时间轴中显示帧内容的缩略图。时间轴可以显示影片中哪些地方有动画，包括逐帧动画、补间动画和运动路径。

(5) 时间轴的图层部分中的控件可以隐藏或显示、锁定或解锁图层及将图层内容显示为轮廓。

(6) 可以在时间轴中插入、删除、选择和移动帧。也可以将帧拖到同一图层中的不同位置，或是拖到不同的图层中。

5) 属性面板

属性面板是 Flash Professional CS5 新增的面板，它集成了 Flash 浮动面板中的常用选项。当在工作区中选取某一对象或在绘图工具栏中选择某些工具时，属性面板中将显示与它对应的属性。例如，单击绘图工具栏中的“文本工具”按钮，屏幕下方即显示如图 5.15 所示的文本工具属性面板。

6) 舞台

舞台是创作影片中各个帧的内容的区域，用户可以在其中自由地绘图，也可以在其中安排导入的插图，编辑和显示动画，并配合控制工具栏的按钮演示动画。

### 5.7.2 利用工具箱中的工具画图

Flash Professional 的工具箱包含许多工具按钮，如图 5.16 所示。工具箱由工具、查看、颜色和选项 4 个区域组成，其中的选项区用于显示工具所包含的功能键选项，当用户选择不同的工具时，选项区中就会出现与之相应的功能键。可分别选择下列工具，在舞台中绘制简单图形，验证其功能。

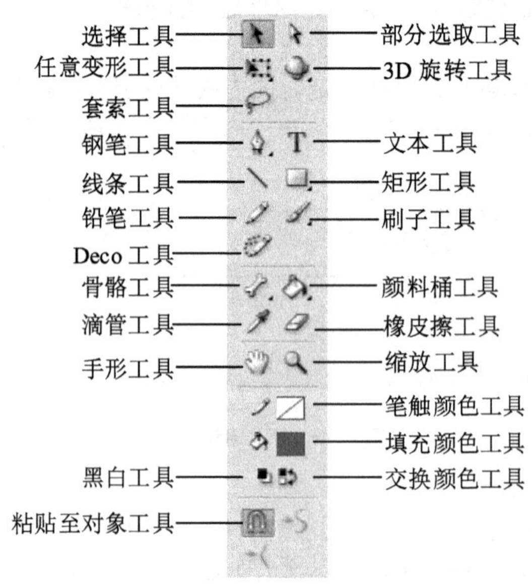


图 5.16 Flash Professional CS5 工具箱面板

### 1. 画椭圆和矩形

(1) 选择椭圆工具，在舞台中拖放鼠标绘制椭圆。若按住 Shift 键拖动鼠标则绘制正圆。

(2) 选择矩形工具，拖放鼠标绘制矩形。若按住 Shift 键拖动鼠标则绘制正方形。

### 2. 画线

利用线条工具、铅笔工具和钢笔工具可绘制各种线条。

(1) 选择线条工具，在舞台中拖放鼠标可绘制直线。若按住 Shift 键拖动鼠标则绘制垂直、水平直线或 45°斜线。

(2) 选择铅笔工具，可以画直线或曲线。

(3) 选择钢笔工具，可以绘制连续线条与贝塞尔曲线，且绘制后还可以配合部分选取工具来加以修改。用钢笔工具绘制的不规则图形，可以选择在任何时候重新调整。

要调整所画的图形，可选择图 5.16 中的“选择工具”。单击选择工具，在工具箱的选项部分，可根据情况在工具箱部分选择“贴紧至对象”、“平滑”(对直线和形状进行平滑处理)和“伸直”(对直线和形状进行平直处理)。

### 3. 选择图形并移动

利用工具箱中的部分选择工具、套索工具可选择已画好的图形对象或拖放鼠标使其移动。

(1) 选择部分选取工具，用拖放鼠标的方法绘制一个矩形，选中圆(或正方形)对象后，将显示出一条带有节点(小方块或圆)的绿色线条。若单击套索工具可以选择不规则区域。该工具的选项栏显示“魔术棒”和“多边形模式”两项，使用魔术棒可根据颜色选择对象的不规则区域，使用多边形模式可选择多边形区域。

(2) 拖动鼠标将选中的图形移到需要的位置。

### 4. 图形的填充

用于图形填充的工具主要有填充变形工具、墨水瓶工具和颜料桶工具。

填充变形工具可对有渐变色填充的对象进行操作，改变图形对象中的渐变色的方向、深度和中心位置等。

(1) 选择椭圆工具和填充颜色工具，打开颜色选择框。

(2) 选择颜色选择框的底部左起的第四个渐变色。

(3) 在舞台绘制一个有渐变色的圆。

(4) 选择填充变形工具，再单击上述有渐变色的圆，该圆被选中，并显示圆和正方形等标记。

(5) 对选取的圆进行相关操作。

墨水瓶工具可用来更改线条的颜色和样式。

颜料桶工具可用来更改填充区域的颜色，操作步骤如下。

(1) 选择颜料桶工具，它的选项栏显示“空隙大小”和“锁定填充”两项。空隙大小决定如何处理未完全封闭的轮廓，锁定填充决定 Flash 填充渐变的方式。

(2) 选择空隙大小和填充颜色，单击圆或椭圆，改变填充颜色。

(3) 单击锁定填充按钮，再选择一种填充颜色，依次单击圆和正方形，改变其填充颜色。

### 5. 图形的擦除

使用橡皮擦工具可以完整或部分地擦除线条、填充及形状。

### 5.7.3 简单动画的制作

Flash 动画只包含两种基本的动画制作方式，即补间动画和逐帧动画。Flash 生成的动画文件的扩展名默认为.fla 和.swf。前者只能在 Flash 环境中运行，后者可以脱离 Flash 环境独立运行。

#### 1. 补间动画

补间动画可用于创建随时间移动或更改的动画，如对象大小、形状、颜色、位置的变化等。在补间动画中，用户只需创建起始和结束两个关键帧，而中间的帧则由 Flash 通过计算自动生成。由于补间动画只保存帧之间更改的值，因此可以有效地减小生成文件的大小。

补间动画分为补间动作动画和补间形状动画两种，其区别如下。

(1) 补间动作动画。在改变一个实例、组或文本块的位置、大小和旋转等属性时，可使用补间动作动画。使用补间动作动画还可以创建沿路径运动的动画。

(2) 补间形状动画。在改变一个矢量图形的形状、颜色、位置，或使一个矢量图形变为另一个矢量图形时，可使用补间形状动画。

#### 2. 逐帧动画

逐帧动画是一种传统的动画形式，在逐帧动画中用户需要设置舞台中每一帧的内容。由于逐帧动画中 Flash 要保存每个帧上的内容，因此采用逐帧动画方式的文件通常要比采用补间动画的文件大。

逐帧动画模拟传统卡通片的逐帧绘制方法，不仅费时，而且要求用户具有较高的绘图能力。补间动画则不然，由于所有中间帧均由工具自动完成，使不会绘画的用户也可轻松地制作出形状和色彩逐渐变化、移动速度快慢随意的动画，动画文件的容量也较逐帧动画小得多，因而更适合于绘画水平不高的初学者使用。

**【例 5.1】** 利用 Flash Professional CS5 创建一个简单动画，显示一个圆变为矩形的过程。

操作步骤如下。

(1) 运行 Flash Professional CS5。选择“开始”→“程序”→“Adobe Professional CS5”选项，打开其运行界面。

(2) 在时间轴的第 1 帧处，选择工具箱中的椭圆工具，并在填充色中选择绿色渐变色；在场景 1 的舞台中央画出一个圆，显示界面如图 5.17 所示。

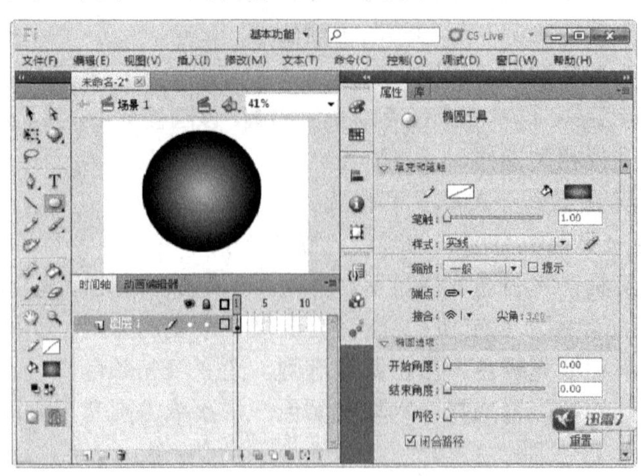

**图 5.17 在场景 1 的舞台中央画一个圆**

(3) 在第 30 帧处右击，在弹出的快捷菜单中选择“插入空白关键帧”选项；选择工具箱中的矩形工具，并在填充色中选择红色渐变色；在场景 1 的舞台中央画出一个矩形。

(4) 在第 1 帧处右击，在弹出的快捷菜单中选择“创建补间形状”选项，如图 5.18 所示。

(5) 按 Enter 键，查看动画效果。

(6) 选择“文件”→“保存”选项，打开“另存为”对话框，在“文件名”文本框中输入“animitor1”，“保存位置”为“C:\”，单击“保存”按钮。

【例 5.2】 利用 Flash Professional CS5 创建一个简单运动动画，显示一只小鸡从树下走向小屋的过程，如图 5.19 所示。

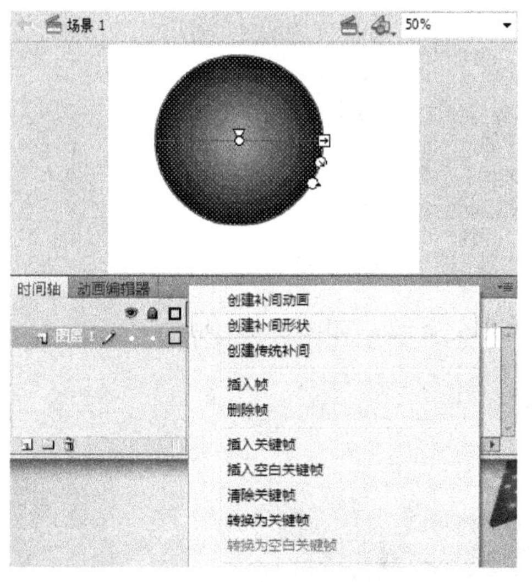

图 5.18 设置属性面板中的值

图 5.19 运动动画

操作步骤如下。

(1) 运行 Flash Professional CS5，选择“修改”→“文档”选项，打开“文档属性”对话框，设定动画的大小为 500px×300px，单击“确定”按钮。

(2) 选择“文件”→“导入”→“导入到舞台”选项，导入文件：背景 1.jpg。

(3) 在时间轴窗口的第 1 帧处，选择工具箱中的任意变形工具，将导入图片调整到与舞台同等大小。

(4) 在图层 1 的第 50 帧处右击，在弹出的快捷菜单中选择“插入帧”选项，使图片在动画的全过程中一直显示。

(5) 单击时间轴面板中的插入图层按钮，创建图层 2。

(6) 选中图层 2 中的第 1 帧，选择“文件”→“导入”→“导入到舞台”选项，导入文件：公鸡 1.bmp。

(7) 选择任意变形工具，将导入图片调整到合适的大小。

(8) 选择“修改”→“分离”选项，将图片打散。

(9) 选择工具箱中的套索工具，在其选项栏中选择魔术棒工具，单击公鸡图片的背景，然后按 Delete 键将打散后图片的白色背景去掉。

(10) 选择“修改”→“转换为元件”选项，打开“转换为元件”对话框，将处理好的图片转换为一个“图形”类型的符号，如图 5.20 所示，单击“确定”按钮。

图 5.20 把图片转换为一个“图形”类型的符号

(11) 在图层 2 的第 1 帧处将小鸡移到舞台外围的左下部，如图 5.21 所示。

图 5.21 制作图层 2 的第 1 帧

(12) 在图层 2 的第 50 帧处右击，在弹出的快捷菜单中选择“插入关键帧”选项，插入一个关键帧。在 50 帧处将小鸡移到小屋处。

(13) 在图层 2 时间轴面板中的第 1 帧处右击，在弹出的快捷菜单中选择“动作”选项。按 Enter 键，查看动画效果。

(14) 选择“文件”→“保存”选项，以文件名 animitor3 保存到“C:\”处。

## 5.8 小 结

动画技术自 20 世纪 60 年代问世以来，已经有了飞速的发展。计算机动画的应用已渗透到社会的许多方面。本章首先介绍了动画的基本概念及各种动画的分类，详细地介绍了计算机动画的生成，二维动画、三维动画一般的制作步骤等。然后，对计算机动画的运动控制方法、动画语言和动画的传输方式等做了一般性的介绍，目的是让读者对计算机动画的众多方面能有所了解。本章的最后，详细介绍了如何创作 Flash 动画。希望读者通过学习本章，既能了解计算机动画的一般知识，又能学会简单动画的创作方法。

## 5.9 习 题

1. 填空题

(1) 我们所看到的动画，实际上是由若干幅静止图片所组成的。之所以能有动的感觉，主要是由人类的________生理现象所致。

(2) 计算机动画若按运动控制方式来分，有________、________和基于物理的动画。

(3) 运动控制方法指的是________的运动控制模型。

(4) 基于动画描述模型开发的动画语言主要有 3 类，它们是线性表语言、________、________。

(5) Flash 生成的动画文件的扩展名默认为.fla 和.swf。它们的区别是________。

(6) 在 Flash 中制作动画的方法分为两种：________和________。

2. 选择题

(1) 计算机动画的生成过程一般包括许多步骤，下列不是计算机动画生成所必需的步骤是____。

A．关键帧与背景的绘制　　B．预演与编辑

C．动画输出　　D．配音

(2) 计算机动画有二维动画与三维动画之分。下列有关二维动画与三维动画的叙述中不正确的是____。

A．二维动画比三维动画制作简单

B．二维动画比三维动画所需存储空间小

C．三维动画制作的时间比二维动画要长

D．三维动画制作者必须是计算机专业人员

(3) 下列不是 Flash 动画输出格式的是____。

A．.fla　　B．.gif　　C．.doc　　D．.html

(4) 动画的传输主要有两种方式：其一，以符号方式表示和传输动画对象及运动命令；其二，以位图图像方式表示和传输。下列说法中正确的是____。

A．前者需传输的数据量少，后者需传输的数据量大

B．前者需传输的数据量大，后者需传输的数据量小

C．前者接收端重显动画所需处理的工作量较大

D．前者接收端显示的图像质量不如后者

(5) 矢量图形和动画有许多优点，下列不是其优点的是____。

A．只用少量的数据就可以描述一个复杂的对象

B．图形任意地缩放而不会变形

C．显示图形简单

D．便于网络传输

3. 判断题

(1) 计算机动画是由若干幅静止画面所组成的。 (　　)

(2) 图像显示的是否流畅，与动画本身无关，只与显示器性能有关。 (　　)

(3) Flash Professional 是一种用于制作三维动画的软件。 (　　)

(4) Flash 动画包含有补间动画和逐帧动画两种基本的动画制作方式。 (　　)

(5) Flash 生成的动画文件的默认扩展名为.fla，它可以脱离 Flash 环境独立运行。 (　　)

4. 简答题

(1) 什么是动画？什么是计算机动画？

(2) 用计算机实现的动画最常见的可分为哪几类？

(3) 什么是二维动画？二维动画如何实现？

(4) 简述制作计算机动画的一般过程。

(5) 什么是动画语言？动画语言有哪几种类型？

(6) 计算机动画的传输有哪几种方式？各有何特点？

(7) 计算机动画和视频图像有何区别？

# 第6章 多媒体信息的组织与管理

## 教学提示

➢ 信息及数据的组织和管理是信息系统的核心问题之一。多媒体信息具有信息多样、数据量大、内容复杂且难以描述等特点。如何对多媒体信息进行有效的管理是多媒体技术中的一项重要内容。多媒体数据管理既可以通过文件管理、超文本/超媒体等方式进行，也可以通过面向对象数据库和多媒体数据库方式进行。研究并制定多媒体信息基于内容的表示方法是实现基于内容的多媒体信息处理的前提。基于内容的多媒体数据表示是目前研究的重点和难点，虽然制定了多媒体信息描述的框架，但还没有实用的、统一的技术标准。面向对象数据库和多媒体数据库从不同的技术角度探索了对多媒体信息进行集成管理的方法，但技术上还有许多没有解决的问题，距离完善的实用阶段还有相当的差距。

## 教学目标

➢ 通过本章的学习，要求掌握超文本和超媒体的基本概念、主要特性和体系结构，以及超文本和超媒体的组成要素，理解超文本和超媒体的应用及研究的问题，能利用超文本标注语言对多媒体信息进行组织与管理，了解多媒体数据库及基本内容检索的基本内容及应用。

## 6.1 多媒体数据与数据管理

随着扫描仪、数码照相机、数码摄像机、数码音频录放等多媒体采集设备的不断普及，特别是 Internet 上图片、声音、视频等多媒体信息的大量涌现，如何对多媒体信息进行有效的组织与管理是目前多媒体信息处理中一个十分重要的问题。

### 6.1.1 多媒体数据的特点

多媒体信息与传统的纯文本信息具有本质的不同，它具有数据量大、信息多样化、内容难以描述等特点。我们所熟悉的多媒体数据包含了文本、图形、图像、音频、视频、动画等多种不同的媒体信息。在这些信息中，有些信息的编码方式是固定的，如文本，它的基本特点是不同信息符号的编码事先已经定义，如针对英文及符号的 ASCII 编码集，针对简体汉字的 GB 2312 字符编码集等。不同的文字在组成一段文本信息时，其内部的编码已经确定，被称为是格式化的信息。对于格式化的信息，由于每个信息符号的编码都是确定的，所以对这些信息的检索可由计算机按照统一的检索算法进行处理，较少需要用户考虑信息的内部组织方式及展示方式。

相对于文本这种最常见的、最简单的信息，多媒体中包含的其他类型的数据都是非格式化的数据，且具有以下的特点。

(1) 多媒体数据种类多、信息量巨大(量的差距也很大)，处理时间长，尤其是音、视频数据。

(2) 多媒体数据大都经过多个压缩编码算法的处理，多数处理过程中还使用了有失真的压缩方法，而且信息还原过程需要由相应解码算法的支持。多媒体压缩编码算法种类繁多，并处于快速发展过程中，不同时期的压缩算法可能存在版本控制问题。

(3) 多媒体信息分布具有分散性。现行的多媒体数据压缩编码方案一般只考虑消除信息中存在的冗余度，而不考虑这些信息向人们所传达的内容及代表的真实意义，如一段视频中常包含多个视频片段。而基于内容的、统一的多媒体信息描述方法是一个研究前沿的问题，许多问题尚未完全解决，所以对多媒体信息进行有效组织和检索比较困难，如图形、图像和视频节目中基于内容的检索等。

(4) 多媒体数据包含的信息具有复合性和时序性，重现过程可能会有服务质量(QoS)的要求。例如，视频数据中一般都包含有音频信息，有些视频中甚至还包含有字幕等信息，在播放时对时延要求较高，而且需要字幕、音频、视频的同步。

多媒体数据的以上特点使得这些数据的管理面临着十分复杂的技术要求。如何高效地对多媒体数据进行管理，以及如何实现基于内容的管理，是多媒体数据库技术研究的核心问题之一。

### 6.1.2 多媒体数据的管理技术

随着多媒体技术的发展，数码照相机、数码摄像机、计算机动画、CD 音乐、MP3 音乐等各种各样的多媒体产品和信息也越来越多，每天新产生的多媒体信息量急剧增加。与此同时，如何对越来越多的多媒体数据进行有效管理是摆在人们面前的紧迫任务。

多媒体数据的管理就是对多媒体资料进行存储、编辑、检索和展示等。随着多媒体数据的管理方式和技术的不断发展，目前对计算机多媒体信息的管理主要有文件系统管理方式、扩充关系数据库方式、面向对象的数据库方式和超文本(超媒体)管理方式等。

1. 文件系统管理方式

文件系统管理方式是计算机对软、硬件资源统一管理的传统方式。从外部存储器出现以后，计算机对信息的管理方式主要是使用文件系统管理方式。与其他进入计算机的信息一样，多媒体数据必须以二进制文件的形式存储在计算机上，所以可以用各种操作系统的文件管理功能实现对多媒体数据的存储管理。

根据不同媒体信息产生方式的不同，多媒体数据的文件格式很多，常见的多媒体数据文件格式有以下几种。

(1) 文本文件：TXT、WRI、DOC、PPT、RTF 等。

(2) 音频文件：VOC、WAV、DAT(CD)、MID、MP3、WMA、AIFF、AU 等。

(3) 视频文件：AVI、DAT(MPEG)、ASF、WMV、RM、RMVB、MOV、FLC、FLI、FLX、MP4 等。

(4) 矢量图形文件：DRW、PIC、WMF、WPG、CGM、CLP、DXF、HGL 等。

(5) 图像文件：PCX、BMP、TIF、JPG(JPEG)、GIF、IMG、DIB、PNG、ICO、PSD、EPS、MAC、TGA 等。

(6) 数据库文件：DBF 等。

在目前流行的 Windows 操作系统中，利用资源管理器不仅能实现文件查询、删除、复制等存储管理功能，而且可以通过文件属性的关联，当用户双击鼠标时就能实现有些图文资料的编辑、显示或播放等。同时，为便于用户管理和浏览多媒体数据，近年来出现了很多图形、图像的浏览软件，如广泛流行的图像浏览编辑软件 ACDSee 等。这些工具软件不仅可浏览绝大部分格式的图形图像文件(如 BMP、GIF、JPEG、PCX、Photo-CD、PNG、TGA、TIFF、WMF 等)，而且提供了常用的图形图像编辑功能，如调整图像、选取图像、复制图像、转换图像的格式等功能。

操作系统以树型目录的层次结构实现对文件的分类管理。它具有层次分明、结构性好等优点，尤其是随着软件技术的发展，在 Windows 2000 以上版本的操作系统中，提供了对主流格式(并非所有格式)多媒体文件的“缩略图”和预览方式，用户可在选取而不是打开这些文件的时候，预览音频、视频、图形和图像文件。利用文件系统管理方式的关键是建立合理的目录结构以便于多媒体数据文件的管理。

尽管文件系统的管理方式对文件的存储管理比较简单，但当多媒体数据文件的数量和种类过多时，浏览和查询的速度将大大降低，而且由于可以预览的文件格式受限制，某些格式的多媒体文件将不能通过“预览”实现展示与播放。所以，文件系统的管理方式一般仅适用于小的项目管理或较特殊的数据对象，所表示的对象及相互之间的逻辑关系比较简单，如管理单一媒体信息(如图片、动画等)。

2. 扩充关系数据库的方式

数据库技术可以实现将多种不同属性的数据置于同一个数据库文件中进行统一的管理，具有文件系统管理方式不可比拟的优越性，但传统的关系型数据库只能处理数字、文字、日期、逻辑数据等传统的文本数据，不能对音频、视频和图形图像数据进行统一管理。那么如何利用现有的数据库系统、通过改进技术实现对多媒体数据的统一管理呢？可以设想，如果在原有的关系数据库基础上增加对多媒体的有关数据类型的支持，原有的数据库系统就可以实现对相应多媒体类型数据的存储和统一管理。

但设想与实现之间往往存在着一定的差距。关系数据库系统是在严格的关系模型基础上建立起来的，它描述的是各属性之间及各元组间的内在的、本质的关系。但多媒体数据所表达的内在含义目前还没有一个标准的、通用的描述方法，利用关系数据库的管理方式，简单的逻辑关系无法表达复杂的多媒体信息。可以说多媒体数据的丰富内含已远远超出了关系模型的表示能力。所以在多媒体信息描述技术方面如果没有大的突破，利用关系数据库技术来对多媒体信息进行妥善的处理就存在着很多困难。在现阶段比较可行的方案是对原有系统进行一些扩充，使其支持声音、图像等相对简单的多媒体数据。目前全球大型的数据库公司都已将原有的关系数据库产品中引入新的数据类型，以便存储多媒体对象字段，如图像、声音等，使之在一定程度上能支持多媒体的应用，如 Oracle、DB2、SYBASE、VFP、INFORMIX 等。使用关系数据库对多媒体数据进行存储和管理的方法如下。

(1) 用专用字段存放全部多媒体文件，实现将多个多媒体数据文件的集中存放与管理。

(2) 将多媒体数据分段存放在不同字段中，播放时再重新构建。

(3) 将文件系统与数据库系统管理方式结合起来，多媒体资料以文件系统方式存放，用关系数据库存放媒体类型、应用程序名、媒体属性、关键词等，以便用数据库方式对多媒体数据进行查询。

### 3. 面向对象数据库的方式

20 世纪 80 年代后期，出现了面向对象的数据库管理系统。面向对象数据库是指对象的集合、对象的行为、状态和联系是以面向对象的数据模型来定义的。面向对象的数据库技术将面向对象的程序设计语言和数据库技术相结合，是多媒体数据库研究的主要方向。面向对象技术为新一代数据库应用所需的数据模型提供了基础，它通过类、对象、封装、继承和多态的概念和方法来描述复杂的对象，可以清楚地表示各种对象及其内部结构和联系。

面向对象的数据库方式的优点如下。

(1) 多媒体数据的复杂内含可以抽象为被类型链连接在一起的节点网络，它可以用面向对象方法所描述，面向对象数据库的复杂对象管理能力正好对处理非格式多媒体数据适用。

(2) 面向对象数据库可根据对象标识符的导航功能，实现对多媒体数据的存取，有利于对相关信息的快速存取。

(3) 面向对象的编程方法为高效能软件开发提供了技术支持。

尽管面向对象的数据库方式具有很多优点，但由于面向对象概念在应用领域中尚未有统一的标准，使得面向对象数据库直接管理多媒体数据尚未达到实用水平。

### 4. 超文本或超媒体的方式

超文本技术是一种对文本的非线性阅读技术。它将文本信息以节点表示，并将各个节点以其内在的联系(称为链)进行连接，从而构成一个非线性网状结构。这种非线性网状结构可以按照人脑的联想思维方式把相关信息联系起来，供读者浏览。在超文本系统中引入了多媒体后，即节点的内容可以是多媒体元素时，超文本就成了超媒体。超媒体方式以超文本的思想来实现对多媒体数据的存储、管理和检索。超媒体系统中的一个节点可以是文本、图形、图像、音频、视频、动画，也可以是一段程序，其大小可以不受限制，通过链的指示提供了各节点之间信息的浏览与查询功能。目前 Internet 上的 Web 页基本上都是按照超媒体的思想来

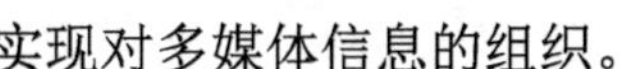

实现对多媒体信息的组织。

超文本或超媒体应用系统可以使用高级语言进行编程开发，也可以用支持超文本功能的工具软件来实现。目前可用于实现超文本或超媒体的软件很多，如HTML(超文本标记语言)、Microsoft Office组件中的链接与嵌入对象技术等都可以实现超媒体的功能。超文本或超媒体技术的特点决定了它适合面向浏览的应用，所以特别适用于Web页、多媒体课件、电子出版物等，但不适用于大量多媒体数据管理。

5. 综合的多媒体数据管理模式

多媒体数据管理的不同方法各有优缺点，它们分别适应于不同的应用。如果将不同的方法进行有效的组合，充分发挥每一种方法的优势，将会提高对多媒体数据管理的效率。目前在综合的多媒体数据模式下，常用的方法有两种。

(1) 文件系统管理与关系数据库管理相结合。实现的主要方法是将多媒体资料以文件系统的方式存储在计算机中，用关系数据库中的字段存储多媒体数据的类型、应用程序名、媒体属性和关键词等，从而实现了多媒体数据存储与查询功能的结合。这种方式实现起来比较简单，所以在目前多媒体资料管理系统中用的较多。

(2) 用面向对象的概念扩充关系数据库。传统关系型数据库系统中不支持多媒体数据类型及相应的操作，使用面向对象技术对关系数据库的基本关系类型进行扩充，使其支持复杂对象及相关操作，就可以利用关系数据库的优势实现对多媒体数据的管理。

## 6.2 超文本与超媒体

超文本与超媒体技术是面向浏览的多媒体组织方式。利用超文本与超媒体技术可以对多媒体数据进行有效的组织，并构建出广泛应用于互联网的多媒体应用系统。本节主要介绍超文本与超媒体的基本概念、主要成分、应用与发展等相关内容。

### 6.2.1 超文本与超媒体的概念

一个超文本和超媒体系统可以看成由节点(Node)和链(Link)构成的信息关系网络。超文本是相对于文本而言的一种信息组织方式。文本是人们熟知的以文字和字符表示信息的一种方法。其特点是在阅读和学习时，通常是逐字、逐行、逐页按顺序阅读，文本信息的文件组织方式采用线性和顺序的结构形式。文本方式对文本信息的组织是可行的，因为文本本身就是由文字、符号等组成的格式化数据，而对图形、图像、音频等非格式化的多媒体数据来说，纯文本方式难以适应对多媒体数据管理的要求。

1. 超文本的发展历史

1945年，科学家Vannevar Bush(1890—1974)在其论文中提出了信息超载问题，预言了文本存在一种非线性结构，提出了采用交叉索引链接来解决这个问题。并在他设计的一种名为“Memex”的系统中首先描述了这一概念，利用这一系统实现了对微缩胶片的管理和检索。虽然他没有明确使用“超文本”一词，但目前公认为他是超文本技术的创始人。

1965年，Ted Nelson创造了“超文本(Hypertext)”一词，命名这种非线性网状文本为超文本，而且在计算机上实现这个想法，并在“Xanadu”计划中，尝试使用超文本方法把分布在不同地域计算机上的文献资源进行联机。

超文本从 1945 年的初步设想，到 20 世纪 60 年代正式产生，20 世纪 70 年代有较大发展，20 世纪 80 年代开始用于实际并得到快速发展。1987 年 11 月，在美国北卡罗来纳大学召开了 ACM 超文本会议；1989 年在英国约克郡举行了第一次公开的超文本会议；1990 年在法国举行了第一届欧洲超文本会议；1989 年，第一本专门的超文本科学杂志 *Hypermedia* 正式出版发行。所有这些学术活动及其相关研究，都对超文本技术的发展起到了重要的推动作用。

2. 超文本的相关概念

(1) 超文本：由节点和表示节点之间关系的链组成的非线性网状结构。

(2) 节点：按文本信息内部固有独立性和相关性划分成的不同的基本信息块。具体到应用中，每一个节点可以是某一大小的文本块，如卷、文件、帧或更小的信息单位。

(3) 链：用来表示节点之间的逻辑关系，并用来连接各节点。通常情况下，链的个数是不固定的，它依赖于每个节点的内容。有些节点与许多节点相连，而有的节点可能只有一个链与目标节点相连。

文本与超文本的结构如图 6.1 所示。

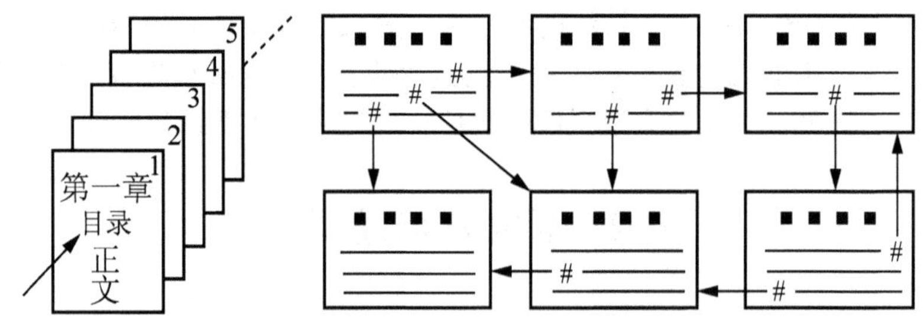


**图 6.1 文本结构与超文本结构**

(4) 超媒体：指引入多媒体信息的超文本系统，即超媒体＝超文本＋多媒体。

3. 超文本的主要成分

超文本主要是由节点和表示节点之间关系的链构成的信息网络。其主要成分是节点和链。在实际应用中，节点除了可以表示具体的某种实际信息外，还可用于存储节点的组织方式和推理类型。节点按其表示信息的成分不同可划分为以下几种。

1) 节点

用于表示媒体信息的节点有如下。

(1) 文本节点：由文本或片段组成。

(2) 图形节点：由矢量图或其一部分组成。

(3) 图像节点：由扫描仪或摄像机等输入的静态图像及其性质构成。

(4) 声音节点：一段录制或合成的声音。

(5) 视频节点：由视频信息组成。

(6) 混合媒体节点：上述 5 种节点的某种组合。

(7) 按钮节点：用于执行某一过程，并获取其执行的结果。

用于表示组织和推理类型的节点如下。

(1) 索引节点：由单个索引项组成，用以表示某种索引的方法。

(2) 索引文本节点：由指向索引节点的链组成。

(3) 对象节点：用来描述对象，用以表示知识的某种结构。

(4) 规则节点：用于存放规则，指明符合规则的对象、判断规则是否被引用及规则的解释说明等。

2) 链

链可用来表达不同节点之间的关系而用于导航与检索，也可用于处理超媒体节点和链之间的组织关系和推理规则。根据链的用途，可将链细分为以下 10 种。

(1) 基本链：表示节点的基本顺序。

(2) 移动链：表示从一个节点到另一个相关节点，即导航。

(3) 缩放链：扩大/缩小当前节点的显示。

(4) 全景链：返回超文本系统的高层。

(5) 视图链：隐藏性的，常被用来实现可靠性和安全性。

(6) 索引链：用于实现节点中的“点”和“域”之间的连接。

(7) Is-a 链：用来组织节点。

(8) Has-a 链：描述节点的性质。

(9) 蕴涵链：等价于规则。

(10) 执行链：即按钮，触发执行链引起执行一段代码。

前 5 种用于导航和检索信息，后 5 种用于超媒体节点和链的组织和推理。

3) 热标

热标(Hotspot)是确定信息关联的链源，由它将引起向相关内容的转移。很显然，不同的媒体应有不同形式的热标。根据媒体种类的不同，热标的形式一般有以下几种。

(1) 热字。热字(Hot-word)是文本中被指定具有特殊含义或需进一步解释的字、词或词组。通常，斜体加底线的词都是热字，触发这些词将会按照设计者的安排出现相应的进一步的解释，或出现更形象的演示，或转移到另外相关内容显示。

(2) 热区。热区(Hot-area)是在所显示的图像或类似于图像的显示区上指明的一个敏感区域，作为触发转移的源点。在一幅图像上的不同区域可以有不同的信息表现。例如，一幅人体图像中的不同区域可以设置成不同的热区，当触发这些热区时，系统就会按设定好的方法进行表现，介绍该人体部位的详细情况和细节。热区的设定不同于热字，由于图像十分直观但不便于用语言或文字描述，所以一般都采用所见即所得的方式在图中直接指定热区。

(3) 热元。在图形媒体中，图元是最基本的单位，如一个图、一条线、一串文字等。为了使这些相对独立的图形单位能够作为信息转移的链源，就引入了热元(Hot-element)的概念。这种方式非常适合在不影响图形本身变换(如移位、放大或缩小)的同时，又可以由该图元引发相应的进一步关联信息的表现。

(4) 热点。热点(Hot-Point)主要用于时基类媒体(如视频、声音等)在时间轴上的触发转移。例如，在应用中常常出现如下情况：用一般视频在介绍某个重大历史事件的过程中，往往突然会对其中某个片段更感兴趣，从而希望了解更多的内容。这就要求能从这段视频的相应时间轴处转移到另外有关解释的其他内容处，这个起点处就称为热点。在这一点上它与文本媒体十分相似，帧序列可以像文本段一样在序列内、文献内或文献间进行转移。视频对象可以采用长序列，要由起始帧和结尾帧确定所选定的视频段，从而可以从一个视频段直接跳往另外一个视频段，也就可以实现自我解释。其他时基类媒体也基本相同。

(5) 热属性。热属性是把关系数据库中的属性作为热源来使用。由于关系框架下的各元组可以根据操作产生许多不同的结果，如不同的排序顺序、选择不同元组子集等，但总的来说，数据媒体是一种特定的格式化符号数据，所以大多数情况下可以采用类似于热字的热标方法。

### 6.2.2 超文本与超媒体系统的组成

超文本与超媒体系统的组成主要有以下两种系统模型。

1) HAM 模型

HAM 模型是 Campbell 和 Goodman 于 1988 年提出的超文本抽象机(Hypertext Abstract Machine，HAM)模型。HAM 模型把超文本系统划分为 3 个层次：用户接口层、超文本抽象机层、数据库层。

2) Dexter 模型

Dexter 模型是由 Dexter 小组提出的一种超文本与超媒体系统的结构模型，该模型把超文本系统划分为 3 个层次：运行层、存储层和元素内部层。除了术语不同并且更加明确了层次之间的接口之外，两个模型基本相似。图 6.2 给出了两个模型的层次结构图。

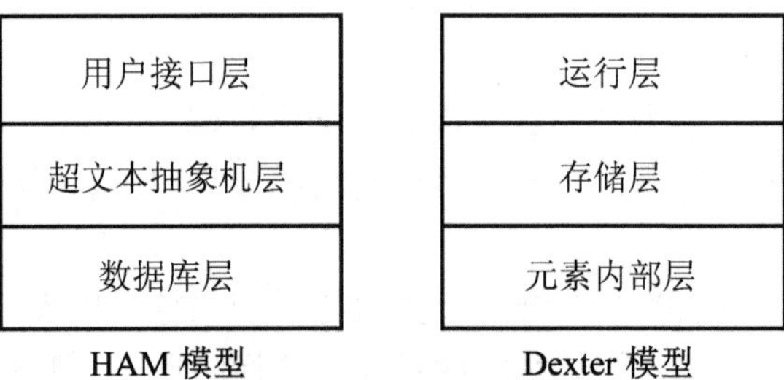


**图 6.2 超文本与超文本系统结构模型**

超文本与超媒体对文本和多媒体信息的组织方式对浏览或学习者来说就显得十分自然，浏览和学习的过程具有很好的灵活性。超文本与超媒体在互联网和多媒体集成系统中的广泛的、成功的应用，正是其强大生命力的体现。

从目前技术发展和应用层面来看，超文本与超媒体技术主要向以下两个方面发展。

(1) 从超文本到超媒体。从超媒体所包含的信息形式上看，超媒体信息更加接近自然表达的形式，更易为人们所接受。超媒体信息几乎覆盖了信息世界的各个方面，所以超文本向超媒体发展是超文本发展的主要方向之一。

(2) 超媒体与人工智能、专家系统的结合。不论从信息的表达形式还是从数据模型形式，超媒体与知识系统有十分相似之处，而且它存在良好的互补性。在超媒体的链和节点中嵌入知识规则，使超媒体的网络包含计算和逻辑推理能力，并使多媒体信息的表示智能化，这会使超文本的应用发生质的变化，使它覆盖更广泛的领域，在信息化社会中发挥更重要的作用。

## 6.3 超文本标记语言

超文本标记语言(HTML)是按照超文本与超媒体思想设计的、应用于互联网信息传播的标记语言，是目前网络信息传递中使用最为广泛的标记语言。学习和掌握超文本标记语言有助于我们深入理解多媒体数据面向浏览的组织方式。

### 6.3.1 HTML 简介

HTML(Hyper Text Markup Language)是超文本标记语言的简称。HTML 是在 1986 年 ISO 公布的信息管理国际标准 SGML(Standard Generalized Markup Language，标准通用标记语言)基础上发展起来的，它定义了独立于平台和应用的文本文档的格式、索引和链接信息，为用户提供一种类似于语法的机制，用来定义文档的结构和指示文档结构的标签。HTML 对不同的媒体信息使用标记(tag)来控制达到预期的显示效果。HTML 的标记按用途可以分为以下不同的类型。

(1) 基本标记：用于创建一个 HTML 文档、设置文档的标题以文档的可见部分。

(2) 标题标记：设置文档在标题栏中的标题。

(3) 文档整体属性标记：设置文档的背景、文字颜色、各类超链接的颜色。

(4) 文本标记：设置文本的字体、字号和文字颜色等属性。

(5) 链接标记：创建内部或外部的超链接。

(6) 格式排版标记：设置文档段落的格式。

(7) 图形元素标记：在文档中添加图像并设置图像的位置、边框、显示的图像大小等。

(8) 表格标记：创建表格并设置表头的格式。

(9) 表格属性标记：设置表格的大小、对齐方式、边框等表格属性。

(10) 窗框标记：定义窗框的大小及在不支持窗框的浏览器中显示的提示。

(11) 窗框属性标记：设置窗口框的内容、边框、滚动条及是否允许用户调整窗口。

(12) 表单标记：用于创建表单、滚动菜单、下拉菜单、文本框、单/复选框、按钮等。

HTML 继承了 SGML 的全部优点，实现了对现有各种文档的结构类型的支持，并可用于创建与特定的软件与硬件无关的文档，灵活地使用 HTML 的各种标记，可将各种媒体信息组织成为画面生动活泼、人们喜闻乐见的网页形式，所以被广泛地应用于 Internet 的信息传递过程中。

HTML 采用超文本方式来组织多媒体信息，从而构成一个超媒体系统。它规定了以标记方式设定各种多媒体信息的展示(显示)属性。用 HTML 组织的文件本身属于普通的文本文件，它可以用一般的文字编辑软件编辑，如记事本、Microsoft Word 等。也可以使用专门的 HTML 文件编辑软件来编辑，如 Microsoft FrontPage、Sausage Software 公司的 HotDog HTML 编辑器等。HTML 文件的扩展名可以是.html 或.htm，现有的 Internet 浏览器都支持这两种类型的 HTML 文件。浏览器用于将 HTML 文件中包含的信息以标记所指示的显示方式展现给用户，目前互联网上的大多数网页都是以 HTML 方式对多媒体信息进行组织的。

### 6.3.2 HTML 语法结构

#### 1. HTML 文件的基本结构

HTML 文件是标准的 ASCII 文件，用一个文本编辑器打开一个 HTML 文件，可以看到其内容是加入了许多被称为标记(Tag)的特殊字符串的普遍文本文件。一个 HTML 文件应具有以下基本结构。

```
<html>                        <!--html 文件开始标记-->
<head>                        <!--文件头开始标记-->
文件头
</head>                       <!--文件头结束标记-->
```

```
<body>                        <!--文件体开始标记-->
文件体
</body>                       <!--文件体结束标记-->
</html>                       <!--html 文件结束标记-->
```

注：<!--…-->中的内容为注释。

从结构上讲，HTML 文件由各种类型的元素组成，元素用于组织文件的内容和指示文件的输出格式。绝大多数元素类似于一个“容器”，即它有起始标记和结尾标记。元素的起始标记是用一对尖括号括起来的标记名，如<head>、<body>等。元素的结束标记是用一对尖括号括起来的、以“/”开始的标记名，如</head>、</body>等。在起始标注和结尾标注中的部分是元素体。每一个元素都有名称和可以选择的属性，元素的名称和属性都在起始标注内标明，其中的属性名用于控制元素的输出格式。

每一个 HTML 文件都以<html>标记作为文件的开始，而以一个</html>标记作为文件的结束。其他的各种标记都被包含在这一对标记中。在文件内部，大部分标记的元素体内还可以嵌入其他的属性控制标记，如字体、色彩、字号等。

以 HTML 文件的基本结构为例，在<head>和</head>之间包括文档的头部信息，该标记中的内容就是在浏览器的左上方显示网页的标题，而对网页标题的属性控制标记(如<title>和</title>标记)就会出现在这里。<body>和</body>标记之间是在浏览器中显示的正文内容。这一部分用来实现网页丰富多彩的各种特殊效果，可以使用的标记类型及属性控制很多，也是学习 HTML 技术难度和灵活度要求较高的地方。

需要注意的是，对于 HTML 文件中的标记来说，英文字母的大小写不做区分，如<title> 和<TITLE>或者<TiTlE>是一样的，但对元素体来说，字母大小写是要区分的。在 HTML 文件中，有些元素只能出现在头元素中，绝大多数元素只能出现在体元素中。在头元素中的元素表示的是该 HTML 文件的一般信息，如文件名称、是否可检索等。这些元素书写的次序是无关紧要的，它只表明该 HTML 是否具有该属性。与此相反，出现在体元素中的元素是对次序敏感的，改变元素在 HTML 文件中的次序会改变该 HTML 文件的输出形式。

2. HTML 文件中元素的语法结构

一般来讲，HTML 的元素有下列 3 种表示方法。

(1) <元素名>文件或超文本</元素名>。

(2) <元素名 属性名＝“属性值”>文本或超文本</元素名>。

(3) <元素名>。

第一种语法结构适用于基本标记、标题标记、文本标记和表格标记等。

第二种语法结构适用于文档属性标记、字体设置标记、超链接标记、图形元素标记、表格属性标记、窗框标记和表单属性等。

第三种语法仅适用于一些特殊的元素，如分段元素 p，其作用是通知浏览器在此处分段，因而不需要界定作用范围，所以它没有结尾标注。为保持语法上的严谨，在 HTML3.0 标准中，也定义了</p>标注，它用于需要界定作用范围的段落，如增加对齐方式属性的段落。以下是一段 HTML 代码。

```
<html>
    <head>
```

```
        <title>
            This is a example!
        </title>
    </head>
    <body background="P3052032.JPG">
            <h2 align="left">   静夜思 </h2>
            床前明月光,疑是地上霜.<p>
            举头望明月,低头思故乡.<p>
    </body>
</html>
```

需要注意的是，背景图像文件(P3052032.JPG)需要事先准备好，用户当然可以选择其他的已有的图像文件作为网页的背景。打开任何一个文本编辑软件，将上述代码输入后，命名并保存为 6_1.html。上面的代码由 Microsoft Internet Explorer 执行后如图 6.3 所示。

结合图 6.3 所示的显示效果对上一段代码进行简单的分析。

图 6.3　HTML 网页效果

首先可以看出这是一段简单的满足基本结构的 HTML 文件。<html>是文件起始标记，<head>是头起始标记，<title>是标题起始标记，<body>为体元素起始标记。每一个起始标记都有一个以“/”开始的结束标记。需要注意的是，每一个标记名与其<>之间不能有空格。

出现在<head>、</head>标记中的<title>、</title>标记的作用是在 IE 浏览器的标题栏显示文档的标题，标题的内容写在起始标记<title>与结束标记</title>之间。

因为大部分标记具有相同的结构，所以对<body>标记的各个部分进行较详细的分析，以便大家对标记的写法有一个大致的了解。在<body></body>标记中主要完成了 3 项功能。

(1) background 属性名。一个元素可以有多个属性，各个属性用空格分开，属性及其属性值不分大小写。本属性指明用什么方法来填充背景。“＝”用来给属性名赋值，“P3052032.JPG”是属性值，表示用 P3052032.JPG 文件来填充背景。这样，属性名、＝、属性值合起来构成一个完整的属性，代码段“background＝"P3052032.JPG"”的意义就是将 P3052032.JPG 图像文件设置为网页的背景。

(2) “<h2 align＝"left">     静夜思</h2>”一段代码中，“h2”用于设置标题字号大小为 2 号。属性“align”用于设置文本内容的对齐方式，属性值“left”表示左对齐。“ ”表示插入一个空格，多个空格可多次使用“ ”。“静夜思”是要显示的文本内容。所以这一段代码的作用是对正文中的标题“静夜思”设置为左对齐、前导 3 个空格、2 号标题。

(3) “床前明月光，疑是地上霜。<p>举头望明月，低头思故乡。<p>”一段代码是以默认的字体方式分两行显示正文内容。其中<p>用于创建一个新的段落。

上面是一个简单的 HTML 的例子。可以看出，一个元素的元素体中可以有另外的元素。如前文所言，实际上一个 HTML 文件仅由一个 HTML 元素组成，即文件以<html>开始，以</html>结尾，文件其余部分都是 HTML 的元素体。HTML 元素的元素体由两大部分，即头元素<head>…</head>和体元素<bod>…</body>和一些注释组成。头元素和体元素的元素体又由其他的元素和文本及注释组成。

3. HTML 中的常见标记及其作用

在 HTML 标准中定义了数十种各种用途的标记，学习和掌握这些标记有助于我们深入了解 HTML，并进行复杂和细节化的网页设计。当然，目前流行的网页编辑器(如 Microsoft FrontPage)中，通常用户可以通过“所见即所得”的方式开发网页，用户所要做的工作就是考虑在网页上需要显示什么样的内容及这些内容如何布局。在用户利用“所见即所得”方式进行设计的同时，编辑器将同时自动编写相应的 HTML 文件。这种方式的使用大大减轻了用户进行网页开发的难度和劳动强度，用户不用花时间去学习和掌握枯燥的属性名及其设置方法。“所见即所得”方式可以满足一般的网页设计要求，但对于一些要求较为复杂的网页设计来说，利用 HTML 提供的标记进行网点和网页开发还是有一定的优势的。所以，对于网页开发者来说，早期可以通过“所见即所得”方式进行框架式的设计，细节上可借助标记语言进行再设计。

一些常见的标记及其功能见表 6-1。

表 6-1　HTML 中的常用标记

| 标记类型 | 标记名 | 标记的功能描述 |
| --- | --- | --- |
| 基本标记 | <html></html> | 创建一个 HTML 文档 |
| | <head></head> | 设置文档标题及其他不在 Web 页上显示的信息 |
| | <body></body> | 设置文档的可见部分 |
| 标题标记 | <title></title> | 设置文档标题栏中显示的标题 |
| 文档整体属性标记 | <body bgcolor=?> | 设置背景颜色，使用名称或十六进制值 |
| | <body text=?> | 设置文本文字颜色，使用名称或十六进制值 |
| | <body link=?> | 设置链接颜色，使用名称或十六进制值 |
| | <body vlink=?> | 设置已使用的链接颜色，使用名称或十六进制值 |
| | <body alink=?> | 设置正被击中的链接颜色，使用名称或十六进制值 |
| 文本标记 | <pre></pre> | 创建预格式化文本 |
| | <h1></h1> | 创建最大的标题 |
| | <h6></h6> | 创建最小的标题 |
| | <b></b> | 创建黑体字 |
| | <i></i> | 创建斜体字 |
| | <tt></tt> | 创建打字机风格的字体 |
| | <cite></cite> | 创建一个引用，通常是斜体 |
| | <strong></strong> | 加重一个单词(通常是斜体加黑体) |
| | <font size=?></font> | 设置字体大小，1～7 |
| | <font color=?></font> | 设置字体的颜色，使用名称或十六进制值 |
| 链接标记 | <a href="URL"></a> | 创建一个超链接 |
| | <a href="mailto:Email"></a> | 创建一个自动发送电子邮件的链接 |
| | <a name="NAME"></a> | 创建一个位于文档内部的靶位 |
| | <a href="#NAME"></a> | 创建一个指向位于文档内部靶位的链接 |
| 排版格式标记 | <p> | 创建一个新的段落 |
| | <p align=?> | 将段落按左、中、右对齐 |
| | <br> | 插入一个回车换行符 |
| | <blockquote></blockquote> | 从两边缩进文本 |

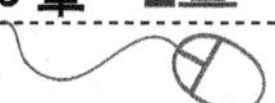

续表

| 标记类型 | 标记名 | 标记的功能描述 |
|---|---|---|
| 排版格式标记 | <dl></dl> | 创建一个定义列表 |
| | <ol></ol> | 创建一个标有数字的列表 |
| | <li> | 每个数字列表项之前加上一个数字 |
| | <ul></ul> | 创建一个标有圆点的列表 |
| | <li> | 每个圆点列表项之前加上一个圆点 |
| | <div align＝?> | 用于对大块 HTML 段落排版，也用于格式化表 |
| 图形元素标记 | <img src＝"name"> | 添加一个图像 |
| | <img src＝"name" align＝?> | 排列对齐一个图像：左中右或上中下 |
| | <img src＝"name" border＝?> | 设置围绕一个图像的边框的大小 |
| | <hr> | 加入一条水平线 |
| | <hr size＝?> | 设置水平线的大小(高度) |
| | <hr width＝?> | 设置水平线的宽度(百分比或绝对像素点) |
| | <hr noshade> | 创建一个没有阴影的水平线 |
| 表格标记 | <table></table> | 创建一个表格 |
| | <th></th> | 设置表格头：一个通常使用黑体居中文字的单元格 |
| 表格属性标记 | <table border＝#> | 设置围绕表格的边框的宽度 |
| | <table cellspacing＝#> | 设置表格单元格之间的大小 |
| | <table cellpadding＝#> | 设置表格单元格边框与其内部内容之间的大小 |
| | <table width＝# or %> | 设置表格的宽度：像素值或文档总宽度的百分比 |
| | <tr align＝?>or<td align＝?> | 设置表格单元格的水平对齐方式(左中右) |
| | <tr valign＝?>or<td valign＝?> | 设置表格单元格的垂直对齐方式(上中下) |
| | <td colspan＝#> | 设置一个表格单元格应跨占的列数(默认为 1) |
| | <td rowspan＝#> | 设置一个表格单元格应跨占的行数(默认为 1) |
| | <td nowrap> | 禁止表格单元格内的内容自动换行 |
| 窗框标记 | <frameset></frameset> | 创建一个窗框，它可以嵌在其他窗框文档中 |
| | <frameset rows＝"value,value"> | 定义窗框的行数，可以使用绝对像素值或高度的百分比 |
| | <frameset cols＝"value,value"> | 定义窗框的列数，可以使用绝对像素值或宽度的百分比 |
| | <frame> | 定义一个窗框内的单一窗口或窗口区域 |
| | <noframes></noframes> | 定义在不支持窗框的浏览器中显示的提示信息 |
| 窗框属性标记 | <frame src＝"URL"> | 设置窗框内显示的 HTML 文档 |
| | <frame name＝"name"> | 命名窗框或区域以便别的窗框可以指向它 |
| | <frame marginwidth＝#> | 定义窗框左右边缘的空白大小，必须大于等于 1 |
| | <frame marginheight＝#> | 定义窗框上下边缘的空白大小，必须大于等于 1 |
| | <frame scrolling＝VALUE> | 设置窗框是否有滚动栏，可取 yes、no 及 auto(默认) |
| | <frame noresize> | 禁止用户调整一个窗框的大小 |
| 表单标记 | <form></form> | 创建表单 |
| | <select multiple name ＝ "NAME" size ＝?></select> | 创建一个滚动菜单，size 设置在滚动前用户可以看到的表单项数目 |
| | <option> | 设置每个表单项或菜单项的内容 |
| | <select name＝"NAME"></select> | 创建一个下拉菜单 |

续表

| 标记类型 | 标记名 | 标记的功能描述 |
| --- | --- | --- |
| 表单标记 | <textarea name="NAME" cols=? rows=?></textarea> | 创建一个文本框，cols 的值为文本框的宽度，rows 的值为文本框的高度 |
| | <input type="checkbox" name= "NAME"> | 创建一个复选框，文字在标记后面 |
| | <input type="radio" name= "NAME" value="x"> | 创建一个单选框，文字在标记后面 |
| | <input type=text name="foo" size=20> | 创建一个单行文本输入区域，size 设置以字符计的宽度 |
| | <input type="submit" value= "NAME"> | 创建一个 submit(提交)按钮，NAME 为按钮名称 |
| | <input type="image" border=0 name= "NAME" src= "name. gif"> | 创建一个使用图像的 submit(提交)按钮 |
| | <input type="reset"> | 创建一个 reset(重置)按钮 |

注：对于功能性的表单，一般需要运行一个 CGI 小程序，HTML 仅仅产生表单的表面样式。

需要说明的是，HTML 是一门发展很快的语言，早期的 HTML 文件并没有如此严格的结构，因而现在流行的浏览器为保持对早期 HTML 文件的兼容性，也支持不按上述结构编写的 HTML 文件。还需要说明的是，各种浏览器对 HTML 元素及其属性的解释也不完全一样，本书中所讲的元素、元素的属性及其输出以 IE 浏览器为准。

### 6.3.3 HTML 的应用

一个多媒体网页中可能包括背景、文本内容、表格、背景音乐、音乐链接、视频链接、嵌入的图像或图像链接等，表现力十分丰富。HTML 用于对多媒体信息进行组织并以网页形式展示给用户。目前在互联网上的大多数网页是由 HTML 编写的。利用 HTML 建立网页，可以使用任意一个文本编辑器或专用软件。本节的内容以 FrontPage 2000 为工具，讲述 HTML 在网页制作中的使用方法，如文本展示、插入表格、音频、视频等多媒体信息。

需要说明的是，FrontPage 2000 既提供了“所见即所得”的网页设计界面，又提供了 HTML 的编辑功能，用户可以两种方式进行设计工作。下面各例中的标记功能大家可查阅表 6.1 中所列的内容。在 FrontPage 2000 中，每一个网页都具有如下的基本形式。

```
<html>

<head>
<meta http-equiv="Content-Type" content="text/html; charset=gb2312">
<meta name="GENERATOR" content="Microsoft FrontPage 4.0">
<meta name="ProgId" content="FrontPage.Editor.Document">
<title>New Page 1</title>
</head>

<body>

</body>

</html>
```

对于在网页中插入的新的多媒体信息，全部放入<body>…</body>这一对标记中。在以下的各个例子中，只说明应该在<body>…</body>标记中插入的代码，用户在插入新代码并保存后，可在浏览器中查看运行结果，具体内容可在上机时验证。

1. 在网页中展示不同效果的文本信息

1) 在网页中置入文本内容

可在<body>…</body>标记插入以下代码。

```
        <table>
          <tbody>
            <tr>
              <td><br>
                <font style="FONT-SIZE: 20pt; FILTER: shadow(color=black); WIDTH: 
100%; COLOR: #e4dc9b; LINE-HEIGHT: 150%; FONT-FAMILY: 宋体"><br>
                一个完整的 HTML 帖子应该是:<br>
                <br>
                美贴=背景+文章+插图+收尾</font><br>
                <br>
              </td>
            </tr>
          </tbody>
        </table>
```

保存并在浏览器中运行，得到如图 6.4 所示的显示结果。

一个完整的HTML帖子应该是：

美贴=背景+文章+插图+收尾

图 6.4　网页中的文字效果

2) 在网页中插入动态文字

可在<body>…</body>标记插入以下代码。

```
        <p><font face="宋体" color="red" size="5">
        <marquee direction="up" behavior="alternate" width="60" height="120">朋
</marquee>
        <font color="orange">
        <marquee direction="up" behavior="alternate" width="60" height="80">友
</marquee>
        <font color="#ff8ca9">
        <marquee direction="up" behavior="alternate" width="60" height="120">欢
</marquee>
        <font color="green">
        <marquee direction="up" behavior="alternate" width="60" height="80">迎
</marquee>
        <font color="blue">
        <marquee direction="up" behavior="alternate" width="60" height="120">光
</marquee>
        <marquee direction="up" behavior="alternate" width="60" height="80">临
</marquee>
        </font></font></font></font></font></p>
```

保存并在浏览器中运行，得到如图 6.5 所示的显示结果。在本例中，如果改变 direction ="up"标记的值，可改变文字移动的方向。其中 up 表示向上移动，down 表示向下，left 表示向左，right 表示向右。

友　　　迎　　　临

朋　　　欢　　　光

图 6.5　动态文字

2. 在网页中插入带边框的图像

在<body>…</body>标记插入以下代码。

```
      <div align="center">
        <table    borderColor="#009933"    cellSpacing="2"    cellPadding="1"
align="center" border="6">
          <tbody>
            <tr>
              <td>
                <p align="center"><img border="0" src="101-1.JPG" width="321"
height="236"></p>
              </td>
            </tr>
          </tbody>
        </table>
      </div>
```

其中 src="101-1.JPG"中的 101-1.JPG 是由用户自己指定的一幅图像，具体位置(可以是网络地址或本机地址)、文件名与内容由用户自行设定。保存代码并运行后如图 6.6 所示。

图 6.6　在网页中插入图像

3. 在网页中插入音乐

在<body>…</body>标记插入以下代码。

```
      <EMBED src=file:///D:/MyHeartWillGoOn.mp3 width=350 height=40 type= audio/
x-pn-realaudio-plugin  controls="ControlPanel,StatusBar"AutoStart="true"  Loop=
"true">
```

其中“file:///D:/MyHeartWillGoOn.mp3”是由用户指定的，具体位置(可以是网络地址或本机地址)、文件名与内容由用户自行设定。保存代码并运行便可听到播放的音乐，播放控制各按钮均可由用户调节，如图 6.7 所示。

图 6.7 在网页中插入音乐

4. 在网页中插入视频

在<body>…</body>标记插入以下代码。

```
    <embed src=file:///E:/DSCF0109.AVI type=audio/x-pn-realaudio-plugin
    controls=imagewindow,ControlPanel,StatusBar   AutoStart=true   Loop=true
width=400 height=400>
```

其中“file:///E:/DSCF0109.AVI”是由用户指定的，具体位置(可以是网络地址或本机地址)、文件名与内容由用户自行设定。保存代码并运行便可看到视频的内容，播放控制各按钮均可由用户调节，如图 6.8 所示。

图 6.8 在网页中插入视频

5. 在网页中插入表格

在<body>…</body>标记插入以下代码。

```
    <table border="1">
      <tbody>
        <tr bgcolor=aqua>
          <th>姓名</th>
          <th>性别</th>
          <th>出生年月</th>
          <th>所在班级</th>
            <th>特长</th>
          <th>住址</th>
          <th>联系电话</th>
        </tr>
        <tr bgcolor=ffaa00>
```

```
            <td>丁一</td>
            <td>男</td>
            <td>1985/06/01</td>
            <td>计算机学院 03 级应用 1 班</td>
            <td>音乐</td>
            <td>6 号楼 401 室</td>
            <td>13911111111</td>
          </tr>
        </tbody>
      </table>
```

保存代码并运行可见表格，如图 6.9 所示。

| 姓名 | 性别 | 出生年月 | 所在班级 | 特长 | 住址 | 联系电话 |
|---|---|---|---|---|---|---|
| 丁一 | 男 | 1985/06/01 | 计算机学院03级应用1班 | 音乐 | 6号楼401室 | 13911111111 |

图 6.9　在网页中插入表格

除了以上内容外，HTML 的许多实用功能和高级功能还没有介绍，有兴趣的读者可进一步参阅 HTML 技术的有关书籍。

## 6.4　可扩展的标记语言 XML

### 6.4.1　XML 简介

XML(Extensible Markup Language，可扩展的标记语言)是一套定义语义标记的规则，这些标记将文档分成许多部件并对这些部件加以标示。它也是元标记语言，即定义了用于定义其他与特定领域有关的、语义的、结构化的标记语言的句法语言。

XML 来源于 SGML，SGML 是一种比 HTML 更早的标记语言标准。SGML 全称是 Standard Generalized Markup Language(通用标记语言标准)。SGML 有非常强大的适应性，也正是因为同样的原因，导致在小型的应用中难以普及。HTML 和 XML 同样衍生于 SGML：XML 可以被认为是 SGML 的一个子集，而 HTML 是 SGML 的一个应用。

XML 是从 1995 年开始有其雏形，并向 W3C(万维网联盟)提案，而在 1998 年 2 月发布为 W3C 的标准(XML1.0)，HTML 和 XML 都源自于 SGML。最先成功用于 Internet 的是 HTML，但随着 HTML 在 Internet 中的大量使用，人们也发现仅仅靠 HTML 单一文件类型来处理千变万化的文档和数据已经不够，而且 HTML 本身语法十分不严密，严重影响网络信息传输和共享。例如，HTML 的问题有以下几个。

(1) 不能解决所有解释资料的描述问题——影音文档或化学公式、音乐符号等其他形态的内容的表示。

(2) 效能问题——需要下载整份文件，才能开始对文件做搜寻。

(3) 扩充性、弹性、易读性均不佳。

为了解决以上问题，专家们使用 SGML 精简制作，并依照 HTML 的发展经验，产生一套使用规则严谨，但是简单的描述资料语言 XML。

XML 被广泛用来作为跨平台之间交互数据的形式，主要针对数据的内容，通过不同的格式化描述手段(XSLT、CSS 等)可以完成最终的形式表达(生成对应的 HTML、PDF 或者其他的文件格式)。XML 的优点是，可以广泛运用于 Web 的任何地方，可以满足网络运用的各种需求；XML 的代码更加清晰、严格和便于阅读理解，使编程更简单。

例如，在 HTML 中，一首歌可能是用定义标题、定义数据、无序的列表和列表项来描述的。但是事实上这些项目没有一件是与音乐有关的。用 HTML 定义的歌曲可能如下。

```
<dt>Hot Cop
<dd> by Jacques Morali Henri Belolo and Victor Willis
<ul>
<li>Producer: Jacques Morali
<li>Publisher: PolyGram Records
<li>Length: 6:20
<li>Written: 978
<li>Artist: Village People
</ul>
```

而在 XML 中，同样的数据可能标记为：

```
<SONG>
<TITLE>Hot Cop</TITLE>
<COMPOSER>Jacques Morali</COMPOSER>
<COMPOSER>Henri Belolo</COMPOSER>
<COMPOSER>Victor Willis</COMPOSER>
<PRODUCER>Jacques Morali</PRODUCER>
<PUBLISHER>PolyGram Records</PUBLISHER>
<LENGTH>6:20</LENGTH>
<YEAR> 978</YEAR>
<ARTIST>Village People</ARTIST>
</SONG>
```

在这个清单中没有使用通用的标记，如<dt>和<li>，而是使用了具有意义的标记，如<SONG>、<TITLE>、<COMPOSER>和<YEAR>等。这种用法具有许多优点，包括源码易于被人阅读，使人能够看出作者的含义。

XML 和 HTML 的最大区别在于，HTML 是一个定型的标记语言，它用固有的标记来描述，显示网页内容，如<h1>表示行首标题，有固有的尺寸；而相对而言，XML 就没有固定的标记，XML 不能描述网页的具体外观、内容，它只是描述内容的数据形式和结构。即 HTML 将数据和显示混在一起，而 XML 则将数据和显示分开。因此，不能用 XML 直接写网页，即便包含了 XML 数据也不能直接在网页上显示，依然要转换成 HTML 格式才能在浏览器上显示。另外，XML 并不是真正意义上的标记语言，它只是创建标记语言的元语言。XML 的用途比 HTML 的用途要广泛得多。但 XML 并不是 HTML 的替代品，也不是 HTML 的升级，它只是 HTML 的补充，为 HTML 扩充更多功能，在较长一段时间里 HTML 还将会继续使用。

### 6.4.2 XML 的结构

为了说明 XML 的结构及语法，先看如下的 XML 程序。

```
〈?xml version="1.0" encoding="gb2312" ?〉
〈参考资料〉
 〈书籍〉
 〈名称〉XML 入门精解〈/名称〉
```

```
    〈作者〉张三〈/作者〉
    〈价格 货币单位="人民币"〉20.00〈/价格〉
    〈/书籍〉
    〈书籍〉
    〈名称〉XML 语法〈/名称〉
    〈!--此书即将出版--〉
    〈作者〉李四〈/作者〉
    〈价格 货币单位="人民币"〉18.00〈/价格〉
    〈/书籍〉
〈/参考资料〉
```

这是一个典型的 XML 文件，编辑好后保存为一个以.xml 为扩展名的文件。一个 XML 文件通常包含文件头和文件体两大部分

1. 文件头

XML 文件头由 XML 声明与 DTD 文件类型声明组成。其中 DTD 文件类型声明是可以缺少的，关于 DTD 声明将在后续的内容中介绍，而 XML 声明是必须要有的，以使文件符合 XML 的标准规格。

上例中第一行代码即为 XML 声明：

```
<?xml version="1.0" encoding="gb2312"?>
```

其中，“<?”代表一条指令的开始，“?>”代表一条指令的结束；“xml”代表此文件是 XML 文件；“version＝"1.0"”代表此文件用的是 XML1.0 标准；“encoding＝"gb2312"”代表此文件所用的字符集，默认值为 Unicode，如果该文件中要用到中文，就必须将此值设定为 gb2312。

注意：XML 声明必须出现在文档的第一行。

2. 文件体

文件体中包含的是 XML 文件的内容，XML 元素是 XML 文件内容的基本单元。从语法讲，一个元素包含一个起始标记、一个结束标记及标记之间的数据内容。

XML 元素与 HTML 元素的格式基本相同，其格式如下。

```
<标记名称 属性名 1="属性值 1" 属性名 1="属性值 1"……>内容</标记名称>
```

所有的数据内容都必须在某个标记的开始和结束标记内，而每个标记又必须包含在另一个标记的开始与结束标记内，形成嵌套式的分布，只有最外层的标记不必被其他的标记所包含。最外层的是根元素(root)，又称文件(document)元素，所有的元素都包含在根元素内。通过上例可以看到，文件主体是由开始的〈参考资料〉和结束的〈/参考资料〉根元素控制标记组成；〈书籍〉是作为直属于根元素下的“子元素”；在〈书籍〉下又有〈名称〉、〈作者〉、〈价格〉这些子元素。货币单位是〈价格〉元素中的一个“属性”，“人民币”则是“属性值”。〈!--此书即将出版--〉这一句同 HTML 一样，是注释，在 XML 文件里，注释部分是放在“〈!--”与“--〉”标记之间的部分。

可以看到，XML 文件是相当简单的。同 HTML 一样，XML 文件也是由一系列的标记组成，不过，XML 文件中的标记是我们自定义的标记，具有明确的含义，可以对标记中的内容的含义做出说明。

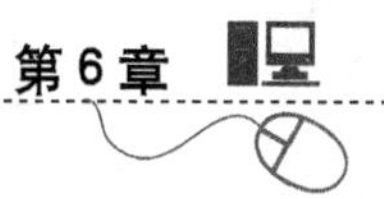

### 6.4.3 XML 的基本语法

对 XML 文件有了初步的印象之后，下面详细介绍 XML 文件的基本语法。

1. 注释

XML 的注释与 HTML 的注释相同，以“<!--”开始，以“-->”结束。

2. 区分大小写

在 HTML 中是不区分大小写的，而 XML 区分大小写，包括标记，属性，指令等。

3. 标记

XML 标记与 HTML 标记相同，“<”表示一个标记的开始，“>” 表示一个标记的结束。XML 中只要有起始标记，就必须有结束标记，而且在使用嵌套结构时，标记之间不能交叉。

在 XML 中不含任何内容的标记称为空标记，格式为<标记名称/>。

4. 属性

XML 属性的使用与 HTML 属性基本相同，但需要注意的是，属性值要加双引号。

5. 实体引用

实体引用是指分析文档时会被字符数据取代的元素，实体引用用于 XML 文档中的特殊字符，否则这些字符会被解释为元素的组成部分。例如，如果要显示“<”，需要使用实体引用“<”，否则会被解释为一个标记的起始。

XML 中有 5 个预定义的实体引用，见表 6-2。

**表 6-2　XML 预定义的实体引用**

| | |
|---|---|
| < | < |
| > | > |
| " | " |
| ' | ' |
| & | & |

6. CDATA

在 XML 中有一个特殊的标记 CDATA，在 CDATA 中所有文本都不会被 XML 处理器解释，直接显示在浏览器中，使用方法如下。

```
<![CDATA[
这里的内容可以直接显示.
]]>
```

7. 处理指令

处理指令使用来给处理 XML 文件的应用程序提供信息的，处理指令的格式如下。

```
<?处理指令名称 处理指令信息?>
```

例如，XML 声明就是一条处理指令：

```
<?xml version="1.0" encoding="gb2312"?>
```

其中，“xml”是处理指令名称，version="1.0" encoding="gb2312"是处理指令信息。

### 6.4.4 XML 的显示方式

单独用 XML 不能显示页面，因为 XML 是将数据和格式分离的。XML 不知如何显示，必须有辅助文件来帮助实现。XML 取消了所有标记，包括 font，color，p 等风格样式定义标志，因此，XML 全部是采用类似 DHTML 中 CSS 的方法来定义文档风格样式。XML 中用来设定显示风格样式的文件类型如下。

1. CSS

CSS 全称是 Cascading Style Sheets(层叠样式表)。利用 CSS 可以设定 XML 文件的显示方式，即在 XML 文件的头部，XML 声明的下面加入如下一条语句。

```
<?xml:stylesheet type="text/css" href="css 文件的 URL"?>
```

例如，有下列 XML 文档。

```
<Flowers>
    <Flower>
        <Vendor>shop1</Vendor>
        <Name>iris</Name>
        <Price>$4.00</Price>
    </Flower>
    <Flower>
        <Vendor>shop2</Vendor>
        <Name>iris</Name>
        <Price>$4.30</Price>
    </Flower>
    <Flower>
        <Vendor>shop3</Vendor>
        <Name>iris</Name>
        <Price>$3.50</Price>
    </Flower>
</Flowers>
```

该 XML 文件中没有定义屏幕显示格式，下面通过例子来介绍如何利用 CSS 来显示 XML 文件。首先建立一个 CSS 文件(flowers.css：显示 XML 文件的 CSS 样式)，代码如下。

```
flower{font-size:24px; display:block}
vendor{font-size:36px;color:red}
price{display:block}
```

然后，在 flowers.xml 文件中使用这个 CSS 样式，即在 flowers.xml 文件中的 XML 声明下面加入如下语句。

```
<?xml:stylesheet type="text/css" href="flowers.css"?>
```

利用 CSS 显示 XML 文件的完整程序代码如下。

```
<?xml version="1.0" encoding="gb2312"?>
<?xml:stylesheet type="text/css" href="Flowers.css"?>
 <Flowers>
      <Flower>
           <Vendor>shop1</Vendor>
           <Name>iris</Name>
           <Price>$4.00</Price>
</Flower>
<Flower>
      <Vendor>shop2</Vendor>
      <Name>iris</Name>
      <Price>$4.30</Price>
</Flower>
<Flower>
      <Vendor>shop3</Vendor>
      <Name>iris</Name>
      <Price>$3.50</Price>
</Flower>
</Flowers>
```

此例在浏览器中的显示效果如图 6.10 所示。

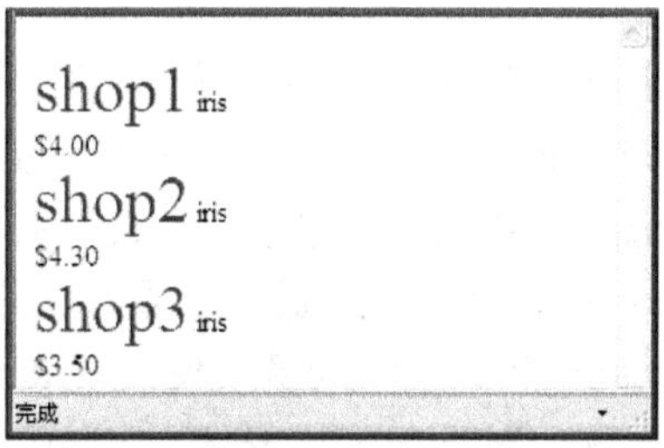

shop1 iris
$4.00
shop2 iris
$4.30
shop3 iris
$3.50
完成

图 6.10 利用 CSS 显示 XML 文件

用 CSS 来显示 XML 文件时，不具备任何选择性，即根元素之下的所有数据都会被全部显示，不能改变原文件的结构和内容的顺序。另外，CSS 并不支持中文标记，因为 CSS 不是专门为 XML 开发的样式语言，而下面要介绍的 XSL 就可以。XSL 是特别为 XML 设计的，它比 CSS 更为复杂。

2. XSL

XSL 全称是 Extensible Stylesheet Language(可扩展样式语言)，是将来设计 XML 文档显示样式的主要文件类型。它本身也是基于 XML 语言的。使用 XML 可以灵活地设计 XML 文档的显示样式，文档将自动适应任何浏览器和 PDA(便携式计算机)。

XML 也可以将 XSL 转化为 HTML，那样浏览器也可以浏览 XML 文档了。

利用 XSL 来设定 XML 文件的显示方式，即在 XML 文件的头部，XML 声明的下面加入如下一条语句。

```
<?xml:stylesheet type="text/xsl" href="xsl 文件的 URL"?>
```

下面通过例子来介绍如何利用 XSL 来显示 XML 文件。首先建立一个 XSL 文件(flowers.xsl：显示 XML 文件的 XSL 文件)，代码如下。

```
<?xml version="1.0" encoding="gb2312"?>
<xsl:stylesheet xmlns:xsl="http://www.w3.org/TR/WD-xsl">
<xsl:template match = "/">
    <table border="1">
    <tr align="center">
        <th width="100">Vendor</th>
        <th width="100">Flower</th>
        <th width="100">Price</th>
    </tr>
    <xsl:for-each select="//Flowers/Flower">
    <tr align="center">
        <td><xsl:value-of select="Vendor"/></td>
        <td><xsl:value-of select="Name"/></td>
        <td><xsl:value-of select="Price"/></td>
    </tr>
    </xsl:for-each>
    </table>
</xsl:template>
</xsl:stylesheet>
```

可以看出，一个 XSL 文件就如一个空的 HTML 文件，通过填充一个 XML 文件产生一个传统的 HTML 文件。

一个 XSL 文件首先必须有一个 XML 声明(即第一行)，因为 XSL 实际上是一种特殊的 XML 文件。XSL 的根元素是 xsl:stylesheet，即一个 XSL 文件必须以<xsl:stylesheet>标记开始，以</xsl:stylesheet>标记结束，xmlns:xsl 属性用于设定 XSL 的命名域。

XSL 的根元素通常是由一个或多个样板元素所组成，在此例中只包含单一样板，它是由<xsl:template>标记开始，以<xsl:template>标记结束，使用 match 属性可以在 XML 文件中选取符合条件的节点，即设定样板名称，对于最上层样板，match 设为“/”，代表整个 XML 文件的根元素。

然后是从 XML 文件中取得所需的数据，取得数据最简单的方法如下。

```
<xsl:value-of select="模式"/>
```

若要取得多个元素，则要使用 xsl:for-each 元素，格式如下。

```
<xsl:for-each select="模式">
……
</xsl:for-each>
```

接下来，要在 flowers.xml 文件中使用这个 XSL 文件，即在 flowers.xml 文件中的 XML 声明下面加入如下语句。

```
<?xml:stylesheet type="text/xsl" href="flowers.xsl"?>
```

利用 XSL 显示 XML 文件的完整程序代码如下。

```
<?xml version="1.0" encoding="gb2312"?>
<?xml:stylesheet type="text/xsl" href="flowers.xsl"?>

<Flowers>
<Flower>
    <Vendor>shop1</Vendor>
```

```
        <Name>iris</Name>
        <Price>$4.00</Price>
    </Flower>
    <Flower>
        <Vendor>shop2</Vendor>
        <Name>iris</Name>
        <Price>$4.30</Price>
    </Flower>
    <Flower>
        <Vendor>shop3</Vendor>
        <Name>iris</Name>
        <Price>$3.50</Price>
    </Flower>
    </Flowers>
```

此例在浏览器中的显示效果如图 6.11 所示。

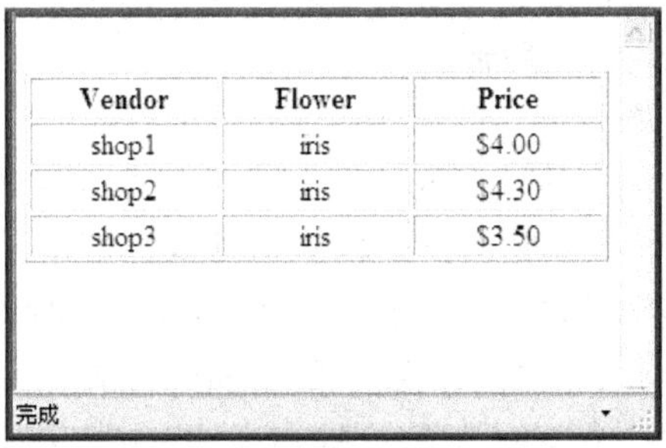

| Vendor | Flower | Price |
| --- | --- | --- |
| shop1 | iris | $4.00 |
| shop2 | iris | $4.30 |
| shop3 | iris | $3.50 |

完成

图 6.11　利用 XSL 显示 XML 文件格

用常用的编辑器都可以建立 XML 与 XSL 文件，如 Windows 中的“记事本”软件，保存时分别取扩展名为.xml、.xsl 即可，如上例中的 flowers.xml 和 flowers.xsl。然后在 Windows 中双击该扩展名是.xml 的文件名即可在浏览器中运行 XML 程序并显示运行结果。

## 6.5　多媒体数据库

建立数据库的目的是为了便于对数据进行管理。传统的数据库管理系统在处理结构化数据，如文字和数值信息等方面是很成功的，但是处理非结构化的多媒体数据(如图形、图像和声音等)时，传统的数据库系统遇到了很多困难。研究和建立能处理非结构化数据的新型数据库——多媒体数据库是当务之急。

### 6.5.1　多媒体数据库简介

多媒体数据库(Multimedia Data Base，MDB)是指能够存储、处理和检索文本、图形、图像、音频、视频等多种媒体信息的数据库。多媒体数据库是计算机多媒体技术、Internet 技术、网络技术与传统数据库技术相结合的产物。由于其对文本、图形、图像、音频和影视处理与数据库的独立性、安全性等优点的结合，使得多媒体数据库的应用前景十分广泛，如 Internet 上静态图像的检索系统，具有声音、图像的多媒体户籍管理系统等。数据库管理系统的主要任务是提供信息的存储和管理。

1. 多媒体数据库管理系统的特点

多媒体数据库通过多媒体数据库管理系统(MDBMS)来实现对数据的管理和操作。多媒体数据库要求数据库能管理分布在不同辅助存储媒体上的海量数据。除了需要大的存储容量外，MDBMS 处理连续的数据时还要满足实时性的要求。一个 MDBMS 的设计必须满足上述要求。具体地讲，MDBMS 具有以下特点。

(1) 信息的海量存储与处理：多媒体信息的数据量比较大，尤其是音频和视频信息的数据量更大，这要求 MDBMS 能够提供大量的存储空间，并提供对这些多媒体数据的相应操作。

(2) 非原始性特征：多媒体数据在进入数据库前一般要经过诸如压缩编码等处理过程，这直接导致了它与原始数据存在一定程度的差异，而这种差异是传统数据库所没有的。工程应用中用户可根据该数据库的具体应用，将压缩数据作为常用数据，而原始数据作为后备资料。

(3) 信息重组织：MDBMS 应支持将复合的多媒体信息在各通道分离后存入数据库。例如，将视频信息进一步分解为影像和伴音等信息，再把这些信息分别存储到数据库中，在需要时再将分离的信息重新“组装”后输出。

(4) 长事务：相对于传统数据库，在 MDBMS 中，对数据量特别大的音视频数据的处理(如存储、播放等)需要较长的时间，这就是长事务。长事务要求系统在可靠的方式下耗费大量的时间以便传输大量的数据，如音视频信息的播放与检索等都是长事务的典型。

(5) 数据实时传输：音视频信息在访问(如播放)中，对实时性要求很高，这要求 MDBMS 对连续数据的读和写操作必须实时完成，连续数据的传输应优先于其他数据库的管理行为。

(6) 干预系统资源的调度：传统的数据库管理系统不干预操作系统的工作，但在 MDBMS 中，因为需要处理大数据量的信息和长事务等方面的特性，因此 MDBMS 应能参与操作系统相关资源的调度。

(7) BLOB(Binary Large Object)类型的结构化问题：BLOB 是数据库系统的多媒体信息存储类型，用来存储如文本文件，以及各种格式的图片、音频、视频文件等大数据量信息的字段(最大数据量可以达到 4GB)。按照数据的存储方式不同可以将其分为内部 LOB 和外部 LOB 两种。BLOB 属性具有大多数 DBMS 中的 LONG 和 LONG RAW 字段类型 2 倍的数据容量，且提供了顺序和随机两种数据访问方式。但 BLOB 本身不支持结构化，因此应对 BLOB 进行结构化处理。

(8) 描述性的搜索方法：多媒体数据的查询方法不同于文本查询，它是基于一个描述性的、面向对象的查询格式。这种搜索方法与所有媒体都相关，包括视频和音频。

2. 多媒体数据库的操作

与传统数据库的操作相似，在多媒体数据库系统中，对每个媒体可能有不同类型的操作，如输入、输出、查询、修改、删除，比较和求值等。

(1) 输入操作：将多媒体数据写入数据库中。根据媒体信息的不同，可能在多媒体数据的后面还需要附加描述性数据以便于查询操作。对音频和视频信息输入操作过程中，往往还需要为 MDBMS 选择合适的服务器和磁盘。

(2) 输出操作：将多媒体数据从数据库读取出来。

(3) 修改操作：根据查询的结果，对多媒体数据库中的多媒体信息进行编辑。

(4) 删除操作：将查询到的信息从多媒体数据库中删除。在数据删除操作期间，注意必须保持数据的一致性，当一条记录的原始数据被删除后，所有依赖于这个原始数据的其他数据也将被删除。

(5) 查询操作：对多媒体数据库的查询需要针对不同媒体信息的特点进行，是基于信息内容的、不精确匹配查询。常见的查询方式有利用特定媒体中的单个模板和存储的数据进行对比的查询方法、特定系统中的模式识别查询方法、基于内容描述的数据比较查询方法等。

(6) 求值操作：对原始数据和记录数据进行求值的目标是产生相关的描述性数据。例如，当要求对纸质文字文档进行存储时，可以使用字符识别软件(OCR)进行处理。

### 6.5.2 多媒体数据库体系结构

多媒体数据库的体系结构可分为层次结构和组织结构。多媒体数据库的层次结构可分为媒体支持层、存取与存储数据模型层、概念数据模型层和多媒体用户接口层 4 层。多媒体数据库的组织结构可分为协作型、集中统一型、客户/服务器型和超媒体型 4 种。

#### 1. 多媒体数据库的层次结构

多媒体数据库的层次结构是对多媒体数据库体系结构的抽象描述，它从宏观上描述多媒体数据库的组成及各部分所应承担完成的功能。多媒体数据库的层次结构如图 6.12 所示。

图 6.12 中不同层的主要功能如下。

(1) 媒体支持层：该层针对各种媒体的特殊性质，实现对媒体相应的分割、识别、变换等操作，并确定物理存储的位置和方法，以实现对各种媒体的最基本数据的管理和操纵。

(2) 存取与存储数据模型层：完成对多媒体数据的逻辑存储与存取。在该层中，各种媒体数据的逻辑位置安排、相互的内容关联、特征与数据的关系及超链接的建立等都需要通过合适的存取与存储数据模型进行描述。

(3) 概念数据模型层：实现对客观世界用多媒体数据信息进行描述。在该层中，通过概念数据模型为上层的用户接口、下层的多媒体数据存储和存取建立起一个在逻辑上统一的通道。

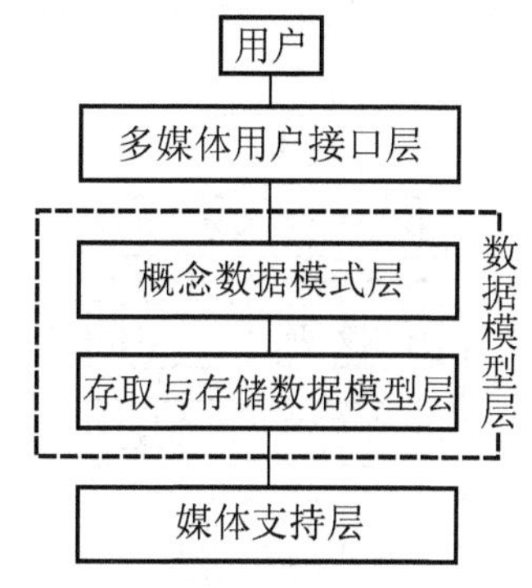

图 6.12 多媒体数据库的层次结构示意图

存取与存储数据模型层和概念数据模型层也可以通称为数据模型层。

(4) 多媒体用户接口层：完成用户对多媒体信息的查询描述并得到查询结果。用户需要利用能够使系统接受的方式描述查询的内容，对查询得到的结果系统需要按用户的需求进行多媒体化的展现。

#### 2. 多媒体数据库的组织结构

在实际应用中，常常需要构建不同的多媒体数据库应用系统来需要满足不同的应用需求。构建应用系统时所采用的系统结构，就是多媒体数据库的组织结构的具体化。根据应用系统的构建方式不同，可以将多媒体数据库的组织结构分为以下 4 种。

1) 协作型

协作型(也称联邦型)对不同种类的媒体数据分别建立单独的数据库，每一种媒体的数据库都有自己独立的数据库管理系统。虽然它们是相互独立的，但可以通过相互通信进行协调和执行相应的操作。

特点：对多媒体数据库的管理是分开进行的，可以利用现有的研究成果直接进行“组装”，每一种媒体数据库的设计也不用考虑与其他媒体的区别和协调。

缺点：对不同类型媒体的联合操作要由用户自己设法来完成，使得多种媒体信息的联合操作、合成处理、概念查询等操作完成难度较大。

协作型多媒体数据库的组织结构如图 6.13 所示。

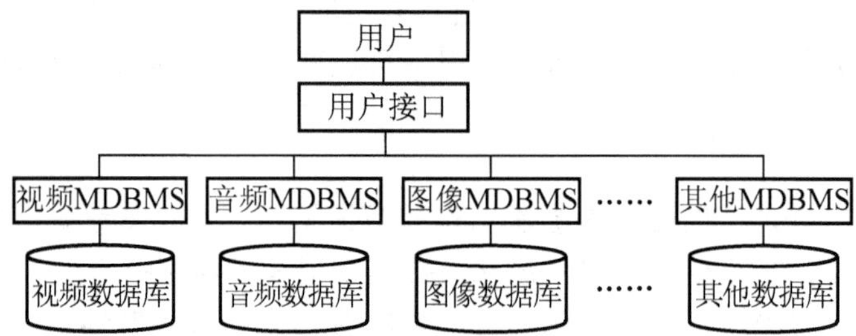


**图 6.13　协作型多媒体数据库系统结构**

2) 集中统一型

集中统一型结构中只存在一个单一的多媒体数据库和单一的 MDBMS，并由系统对各种媒体信息统一建模，它把各种媒体的管理与操纵集中到一个数据库管理系统之中，把各种用户的需求统一到一个多媒体用户接口上，并将多媒体信息的查询检索统一表现出来。集中统一型可以实现建模统一、管理与操作方式统一、用户接口统一、查询结果的表示方式统一等诸多功能。在理论上，集中统一型能够充分做到对多媒体数据进行有效的管理与使用。但实际上这种多媒体数据库系统实现的难度极大。集中统一型多媒体数据库的系统结构如图 6.14 所示。

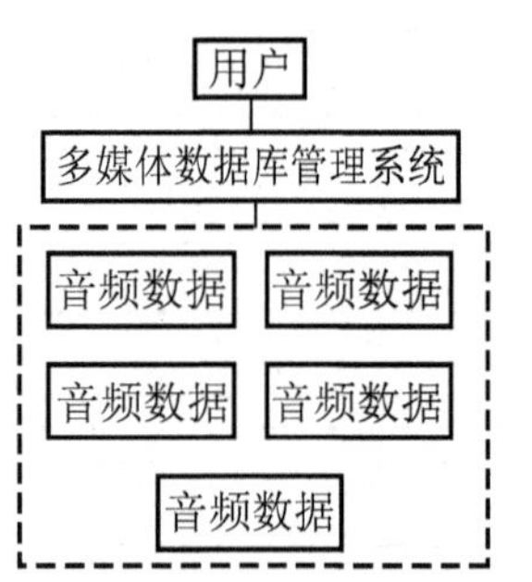


**图 6.14　集中统一型多媒体数据库系统结构**

3) 客户/服务器型

与协作型相似，客户/服务器型(主从型)的组织结构中的各种不同媒体数据分别有自己的数据库，但每种媒体的数据库将各用一个管理系统服务器来实现管理与操纵，同时，对所有媒体服务器的综合和操纵又用一个多媒体服务器来完成。它与用户的接口采用客户进程实现，客户与服务器之间通过特定的中间件系统连接。这种结构实现了协作型可以实现的功能，同时也提高了系统对不同类型媒体信息的综合处理的能力。客户/服务器型多媒体数据库的系统结构如图 6.15 所示。

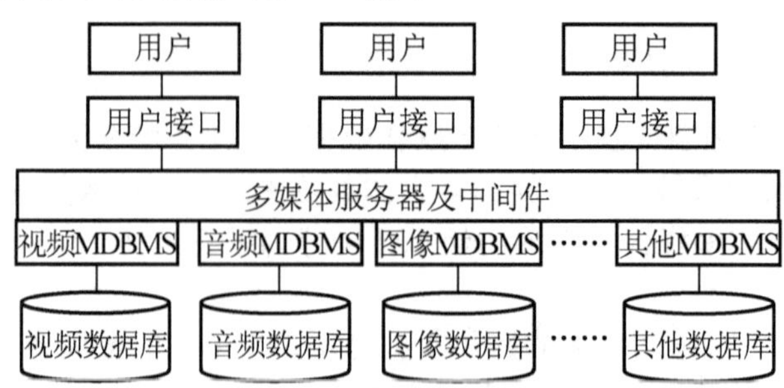


**图 6.15　客户/服务器型多媒体数据库系统结构**

4) 超媒体型

超媒体型结构强调对数据时空索引的组织，其目的是将所有计算机中的信息和其他系统中的信息都连接在一起，而且信息也要能够通过超链接随意扩展和访问。其优点在于不必建立一个统一的多媒体数据库系统，而是把数据库分散到网络上，并把整个网络作为一个信息空间，只要设计并使用理想的访问工具就能够访问和使用这些信息。

### 6.5.3 多媒体数据库基于内容的检索

在数据库系统中，数据检索是一种频繁使用的任务，对多媒体数据库来说，其检索任务通常是基于媒体内容而进行的。由于多媒体数据库的数据量大，包含大量的如图像、声音、视频等非格式化数据，对它们的查询和检索比较复杂，往往需要根据媒体中表达的情节内容进行检索。例如，“找出具有声音注释的图像”或“找出所有动画”等。基于内容的检索(CBR)就是对多媒体信息检索使用的一种重要技术。

基于内容的检索(Content Based Retrieval，CBR)是指根据媒体和媒体对象的内容、语义及上下文联系进行检索。它从媒体数据中提取出特定的信息线索，并根据这些线索在多媒体数据库的大量媒体信息中进行查找，检索出具有相似特征的媒体数据。

#### 1. 多媒体数据库基于内容的检索特点

(1) 检索一般是针对具有“海量”数据的数据库的快速检索。

(2) 非关键字检索检索方式。它直接对图像、视频、音频进行分析、抽取特征，并使用这些特征进行检索。

(3) 检索所使用的特征十分复杂，对不同的媒体信息需要采取不同的提取特征的方法，如对图像特征的提取就可以有形状特征、颜色特征、纹理特征、轮廓特征等。

(4) 检索过程人机交互进行。基于特征的检索可能出现多个检索结果，往往需要采用人机交互的方式来确认最终的结果。

(5) 基于内容的检索是一种非精确匹配检索方法。它需要借助模式识别进行语义分析和特征匹配，只能是近似性查询。一般来说，在检索的过程中，采用逐步求精的办法，每一层的中间结果是一个集合，不断减少集合的范围，最终实现检索目标的定位，这与数据库检索的精确匹配算法有明显的不同。

(6) 基于内容的检索需要利用图像处理、模式识别、计算机视觉、图像理解等学科中的一些方法作为部分基础技术。

#### 2. 基于内容的检索中常用的媒体特征

(1) 音频：主要音频特征有基音、共振峰等音频底层特征，以及声纹、关键词等高层次的特征。

(2) 静态图像：主要包括颜色直方图、纹理、轮廓等图像的底层特征和人脸部特征、表情特征、物体(或零件)和景物特征等高层次特征。

(3) 视频：视频包含的信息最丰富最复杂，其底层特征包括镜头切换类型、特技效果、摄像机运动、物体运动轨迹、代表帧、全景图等，高层特征包括描述镜头内容的事件等。

(4) 文本：关键字为文本对象的内容属性。

(5) 图形：由一定空间关系的几何体构成。几何体的各种形状特征、周长、面积、位置、几何体空间关系的类型等，被称为图形内容属性。

3. 提取媒体对象内容属性的方式

对于不同的媒体信息提取其特征的方式有所不同，大致可以分为手工方式、自动方式和混合方式等 3 种类型。

(1) 手工方式。主要用于对人类敏感的媒体特征进行提取，如文本检索中的关键词特征、图像的纹理特征、边缘特征、视频镜头所含的摄像动作等。手工方式简单但是工作量大，提取的尺度因人而异，增加了不确定性。

(2) 自动提取方式。实现由计算机控制的对媒体信息内容属性自动提取是人们研究和应用的最终目标，如果能够实现的话将是一种最理想的特征提取方式。自动提取过程需要十分复杂的媒体分析和识别技术，如图像理解、视频序列分析、语音识别技术等。因相关的基础算法研究还没有达到实用水平，所以目前自动提取方式远没有达到实用阶段。

(3) 混合方式。它是手工方式和自动提取方式的结合。对于能够通过自动提取方式得到的特征由计算机完成，否则就使用手工方式。目前的应用系统中，常采用这种方式。

4. 基于内容检索应用系统的体系结构

总体上讲，基于内容的检索系统可分为数据生成子系统和数据库查询子系统两大部分，两大部分之间通过辅助的知识规则进行信息的交互。基于内容的检索系统一般具有图 6.16 所示的体系结构。

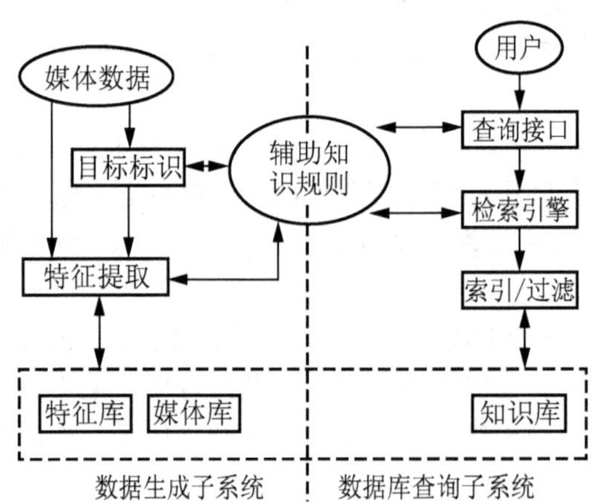


**图 6.16　基于内容的检索系统结构**

基于内容的检索系统各模块功能如下。

(1) 目标标志(也称为插入子系统)：目标标志为用户提供了“锁定”目标的工具。它以全自动或半自动(需要用户干预)的方式标示出需要的对象或内容关键点，如对媒体进行分割或节段化，标示图像、视频镜头等媒体重点感兴趣的区域、捕获视频序列中的动态目标等，以便针对目标进行特征提取并检索。

(2) 特征提取子系统：对用户或系统标明的媒体对象进行特征提取处理。特征提取子系统提供两种工作方式——全局性的总体特征提取方式(如图像的直方图特征等)和面向对象的特定目标特征提取方式(如图像中的人物、视频中的运动对象等)，在提取特征时，往往需要知识处理模块的辅助，由知识库提供有关的领域知识。

(3) 数据库：生成的数据库由媒体库、特征库和知识库组成。媒体数据用于存储输入的原始的媒体数据，它包括各种媒体数据，如图像、视频、音频、文本等；用户输入的特征和视频处理自动提取的内容特征数据被存入特征数据库；知识库中存放知识表达及规则，知识表达可以更换，以适用于不同的应用领域。

(4) 查询子系统：查询子系统以示例查询的方式向用户提供检索接口。按查询时的人机交互方式不同，可将查询方式分为操纵交互输入方法、模板选择输入方式、用户提交特征样本的输入方式 3 种，一个良好的查询子系统应同时支持多种方式的组合。

(5) 检索引擎：检索是利用特征之间的距离函数来进行相似性检索。距离函数模仿了人类的认知过程，对不同类型的媒体数据有互不相同的距离函数。检索引擎中包括一个较为有效可靠的相似性测量函数集。

(6) 索引/过滤器：检索引擎通过索引/过滤模块达到快速搜索的目的。

5. 检索过程

基于内容的多媒体数据库的检索过程是非精确匹配过程，所以它具有渐进性，多数情况下一次检索的结果一般不可能准确命中，只能逐步地逼近目标。这就要求用户的参与检索的过程，不断修正检索的结果，直到满意为止。基于多媒体数据库的检索过程如图 6.17 所示。

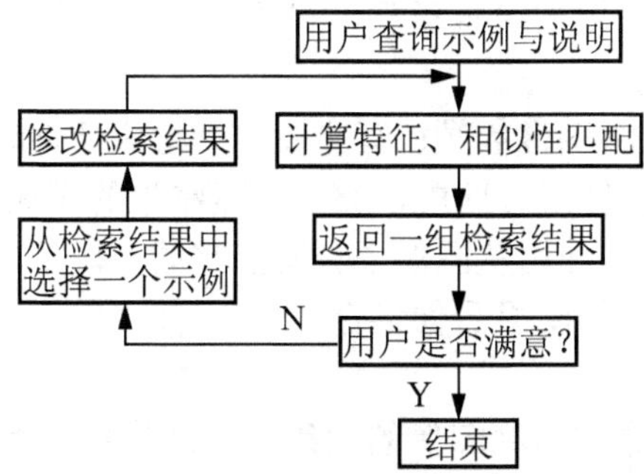


图 6.17　基于内容的多媒体数据库检索过程图示

相关模块说明如下。

(1) 用户查询示例与说明：用户开始检索时，系统提供一个检索的示例，用户可根据示例的引导，以系统可识别的一个检索的格式，开始检索过程。检索的最初条件可以用特定的查询语言来形成。

(2) 相似性匹配：将特征与特征库中的特征按照相应的匹配算法进行匹配运算。

(3) 修改检索结果：也就是要进行特征调整。用户对系统返回的一组满足初始特征的检索结果进行浏览，选出满意的结果，检索过程完成；或者从候选结果中选择一个最接近的示例，进行特征调整，然后形成新一轮的查询。

(4) 重新检索：逐步缩小查询范围，重新开始检索过程。该过程直到用户放弃或得到满意的查询结果时为止。

6. 基于内容的检索举例——图像检索

1) 基于颜色直方图的检索

颜色直方图是一幅图像中各种颜色(或灰度)像素点数量的比例图。它是一种基于统计的特征提取方式。通过统计一幅图像中的不同的颜色(灰度)种类和每种颜色的像素数，并以直方图形式表示出来就构成了图像的颜色直方图。图 6.18 是一幅静态图像及其颜色直方图。直方图下方给出了一系列的技术指标，其中色阶的值表示某种色彩或灰度值，数量表示具有该色阶值的像素个数。

**图 6.18 静态图像与其颜色直方图**

利用基于颜色直方图检索，其示例可以由如下方法给出。

(1) 使用颜色的构成：如检索“约 45%红色，25%绿色的图像”，这些条件限定了红色和绿色在直方图的比例，检索系统会将查询条件转换为对颜色直方图的匹配模式。检索结果中所有图像的颜色分布都符合指定的检索条件，尽管查到的大多数不是所要的图像，但缩小了查询空间。

(2) 使用一幅图像：将一幅图像的颜色直方图作为检索条件时，系统用该图像的颜色直方图与数据库中的图像颜色直方图进行匹配，得到检索结果的图像集合。

(3) 使用图像的一块子图：使用从图像中分割出来的一块子区域的颜色直方图，从数据库中确定具有相似图像颜色特征的结果图像集合。

2) 基于轮廓的检索

基于轮廓的检索是用户通过勾勒图像的大致轮廓，从数据库中检索出轮廓相似的图像。图像的轮廓线提取是目前业界研究较多的问题，对于不同部分内容对比明显的图像，已基本可以实现由计算机自动提取其轮廓线，但对于对比不强烈的图像，自动提取十分困难。较好的方法是采用图像自动分割的方法与识别目标的前景背景模型相结合，从而得到比较精确的轮廓。对轮廓进行检索的方法是，先提取待检索图像的轮廓，并计算轮廓特征，保存在特征库中；通过计算检索条件中的轮廓特征与特征库的轮廓特征的相似度来决定匹配程度，并给出检索结果。基于轮廓特征的检索方式也可以和基于颜色特征的检索结合起来使用。

3) 基于纹理的检索

纹理是通过色彩或明暗度的变化来体现图像表面细节。其特征包括粗糙性、方向性和对比度等。对纹理的分析方法主要有统计法和结构法两种。

(1) 统计法用于分析细密而规则的对象，如木纹、沙地、草坪等，并根据像素间灰度的统计特性对纹理规定出特征及特征与参数之间的关系。

(2) 结构法适于排列规则对象的纹理，如布纹图案、砖墙表面等。结构法根据纹理基元及其排列规则描述纹理的结构和特征及特征与参数的关系。

基于纹理的检索往往采用示例法。检索时首先将已有的图像纹理以缩略图形式全部呈现给用户，当用户选中其中一个和查询要求最接近的纹理形式时，系统以查询表的形式让用户进一步调整纹理特征，并逐步返回越来越精确的结果。

此外，基于内容的视频检索、基于内容的音乐及声音信息的检索也有着较大的研究意义和应用价值，吸引着众多研究机构和科学工作者不断进行研究与探索，并取得了许多研究成果。

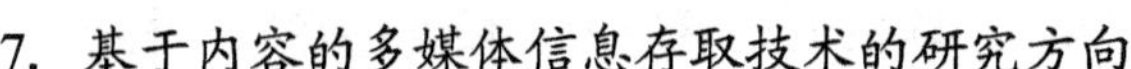

7. 基于内容的多媒体信息存取技术的研究方向

基于内容的多媒体信息存取技术目前还面临着许多困难。这方面未来的研究方向主要集中在以下几个方面。

(1) 多特征综合检索技术：多特征综合检索技术的目标是将多媒体信息中包含的视觉、听觉、时间和空间关系特征进行有机的组织，使用户可以使用多种媒体特征进行查询，并按照用户的查询要求合并各种特征的检索结果。使用多特征综合检索更容易提高检索命中率。

(2) 高层特征和低层特征关联技术：人和计算机对多媒体信息中所包含内容的理解是完全不同的，如图像中的人物、山峦、小鸟等概念是人们使用的高层特征，计算机中的这些信息采用了如直方图、纹理等低层特征来描述。如果能够建立这些底层的特征与高层特征的关联，就能够使计算机自动抽取媒体的语义，并实现基于内容的快速检索。

(3) 高维度索引技术：大型媒体库的检索离不开索引的支持。尤其是多媒体数据的内容特征描述方法很多，如果根据内容特征建立高维度的索引，就可以实现对多媒体数据进行基于内容的多特征检索。但在大型集成的检索中，多媒体特征矢量高达 $10^2$ 量级，大大多于常规数据库的索引能力，因此，需要研究新的索引结构和算法，以支持快速检索。

(4) 流媒体内容的结构化：视频和音频信息是典型的流媒体，它们包含了大量难以用低层特征描述的高层语义信息，这些媒体数据是典型的非结构化数据，基于内容的检索十分不便。如果对时序媒体信息进行结构化，那么用户就能直接操纵连续媒体流数据的内容，并实现基于内容的时序媒体检索。

(5) 用户查询接口：主要研究用户对信息内容的表达方式、交互方式设计、如何形成并提交查询等。

(6) 数据模型及描述：统一的多媒体数据模型标准是实现多媒体数据库和多媒体信息基于内容存取的理论基础。多媒体信息内容描述标准 MPEG-7 目前还在制定中。

(7) 性能评价体系：对检索定义标准的性能评价体系，以全面检验检索算法的性能。

(8) 三维模型的检索：三维模型的应用越来越广泛、工业产品设计、虚拟现实、虚拟人、三维游戏、教育、影视动画等都广泛使用三维模型。因此，目前有数以兆计的三维模型存在，而且每天都有大量的三维模型产生和传播，存在着对三维模型进行分析、匹配与检索的迫切需求，对基于内容的三维模型分析、匹配与检索技术进行研究已变得非常重要。 国外这方面发展较早，美国普林斯顿大学(Princeton University)已经提出了一套三维模型库，并根据该库设计了一套检索系统。该基准三维模型库已成为目前研究的一种标准，被很多机构参考。德国康斯坦茨大学(University of Konstanz)也提出了一套通用的模型库标准，美国德雷塞尔大学(Drexel University)提出了 CAD 的模型库检索标准。目前国内浙江大学、北京大学、清华大学等学校也陆续展开了这方面的研究。

## 6.6 小　　结

多媒体数据的组织与管理是多媒体技术中的重要组成部分。本章以如何对多媒体数据进行组织与管理为内容，介绍了多媒体数据的特点和管理现状。其中，对面向对象的数据库技术、超文本/超媒体技术、超文本标记语言 HTML、可扩展的标记语言 XML 和多媒体数据库技术进行了较为详细的讲述。

随着多媒体数据库技术、数据压缩技术和互联网的迅速发展，信息的形式多种多样，视觉信息数据不仅包括单幅的图像数据还包括视频数据，针对视频数据的特点，进行高速、可靠的检索也是一个需要研究的课题。将信息检索技术推向实用化，也是信息技术发展的主要目标。

本章重点介绍现有成熟技术的同时，对目前仍然存在的技术问题进行了分析。学习和掌握本章内容有利于对多媒体技术的全面了解。

## 6.7 习　题

1. 填空题

(1) 多媒体数据区别于传统文本数据的特点主要有________、________、________、________。

(2) 多媒体数据管理的基本方式有________、________、________、________。

(3) 面向对象数据库系统研究的主要内容有________、________、________、________。

(4) 面向对象数据库的逻辑设计阶段的主要任务是________、________、________、________、________、________。

(5) 面向对象数据库的物理设计阶段的主要任务是________、________。

(6) 超文本是指________。

(7) 超媒体是指________。

(8) HTML 的意思是________。

(9) 多媒体数据库是指________。

(10) 超文本与超媒体系统目前存在的主要问题有________、________、________。

(11) 多媒体数据库的层次结构可划分为________、________、________、________。

(12) 多媒体数据库的组织结构可分为________、________、________、________。

(13) 基于内容的检索是指________。

(14) 超媒体与超文本之间的不同之处在于超文本主要是以________的形式表示信息。

2. 选择题

(1) ____是 Ted Nelson 在 1965 年用计算机处理文本文件时提出的一种把文本中遇到的相关文本组织在一起的方法，让计算机能够响应人的思维及能够方便地获取需要的信息。

A．超文本　　B．多媒体　　C．超媒体　　D．流媒体

(2) 超文本系统采用一种____组织块状信息，没有固定的顺序，也不要求读者必须按某个顺序来阅读。

A．线性网状结构　　B．层次结构
C．非线性网状结构　　D．关系结构

(3) 在超文本和超媒体中不同信息块之间的链接是通过____连接的。

A．节点　　B．字节　　C．链　　D．字

(4) 下列有关节点的叙述，正确的是____。

A．节点在超文本中是信息的基本单元

B．节点是信息块之间连接的桥梁

C．节点在超文本中必须经过严格的定义

D．节点的内容只能是文本

(5) ____是在所显示的图像或类似图像的显示区上指明的一个敏感区域，作为触发转移的源点。

A．热字　B．热区　C．热点　D．热元

(6) HAM 模型把超文本系统划分为 3 个层次，____处于 3 层模型的最底层，涉及所有传统的有关信息存储的问题。

A．用户接口层　B．超文本抽象机　C．数据库层　D．HAM 层

(7) ____是文本中被指定具有特殊含义或需进一步解释的字、词或词组。

A．热字　B．热区　C．热点　D．热元

(8) ____是为了使图形媒体中相对独立的图形单位-图元能够作为信息转移的链源而引入的概念。

A．热字　B．热区　C．热点　D．热元

(9) 在多媒体数据库系统中，当一个实体以文本(格式数据)或图像(无格式数据)等形式给出时，可用不同的查询和相应的搜寻方法找到这个实体。对于多媒体数据的查询应该是基于____的。

A．内容　B．文本　C．图像　D．字符

(10) MDBMS 的组织结构一般可分为集中型、主从型、____3 种。

A．分散型　B．层次型　C．协作型　D．网络型

(11) 多媒体数据库的功能描述中不正确的是____。

A．多媒体数据库系统能表达和处理各种媒体的数据

B．具有基于内容的查询方法

C．具有开放性，提供应用程序接口及依赖于外设和格式的接口

D．对不同媒体提供不同的操作方法

(12) ____用于存放各种媒体信息，包含文本、图形、图像、视频和动画等各种媒体，也包含数据库和文献，用于存放这些媒体信息的来源、属性和表现方法等。

A．媒体类节点　B．动作与操作节点　C．组织型节点　D．推理型节点

(13) 下列关于 XML 的叙述正确的是____。

A．XML 可完全代替 HTML

B．XML 源于 HTML，是 HTML 的升级

C．XML 中将数据与显示分开，本身不能直接显示内容

D．XML 结构没有 HTML 灵活

(14) ____把关系数据库中的属性作为热源使用。

A．热字　B．热区　C．热属性　D．热元

3．判断题

(1) 超文本是 Ted Nelson 在 20 世纪 60 年代年提出的一种把文本中遇到的相关文本组织在一起的方法。　(　)

(2) 节点是超文本中信息的基本单元，它只能是某一字符文本集合。　(　)

(3) 超媒体系统中的链可分为很多种类型，除了基本结构链以外，索引链，推理链、执行链也是比较典型的链型。 (　　)

(4) 多媒体数据一般有格式数据和无格式数据两类。图像、声音都是常用的格式数据。 (　　)

(5) 超媒体与超文本之间的不同之处在于超文本主要是以文字的形式表示信息。 (　　)

4. 简答题

(1) 多媒体数据和格式化数据，如数字、字符相比有什么特点?

(2) 简述常用的多媒体管理技术及其特点。

(3) 超文本与超媒体系统有什么特点? 超文本与超媒体最根本的区别是什么?

(4) 多媒体数据库和传统数据库有什么不同? 常用结构有哪些?

(5) 什么是超文本标记语言? 简述 HTML 的基本结构与语法结构。

(6) 什么是 XML、XSL 和 CSS?

(7) 简述 XML 的主要特点、结构与基本语法。

(8) 简述 XML 与 HTML 的主要区别。

(9) 简述多媒体数据库中基于内容的检索的特点、难点和热点。

# 第 7 章　多媒体数据存储技术

## 教学提示

➢ 多媒体数据存储技术是多媒体技术中的关键技术之一。它主要解决如何保存多媒体内容。随着多媒体技术的发展，存储介质从最早的磁带、磁盘、CD、DVD 发展到蓝光光盘，存储容量发生了巨大的变化，而其中的存储方式也随之改变，并融入了新的压缩算法。

## 教学目标

➢ 通过本章学习，要求掌握存储介质的变革过程，光盘存储技术的基本原理、技术标准；了解移动存储设备、网络存储和云存储的基本概念、术语和基本原理及多媒体数据存储的特点与技术要求。

数字多媒体技术为我们的生活带来了图文并茂、五光十色、声光动影的全新视听环境。随着生活质量的提高，人们对音、视频的质量要求也逐步提高。从 20 世纪末的 VCD 到现在的蓝光光盘，画面质量已经翻了数倍，VCD 时代的画面分辨率为 388*244，而蓝光光盘的分辨率则为 1 920*1 080。对于音频，从最早的双声道的 MP3，发展到 DVD 时代的 DTS-DVD，以至现在蓝光光盘里的近似于无损的多音轨多声道的 DTS/AC3 音频，容量都大幅提高。这些画质和音质的提高，对于存储技术和存储介质都提出了新的要求。

此外，随着互联网的发展，多媒体内容不再仅仅是个人所私有的内容，更多的用户希望能够分享自己的音视频多媒体内容，希望能够在网络上的发布展示自己的多媒体内容，因此对于存储技术提出了适应网络要求的变革。

随着数码照相机和数码摄像机的普及，人们无论外出旅游还是朋友聚会，都会利用数码照相机、数码摄像机或者便携设备(如手机)进行拍照和录像，计算机中存储的照片和视频越来越多，如何保存管理这些内容也成了一个令人头痛的问题。

综上所述，随着多媒体技术的迅速发展，音、视频质量的快速提高，媒体存储数量的迅速增长，也给多媒体数据存储技术带来了新的挑战。本章首先介绍多媒体数据存储的基础介质，然后是专业领域的存储技术，最后介绍时下比较流行的云存储方案。

## 7.1 光盘存储技术

20 世纪末，存储设备主要有磁带、硬盘、软盘和光盘，其中磁带采用模拟信号保存，磁带上的模拟信号会随着使用次数增多而出现磨损衰减，时间长了，磁性减弱，都会造成存储的信息不可靠，甚至丢失。因此，磁带虽然是可移动设备，但是对于个人用户不具备实用性。而硬盘和软盘则由于容量小，存储的数据内容有限，硬盘在当时的容量不到 4GB，而软盘则只有 1.44MB，因此都不适宜保存大量数据，光盘存储就是在这种背景下普及的。

### 7.1.1 光盘存储与 CD 盘片结构

光盘存储技术(CD-ROM、VCD、DVD)如今已得到广泛的应用，这些技术的发展始于 20 世纪 70 年代。最初，荷兰 Philips 公司的研究人员开始研究利用激光来记录和重放信息，并于 1972 年 9 月向全世界展示了光盘系统。从此，利用激光来记录信息的革命便拉开了序幕。它的诞生对人类文明进步产生了深刻的影响和巨大的贡献。

从 1978 年，研究人员把声音信号变成用“1”和“0”表示的二进制数字，然后记录到以塑料为基片的金属圆盘上。Philips 公司和 Sony 公司于 1982 年把这种记录着数字声音的盘推向了市场。采用 CD 来命名，并为这种盘制定了标准，这就是世界闻名的“红皮书(Red Book)”。这种盘又称为激光唱盘即 CD-DA。

由于 CD-DA 能够记录数字信息，所以便想把它用作计算机的存储设备。但从 CD-DA 过渡到 CD-ROM 有两个重要问题需要解决。

(1) 计算机如何寻找盘上的数据，即如何划分盘上的地址问题。因为记录歌曲时是按一首歌为单位的，一片盘也就记录 20 首左右的歌曲，平均每首歌占用 30MB 以上的空间。而用来存储计算机数据时，许多文件不一定都需要那么大的存储空间，因此需要在 CD 光盘上写入很多的地址编号。

(2) 把 CD 盘作为计算机的存储器使用时，要求它的错误率($10^{-12}$)远远小于声音数据的错误率($10^{-9}$)，而用当时现成的 CD-DA 技术不能满足这一要求，因此还要采用错误校正技术于是就产生了“黄皮书(Yellow Book)”。可是，这个重要标准只解决了硬件生产厂家的制造标准问题(即存放计算机数据的物理格式问题)，而没有涉及逻辑格式问题(即计算机文件如何存放在 CD-ROM 上，文件如何在不同的系统之间进行交换等问题)。为此，又制定了一个文件交换标准，后来 ISO 把它命名为 ISO 9660 标准。经过科技人员及各行各业人员的共同努力，大约于 1985 年将 CD-ROM 推向了市场，从此 CD-ROM 走向实用化阶段。

自从激光唱盘上市以来，研发了一系列的 CD 产品，主要有 CD-DA(存放数字化的音乐节目)、CD-ROM(存放数字化的文、图、声、像等)、Video CD(存放数字化的电影、电视等节目)、DVD(存放数字化的电影、电视、动画等节目)，而且还在不断地开发新的产品。值得指出的是，CD 原来是指激光唱盘，用于存放数字化的音乐节目，而今通常把所有的 CD 系列产品通称为 CD。为存放不同类型的数据，制定了许多不同的标准，见表 7-1。

表 7-1　主要的 CD 产品标准

| 标准名称 | 盘的名称 | 应用目的 | 存储 | 显示的图像 |
|---|---|---|---|---|
| Red Book<br>(红皮书) | CD-DA | 存储音乐节目 | 74min | |
| Yellow Book<br>(黄皮书) | CD-ROM | 存储文、图、声、像等多媒体节目 | 存储 650 MB 的数据 | 动画、静态图像、动态图像 |
| Green Book<br>(绿皮书) | CD-I | 存储文、图、声、像等多媒体节目 | 可存储达 760 MB 的数据 | 动画、静态图像 |
| White Book<br>(白皮书) | Video CD | 存储影视节目 | 70min<br>(MPEG-1) | 数字影视<br>(MPEG-1)质量 |
| Red Book⁺<br>(红皮书⁺) | CD-Video | 存储模拟电视<br>数字声音 | 5～6min(电视)<br>20min(声音) | 模拟电视图像<br>数字声音 |
| CD-Bridge | Photo CD | 存储照片 | | 静态图像 |
| Blue Book<br>(蓝皮书) | LD<br>(Laser Disc) | 存储影视节目 | 200min | 模拟电视图像 |

CD 盘片结构如图 7.1 所示。它主要由保护层、铝反射层、刻槽和聚碳脂衬垫组成。通常人们将激光唱盘、CD-ROM、数字激光视盘等统称为 CD 盘。CD 盘上有一层铝反射层，看起来是银白色的，故人们称它为“银盘”。另有一种盘为 CD-R(CD-Record able)盘，它的反射层是金色的，所以又把这种盘称为“金盘”。

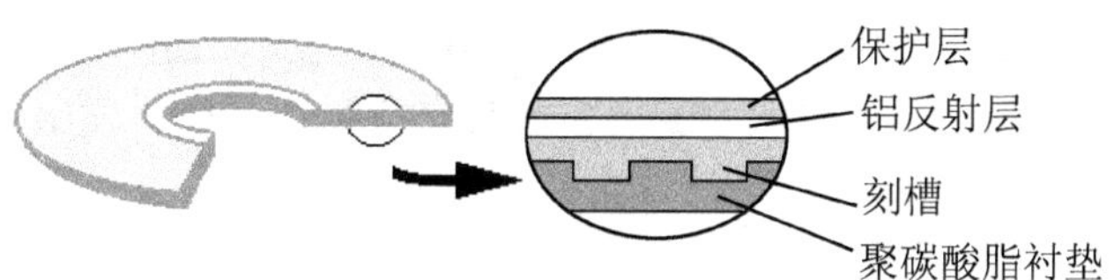


图 7.1　CD 盘片的结构

激光唱盘分 3 个区：导入区、导出区和声音数据记录区，如图 7.2 所示。CD 盘记录信息的区域称为光道。CD 盘光道的结构与磁盘磁道的结构不同，磁盘存数据的磁道是同心环，光盘的光道不是同心环光道，而是螺旋型光道。采用这样结构的原因主要是提高信息的存储率。因为若采用类似于磁盘的同心环结构，虽然磁盘片转动的角速度是恒定的，但在一条磁道和另一条磁道上，磁头相对于磁道的速度(称为线速度)却是不同的。采用同心环磁道的好处之一是控制简单，便于随机存取，但由于内外磁道的记录密度(每英寸比特数)不同，外磁道的记录密度低，内磁道的记录密度高，外磁道的存储空间就没有得到充分利用，因而存储器没有达到应有的存储容量。CD 盘转动的角速度在光盘的内外区是不同的，而它的线速度是恒定的，就是光盘的光学读出头相对于盘片运动的线速度是恒定的，由于采用了恒定线速度，所以内外光道的记录密度可以做到一样，这样盘片就得到充分利用，可以达到它应有的数据存储容量，但随机存储特性变得较差，控制也比较复杂。

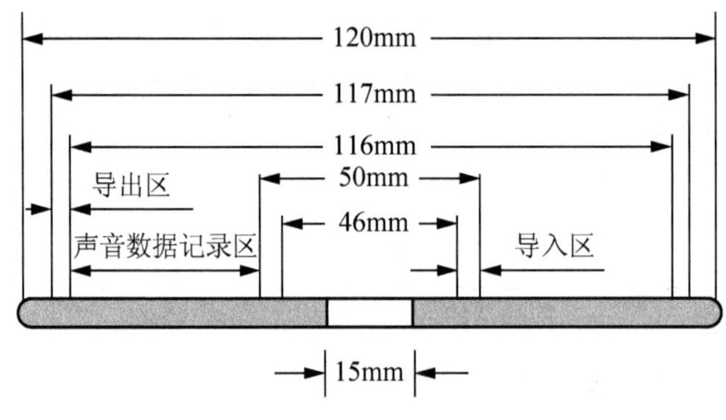


**图 7.2　CD 盘的结构**

### 7.1.2　光盘读、写、擦原理

目前，按读写能力可将商品化的光盘分为以下几类。

(1) 只读光盘(Read Only Memory，ROM)。例如 CD-ROM，光盘内容在工厂里制作，用户只能读，用于电子出版物、素材库、大型软件的载体等。

(2) 一次写光盘(Write Once Read Many，WORM)。只能写入一次数据，然后任意多次读取数据，主要用于档案存储。

(3) 可擦写光盘(Erasable 或 Rewritable，E-R/W)。CD-RW 就属于这类光盘。它像硬盘一样，可多次写入和读出，主要应用于开发系统及大型信息系统中。

下面将介绍这 3 类光盘的工作原理。

#### 1. 只读光盘的读原理

常见的只读光盘有 CD-ROM、CD-DA、激光视盘(LD)等。光盘上的信息是沿着盘面螺旋形状的信息轨道以一系列凹坑点线的形式存储的。激光束能在 1μs 内从 1μm² 探测面积上获得满意的信噪比(S/N)。利用激光聚焦成亚微米级激光束对轨道上模压形成的凹坑进行扫描，如图 7.3 所示。光束扫描凹坑边缘时，反射率发生变化，表示二进制数字“1”，在坑内或岸上均为二进制“0”数字。通过光学探测器产生光电检测信号，从而读出数据 0、1。

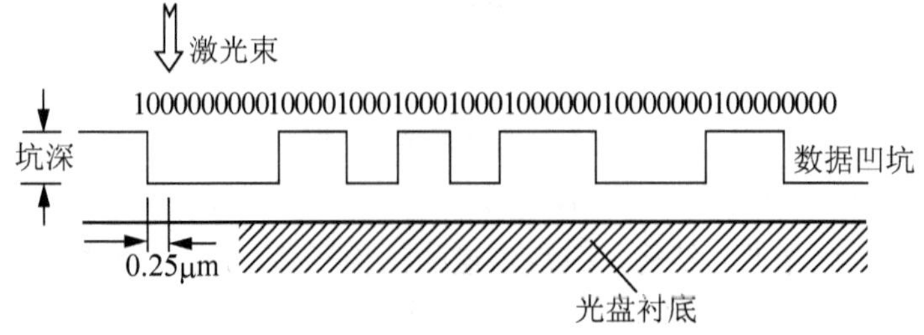


**图 7.3　只读光盘压模的读出信息表示**

光轨道的间距为 1.6μm，它是由光束直径、盘片转轴系统偏心、盘片倾斜和厚度等因素决定的。坑宽不足光道间距的 1/3，为 0.4～0.5μm。为了提高读出数据的可靠性，减少误读率，存储数据采用 8－14 调制(Eight to Fourteen Modulate on，EFM)编码，即 1 字节的 8bit 数据位经编码为 14bit 的光轨道位。这些光轨道位采用 RLL(2，10)规则的插入编码，即“1”码间至少有两个“0”码，但最多有 10 个“0”码。

2. 可擦写光盘的擦写原理

光盘写过程与光盘擦过程是一个逆过程，写即改变光介质的性质，擦即恢复光介质原来的性质。读光束的能量可以较小，功率只需 1～2mW，但是擦写光束的功率一般需要 8～20mW。对于 1μm 直径的激光束，功率如果具有 15mW 的写，那么其平均能量密度达到 $2\times10^{10}W/m^2$。如此高密度的能量可以很快改变或破坏盘面介质的性质，激光束在光盘介质上形成烧孔、起泡、相变、色变或偏振态变化的信息点，这个过程为写过程。其中，烧孔、起泡是一次写光盘的工作原理。相变、色变和偏振态变化用于可擦写光盘驱动器。下面主要介绍常用的利用相变进行擦写操作的原理。

可擦写相变光盘利用记录介质的两个稳态之间的互逆相结构的变化来实现信息记录和擦除。两种隐态是反射率高的晶态和反射率低的非晶态(玻璃态)。写过程是把记录介质的信息点从晶态转变到非晶态。擦过程是写的逆过程，把激光束照射的信息点从非晶态恢复到晶态。写过程要克服较高的能量势垒，写功率大于擦除功率。

相变光盘是一种“全光”型光盘，与磁存储没有联系。目前商品化的相变光盘是一种直接重写型光盘(Direct Overwrite)，在原记录介质上，利用擦写操作重写数据 0、1。

色变光盘的擦写原理与相变光盘类似，在此不再赘述。

### 7.1.3 光盘驱动器工作原理

光盘驱动的机械装置和软驱很类似，共有 3 个电动机，分别控制不同的功能：一个用来旋转光盘盘片；一个驱动激光头读取资料的电动机；还有一个是控制光盘盘片的插入和退出的电动机。一个传统的光驱设备如图 7.4 所示。

无论是读出还是写入过程，都是靠光盘高速旋转来完成激光束对光盘盘面的扫描。由于物理机械装置的差异，需要引入几个参数来描述一个光驱的技术性能。

图 7.4 光驱驱动器

(1) 平均寻道时间(average access time)，平均寻道时间是指激光头从当前位置移到新位置并开始读取数据所花费的平均时间。平均寻道时间越短，光驱的性能越好。

(2) 数据传输率(data transfer rate)，也就是大家常说的光驱倍速，它是衡量光驱性能的最基本指标。单倍速光驱是指每秒从光驱存取 150KB 数据的光驱。目前来说，普通的 DVD 光驱的速率都是 24 或者 32 倍速，也就是每秒能够读取 3 600KB 或者 4 800KB 的数据。

(3) CPU 占用时间(cpu loading)，CPU 占用时间是指光驱在维持一定的转速和数据传输率时所占用 CPU 的时间。它也是衡量光驱性能的一个重要指标。CPU 占用时间越少，其整体性能越好。

(4) 数据缓冲区(buffer)，数据缓冲区是光驱内部的存储区，它能减少读盘次数，提高数据传输率。目前流行的大多数光驱的缓冲区为 128KB 或者 256KB。

光驱的正面一般包含以下部件：防尘门、光盘托盘、耳机插孔、音量控制按钮、播放键(可选)、弹出键、读盘指示灯、手动退盘孔。

这里以可擦写型光盘驱动器为例来说明光盘驱动器的工作原理。图 7.5 所示为读写型光盘驱动器的结构框图。光盘驱动器主要由光学头、读写擦通道、聚焦伺服、跟踪伺服、主轴电动机伺服和微处理器等部分组成。

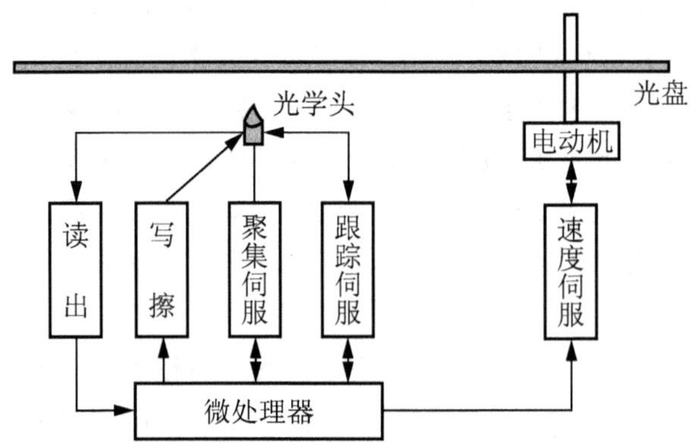


**图 7.5　可擦写光盘驱动器的结构**

擦写数据和读出数据时要调节激光器发射的激光束功率。

聚焦与跟踪伺服系统根据光电检测的读写光点与数据信息轨道的跟踪误差信号，由放置光学头的二维力矩器，在与光盘垂直方向上移动聚焦透镜，实现聚焦伺服，而在光盘的半径方向上移动透镜，实现跟踪伺服，使物镜聚焦光束正确地落在光盘面上(聚焦)的信息轨道中央(跟踪)。

主轴电机伺服系统利用旋转编码器产生的伺服信号，控制光盘以恒线速或恒角速旋转，以按照标准的格式读写数据。微处理器执行上述功能的时序和控制操作，并通过接口与计算机传递数据。

光盘驱动器与光盘片的耦合部件是光学头系统，其作用是从光盘片读出数据和向光盘片写入新的数据。除了可发射微细激光束的半导体激光器外，光学头中包含光学系统，使激光束准确地照射到光盘的信息轨迹上，另外光学头中还包含光电接收系统，把反射光信号变成电信号输出。

光存储技术是利用存储介质在激光照射下某些性质会发生变化的原理。写入信息时激光照射存储介质，导致介质的某些性质发生变化而将信息保存下来；读取信息时通过激光扫描介质，识别出介质中存储单元性质的变化，将这种变化转换为数字信息。在实际操作中，通常都是以二进制数据形式存储信息的，所以首先要将信息转化为二进制数据。写入时，将主机送来的数据编码送入光调制器，这样激光源就输出强度不同的光束。此激光束经光路系统、物镜聚焦后照射到介质上，其中一种存储方法是介质被激光烧蚀出小凹坑。介质上是否有小凹坑的两种状态对应着两种不同的二进制数据 0 或者 1。识别存储单元是否有小凹坑，即可读出被存储的数据，光盘驱动器的工作原理如图 7.6 所示。

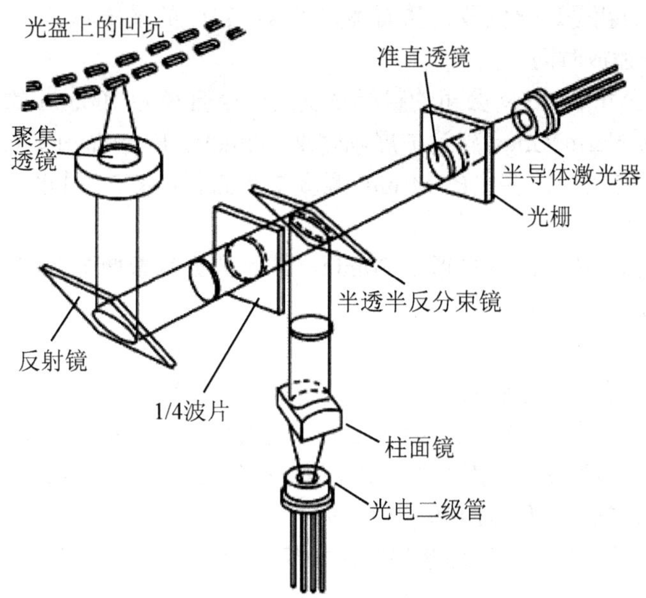


**图 7.6 光盘驱动器的工作原理**

### 7.1.4 CD 光盘

随着音视频技术的发展，对于光盘存储容量也有了新的要求，以至于现在的高清电影，需要存储高达 46GB 的容量，因此同样是光盘，研发了新的技术，出现了不同的标准。

下面介绍业界应用的光盘存储格式。

#### 1. CD 简介

CD 是用来存储数字信息的光盘。最初是用来存储录音数据的，后来引用来作为数据存储用(CD-ROM)，只读音视频存储(CD-R)，可擦写存储(CD-RW)，视频光盘(VCD)，超级视频光盘(SVCD)及照片 CD、扩展 CD 等。音乐 CD 和音乐 CD 播放器从 1982 年开始进入商用阶段。

CD 是激光唱盘技术的发展。Sony 公司在 1976 年首次公开演示光学数字音乐光盘，1978 年，Sony 公司又演示了一个含有 150min 长度、采样率为 44 056Hz 的音乐光盘，该技术细节在 1979 年在布鲁塞尔举办的 AES 大会上公开。同年 3 月，Philips 公司发布了一份光学音乐盘片原型。这两家公司在 1979 年宣布合作研发数字音乐盘片，经过一年的努力，他们发布了一份红皮书，也就是 CD 标准。

标准的 CD 有两种尺寸，通用的是 120mm(4.7in)直径，容纳 74 或者 80min 的音乐长度，或者 650～700MB 数据容量。另外一种是 80mm 直径的微型 CD，它可以容纳 24min 音乐或者 210MB 数据，但是没有能够普及。目前大多数是用的还是 120mm 直径的 CD。

#### 2. Audio CD

Audio CD(另一种说法是 CD-DA)是 Sony 公司和 Philips 公司在 1980 年发布的红皮书中规定的。它的格式为 16 位 PCM 编码的 44.1kHz 采样率的双声道音乐 CD。

1) 44.1kHz 采样率

采样率的确定是根据声音频率来确定的，一般人耳能够感受 20Hz～20kHz，因此 CD 里面需要记录并重现的就是这一区段，从而确定了 44.1kHz 的采样率。

2) 存储容量和播放时间

最初，Philips 公司和 Sony 公司的目标是制造一个直径为 100mm 的 60min 的 CD。时任 Sony 公司副总裁的 Norio Ohga 建议扩展以容纳 Wilhelm Furtwangler 在 1951 年指挥的最长 74min 的贝多芬第九交响曲。多出的 14min，需要更大直径的 CD，因此，尺寸由原来的 100mm 延长到 120mm。

最新的制作工艺允许 CD 容量增至 80min，或者数据容量增至 730MB。但不是所有播放器或者 CD 机都支持。

3) 数据结构

CD 中最小的单元实体是帧(Frame)，一帧包含了 33 字节(6 个完整的 16 位双声道样本，加上 9 个字节的 CIRC 错误校验码)。98 帧合在一起称为扇区(Sector)，其中有 98*24＝2 352 个音乐字节。播放时以每秒 75 个扇区的速度播放，即每秒 176 400 字节，分成两个声道，一个样本两个字节，结果就是每秒 44 100 样本。

对于 CD-ROM 数据光盘，物理帧和扇区的尺寸和 CD 中的一样。由于错误校验码不能用于非音乐数据，因此引入了第三层，每个扇区中的 2 352 个字节减为 2 048 个字节存储数据，剩余的作为数据校验，这种方式是 Mode-1 CD-ROM 格式。对于视频 CD，为了增加数据率，进入了 Mode-2 CD-ROM 格式，其中去掉了第三层，数据量从 2 048 字节增加到 2 336 字节，剩余的 16 字节用于同步和头部数据。

CD 中最大的数据实体是轨道(Track)。一个 CD 可以容纳最多 99 个轨道。每个轨道可以有最多 100 个索引。

4) CD-Text

CD-Text 是对红皮书的扩展。它允许存储额外的文本信息，如专辑名称、歌曲名称、艺术家。这些信息要么存储于 CD 的开始区域(大约有 5KB 空间)，或者存储于声道 R～W(大约有 31MB)。这些文本信息按照交互式文本传输系统(Interactive Text Transmission System，ITTS)格式进行存储。ITTS 也用于数字音乐广播或者微型 CD。CD-Text 是由 Sony 公司在 1996 年 9 月发布的。虽然对 CD-Text 的支持比较普遍，但不是所有的都支持。

有工具软件可以单独抓取 CD-Text 数据并插入到 CDDB 和 freedb 数据库中。

5) CD＋G

CD＋G(CD＋Graphics)是 CD 标准的一种扩展，它除了包含原有的音乐信息外，还包含了低分辨率的图像。CD＋G 光盘经常用于卡拉 OK 机器，它实现了显示包含在光盘中的歌词信息。

除了卡拉 OK，其余支持 CD＋G 的设备有 NEC Turbo Grafx-CD 和 Turbo Duo、Philips 的 CD-i、Sega Saturn、Mega-CD、JVC 的 X’Eye 等。部分 CD-ROM 驱动器也支持该格式。从 2003 年起，大部分 DVD 播放机已经支持 CD＋G 格式。

6) CD＋Extended Graphics

CD＋Extended Graphics(CD＋XG)，是对 CD＋G 的加强版本，类似于 CD＋G，CD＋XG 使用了 CD-ROM 的基本功能来显示文本和视频信息。这些额外的数据保存在子声道 R-W，尽管少用，但是 CD＋XG 光盘还是发行过。

7) Super Audio CD

Super Audio CD 是 1999 年 Sony 公司和 Philips 公司研发的格式，它能够提供比红皮书定义的更高质量的音乐还原度的只读光学音乐光盘。SACD 曾经陷入了和 DVD Audio 的格式竞

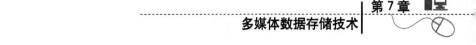

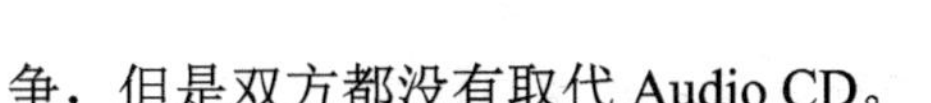

争，但是双方都没有取代 Audio CD。

8) CD-MIDI

CD-MIDI 用来保存音乐播放的数据，可以在电子乐器上按照记录的数据进行演奏。因此，光盘中记录的不是音乐。

3. CD-ROM

在 CD 发布前，CD 一直作为音乐记录的媒体。直到 1985 年 Sony 公司和 Philips 公司发布了 CD-ROM 标准的黄皮书，其中定义了基于音乐 CD 物理格式的保存不会变更的计算机数据存储的介质方式。

CD-ROM 广泛用来分发计算机软件，包括视频游戏和多媒体应用程序。

1) 标准

ISO 9660 定义了 CD-ROM 上标准的文件系统，UDF 则扩展了 ISO 13346 来支持只读或可擦写的 DVD。允许光盘启动的描述文件为 EI Torito，它允许光盘模拟硬盘或者软盘来引导计算机。

不同于音乐 CD，对于数据 CD，错误校验不能简单的依赖于每个帧中的 6 个字节，需要提供额外的校验方式。因此出现了前述中提及的 Mode1 和 Mode2 两种方式，具体细节见表 7-2。

表 7-2 主要的 CD 产品标准

| 布局类型 | ← 2 352 byte block → | | | | | |
|---|---|---|---|---|---|---|
| 音乐 CD | 2 352 数字音乐 | | | | | |
| CD-ROM (mode 1) | 12 同步 | 4 扇区 ID | 2 048 数据 | 4 错误检测 | 80 | 276 校验数据 |
| CD-ROM (mode 2) | 12 同步 | 4 扇区 ID | 2 336 数据 | | | |

2) CD-ROM 容量

不同的标准，不同的设计造成了集中不同容量的 CD-ROM，常见的几种不同的 CD 产品容量见表 7-3。

表 7-3 几种不同的 CD 产品

| 类型 | 扇区数 | 最大数据量 | | 音乐数据量 | 时长 |
|---|---|---|---|---|---|
| | | (MB) | (MiB) | (MB) | (min) |
| 8cm | 94 500 | 193.536 | 184.570 | 222.264 | 21 |
| | 283 500 | 580.608 | 553.711 | 666.792 | 63 |
| 650MB | 333 000 | 650.391 | 650.391 | 783.216 | 74 |
| 700MB | 360 000 | 737.280 | 703.125 | 846.720 | 88 |
| 800MB | 405 000 | 829.440 | 791.016 | 952.560 | 90 |
| 900MB | 445 500 | 912.385 | 870.117 | 1 047.816 | 99 |

3) CD-ROM 传输速率

若 CD-ROM 和 Audio CD 的读取速率是一致的，则每秒传输数据 150KB，该速率定为“1×”，即一倍速。通过提高光盘转速，可以提高数据传输率。随着技术的发展，目前常见的传输速率一般都达到 48×或者 52×，表 7-4 列出了常见 CD-ROM 的读取速率与转速。

表 7-4　几种 CD-ROM 的读取速率与转速

| | KB/s | RPM | | KB/s | RPM |
|---|---|---|---|---|---|
| 1× | 150 | 200～500 | 20× | 1 200～3 000 | 4 000 |
| 4× | 600 | 800～2 000 | 32× | 1 920～4 000 | 4 800 |
| 8× | 1 200 | 1 600～4 000 | 48× | 2 880～7 200 | 9 600 |
| 12× | 1 800 | 2 400～6 000 | 52× | 3 120～7 800 | 10 400 |

注意：CD-ROM 的一倍速传输速率不同于 DVD 的传输速率。DVD 的一倍速为 1.32MiB/s。

4. VCD

VCD(Video CD)用于存储数字格式的视频媒体。VCD 可以在专用的 VCD 播放设备、流行的 DVD-Video 播放器及个人计算机上播放。

VCD 标准是在 1993 年，由 Sony、Philips、Matsushita 及 JVC 联合发布的，称为白皮书。VCD 的画质比 VHS 视频要差一些，但是噪点比 VHS 要少。

VCD 的画面尺寸只有 352×240 大小，长宽是 NTSC 视频尺寸的一半。画面大小大约只有 PAL 制式视频的 1/4。

Super Video CD

Super Video CD 是 VCD 的后续发展，也是 DVD-Video 的另外一种选择，其尺寸是 DVD 的 2/3，是 VCD 的 2.7 倍，能够容纳 60min 的标准质量的视频。

5. Photo CD

Photo CD 是由 Kodak 公司在 1992 年发布的用于存储数码照片的 CD。一张 CD 上可以容纳 100 张高质量的图片。

6. CD-i

Philips 的绿皮书定义了专为交互式多媒体光盘，用于 CD-i 播放器。这种格式的不同之处在于它隐藏了一条包含软件和数据的轨道，这些轨道只能被 CD-i 播放器识别，普通的 CD 播放器会忽略掉该轨道。

7. CD-R、CD-RW

可写的 CD，是一种空白 CD，初始没有任何内容，允许用户使用刻录机在上面刻录自己的数据或者音乐。但是只能刻录一次，刻录一次后不能重新刻录内容。

CD-RW 允许用户多次刻录覆盖内容。

### 7.1.5　DVD 光盘

DVD 是数字多用途光碟(Digital Versatile Disc)的缩写。初推出时，是数字视频光盘(Digital Video Disc)的缩写，当时大多数厂商只针对影像方面的宣传及推出产品，加之当时计算机产业对于高容量的存储没有太大需求，后于 1995 年规格正式确立时，重新定义为数字多用途光碟。

在 DVD 诞生之前，VCD 是主要的视频发布介质，同时，两种光学存储格式也在研究之中，一种是多媒体光盘(Multimedia Compact Disc，MMCD)，由 Philips 公司和 Sony 公司主导，另外一种是高密度光盘(Super Density，SD)，由 Toshiba，Time Warner，Matsushita Electric，Hitachi，Mitsubishi Electric，Pioneer，Thomson 和 JVC。

1. DVD 的标志

DVD 表面是从中心开始的螺旋形沟槽，无论读数据还是写数据都是从中心开始。沟槽的形式代表了一种不能修改的标志性数据，也就是平常所说媒体标识码(Media Identification Code，MID)。MID 包含了预录制信息，如生产厂商、允许的最高刻录速度及允许的光盘容量。一般情况下，我们的刻录机都能读取这些信息，用来告诉用户应该采取何种方式来刻录光盘。同时也是一种厂商的标志广告。

2. DVD 的容量

DVD 的外观尺寸和 CD 的外观尺寸很相似，直径都是 120mm 或者 80mm。CD 使用一层塑料基片，而 DVD 盘则不同，它使用两层 0.6mm 厚的基片，数据层夹在中间，数据从而得到很好的保护，由于这种双层结构，使得 DVD 的制造出现多样化，即多种组合：单/双面，单/双层。因此出现了 DVD 规格见表 7-5。

表 7-5　几种不同的 CD 产品

| 规格名称 | | 面 | 层(共) | 直径(cm) | 容量 | |
|---|---|---|---|---|---|---|
| | | | | | (GB) | (GiB) |
| DVD-1 | SS SL | 1 | 1 | 8 | 1.46 | 1.36 |
| DVD-2 | SS DL | 1 | 2 | 8 | 2.66 | 2.47 |
| DVD-3 | DS SL | 2 | 2 | 8 | 2.92 | 2.72 |
| DVD-4 | DS DL | 2 | 4 | 8 | 5.32 | 4.95 |
| DVD-5 | SS SL | 1 | 1 | 12 | 4.70 | 4.37 |
| DVD-9 | SS DL | 1 | 2 | 12 | 8.54 | 7.95 |
| DVD-10 | DS SL | 2 | 2 | 12 | 9.40 | 8.75 |
| DVD-14 | DS SL+DL | 2 | 3 | 12 | 13.24 | 12.33 |
| DVD-18 | DS DL | 2 | 4 | 12 | 17.08 | 15.90 |

注：SS－单面　DS－双面　SL－单层　DL－双层

3. DVD 的速率

DVD 的写入速率和 CD 的速率不同，一倍速的 DVD 速率是 1 385KB/s(1 353KiB/s)。目前大部分的 DVD 光驱型号，都可以达到 18 或者 20 倍速。表 7-6 列出了几个常见的速率，其他速率可以通过计算得出。

表 7-6　几种常见的 DVD 的速率

| 速度 | 数据传输率 | | 写入时间(min) | |
|---|---|---|---|---|
| | Mb/s | MB/s | 单层 | 双层 |
| 1× | 11.08 | 1.39 | 57 | 103 |
| 8× | 88.64 | 11.08 | 7 | 13 |
| 18× | 199.44 | 24.93 | 3 | 6 |
| 24× | 265.92 | 33.24 | 2 | 4 |

4. DVD 格式规格

DVD 格式规格是有 DVD 论坛制定的，主要包括视计算机数据格式、视频格式和音频格式。

(1) DVD-ROM：用于记录计算机数据。

(2) DVD-Video：用于保存视频资料。

(3) DVD-Audio：用于刻录音频资料。

(4) DVD-R：一次性刻录光盘。

(5) DVD-RAM：可擦写刻录光盘。

此外，由于 DVD 标准制定时就存在两个联盟，因此还出现以下另外的格式。

(1) DVD＋R：一次性刻录光盘。

(2) DVD±RW：可擦写刻录光盘。

1) DVD-Video 格式

DVD-Video 是一种消费级视频格式，用于保存数字视频在 DVD 光盘上。目前在亚洲、北美、欧洲和澳大利亚普遍使用。它需要一个 DVD 光驱和一个 MPEG-2 解码器。注意，DVD-Video 格式描述不是免费使用的，它需要 5 000 美金的授权费用。

(1) DVD 视频信息。DVD 视频帧的尺寸和帧率也有不同的标准。主要分为两大类：

① 25 帧/秒，隔行扫描有以下几种尺寸：720×576 像素、704×576 像素、352×576 像素、352×288 像素。

② 29.97 帧/秒，隔行扫描有以下几种尺寸。720×480 像素、704×480 像素、352×480 像素、352×240 像素。

下面的尺寸可以用于 MPEG-1 视频。

① 352×288 像素，25 帧/s，逐行扫描。

② 352×240 像素，29.97 帧/s，逐行扫描。

(2) DVD 音频。DVD 电影中的音频可以是 PCM、DTS、MP2 或者 Dolby Digital(AC3)格式。官方允许的音轨格式特性如下。

① PCM：48kHz 或者 96kHz 采样率，16 或 24 位线性 PCM，2 到 6 个声道，最高 6 144kb/s。

② AC-3：48kHz 采样率，1～5.1 声道，最高 448kb/s。

③ DTS：48kHz 或者 96kHz 采样率，2～6.1 声道，768kb/s 或者 1 536kb/s。

④ MP2：48kHz 采样率，1～7.1 声道，最高 912kb/s。

DVD 支持每个影片最多 8 个音轨，每个音轨可以采用不同的音频格式或者不同的语言。

(3) DVD 码率。一个 DVD 最高可以允许的码率达到 11.08Mb/s，去掉 1.0Mb/s 的益处控制量，实际可用的最高码率为 10.08Mb/s。其中字幕最多允许 3.36Mb/s，视频和音频最多可以使用 9.80Mb/s。还要考虑多角度视频的因素，因此专业的视频平均码率一般位 4～5Mb/s，峰值为 7～8Mb/s，这样可以兼容大多数 DVD 播放软件和设备。

(4) DVD 文件结构。大多数 DVD 光盘文件使用 UDF 格式，它合并了 ISO 9660 格式。一般 DVD-Video 下有两个目录：AUDIO_TS 和 VIDEO_TS。其中 AUDIO_TS 目录可以没有或者其内容为空。只有在 DVD Audio 的光盘中才需要该目录和内容。

VIDEO_TS 目录存储了所有与 DVD-Video 相关的文件，包括音频、视频和字幕文件。一个标准的 VIDEO_TS 目录包含了 VOB、IFO 及 BUP 文件。

VOB 文件，视频目标文件(Video OBjects)，其中含有视频、音频、字幕数据流。视频数据流是 MPEG-2 格式，音频数据流是前述的几种格式。字幕数据流由字幕图片文件(.sub)和字幕索引文件(.idx)组成，为影片提供字幕。一个.sub 文件可以包含多个语言字幕。字幕最多有 32 种字幕。

IFO 文件，信息文件(InFOrmation)，告诉 DVD 播放机浏览信息，如章节的开始时间、伴音流的位置，字幕的位置。实际上 VOB 文件是电影本身，而 IFO 文件是目录索引，把电影的各个片段关联在一起。

BUP 文件，备份文件(BackUP)，和 IFO 文件完全相同。若光盘种的 IFO 文件读不出，则可以通过 BUP 文件来实现 IFO 文件的功能。

(5) 内容扰乱系统。内容扰乱系统(Content Scramble System，CSS)是用来防止用户直接复制光盘内容的机制方案。CSS 最早在 1996 年由 DVD 论坛设计研发，它把一个 40 位的密钥放在光盘的导入区，这个区只能通过特别的方式读取，剩余的真正的 DVD 内容扇区则是加密的，防止用户直接复制 VOB 文件。此外，DVD-R 盘片种，密钥所处的扇区是不能修改刻录的，因此防止了光盘复制，但是 DVD＋R 是允许刻录的。

尽管如此，在 1999 年，Jon Lech Johansen 和另外两个程序员采取逆向工程方法，破解了 CSS 机制，写出了一小段代码 DeCSS 来去除了该限制，现在 CSS 方法已经从技术上无法做到防复制。市面上有多个小程序可以用来复制光盘，以及从中分离音视频和字幕流。

(6) 地区码。每一个 DVD-Video 光盘都含一个或多个地区码，用于指明该碟片只能在指定的区域播放。DVD 播放设备按照约定必须只能播放该区域的 DVD-Video，不能播放其他区域的。这主要是保障了 DVD-Video 的内容生产商，主要是电影制作方的利益，也可以分批按照不同的国家发行不同的版本。实际上，由于 CSS 的破解，以及不是所有播放设备都严格遵守地区码的限定，地区码在版权意识较弱的地域作用不大。

注意，没有地区码的光盘可以在所有设备上播放。

地区码有以下几个：①加拿大、美国、百慕大和美国管辖地区；②欧洲(俄罗斯、白俄罗斯和乌克兰除外)、中东(仅传统中东地区)、南非、斯威士兰、莱索托、格陵兰、日本、法国海外领地(如法属圭亚那)；③韩国、东南亚；④墨西哥、中美洲、南美洲(法属圭亚那除外)、加勒比地区(波多黎各除外)、大洋洲(新喀里多尼亚除外)；⑤俄罗斯、白俄罗斯、乌克兰、非洲(埃及、南非、斯威士兰、莱索托除外)、中亚、南高加索国家、南亚、阿富汗、蒙古、朝鲜；⑥中国；⑦预留；⑧国际管辖地区，如飞机及客轮内；地区 ALL 全区码，是任何区码(即 1～6 区码选择其中一个)的 DVD 播放机可播放光盘；地区 0 光盘没有设置标志。

2) DVD-Audio 格式

DVD-Audio 是通过 DVD 光盘来发布高质量音乐的格式。它和 DVD-Video 目的不一样，尽管 DVD-Video 也包含声音。其对比类似于 VCD 和 CD 的区别。

第一个 DVD-Audio 光盘在 2000 年面世。它一直处于和 Super Audio CD(SACD)格式争斗中，最终，两个都没有能够在消费市场中胜出。相对于 CD 格式的音乐，DVD-Audio 具有如下优点。

(1) 无论从时间长度还是音乐质量，可以容纳更多音乐。

(2) 高质量的音乐，表现在高码率的采用率。

(3) 额外的声道。

(4) 鉴于其市场占有率非常低，多数用户没有接触过 DVD-Audio，在此不再赘述。

### 7.1.6 HD DVD 和蓝光光盘

蓝光光盘(Blu-ray Disc，BD)是 DVD 之后的下一代光盘格式之一，用以存储高品质的影音和高容量的资料。最早是由 Sony 和松下电器等企业组成的“蓝光光盘联盟”策划的光盘规格，并以 Sony 为首于 2006 年开始全面推动相关产品。

蓝光光盘的命名是由于其采用波长 405nm 的蓝色激光光束来进行读写操作。蓝光光盘的英文名称之所以不是“Blu-ray”，主要是“Blu-ray Disc”在欧美地区比较流行通俗、口语化，不能用来注册商标，所以去掉了一个字母 e 来注册商标。

2008 年 2 月，随着 HD-DVD 领导者东芝宣布结束所有 HD DVD 相关业务，持续多年的下一代光盘格式之争结束，最终由 Sony 主导的蓝光光盘胜出。

一个单层的蓝光光盘容量为 25GB，足够录制一个长达 4 小时后的高清晰电影。Sony 声称以 6×倍速烧录单层 25GB 的光盘只需要大约 50min，而双层的蓝光光盘容量为 50GB，足够录一个长达 8 小时的高清晰电影。2010 年 6 月指定的 BDXL 格式，支持 100GB 和 128GB 的光盘。

蓝光光盘同样有版权保护机制，主要有 3 种方式：AACS(Advanced Access Content System，高级访问控制系统)，以及 BD＋和 ROM Mark，但是目前已有相应的破解方式，所以技术上亦未能防止内容复制。

蓝光光盘的文件系统为 CDFS，不同于 DVD 的 UDF。

HD DVD(High Definition DVD，高清晰 DVD)，是一种以蓝光激光技术存储数字内容的光盘格式。它的大小和 CD 一样都是 120mm，其激光波长为 405nm，由东芝、NEC、三洋电机等企业组成的 HD DVD 推广联盟负责推广，Microsoft、Intel、环球影业相继加入 HD DVD 阵营，但是在 2008 年，华纳公司宣布脱离 HD DVD，美国数家连锁卖场宣布支持蓝光光盘，东芝公司于当年 2 月宣布终止 HD DVD 事业，该阵营失败，推出了高清晰高容量光盘格式竞争。

HD DVD 单面单层容量为 15GB，单面双层为 30GB，远低于蓝光光盘。但是其向后兼容 DVD，便于 DVD 厂商稍作改动即可支持 HD DVD 的生产。

## 7.2 可移动存储设备

可移动存储设备主要是用来在不同终端之间移动的存储设备，方便资料存储与读取。这些终端设备可以是台式计算机、便携式计算机、数码照相机、数码录像机、手机等需要存储功能的电子设备。早在 20 世纪，就有了软盘作为可移动存储设备，但是软盘的容量很小，只有 1.2MB 和 1.44MB，而体积较大、易损。因此随着对容量需求的提高，软盘逐渐淡出了存储领域。其后，出现了形形色色的可移动存储设备，如 PD 光驱、MO 磁盘、活动硬盘等设备，而电子闪存技术的发展，引入了真正便携的各式存储卡，这些存储卡体积小、速度快、容量大，逐步进入了数码产品领域。

下面将介绍几种比较常见的可移动存储设备。

### 7.2.1 存储卡

#### 1. PCMCIA 存储卡

PCMCIA 存储卡，简称 PC 卡，PCMCIA 是 Personal Computer Memory Card International

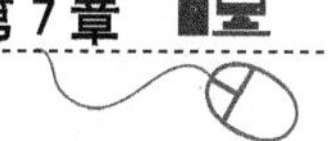

Association的缩写，是专为便携式计算机设计的外设接口。PC卡的标准就是由PCMCIA联盟指定的，该联盟由美国的计算机业界公司指定的用来扩展记忆存储的一种标准。同期还有由Jacob D. Holm于1986年发明的JEIDA 记忆卡标准，在1991年两个标准合并称为PCMCIA 2.0(PC卡)。

PC卡最早设计的初衷是计算机存储扩展。但是目前的使用已经扩展到大部分外设，如网卡、Modem和外接硬盘。这种卡也用在数码照相机中，如Kodak DCS 300系列。反而作为存储用的越来越少。

目前，大多数便携式计算机中还是可以找到PC卡的插槽。

2. Compact Flash卡

Compact Flash(CF)卡是用在便携设备上的一种大容量存储设备格式。该格式最早由SanDisk公司在1994年发布并生产。现在在众多设备上使用，大多数使用闪存技术，但是部分产品，如Microdrive使用内置硬盘。

CF卡目前依然在很多领域发挥作用，并且支持新的设备，如2008年，Sony在HVR-MRC1K摄像机中选择CF卡作为存储设备。2010年，Canon选择CF卡作为数码照相机中的摄像存储。2010年开始，Sony、Nikon开始研发新的CF卡，该卡目标速率达到1Gb/s(125MB/s)，并且容量高达2TiB，主要用于高清摄像存储。

CF接口有50个针脚，是68针的PCMCIA卡的子集，所以可以插入68针脚的PCMCIA II型卡槽中。CF接口可以根据模式针来决定是16位的PC Card或者一个扑通IDE(PATA)接口。CF设备运行在3.3V或者5V电压上，并支持C-H-S或者128位LBA寻址方式。CF卡类似于普通硬盘，也可以设置位主盘或者从盘。

CF卡也有一个倍速的概念，来源于CD的倍速概念，一倍速和CD的一倍速是一个速率，也就是150KB/s。例如，一个133×倍速的CF卡，其实际传输速率为133*150KB/s=19 950KB/s～20MB/s。

CF卡的容量可以达到137GB(128GiB)。2006年，CF卡使用磁性材料作为存储媒介，但随着固态CF卡的发展，可以提供越来越高的容量。其文件系统可以使用FAT、FAT32、Ext、JFS和NTFS等流行的文件系统。

3. SD卡

Secure Card(SD)卡是由SD卡联盟开发的一种可持续保存的记忆卡格式，主要用于便携式设备，如数码照相机、数码摄像机及手机等。SD技术在超过400多个品牌上使用，且有超过8000个型号，使用范围非常广。目前大部分手机上都是用该存储卡。

SD卡包含：SDSC(标准容量存储卡)，SDHC(Secure Digital High Capacity，高容量存储卡)、SDXC(Secure Digital extended Capacity，高扩展容量存储卡)及SDIO(Secure Digital Input/Output，输入输出卡)。

SD卡从外形上也有3种尺寸：原始大小的卡(Original)、小卡(Micro)、迷你卡(Mini)。其外形尺寸和重量见表7-7。

表7-7 SD卡的外形标准尺寸

| | 长(mm) | 宽(mm) | 厚(mm) | 重量(g) |
|---|---|---|---|---|
| 标准尺寸 | 32.0 | 24 | 2.1 | ≈2.0 |
| 迷你尺寸 | 21.5 | 20 | 1.4 | ≈1.0 |
| 超小尺寸 | 15.0 | 11 | 1.0 | ≈0.5 |

SD 卡的外形如图 7.7 所示。

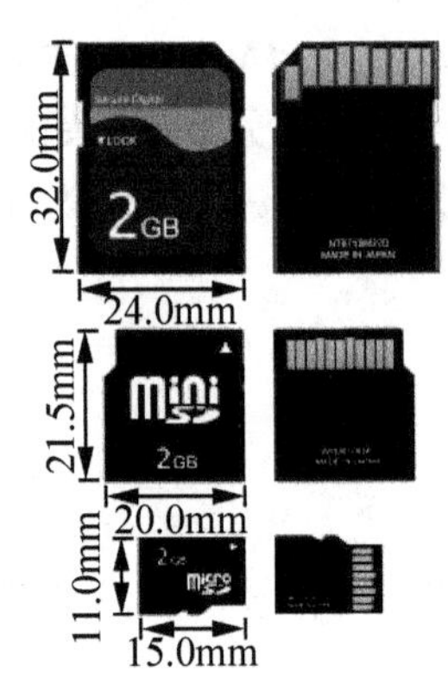


图 7.7　3 种 SD 卡的外形

1) SDHC 卡

SDHC 卡是在第二个版本的 SD 描述中定义的。它支持容量高达 32GB。SDHC 卡从物理上和电子线路上跟 SDSC 卡是一样的。两者主要区别在于卡特别数据(card specifi data，CSD)的定义不同。此外，SDHC 卡预置的文件系统为 FAT32 文件系统。能够识别 SDHC 卡的设备要求能够识别 SDSC 卡，但是反过来，识别 SDSC 卡的设备不一定识别 SDHC 卡。有些设备可以通过升级固件来识别，操作系统可能也需要升级或者打补丁才能识别，如 Windows XP SP3 之前的系统及 Windows Vista SP1 之前的版本都不识别 SDHC 卡。

2) SDXC 卡

SDXC 卡最引人注目的是它的容量可以达到 2TB(2048GB)。它要求识别 SDXC 卡的设备必须识别 SDHC 卡和 SDSC 卡。它最早是在 2009 年消费者电子展上宣布的。同期 Panasonic 宣布执照 64GB 的 SDXC 卡。

SDXC 预置的文件系统是 exFAT，支持 SDXC 卡的操作系统有 Windows 7，Windows Vista SP1 后续版本，Windows XP SP2 或 SP3 加 KB955704 补丁，Windows Server 2008 SP1 后续版本，Windows Server 2003 SP2 或 SP3 加 KB955704 补丁，Windows CE 6.0 以后版本；Apple Mac OS X Snow Leopard 10.6.5 以后版本及 OS X Lion 10.7。BSD 及 Linux 受限于专利授权，支持 SDXC 卡但是不支持 exFAT 格式。

3) SD 卡的速度

SD 卡的速度是指从卡中读取或写入数据的快慢程度。在早期的 SD 卡中，使用了一个跟 CD 一样的倍速。目前，官方的定义单位为速度评级，它保证了数据可以写入的最小速率，所谓的最小速率必须是 8Mb/s(1MB/s)的倍数。官方定义了以下几个级别见表 7-8。

表 7-8　官方定义的级别

| Class | 速率 |
|---|---|
| Class 2 | 2MB/s |
| Class 4 | 4MB/s |
| Class 6 | 6MB/s |
| Class 10 | 10MB/s |

同时，倍速的概念，用来表示 SD 卡在理想状态下读写速度是标准 CD-ROM 基本速度 1.2Mb/s(150KB/s)的多少倍。

注意，评级是速度下限，而倍速则是速度的上限。

一个普通卡的数据传输速度是 6 倍速，也就是 7.2Mb/s。在 2.0 描述中定义了最高 200 倍速。但是市面上部分厂商注明了自己的卡的速度是读取速度，一般情况下，读的速度要比写入速度快。像 Transcend 和 Kingston 则注明了写入速度。表 7-9 列出倍速的速率及与评级的比较。

表 7-9　SD 卡常用的倍速及评级

| 倍速 | 读速度(MB/s) | 写速度(MB/s) | 速度评级 |
| --- | --- | --- | --- |
| 6× | 0.9 | | |
| 10× | 1.5 | | |
| 13× | 2.0 | 2.0 | 2 |
| 26× | 4.0 | 4.0 | 4 |
| 32× | 4.8 | 5.0 | 5 |
| 40× | 6.0 | 6.0 | 6 |
| 66× | 10.0 | 10.0 | 10 |
| 100× | 15.0 | 15.0 | |
| 133× | 20.0 | 20.0 | |
| 150× | 22.5 | 22.5 | |
| 200× | 30.0 | 30.0 | |
| 266× | 40.0 | 40.0 | |
| 300× | 45.0 | 45.0 | |
| 400× | 60.0 | 60.0 | |
| 600× | 90.0 | 90.0 | |

4. 多媒体卡

多媒体记忆卡(Multimedia Card，MMC)公司是一种闪存记忆卡标准，由 SanDisk 公司和 Siemens AG 公司在 1997 年发布。由于它基于 Toshiba 的 NAND 闪存，因此它的尺寸比基于 Intel 的 NOR 记忆卡(如 CF 卡)要小。MMC 的尺寸大约只有一枚邮票大小：24mm*32mm*1.4mm。

MMC 最早使用每秒 1 位的传输接口，后来发展到每秒传输 4 或 8 位，大大提高了传输速率。但是由于 SD 卡的出现，其地位逐渐被 SD 卡取代，但是仍有大量支持 SD 卡的设备支持 MMC，如某些智能手机。

MMC 的容量最高可达 128GB，在手机、数码音乐播放器、数码照相机和 PDA 等设备中广泛使用。

MMC 也有多种类型，如小尺寸的多媒体卡(Reduced-Size MultiMedia Card，RS-MMC)、双电压多媒体卡(Dual-Voltage MultiMedia Card，DV-MMC)，MMCplus、MMCmobile、MMCmicro、SecureMMC、eMMC、MiCard 等类型。RS-MMC 的尺寸只有 24mm*18mm*1.4mm。它是在 2004 年发布的，不过它只有两个硬件授权商：诺基亚和西门子。他们将 RS-MMC 用于诺基亚的 60 系列 Symbian 智能电话、诺基亚 770 互联网平板计算机及西门子的 65 和 75 产品。

5. Memory Stick

Memory Stick(记忆棒)是一种可移动闪存卡格式，由 Sony 在 1998 年发布的，并在 Sony 的大量数码设备中使用。在最早的记忆卡基础上，进而研发了 Memory Stick PRO，允许更高容量，以及更快的传输速率。之后出现了 Memory Stick Duo，一种更小的 Memory Stick，以及更加微小的 Memory Stick Micro(M2)。在 2006 年，Sony 又发布了 Memory Stick PRO-HG，用来支持数码摄像机，以一种更快的速度来传输录制高清视频。

记忆棒的容量在 1998 年发布时只有 128MB，目前支持 32GB，Memory Stick PRO 则允许理论最大值 2TB。随着 SD 卡的发展，2010 年开始，Sony 开始并行支持 SD/SDHC 卡和 Memory

Stick 两种格式，再后来 Sony 也开始制造 SD 卡，但 Sony 一致保持 Memory Stick 的继续研发。

6. 其他存储卡

1) SxS

SxS(S-by-S)是一种兼容 Sony 和 Sandisk 创造的 ExpressCard 标准的闪存记忆卡标准。它的主要特点时传输速率达到 800Mb/s，高峰时可以达到 2.5Gb/s。Sony 在 XDCAM EX 摄像机中使用该存储卡，用来记录 1080P 的高清视频。其价格较为昂贵。

2) xD-Picture 卡

该卡也是使用闪存技术的存储卡格式，一般在较老的数码照相机中使用，它的容量从 16MiB 到 2GiB。最早由 Olympus 和 Fujifilm 开发，并在 2002 年面世。Toshiba 和 Samsun 电子为 Olympus 和 Fujifilm 制造该存储卡。xD-Picture 卡在格式战争中，逐渐被 SD 卡取代，本来在手机、个人计算机、数码音乐播放器中广泛使用，但也逐渐退出了市场。

3) SM 卡

SM(Smart Media)卡，是一种闪存卡，由 Toshiba 公司在 1995 年推出，与 MiniCard、Compact Flash 和 PC Card 竞争。它最早被称为“固态软盘卡”，并一度认为是软盘的替代者。

SM 卡用在数码照相机、数码音乐播放器和 PDA 设备上，SM 卡是在塑料卡上嵌入一块 NAND 闪存 EEPROM 芯片，鉴于这种技术，使得它一度是最薄的存储卡之一，只有 0.76mm 厚度。与其他存储卡比，它性价比高。但是它自身不包含控制电路，导致了很大的麻烦，在一些较老的设备上必须升级固件才能支持大容量 SM 卡。

SM 卡在 2001 年左右应用较广，但是其容量的限制，导致了在格式战争中失利，逐渐退出了市场。

### 7.2.2 USB 移动存储设备

通用串行总线(Universal Serial Bus，USB)是连接计算机系统和外部设备的一个串口总线标准，也是一种输入输出接口技术规范，广泛应用于个人计算机和移动设备之间的信息通信产品，并扩展至摄影器材、数字电视机(机顶盒)及游戏机等相关领域。

USB 最初是由 Intel 和 Microsoft 倡导发起的。其最大的特点是支持热插拔和即插即用。当设备插入时，主机检测到该设备并加载所需的驱动程序，因此在使用上比 PCI 和 ISA 总线方便，也为各种外设连入计算机提供了极大的方便性。

此外，USB 的速度远比并行端口、串行端口等传统标准总线快，USB 1.1 的最大传输带宽为 12Mb/s，USB 2.0 则达到了 480Mb/s，到了现在的 USB 3.0 则一步提升到 5Gb/s。

正是 USB 接口的便利性、高速性为我们提供可移动存储提供了可能。

(1) IEEE 1394 接口，又称火线(FireWire)接口，是由 Apple 公司领导的开发联盟发布的一种高速传输接口。IEEE 1394 接口由 Apple 所创，其他制造商通过授权获得生产，由于“FireWire”被 Apple 计算机登记为商标，因此其他制造商采用了不同的名称，Sony 产品称该接口为 i.Link，德州仪器则称为 Lynx。

IEEE 1394 理论上可以将 64 台装置串联在同一网络上。传输速度有 100Mb/s、200Mb/s、400Mb/s 和 800Mb/s，目前已经达到 1.6Gb/s 和 3.2Gb/s 的速率。

由于 IEEE 1394 内部矛盾，造成该技术在市场上的推广时机延误，加之 Apple 公司要收取许可费，造成大量公司转向 USB 2.0 接口。从技术上来说，IEEE 1394 继承了成熟的 SCSI 指令体系，传输稳定、效率较高、CPU 负担较低、实际传输速度高于 USB 2.0。

(2) Thunderbolt 接口。Thunderbolt，原先计划代号为 Light Peak，由 Intel 发布的连接器标准，支持铜线与光纤两种媒介，用于计算机和其他装置的通用总线。2009 年，Intel 在英特尔科技论坛上发表这个技术，目前已经在 Apple 的 MacBook Pro 中使用。

Thunderbolt 接口目前支持双向同步传输速度可达 10Gb/s，可以用来连接 DVI、DisplayPort、SCSI、SATA、USB、FireWire、PCI Express 与 HDMI 等接口，成为计算机对外的单一总线。Promise 已经发布了 Pegasus 存储产品，用于 Apple 计算机的后备存储。

1. 移动硬盘

移动硬盘是在硬盘外面安装一个硬盘盒，通过该硬盘为该硬盘供电，并提供一个通道用于硬盘和其他计算机通信。通过这种方式，可以把本应固定在机箱里的硬盘独立出来，变为可以接驳多台计算机的可移动存储设备。

移动硬盘接驳到计算机上的连接接口有多种：USB、FireWire 及 eSATA。目前较为流行的是使用 USB。USB 供电 5V 电压，可以为内部的硬盘提供电力支持。由于计算机机箱的 USB 接口的电力供应能力不一定相同，有些插在机箱前段的 USB 口可能比机箱后背上的 USB 口电源能力差，因此有些 USB 线缆采用了 3 头设计。其中一端连接移动硬盘，另外两端都插入到机箱上的 USB 口，供电从两个 USB 口中获取，以满足硬盘的电力需求。

移动硬盘具有如下特点。

(1) 容量大。移动硬盘的容量是内部硬盘的容量，因此，如果容量不满足实际需求，可以通过更换大容量的内部硬盘来扩容。

(2) 数据传输速率高。目前大部分移动硬盘采用 USB 2.0 接口，理论上可以达到 480Mb/s。

(3) 可靠性高。数据的可靠性，依赖于硬盘的可靠性，而硬盘在几十年的技术发展中已经非常成熟。

但是移动硬盘也具有如下缺点。

(1) 体积较大。尽管硬盘有 3 种尺寸：3.5in、2.5in 及 1.8in，但是相对于各种存储卡或者后续介绍的 U 盘来说，其尺寸还是非常大。

(2) 脆弱性。由于硬盘是机械装置，因此在数据操作过程中，不能随便移动硬盘，防止物理损伤。在移动过程中，需要小心轻放。

2. 闪存盘

闪存盘(又称 U 盘)，是一种利用闪存来进行数据存储的介质，通常使用 USB 插头来连接计算机。闪存盘具有体积小、重量轻、可热插拔及可重复写入，因此一经面世即取代了软盘及软驱。近代的各类操作系统如 Windows、Linux、Mac OS X 及 UNIX 等都默认支持闪存盘。

自 1998 年至 2000 年间，很多公司都宣称自己是第一个发明闪存盘的。但是 Trek 公司是第一个在市场上销售以闪存为介质的 USB 数据存储器的公司。我国的朗科(Netac)科技在 1999 年研发出自主知识产权的 U 盘并声称为全球第一款。SanDisk 前身公司在 1998 年开始研发这种设备，并于 1999 年 10 月注册了 diskonkey.com 域名。

目前常用的闪存盘的核心芯片有 3 种类型。

① SLC，Single-Level Cell：1bit/cell，速度快寿命长，价格较贵，是 MLC 的 3 倍以上，约 10 万次擦写寿命。

② MLC，Multi-Level Cell：2bit/cell，速度一般寿命也一般，价格也便宜，约 3 000～10 000 次擦写寿命。

③ TLC，Triple-Level Cell：3bit/cell，速度慢寿命也短，价格相对最便宜，约 500 次擦写寿命。

目前，大多数厂商采用的 MLC 芯片，偶有部分闪存盘采用 SLC 芯片。

对大多数用户来说，在选择闪存盘的时候，应当首选考虑最新的 USB 3.0 接口的，容量较大的，这样在读写速度上比 USB 2.0、容量小的闪存盘要快得多。

## 7.3 网络存储技术

随着信息资源的爆炸式增长，以及网络在人们生活、工作当中的应用普及，各类信息都数字化，导致海量数字信息需要存储。原来的计算机中的内置硬盘已不能满足需要。此外，数据的重要性，让我们认识到不能单靠普通硬盘的方式来保存，还必须有健全的数据保障方案，除了必要的备份机制外，还需要考虑容灾的问题。而对于影视频编辑的工作来说，对存储提出了更高的要求，希望在传输速率上能够尽量快，而这些也是传统硬盘不能独立解决的问题。在这种背景下，网络存储发展了起来，下面就介绍目前应用比较广泛的几种网络存储方案。

### 7.3.1 直接附加存储

直接附加存储(Direct-Attached Storage，DAS)是指直接连接到服务器或工作站的数字存储系统，它们之间不通过网络中介。一个典型的 DAS 系统就是一个硬盘柜子内置数个硬盘，再通过一个 HBA 卡直接连接到计算机。

使用 DAS 最大的问题是会造成公认的信息孤岛。存储在 DAS 上的数据无法让其他计算机设备直接访问。而后续介绍的 NAS、SAN 等网络存储则避免了该问题。

### 7.3.2 网络附加存储

网络附加存储(Network-Attached Storage，NAS)是指接入到计算机网络中为不同架构的客户端提供文件系统级别的计算机数据存储。NAS 不仅仅是一个文件服务器，它还可以执行特定的任务。2010 年，NAS 设备得到了广泛的使用，使得多台计算机之间共享数据变得很方便。与文件服务器相比，NAS 具有快速数据访问、容易管理及简单配置等优点。

NAS 一般是通过网络文件共享协议来提供访问的，常用的文件共享协议有 NFS、SMB/CIFS 及 AFP。

NAS 单元通常是一个简单的接入网络的计算机，它只提供文件级的数据存储服务。在其上运行一个简化过的操作系统，如 FreeNAS，一个开源的专为 PC 硬件开发的 NAS 解决方案，实际上是 FreeBSD 的简化版。NAS 系统内一般包含多个硬盘，这些硬盘建立 RAID 磁盘矩阵来实现管理。

### 7.3.3 存储区域网络

存储区域网络(Storage Area Network，SAN)是一个专门提供集中化的块级数据存储的网

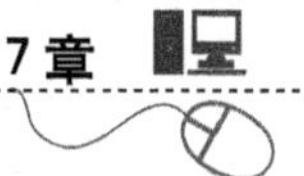

络。有了 SAN，磁盘阵列、磁带库及关学存储设备，就像直接本地连接在服务器上的存储设备。SAN 通常与常用的计算机网络不相连，而是单独的一个网络。

出于历史原因，数据中心最初都是由 SCSI 磁盘阵列组成的信息孤岛组成。每个孤岛都是专门连接的一个存储应用，每个孤岛也就是一个虚拟硬盘(如 LUN)。而 SAN 就是把这些孤岛统一在一个高速网络里。

SAN 提供的是块级的文件存储服务，因此需要使用该存储的操作系统来管理文件系统。这样，一个孤岛也就只能给一个设备来使用，否则每个设备对该孤岛使用不同的文件系统，则将造成所有数据损坏。

SAN 通常利用光纤来连接存储设备和计算机，并需要在计算机中插入 HBA 卡。光纤拓扑结构比 NAS 的网络结构提供更快更可靠的存储访问速率。目前主流 SAN 设备提供商都提供不同形式的光纤通道路由方案，为 SAN 架构带来潜在的扩展性，让不同的光纤网可以整合在一起交换数据。

随着技术的发展，提出了存储虚拟化，存储虚拟化是指将物理存储器完全抽象为逻辑存储器的过程。物理存储器资源整合为存储池，由此来创建存储器。这样可以给用户展现数据存储的逻辑空间，并且透明的操作映射实际物理位置的过程。它是由每个最近生产的磁盘阵列内部提供的，使用的是厂商专有的解决方案。尽管如此，虚拟化多磁盘阵列的目的是在网络上集成不同厂商的磁盘阵列，使之称为一套整体的存储设备，以便于对其进行统一的操作。

1. FC-SAN

光纤通道存储区域网络(Fibre Channel Storage Area Network，FC-SAN)，是目前流行的使用光纤作为拓扑结构的存储区域网络。之所以使用光纤，是因为光纤可以提供千兆速率的网络。

光纤通道研究始于 1988 年，并在 1994 年发布第一个 ANSI 标准。之后持续研发，传输速率逐步提高，表 7-10 列出了近几年的光纤速率。

表 7-10　几种常见的光纤速率

| 名称 | 速率(GBaud) | 流量(MB/s) | 开始年份 |
|---|---|---|---|
| 1GFC | 1.062 5 | 200 | 1997 |
| 2GFC | 2.125 | 400 | 2001 |
| 4GFC | 4.25 | 800 | 2005 |
| 8GFC | 8.5 | 1 600 | 2008 |
| 10GFC 串行 | 10.52 | 2 550 | 2004 |
| 10GFC 并行 | 12.75 | | |
| 16GFC | 14.025 | 3 200 | 2011 |
| 20GFC | 21.04 | 5 100 | 暂未可用 |

使用 SAN 的计算机，必须有 HBA(Host Bus Adapter)卡，光纤连接到 HBA 卡上，再适配到数据传输总线中。每一个 HBA 卡都有一个唯一的全球识别号(World Wide Name，WWN)。WWN 类似于以太网卡的 MAC 地址。每一个 WWN 有 8 字节，每一个 HBA 卡有两种类型 WWN，一个是节点的 WWN，另一个是端口 WWN。

2. IP-SAN

IP-SAN 是指基于 Internet Protocol 的存储区域网络。其中使用了 iSCSI 标准来访问存储。

iSCSI 是 Internet Small Computer System Interface 的缩写。在 IP 网络中传输 SCSI 命令这种机制，使得在局域网内传输存储数据变得容易。理论上 iSCSI 可以用来在局域网、城际网、互联网上传输存储数据，存储设备与地域无关。

iSCSI 由 IETF 提出，并于 2003 年成为正式标准。与传统的 SCSI 相比，iSCSI 技术有以下 3 个重大变化。

(1) 把原来只用于本机直接连接的 SCSI 命令通过 TCP/IP 网络传送，是连接距离可作无限扩展。

(2) 连接的服务器数量无限。

(3) 由于使服务器架构，因此可以实现在线扩容及动态部署。

以下有几个名词是 iSCSI 里经常提及的，也是核心的概念。

1) Initiator

一个 Initiator 就是一个 iSCSI 客户端。它通过 IP 网络发送 iSCSI 命令给服务器端。它分为软件和硬件两种类型。

2) Target

在 iSCSI 描述中，iSCSI 服务器上的一个存储资源就是一个 Target。通常是一个与网络连接的硬盘存储设备。一个 iSCSI target 会涉及几个名词：存储阵列、软件 Target、逻辑单元号(Logical Unit Number，LUN)。

3) 地址

iSCSI Initiators 和 Targets 有 3 种命名方式。

(1) iSCSI 有效名称(iSCSI Qualified Name，IQN)，是在 RFC 3720 中引入的。它由 4 部分组成：iqn 字符；命名机构指定的日期(格式为 yyyy-mm)；反向域名；可选的“：”，用于指明存储 target，示例如下。

iqn.2012-04.com.example:storage:disarrays-sn-a2342512

iqn.2012-04.com.example

iqn.2012-04.com.example:storage:tape1.sys1.xyz

(2) 扩展的唯一标志符(Extended Unique Identifier，EUI)，格式为 eui.{EUI-64 位地址}，如 eui.02012567A324797A。

(3) T11 网络地址权威机构(T11 Network Address Authority，NAA)，格式为 naa.{NASA 64 位或 128 位标识符}，如 naa.1234567AB12345A。

3 种格式中，以 IQN 地址格式应用最为广泛。

IP-SAN 的传输速率受限于网络带宽，目前万兆网络已经成熟，因此 IP-SAN 理论上可以达到 10Gb/s 的传输速率。

### 7.3.4 RAID 技术

独立磁盘冗余阵列(Redundant Array of Independent Disks, RAID)简称磁盘阵列，是把多个磁盘合并为一个逻辑单元的存储技术。数据如何在多个磁盘中分发的方式称为 RAID 级别，主要是考虑存储冗余性和性能处于哪个级别。

实际上 RAID 是存储虚拟化的一个例子，由 David Patterson、Garth A. Gibson 和 Randy Katz 在加州伯克利大学在 1987 年初次定义的。现在只要是计算机数据存储，都离不开 RAID。下面来分析 RAID 的级别。

1) RAID 0

RAID 0 是指磁盘条带集，内容平均分布在各个磁盘中，没有冗余校验，如图 7.8 所示。它最大的优点是性能优化。理论上，若有 *n* 个磁盘，则性能是单一磁盘的性能乘上磁盘数，但是受制于 IO 总线速度，数量越多，性能的优势会随着边际效应减弱，2 个磁盘时性能的体现最明显。此外，磁盘的容量不受影响，即磁盘数*最小磁盘容量。但是一旦其中一个磁盘出现损坏，则所有数据丢失。

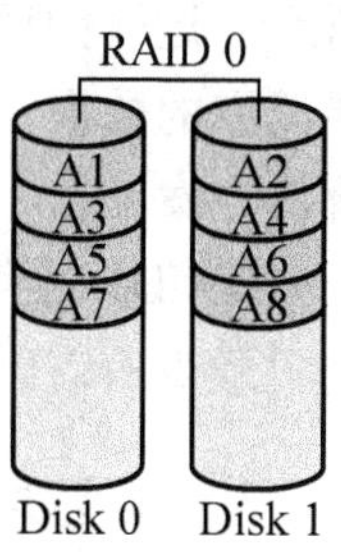


图 7.8　RAID 0

最少所需磁盘数：2 个。

2) RAID 1

RAID 1 是镜像磁盘，内容同时写入两个磁盘中，由此产生一个镜像集，如图 7.9 所示。若其中一个磁盘损坏，则数据可以在另外一个磁盘中找到，其读性能在合理支持下可以是磁盘数的倍数，但是写性能没有提升也没有降低。

存储容量以磁盘中最小磁盘容量为准。

最少所需磁盘数：2 个。

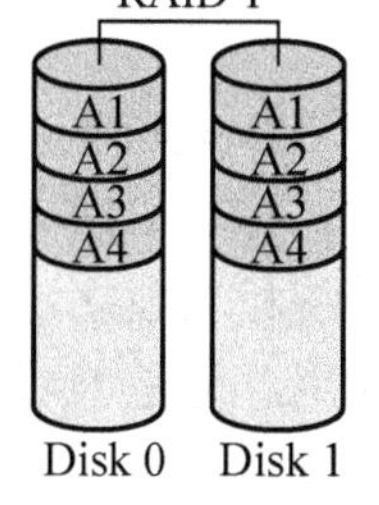


图 7.9　RAID 1

3) RAID 2

RAID 2 作为 RAID 0 的改良版，它以 Hamming Code 的方式将数据进行位级别编码后分割位独立的位元，并将数据分别写入到磁盘中，如图 7.10 所示。由于数据中加入了错误修正码(Error Correction Code，ECC)，所以总体数据量要比原始数据量大。

由于其性能不能确定，以及其计算复杂性，现实应用中不多见。

最少所需磁盘数：3 个。

4) RAID 3

字节级别的带校验的条带化。数据通过编码后再分别存在硬盘中，如图 7.11 所示。其中的校验码独立写在一个硬盘中。其读写性能是磁盘数的－1 倍，但是写入时需要计算，因此性能要低于读性能。

最少所需磁盘数：3 个。

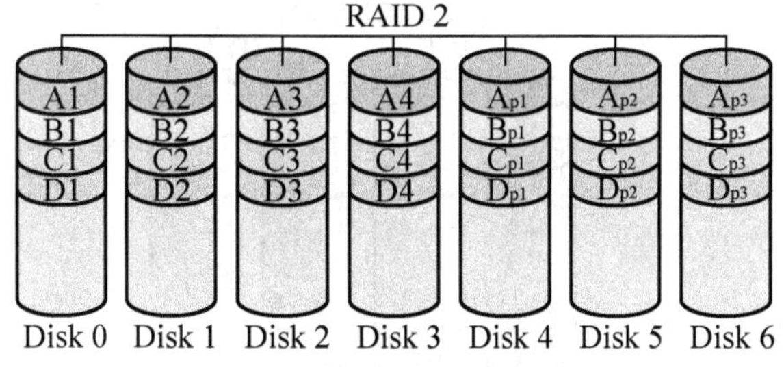


图 7.10　RAID 2

RAID 3
A1
A4
B1
B4
A2
A5
B2
B5
A3
A6
B3
B6
Ap(1-3)
Ap(4-6)
Bp(1-3)
Bp(4-6)
Disk 0
Disk 1
Disk 2
Disk 3

图 7.11　RAID 3

5) RAID 4

RAID 4 与 RAID 5 类似，只不过 RAID 4 采用的块级校验，而且所有的校验码存储于一个硬盘上，如图 7.12 所示。这样本应提高的性能又受制于最后校验码写入的硬盘。

最少所需磁盘数：3 个。

6) RAID 5

RAID 5 采用的是块级分布式校验码条带集。它把校验码分布式的放在各个盘中，如图 7.13

所示。这样如果一个盘出现损坏，数据不会丢失。在一个盘损坏的情况，可以通过计算得出要读取的数据。但是读取性能会下降。RAID5 是一种存储、数据安全和存储成本兼顾的存储解决方案。

RAID5 的存储容量为$(n-1)*min(S_1, S_2, \cdots, S_n)$。

最少所需磁盘数：3 个。

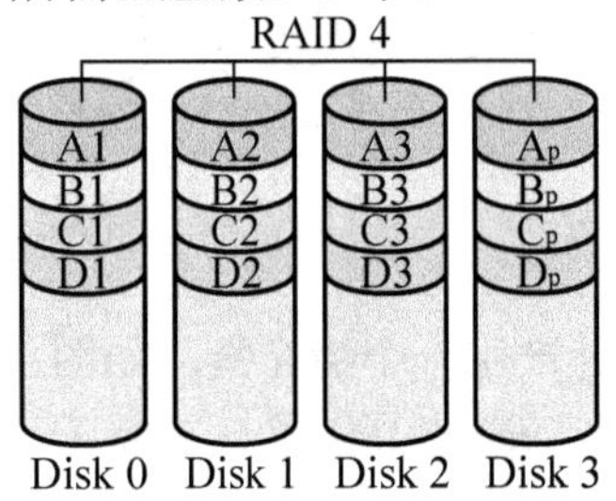


图 7.12　RAID 4

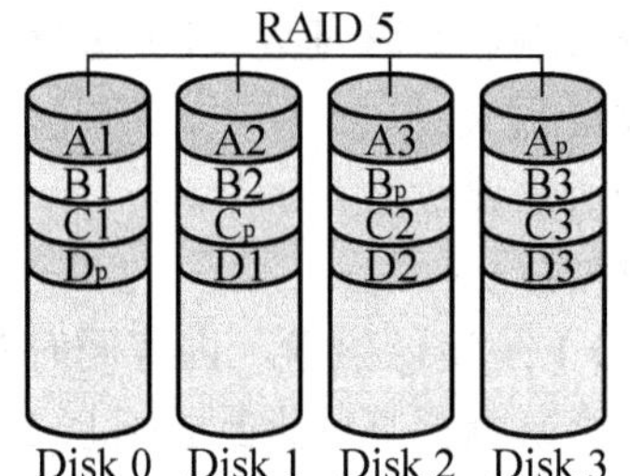


图 7.13　RAID 5

7) RAID 6

与 RAID5 相比，RAID6 增加了第二个独立的奇偶校验信息块如图 7.14 所示。两个奇偶系统相互独立，算法不同。数据的可靠性非常高，即使两块硬盘出现故障也不会影响数据的使用。但是 RAID6 需要为奇偶校验码分配更大的空间，相对于 RAID5 来说有一定的写性能损失。

RAID6 的存储容量为$(n-2)*min(S1, S2, \cdots, S_n)$。

最少所需磁盘数：4 个。

8) RAID 10/01

RAID 10/01 细分为 RAID 1+0 或者 RAID 0+1。

RAID 1+0 是先镜像再条带化如图 7.15 所示。具体来讲是把所有硬盘分为两组，每组内的磁盘按 RAID 1 镜像，两组之间按 RAID 0 条带化。这样，RAID1+0 的速度提升了，而且拥有比 RAID 0 更可靠的资料安全性。

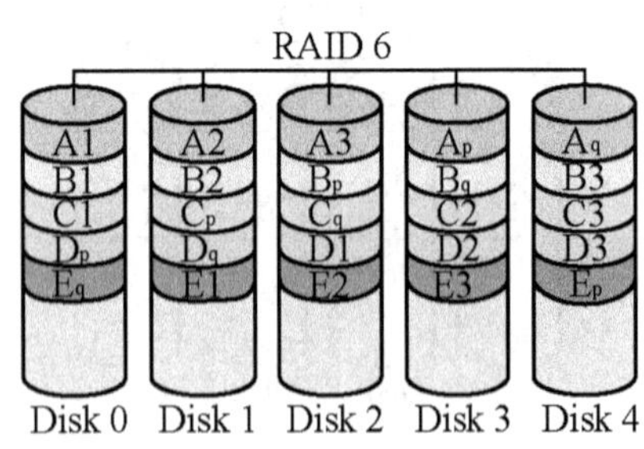


图 7.14　RAID 6

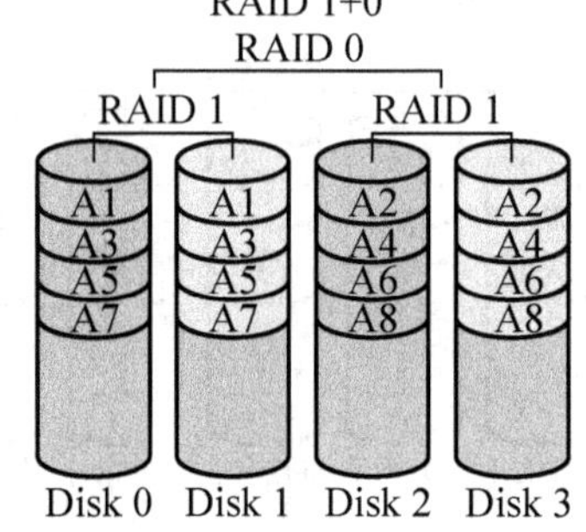


图 7.15　RAID 1+0

RAID 0+1 是先条带化再镜像如图 7.16 所示。它把所有硬盘分成两组，每组内的磁盘先进行条带化，然后两组之间做镜像。

RAID 0+1 比 RAID 1+0 有着更快的读写速度，但是也多了出问题的概率，若其中一组内的所有硬盘都坏掉，则整个 RAID 0+1 就停止工作了，而 RAID 1+0 则可以在没有 RAID 0 的优势下正常工作。

无论是 RAID 1+0 还是 RAID 0+1，都至少需要 4 个磁盘，且容量至少减半。

9) RAID 50

RAID 50 也成为镜像阵列条带集，由至少 6 块硬盘组成，像 RAID 0 一样，数据被分割成条带化，同一时间在多块磁盘上写入；也像 RAID 5 一样，以数据校验位的方式来保证数据的安全，且校验数据均匀的分布在各个磁盘上。其目的在于提高 RAID5 的读写性能。

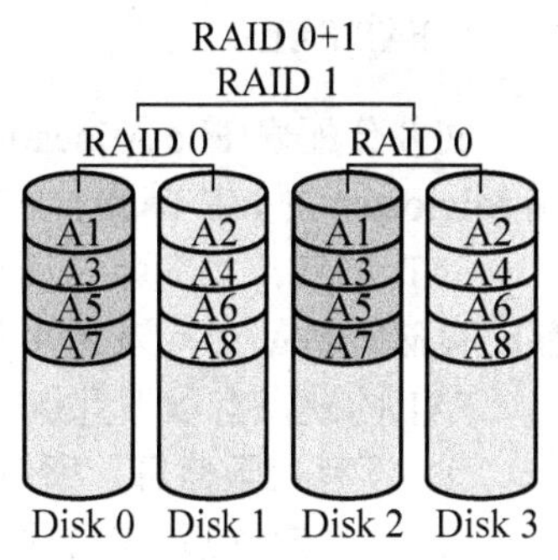


图 7.16 RAID 0+1

实际应用中，RAID 2、RAID 3、RAID 4 几乎用的不多，因为 RAID5 涵盖了所需的功能。实际中以 RAID 1、RAID 5、RAID 6、RAID 10、RAID 50 应用的较多。

## 7.4 文件系统

文件系统(File System)是指存储设备中组织、管理的计算机数据的系统。它还负责管理存储设备上可用空间。

文件系统是一种用于向用户提供底层数据访问的机制，它将设备中的空间划分为特定大小的块(扇区)，每种文件系统的块大小不一致。数据存在这些块中，由文件系统负责将这些块组织为目录和文件，并记录哪些块分配给哪个文件，以及哪些块没有被使用。

实际上文件系统也可能是一种数据访问接口，如 NFS、SMB 及 9P 等网络协议或者在内存中的数据，并不直接面对具体的设备，而是一种访问接口。

1. 文件和目录

文件系统都是以目录和文件的形式来组织数据的。文件系统一般会把文件名链接到某种文件分配表中，或者链接到一个文件链表的节点上。目录可以是平面结构，也可以是分层结构，后者可以在目录中创建目录。有的文件系统中，文件名是结构化的，带有文件名扩展信息及版本号；而有些文件系统里，文件名仅仅是一个字符串，每个文件的属性信息另外保存。

2. 元数据

文件相关的信息一般跟文件一起保存在文件系统中。文件长度是分配给这个文件的区块书，也可能是这个文件实际的字节数。文件最后修改时间也可能记录在文件的时间属性中。有的文件系统还记录文件的创建时间和修改时间，以及最后访问时间。其他涉及文件所有者、组及访问权限的信息也有可能保存在文件系统中。

3. 安全访问

针对文件系统操作的安全访问可以通过访问控制列表(ACL)或者 capabilities 来实现。但是实际运用中，单靠 ACL 难以保证数据安全，因此部分研发中的文件系统倾向于采用 capabilities。

下面就常见的几种文件系统做一说明。

### 7.4.1 FAT/FAT32

文件分配表(File Allocation Table，FAT)，是 Microsoft 发明并拥有部分专利的文件系统，在 Microsoft 的 MS-DOS、Windows 操作系统中使用。

FAT 的优点是简单，所以几乎所有个人计算机的操作系统都支持，前述的移动存储卡和移动存储设备都支持该文件系统，比较适合在多个操作系统中进行数据交换。

FAT 的缺点有以下几点。

(1) 没有权限信息。所有数据对任何用户都是可见的，用户可以修改、删除、读取。

(2) 文件删除后，FAT 不会将文件整理在一起写入，而是分散在磁盘上可用空间内，这样长时间操作后，磁盘上的文件将变得非常分散凌乱，从而导致性能下降，因此出现了磁盘碎片整理工具。

(3) FAT 文件系统没有事务性。若文件正在写入时断电，则有可能文件前后不一致。

(4) 文件分配表的脆弱性。所有文件都是靠文件分配表进行索引管理。若正在修改文件分配表时断电，则整个硬盘数据有可能变得无序，无法正常索引读取。

此外，FAT 之后一般跟一个数字，如 FAT12，FAT16，FAT32。其后的数字是指簇寻址的位数，这个数字限制了文件的大小，如最高的 FAT32，其文件最大长度为 4GB，因为 232≈4GB。超过该大小的文件无法保存，对于目前流行的高清影片来说这是个阻碍。

FAT 的文件名长度也不是统一的。在 MS-DOS 时期，文件名最大长度只有 11 个字符，8 个字符的主文件名，3 个字符的扩展文件名。进入 Windows 95 后，文件名开始扩展到 255 个字符。

### 7.4.2 exFAT

扩展的文件分配表系统(Extended File Allocation Table，exFAT，又称 FAT64)是一种特别适合闪存盘的文件系统，最先从 Microsoft 的 Windows Embedded CE 6.0 中启用，后来在 Windows XP SP3 以上，Windows Vista SP1 以后的操作系统中加入支持，Apple 的 MAC OS X 也支持该文件系统。

相比于之前的 FAT 文件系统，exFAT 具有以下几点。

(1) 可扩展至更大磁盘空间，从 FAT32 的 32GB 扩展到 256TB。

(2) 理论上文件大小限制为 $2^{64}$ 字节，FAT32 只有 $2^{32}$ 字节。

(3) 簇大小可以达到 32MiB。

(4) 可用空间和删除性能得到了提升。

支持访问控制列表及其他一些特性。

但是由于 exFAT 是后来的文件系统，某些设备及操作系统对它不支持，以及 Microsoft 给出的授权不明确，因此限制了 exFAT 的使用。

### 7.4.3 NTFS

NTFS(New Technology File System)是 Windows NT 及之后的 NT 系列操作系统使用的标准文件系统，如 Windows 2000、Windows XP、Windows Vista、Windows 7 及最新的 Windows 2008 和 Windows 8 系统。

NTFS 对 FAT 和 HPFS(高性能文件系统)作了若干改进，支持元数据，并且使用了高级数据结构，改善了性能及磁盘空间利用率，支持访问控制列表和文件系统日志，并支持事务性。具体来说其具有以下特点和功能。

1. NTFS 日志

NTFS 日志是一个非常关键的功能，用于确保内部的复杂数据结构和索引即使在系统发生崩溃后仍然能够保持一致，并在卷被重新加载后能够方便地对这些关键数据结构的失败提交进行回滚。

2. USN 日志

USN 日志(更新序列数日志)是一项系统管理功能，用于记录卷中所有文件、数据流、目录的内容、各项属性及安全设置的更改情况。应用程序可以利用日志追踪卷的更改，如著名的 Everything 软件就是通过 USN 来快速查找文件。

3. 硬链接和短文件名

硬链接原本用于支持 Windows NT 的 POSIX 子系统，该功能类似于目录连接，不过作用目标是文件而不是目录。硬链接只能作用于同一个卷的文件，它需要在文件的 MTF 记录中增加一个额外的文件名记录。短文件名(8.3 格式)也同样使用额外文件明来实现，以便于同步更新。当更改文件的尺寸或者属性时，不会立即更新对应的目录和链接，只有打开的时候才能体现相应的变化。

4. 可选数据流

可选数据流(ADS)使得一个文件可以同时和多个数据流相关联。数据流的表示方式为“文件名：数据流名称”，如“my.txt:stream”。数据流不会显示在资源管理器中，查看文件大小时它们的大小也不包含在内。如果将文件复制到其他不支持可选数据流的文件系统中时，这些可选数据流将不被复制，因此不能用来保存重要数据。

需要注意的是，有些恶意软件可能会在该数据流中隐藏程序代码。Internet Explorer 下载文件时，也会在其中添加一个非常小的可选数据流，用来记录从哪里下载的。因此在打开这些文件时会提示不安全。

5. 磁盘空间限额

磁盘空间限额是方便管理员为用户设置允许占用的磁盘空间设置一个阈值，防止用户无限制的占用磁盘空间资源。

6. 卷加载点

类似于 UNIX 的加载点，是另一个文件系统附加到目录的根位置。在 NTFS 中，该功能允许加载一个驱动器到加载点而无须分配单独的盘符。

被加载的卷可以使用非 NTFS 文件系统，如把一个远程共享的目录加载到当前目录。

7. 目录连接和符合链接

目录连接类似于卷加载点，但目录连接是将对象连接到文件系统中的其他目录而非卷。例如，目录 C:\example 带有一个目录连接属性，链接到 D:\linkedexample 目录。目录连接可以通过命令提示符中的 MKLINK /J 命令来建立，它是永久性的。

符号链接(又称软链接)可以链接到文件，也可以链接到目录，也是通过 MKLINK 命令建立的。符号链接可以引用远程服务器上的共享文件夹或其中的文件。符号链接可以在 NTFS 上永久保留。

8. 卷影复制

卷影复制(Volume Shadow Copy)服务通过将新改写的数据复制到卷影来保存 NTFS 卷上的文件和文件夹的历史版本。当用户请求恢复假造版本时，旧的文件数据会覆盖新的文件数据。该功能也为数据备份程序可以存档当前系统正在使用的文件。

9. 文件压缩

NTFS 压缩文件使用多种 LZ77 算法。压缩文件适用于甚少写入、平常顺序访问、本身没有被压缩过的文件。不适用于压缩图片文件、程序文件和小于 4KB 的文件，对于引导系统分区也不要压缩。

10. 加密文件系统

加密文件系统(EFS)提供对 NTFS 卷上任意文件和文件夹的用户透明强保护。加密文件系统与 EFS 服务、Microsoft 的加密应用程序接口(Cryptography API 或称 cryptoAPI)及 EFS 文件运行时库(FSRTL)联合工作。EFS 使用块对称密钥加密文件，这比起使用非对称密钥加密在加密和解密大量数据是消耗的时间较少。该对称密钥使用一个和加密文件的用户相关的公钥加密文件，加密后的数据储存在被加密文件的可选数据流中。当需要解密文件时，文件系统使用用户的密钥解密储存在文件头中的对称密钥，然后使用该对称密钥解密文件。这些操作在文件系统级别完成，因此对用户来说是透明的。

11. 事务 NTFS

在 Windows Vista 中，应用程序可以使用事务 NTFS(Transactional NTFS)将一系列对文件的更改归组到一个事务中。事务能够确保所有更改要么同时生效，要么同时作废，并能确保在事务提交完成前，外部应用程序无法获知任何更改。

该技术使用和卷影复制类似的技术，以确保被改写的数据可以安全地回滚，通用日志文件系统的日志将记录下尚未成功提交或者已经提交但尚未完全生效的事务，通常情况下这是因为事务的某个参与者在提交过程中系统意外崩溃引起的。

除了以上特性，NTFS 还提供其他特性，如本机结构存储、单实例存储、分层存储管理等。

Microsoft 认为该文件系统的详细定义属于商业机密，并注册为知识产权产品，因此其他厂商对该文件系统的支持有限。

## 7.5 云 存 储

云存储是与云计算同时兴起的一个概念，实际上云计算需要云存储技术的支持。云存储一般包含以下两种含义。

(1) 云存储是云计算的存储部分，即虚拟化的、易于扩展的存储资源池。用户通过云计算使用存储资源池，但不是所有的云计算的存储部分都是可以分离的。

(2) 云存储意味着存储可以作为一种服务，通过网络提供给用户。用户可以通过若干种方式来使用存储，并按使用(时间、空间或两者结合)付费。

云存储的服务方式有以下多种。

(1) 通过互联网开放接口(如 REST)，使得第三方网站可以通过云存储提供的服务为用户提供完整的 Web 服务。

(2) 用户直接使用存储相关的在线服务，如网络硬盘、在线存储、在线备份及在线归档等服务。

(3) 用户传送文件、或者服务商发布内容时的缓冲。

### 7.5.1 Apple 公司的 iCloud

iCloud 是 Apple 公司所提供的云端服务，使用者可以免费储存 5GB 的资料。

2011 年 5 月 31 日 Apple 官方首次宣称有 iCloud 的产品。iCloud 是基于原有的 MobileMe 功能全新改写而成，提供了原有的邮件、iCal 日历、联络人同步功能及工作文档同步。2011 年 6 月 6 日 Apple 公司执行长 Steve Jobs 主持全球开发商大会(WWDC)，正式发表云端服务 iCloud，iOS 5 及 OS X Lion.中开始提供 iCloud 服务。

### 7.5.2 Amazon S3

Amazon S3 (Amazon Simple Storage Service，亚马逊简易储存服务)由 Amazon 公司，利用公司网络服务系统所提供的网络线上储存服务。经由 Web 服务界面，包括 REST 接口，SOAP 接口及比特流，为用户提供能够简易把文件储存到网络服务器上的方案。从 2006 年 3 月开始，亚马逊公司在美国推出这项服务，2007 年 11 月扩展到欧洲地区。Amazon S3 是收费服务的。

### 7.5.3 Microsoft Windows Azure

Windows Azure 是由 Microsoft 所发展的一套云计算操作系统，用来提供云线上服务所需要的操作系统与基础储存与管理的平台，是 Microsoft 的云计算的核心组成元件之一，以及 Microsoft 线上服务策略的一部分。

Windows Azure(及 Azure 服务平台)由 Microsoft 首席软件架构师 Ray Ozzie 在 2008 年 Microsoft 年度的专业开发人员大会中发表，并于 2010 年 2 月正式开始商业运转。

Windows Azure 提供了 3 种不同格式的存储服务，为在 Windows Azure 上运行的应用系统提供存储服务。不论是哪一种存储服务，Windows Azure 都有 REST API，并符合 Simple Cloud 的标准。

## 7.6 总　　结

本章主要介绍多媒体存储技术相关的内容。随着技术的发展，存储技术无论是介质、容量、技术都突飞猛进。存储容量从原来的数 MB，到现在的 TB；存储介质从普通的 CD 到现在的 BD；存储方式从原来的物理硬盘从现在企业级别的网络存储及虚拟存储；针对便携式数码产品，出现了速率高，容量大的多种存储卡。最后为了跟随网络的发展，存储不再是在本地，而是采用云存储的方式，可以随时随地存储访问信息。

## 7.7 习　　题

1. 填空题

(1) 光盘存储介质的发展，主要经历了________、________、________和________阶段。

(2) 一张普通 CD 的容量有________ MB，或者 700MB。

(3) 一张普通 D9 格式的 DVD，其容量是________ GB，是 D5 格式的 DVD 的容量的________倍。

(4) 目前流行的蓝光光盘的最高容量是________ GB。

(5) 常见的存储卡有________、________、________、________和________。

(6) 移动硬盘与计算机相连接的接口主要有________、FireWire。

(7) 网络存储有________ -SAN 和________ -SAN 两种方式。

(8) 常用的文件系统有________、________和 NTFS 文件系统。

(9) FAT32 文件系统中的文件最大为________ GB。

2. 判断题

(1) RAID1 是镜像卷，其中一个硬盘坏掉数据不会丢失。 (  )

(2) BD 允许双面双层存储。 (  )

(3) NAS 存储和 SAN 存储都是提供块级存储。 (  )

(4) IP-SAN 和 FC-SAN 都可以提供 10GB 的传输速率。 (  )

(5) NTFS 文件系统具有文件加密的功能。 (  )

# 第 8 章 虚拟现实技术

## 教学提示

➢ 虚拟现实技术是多媒体技术发展的更高境界，汇集了计算机图形学、多媒体技术、人工智能、人机接口技术、传感器技术、高度并行的实时计算技术和人的行为学研究等多项关键技术。它以其巨大的技术潜力、诱人的应用前景，一经问世就受到人们的高度重视。然而，由于各种条件限制，虚拟现实技术尚处在婴儿时期，还存在着很多尚未解决的理论问题和尚未克服的技术障碍。

## 教学目标

➢ 本章主要介绍虚拟现实技术的潜在内涵、主要特点及目前所涉及的关键技术。通过本章的学习，要求掌握虚拟现实的定义、虚拟现实的主要特点、虚拟现实系统的分类及组成、虚拟现实技术的研究内容及应用领域、虚拟现实建模语言 VRML 的初步使用。

## 8.1 虚拟现实技术概述

从远古时代跨越时空的故事到科学幻想小说，奠定了虚拟现实的思想基础，而近代电子学、计算机等科学为实现这种幻想提供了硬件和硬件环境。虚拟现实的研究对多媒体技术提出了更高的要求，美国著名计算机图形学专家 J.Foley 曾指出：虚拟现实或许是人机交互接口作为计算机设计的最后一个堡垒中最有意义的领域。

### 8.1.1 虚拟现实的定义

信息技术的发展促使人们为了适应未来信息社会的需要，必须提高与信息社会的接口能力，提高对信息的理解能力。人们不仅希望能通过打印输出或显示屏幕的窗口，在外部观察信息处理的结果，而且还希望能通过视觉、听觉、触觉、味觉及形体动作等参与到信息处理的环境中去，获得身临其境的体验。这种信息处理方法已不仅仅要求建立一个一维的数字化信息空间，更需要建立一个多维化的信息空间，一个感性认识和理性认识相结合的综合集成环境，而虚拟现实技术将是支撑这个多维信息空间的关键技术，如图 8.1 所示。

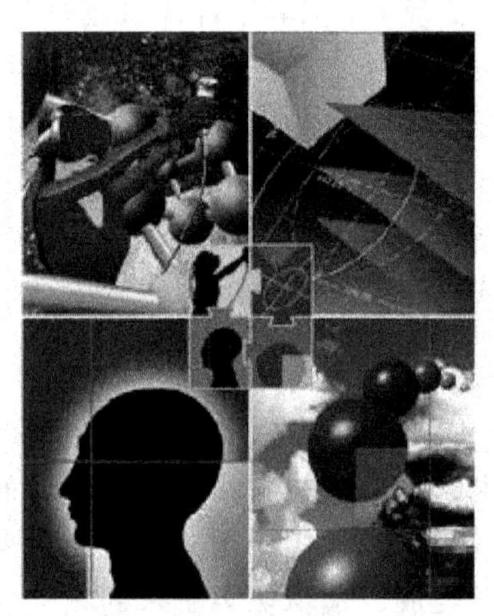

图 8.1 虚拟现实技术示意图

虚拟现实一词来源于英文单词“Virtual Reality”，也可以翻译为“灵境”、“临境”、“幻真”等，最早由 VPL Research 公司的奠基人 Jaron Lanier 于 1989 年在有关的杂志报刊上使用，意指“计算机产生的三维交互环境，在使用中用户‘投入’到这个环境中去的”。根据这种理解，虚拟现实的一种定义是，虚拟现实就是让用户在人工合成的环境里获得“进入角色”的体验。而 Francis Hamit 在 *Virtual Reality and the Exploration of Cyberspace* 中给这个词下了另外一种定义：“一种依赖于空间成像及在计算机生成环境中形成错觉的人机界面。” Ken Pimentel 和 Kevin Teixeira 在 *Virtual Reality-Through the New Looking Glass* 中给出的定义则是“至少需要一副虚拟现实眼镜和一台计算机来创建一个三维的人工环境，在其中用户有一种身临其境的感觉，用户能到处观看、移动，确实感到身临其境。”国内的专家学者对虚拟现实也有自己的理解：“所谓虚拟现实是指用计算机技术生成的一个逼真的视觉、听觉、触觉及嗅觉等的感觉世界，用户可以用人的自然技能对这个生成的虚拟实体进行交互考察。”虚拟现实的定义可以说是众说纷纭，但无论其定义如何，“虚拟现实”这个概念包括了 3 层含义。

(1) 虚拟实体是用计算机来生成的一个逼真的实体，“逼真”就是要达到三维视觉，甚至包括三维的听觉及嗅觉等。

(2) 用户可以通过人的自然技能与这个环境交互，这里的自然技能可以是人的头部转动、眼动、手势或其他的身体动作。

(3) 虚拟现实往往要借助一些三维传感设备来完成交互动作，常用的有数据手套(如图 8.2 所示)、头盔式立体显示器 HMD(如图 8.3 所示)、数据衣、三维鼠标、立体声耳机等。

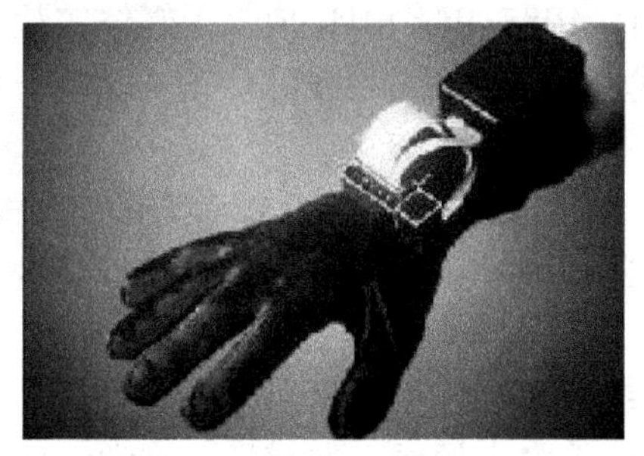

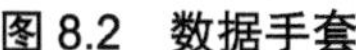

图 8.2　数据手套

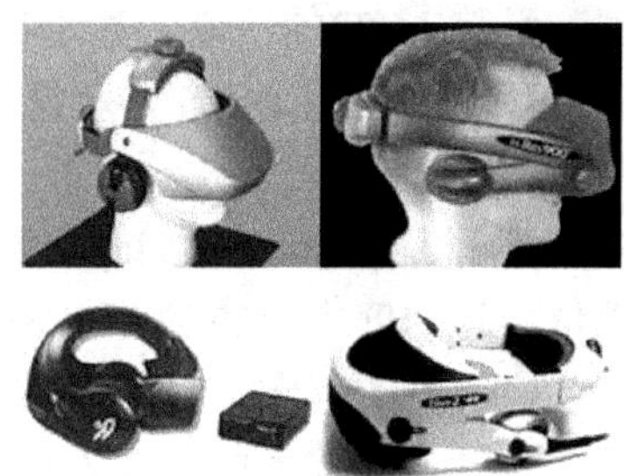

图 8.3　头盔式立体显示器 HMD

### 8.1.2　虚拟现实的发展

1965 年，计算机图形学创始人 Ivan Sutherland 在 IFIP 会议上做了题为 *The Uelimate Display* 的报告。该报告中首次提出了包括具有力反馈设备、交互图形显示及声音提示的虚拟现实系统的基本思想。自此人们开始对虚拟现实系统的研究与探索。

1966 年，美国麻省理工学院的林肯实验室正式开始了头盔式显示器的研制工作。在第一个头盔式立体显示器的样机完成不久，研制者又把能模拟力量和触觉的力反馈装置加入到这个系统中。

1970 年，Ivan Sutherland 经过了一系列的努力，在犹他州大学终于研制成功了第一个功能较齐全的头盔式立体显示器(HMD)系统。

1975 年，Myron Krueger 提出“人工现实”(Artifical Reality)的思想，并展示了名为 Videoplace 的“并非存在的一种概念化环境”。

到了 20 世纪 80 年代，随着信息技术的飞速发展，特别是图形显示技术取得的一系列的成就，虚拟现实技术又取得了惊人的进展。出现了 VIVED HMD、Data Glove 等一系列成果。而美国国家航空航天局(NASA)及美国国防部组织的一系列有关虚拟现实技术的研究，更引起了人们对虚拟现实技术的广泛关注。而在此时，“虚拟现实”(Virtual Reality)一词也应运而生。

进入 20 世纪 90 年代，计算机硬件技术与软件系统的迅速发展，使得人机交互系统的设计不断创新，新颖、实用的输入/输出设备不断进入市场。基于大型数据集合的声音和图像的实时动画制作成为可能。而这些都为虚拟现实系统的发展打下了良好的基础。1990 年，在美国达拉斯召开的 Siggraph 会议上明确提出虚拟现实技术的主要内容是：实时三维图形生成技术、多传感器交互技术及高分辨率显示技术，更为虚拟现实技术的发展确定了研究方向。

此后，各个国家对虚拟现实的研究更加重视，并将其广泛运用到各个领域。例如，1993 年 11 月，宇航员利用虚拟现实系统成功地完成了从航天飞机的运输舱内取出新的望远镜面板的工作。而用虚拟现实技术设计波音 777 获得成功，是近年来引起科技界瞩目的又一件工作。正是因为虚拟现实系统的广泛应用，如娱乐、军事、航天、设计、生产制造、信息管理、商贸、建筑、医疗保险、危险及恶劣环境中工作的遥操作、教育与培训、信息可视化，以及远程通信等，人们对迅速发展中的虚拟现实系统的广阔应用前景充满了憧憬与兴趣。

### 8.1.3　虚拟现实的研究现状

北卡罗来纳大学教堂山分校(UNC)的计算机系是进行虚拟现实研究最早最著名的大学。他们主要从事分子建模、航空驾驶、外科手术仿真、建筑仿真等。

麻省理工学院(MIT)的研究一直走在最新技术前沿。1985 年，MIT 成立了媒体实验室，并进行了虚拟环境的正规研究，并取得了 BOLIO 测试环境、对象运动跟踪动态系统等一系列的成果。

美国的洛玛琳达(Loma Linda)大学医学中心是一所经常从事高难度或者有争议课题的医学研究单位。该研究中心的 David Warner 博士和他的研究小组成功地将虚拟现实技术用于探讨与神经疾病有关的问题。

华盛顿大学华盛顿技术中心的人机界面技术实验室(HIT Lab)领导了新概念的研究。它将虚拟现实研究引入到了工程设计、教育娱乐和制造领域等多个领域，在感觉、知觉、认知和运动控制能力方面做了大量的研究工作。

NASA Ames 实验室将研究重点放在对空间站操纵的实时仿真上，他们大量运用了面向座舱的飞行模拟技术。NASA 完成的一项著名的工作是对哈勃望远镜的仿真。现在 NASA 已经建立了航空、卫星维护虚拟现实系统、空间操作虚拟现实训练系统、虚拟现实教育系统等。

伊利诺伊州立大学在车辆设计中研制出支持远程协作的分布式 VR 系统，不同国家、地区的工程师可以通过计算机网络实时协作进行设计。

WIndustries 位于 Leicester，是国际 VR 界的著名开发机构，正在开发一系列 VR 产品，主要是娱乐业方面的。

此外，美国的乔治梅森大学、英国的 Bristol 有限公司和 ARRL 有限公司、荷兰应用科学研究组织(INO)的物理与电子实验室(FEL)、日本的东京技术学院精密和智能实验室、京都先进电子通信研究所(ATR)、东京大学高级科学研究中心等也分别对虚拟现实进行了深入的研究，取得了一系列的成果。

与此同时，国内的一些院校和科研单位，陆续开展了 VR 技术的研究，而且已经实现或正在研制的虚拟现实系统也有不少。

北京航空航天大学计算机系是国内较早研究虚拟现实，极具权威的单位之一，主要从事虚拟环境中物理特性的表示与处理。他们不仅开发出了视觉接口方面的部分硬件，在软件设计上也取得了丰硕的成果。北京航空航天大学计算机系虚拟现实与可视化新技术研究室开发的分布式虚拟环境基础信息平台(DVENET)可以实现不同用户以不同的交互方式在虚拟环境下进行异地协同，其技术水平已接近美国的 STOW。

除此之外，浙江大学也对虚拟现实技术进行了深入的研究。该大学的 CAD&CG 国家重点实验室开发了一套桌面型虚拟建筑环境实时漫游系统，其在实时性和画面的真实感方面都达到了较高的水平。

清华大学计算机科学和技术系对虚拟现实和临场感方面进行了研究，提出了很多新颖的算法，如球面屏幕显示和图像随动、克服立体图闪烁的措施和深度感实验等，其开发的机器人化生产系统开发工具软件已近完成。

西安交通大学信息工程研究所对虚拟现实中的关键技术——立体显示技术进行了深入的研究，并取得了成就，如具有高压缩比、信噪比及解压速度的基于 JPEG 标准的压缩编码新方案等。

北方工业大学 CAD 研究中心是我国很早开展计算机动画研究的单位之一。该中心在多年的研究基础上制作了一系列体视动画产品。

中国科技开发院威海分院主要研究虚拟现实中视觉接口技术，并成功开发出了 LCD 红外立体眼镜等产品。

此外，哈尔滨工业大学计算机系、西北工业大学 CAD/CAM 研究中心、上海交通大学图像处理及模式识别研究所、国防科技大学计算机研究所，以及安徽大学电子工程与信息科学系等单位也对虚拟现实进行了积极的研究，并取得了一定的成就。

### 8.1.4 虚拟现实的特点

虚拟现实是一种高度集成的技术，是计算机硬软件、传感器、机器人、人工智能(AI)与模式识别、视觉模拟、人体工程学及心理学飞速发展的结晶，主要依赖于三维立体实时图形显示、三维定位跟踪、触觉及嗅觉传感技术、AI 技术、高速和并行计算技术及人的行为学研究等多项关键技术的进展。实际上，虚拟现实是一种新的人机接口形式，为用户提供了一种身临其境和多感觉通道的体验，试图寻求一种最佳的人机通信方式，如图 8.4 所示。

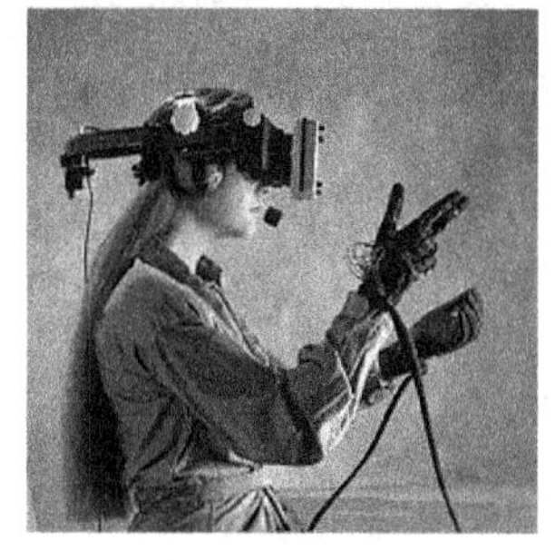

**图 8.4 虚拟现实用户**

Grigore Burdea 在 1993 年的国际电子学术会议(Electro'93 International Conference)上发表的 *Virual Reality Systems and Applications* 一文中将虚拟现实技术的特点总结为 3 个“I”，即 Immersion(沉浸感)、Interaction(交互性)及 Imagination(构想性)。这 3 方面都与人有关，因此可以说，虚拟现实技术是人与技术系统的完美结合，人在系统中占有重要的地位。

虚拟现实最主要的技术是沉浸感，虚拟现实技术追求的目标也就是力求使用户在计算机所创建的三维虚拟环境中处于一种“全身心投入”的状态，有身临其境的感觉，即沉浸感。交互性主要是指参与者通过使用专用设备，用人类的自然技能实现对模拟环境的考察与操作的程度。因为虚拟现实技术并不仅仅是用户界面，它的应用能解决在工程、医学、军事等方面的一些问题，这些应用是虚拟现实设计者为发挥他们的创作性而设计的，所以需要丰富的想象力。上述的技术要素是相互关联的，它们对用户的“存在”意识有影响，进而导致“沉浸感”。这一过程实际上是基于人的“认知”机理，正像有人说的“心理学是虚拟现实的物理学”(Psychology is the Physics of Virtual Reality)。

### 8.1.5 沉浸感

导致沉浸感的原因是用户对计算机环境的虚拟物体产生了类似于现实物体的存在意识或幻觉(如图 8.5 所示)，沉浸感必须具备以下 3 个要素。

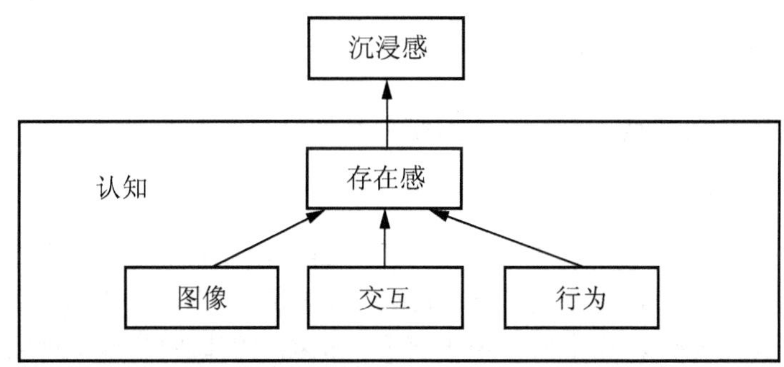


**图 8.5 虚拟现实技术要素**

(1) 图像(imagery)。虚拟物体要有三维结构显示。图像显示要有视场。显示画面符合观察者的视点，跟随视线变化。物体图像能得到不同层次的细节审视。

(2) 交互(interaction)。虚拟物体与用户的交互是三维的。用户是交互作用的主体，用户能觉得自己在虚拟环境中参与物体的控制。交互是多感知的，用户可使用与现实生活不同的方式来与虚拟物体交互。

(3) 行为(behavior)。虚拟物体在独立活动或相互作用时，或在与用户的相互作用中，其动态都要有一定的表现，这些表现或服从于自然规律，或者遵循设计者想象的规律，这也被称为虚拟系统的自主性。

## 8.2 虚拟现实系统分类

### 8.2.1 依照虚拟现实与外界交互分类

从虚拟现实与外界的交互考虑，虚拟现实系统可以分成 3 类。

#### 1. 封闭式虚拟现实

封闭式虚拟现实即与外部现实世界不产生直接交互，其特点如下。

(1) 虚拟环境可以是任意虚构的、实际上不存在的世界。

(2) 目的是为了娱乐、训练、模拟、预演、检验、体验或验证某一猜想假设等。

(3) 任何操作不对外界产生直接作用。

#### 2. 开放式虚拟现实

开放式虚拟现实即通过各种传感装置与外界构成反馈闭环，其特点如下。

(1) 虚拟环境是某一现实世界的真实模型。

(2) 目的是通过利用虚拟环境对现实世界进行直接操作或遥控操作，以达到克服现实环境的限制使操作方便、可靠，如提供碰撞报警，减轻操作人员的心理负担，减少操作失误等。

(3) 按用户的需要，操作可以直接作用于现实世界或得到反馈。

#### 3. 封闭式虚拟现实和开放式虚拟现实的结合

封闭式虚拟现实和开放式虚拟现实的结合即兼备封闭式或开放式的特点，是一种较实用的虚拟现实系统。

### 8.2.2 依照虚拟现实的构成特点分类

根据虚拟现实的构成特点，虚拟现实系统分类如下。

#### 1. 桌面虚拟现实系统

利用微型计算机或低档工作站进行模拟，在一些专用硬件和软件的支持下，参与者可在仿真过程中设计各种环境。这种系统基于 WIMP 用户界面即窗口(Window)、图标(Icon)、鼠标(Mouse)、指示器(Pointer)，成本低，便于普及，也称为窗口中的虚拟现实。

桌面虚拟现实系统要求参与者使用位置跟踪器和手拿输入设备，如 3 或 6 自由度鼠标、游戏操纵杆或力矩球，参与者虽然坐在监视器前面，但可以通过屏幕观察范围内的虚拟环境，但并没有完全沉浸，因为其仍会感觉到周围现实环境的干扰。

在桌面虚拟现实系统中，立体视觉效果可以增加沉浸的感觉。一些廉价的三维眼镜和安装在计算机屏幕上方的立体观察器、液晶显示眼镜等都会产生一种三维空间的幻觉。同时由于它采用标准的显示器和立体图像显示技术，其分辨率较高，价格较便宜，因此易普及应用，使得桌面虚拟现实系统在各种专业应用中具有生命力，特别在工程、建筑和科学领域内。例如，Apple 公司推出的快速虚拟系统(QuickTime VR)。它采用 360°全景拍摄生成逼真的虚拟情景，用户可以在普通的计算机上，利用鼠标和键盘，就能真实地感受到所虚拟的情景。这种系统的特点是简单、价格低廉，易于普及推广，是一套经济实用的系统。

### 2. 临境虚拟现实系统

临境虚拟现实系统也称投入式虚拟现实系统。利用使参与者完全投入的各种设备，如 HMD(如图 8.3 所示)、位置跟踪器或舱型模拟器等把用户的视觉、听觉和其他感觉封闭起来，产生一种与世隔绝而被虚拟环境笼罩的错觉，达到完全投入的目的，如芝加哥伊利诺伊大学电子可视化实验室开发的 CAVE 自动化虚拟环境(CAVE Automated Virtual Environment)，可让一人或多人感到被高分辨率的三维图像、声音彻底包围。

还有一类增强现实型系统可用于维修指导，完成非可视现象的可视化处理。光学器件将反映现实环境的图像送至穿透性屏幕，这样操作员可以同时看到计算机生成的具有说明描述物理任务的文字与图形和真实环境的图像。当然两者之间的精确重叠有赖于位置跟踪技术。

临境虚拟现实系统与桌面虚拟现实系统的不同之处有如下几点。

(1) 具有高度的实时性能。如当用户移动头部以改变观察点时，虚拟环境必须以足够小的延迟连续平滑地修改景区图像。

(2) 同时使用多种输入/输出设备。

(3) 为了能够提供“真实”的体验，它总是尽可能利用最先进的软件技术及软件工具，因此虚拟现实系统中往往集成了许多大型、复杂的软件，如何使各种软件协调工作是当前虚拟现实研究的一个热点。

(4) 它总是尽可能利用最先进的硬件设备、软件技术及软件工具，这就要求虚拟现实系统能方便地改进硬件设备及软件技术，因此必须用比以往更加灵活的方式构造虚拟现实系统的软、硬件体系结构。

(5) 提供尽可能丰富的交互手段。在设计虚拟现实系统的软件体系结构时不应随便限制各种交互式技术的使用与扩展。

### 3. 分布式虚拟现实系统

在临境虚拟现实系统的基础上将不同的用户连接在一起，共享同一个虚拟空间，使用户达到一个更高的境界，分布式虚拟现实的基础是分布式交互仿真，如不同地点的工作人员通过网络一起协同进行工业产品的装配。

## 8.3 虚拟现实系统的组成

虚拟系统的模型可用图 8.6 表示，在系统组成上一般包括检测、反馈、传感器、控制、

3D 模型及建模模块，如图 8.7 所示。其中，检测模块主要用于检测用户的操作命令，并通过传感器模块作用于虚拟环境；反馈模块主要用来接受来自传感器模块信息，为用户提供实时反馈；传感器模块不仅接受来自用户的操作命令，并将其作用于虚拟环境，而且将操作后产生的结果以各种反馈的形式提供给用户；控制模块主要是对传感器进行控制，使其对用户、虚拟环境和现实世界产生作用；建模模块主要用来获取现实世界组成部分的三维表示，并由此构成对应的虚拟环境。

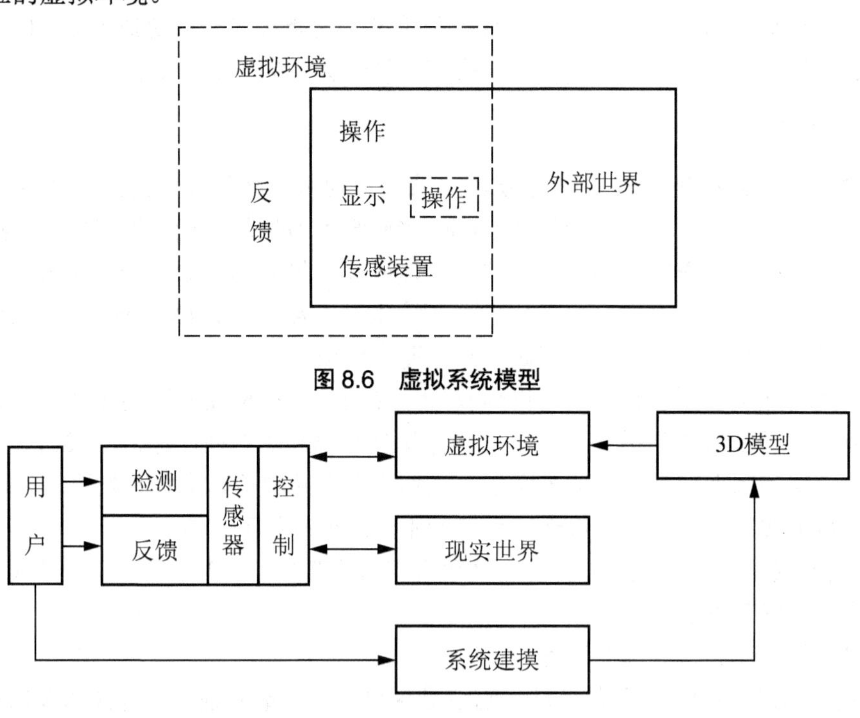


图 8.6　虚拟系统模型

图 8.7　虚拟系统的组成

桌面虚拟现实系统和临境虚拟现实系统之间的主要差别在于参与者身临其境的程度，这也是它们的系统结构、应用领域和成本都大不相同的原因。前者以常规的 CRT 彩色显示器和立体眼镜来增加身临其境的感觉，主要交互装置为 6 自由度鼠标或三维操纵杆，参见图 8.8 所示的桌面虚拟现实系统的结构图。后者采用 HMD 现实，主要交互装置为数据手套和头部跟踪器，图 8.9 所示的是临境虚拟现实系统的结构图。

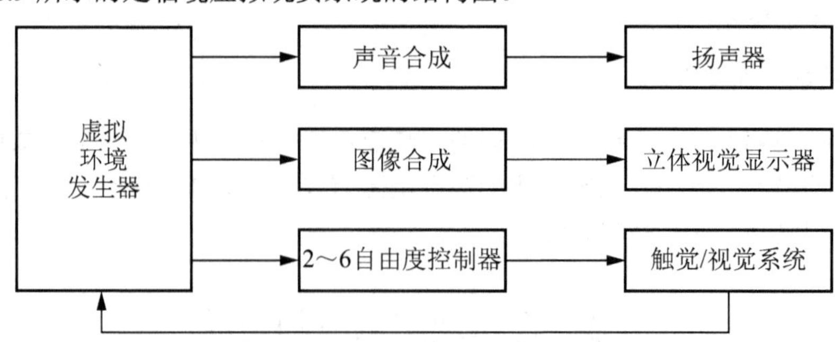


图 8.8　桌面虚拟现实系统的结构图

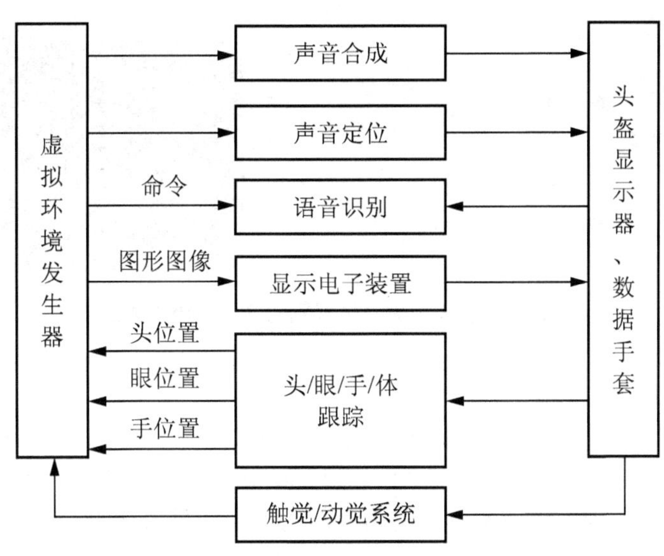


图 8.9　临境虚拟现实系统的结构图

无论是桌面虚拟现实系统还是临境虚拟现实系统，它们都由可交互的虚拟环境、虚拟现实软件、虚拟现实硬件(包括计算机、虚拟现实输入/输出设备)3 部分组成。

可交互的虚拟环境是由计算机生成的，通过视觉、听觉、触觉、味觉等多种感官作用于用户，使之产生身临其境感觉的交互式视景仿真。虚拟环境可以基于某种现实环境，也可以完全脱离现实世界。

虚拟现实软件是提供实时观察和参与虚拟环境能力的软件系统，包括虚拟环境建模、动画制作、物理仿真、碰撞检测和交互模式 4 个方面。

虚拟现实硬件则是构造虚拟现实系统的物理设备，主要包括计算机、虚拟现实输入设备(如数据手套)、虚拟现实输出设备(如数字头盔)。

参与者可以通过虚拟现实输入设备将头、手位置等信息输入计算机，虚拟现实软件对其进行分析解释，作用于虚拟环境，使之进行适当的更新，并通过虚拟现实输出设备反馈给参与者。

## 8.4　虚拟现实技术研究的内容

虚拟现实技术是一项发展中的技术，要走向成熟需要计算机硬件、软件、传感器、人工智能等技术的进一步发展和相关技术的支持。我国更要花大力气赶上世界先进水平。

国内许多专家建议虚拟现实技术的主要研究内容如下。

### 1. 逼真模拟世界生成技术

基于视觉、听觉、触觉和嗅觉的逼真模拟世界生成技术的核心是三维实时动画、视觉环境建模(如图 8.10 所示)，提供空间定位和空间仿真技术、声像一体化仿真技术，并解决虚拟环境中的标定问题等。目前触觉传感技术已达实用水平，触觉的生物力学与心理物理学方面的研究是薄弱环节，嗅觉技术的研究也刚刚起步。

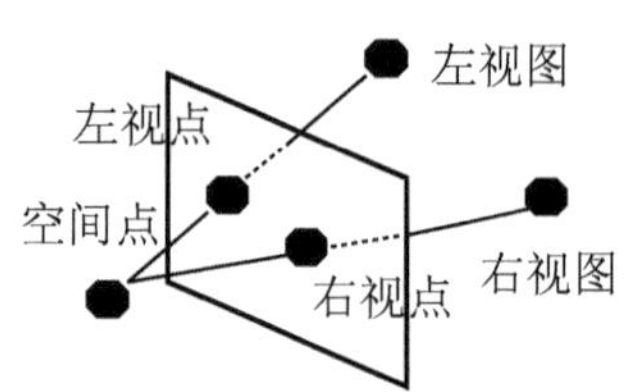


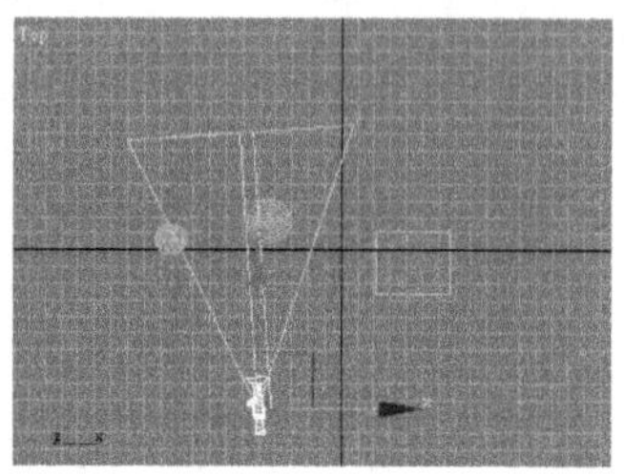

图 8.10　视差原理及体视图的 3DS MAX 生成

2. 临场感技术

人与技术融为一体的临场感技术的核心为宽视场立体显示技术(如图 8.11 所示)，感知并识别用户视点变化，头、手、肢体、身躯动作和语音的基于自然方式的人机交互技术(如图 8.12 所示)，快速、高精度三维跟踪技术，人的因素与用户心理学研究等。

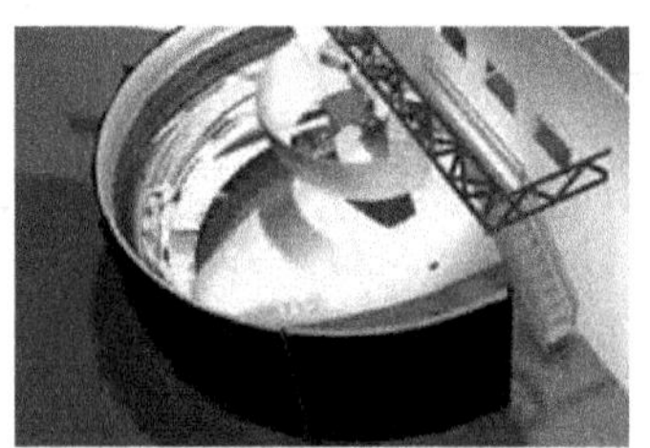

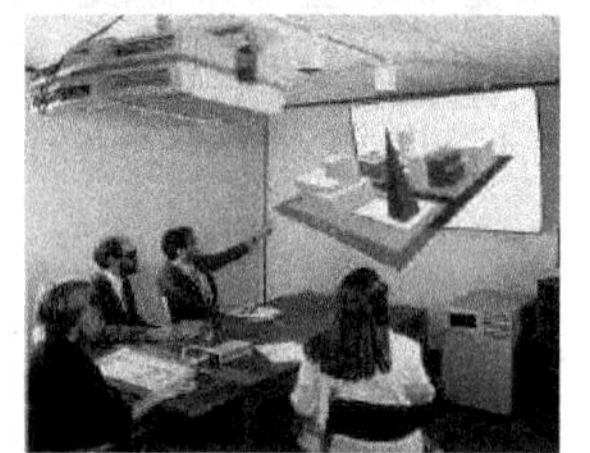

图 8.11　宽视场立体显示技术及相关设备

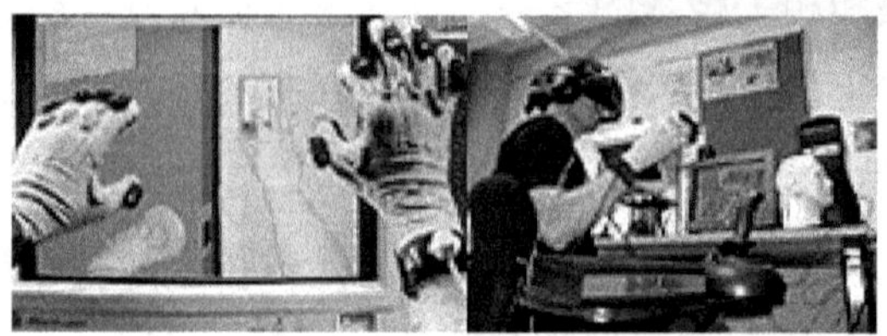

图 8.12　基于自然方式的人机交互技术

3. 虚拟环境的控制系统

虚拟环境的控制系统的核心技术为实时、低延时控制软硬件设计，传感技术和传感设备研究，多传感器数据融合、遥感技术等。在方法上还需要研究虚拟环境与现实环境的一致性保持问题。

4. 非应用虚拟环境技术不可的领域

虚拟环境技术特点在于其模型世界可以是真实世界的仿真，也可以是抽象概念建模，用户在虚拟环境里有临场感，并能以自然方式与模拟世界进行人机交互操作。因此，开发非应用虚拟环境技术不可的新应用领域，并进行相应的系统分析与设计，将对深入研究虚拟现实技术产生深远的影响。应用研究包括系统开发平台研制、分布式虚拟现实技术及实际系统开发等。

## 8.5 虚拟现实关键技术

与传统的信息系统相比，虚拟现实系统是一个新型的、多维化的人机和谐的信息系统。在这种虚拟系统内，人们所感受到的突出的特点是它的沉浸感、交互性和构想性。为了实现这种新型的信息处理系统，当然还要克服很多困难，并且人们对沉浸感、交互性和构想性要求又在不断提高。

1. 提高图形系统的实时性

三维图形的生成技术已经较为成熟，其关键是如何实现“实时”生成。这是当前限制虚拟现实画面速度的重要因素。在不降低图形的质量和复杂度的前提下，如何提高刷新频率将是虚拟现实技术所要研究的关键内容之一。

2. 三维位置方位跟踪与传感及识别技术

三维位置方位跟踪与视觉、听觉、嗅觉等传感及识别技术要靠输入和输出设备实现。输入系统帮助参与者发出数据，投入到虚拟环境中，并与系统进行交互式交流。键盘、鼠标、力矩球、位置跟踪器(如图 8.13 所示)、数据手套等都是典型的虚拟现实系统输入工具。

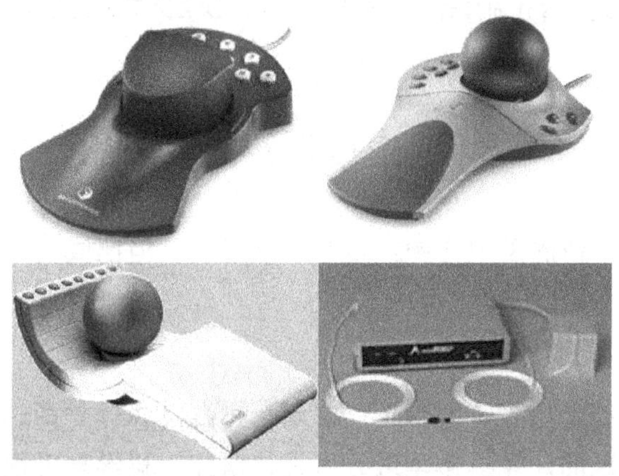

图 8.13 部分位置跟踪器

虚拟现实的输入、输出技术要求计算机能够理解操作者的各种动作和发出的信息，这些识别问题大部分是不确定的问题。这类问题的解决需借助人工智能和知识工程。例如，目前人工智能接口中研究的图像识别、机器视觉、语音识别和自然语言。

3. 高速计算能力及计算复杂性问题

个人计算机的性能价格比为一般大众所接受，但其计算和图形等功能在虚拟系统组成中显得很勉强，只能用于低级的虚拟系统。

工作站的性能要比个人计算机高得多，通常以性能优良的 UNIX 系统为操作系统，计算、图形、语音等处理能力较适合虚拟系统的组成，是目前较为普遍的虚拟系统用机。

目前许多高级虚拟环境的实现由超级计算机系统支持，并带有高速图形工作站。超级计算机有多个处理器，也可称为多处理机，它们采用并行处理体系结构，允许多达 100 个处理器同时为虚拟系统服务，使系统的性能达到最佳。

4. 面向对象技术的应用

虚拟构造境界程序可以生成各种虚拟现实应用，这类应用称为虚拟场景，它使得参与者可以在仿真中操纵其环境。构造场景包括建模和绘制对象，给这些对象指定行为，提供交互性和编程。面向对象的编程对虚拟现实系统的开发起了举足轻重的作用。

5. 三维建模

虚拟环境的建立是虚拟现实技术的核心内容，而虚拟环境建模技术则是整个系统建立的基础，主要包括三维视觉建模和三维听觉建模。其中，视觉建模主要包括几何建模(Geometric Modeling)(如图 8.14 所示)、物理建模(Physical Modeling)、对象特性(Object Behavior)建模及模型切分(Model Segmentation)等。

图 8.14 使用 NURBS 技术进行几何建模

6. 系统集成技术

虚拟现实中需要涉及大量多通道感知信息，如何将这些感知信息进行系统集成与整合将是虚拟现实需要研究的一个至关重要的内容。集成技术包括同步技术、模型标定技术、数据转换技术、识别和合成技术等。

## 8.6 虚拟现实的应用

虚拟现实技术是一个新的发展方向，目前还不成熟，但已成为一个研究的热点，并会对整个科学技术和人们的生活产生深远的影响。

1. 可视化的研究与应用

可视化技术和虚拟现实技术紧密相关，可视化是解决各种复杂环境问题的工具，各行各业的专家都可以根据问题的计算机模型进行可视化研究。科学与工程计算可视化不仅可用三维图形直观地对计算机获得的大量数据分析或计算结果进行图示或图解，而且利用交互式技术可改变物理或其他过程的参数，实时观察计算结果的全貌，使人们能够利用图形的直观性、形象性和可操作性，把握问题的总体变化趋势，了解并控制寻找最优解的控制过程。例如，金融的可视化，通过建立金融模型，可将大量抽象的字母数据变成图形或可见的物体，从而使数据更容易被理解和分析。股票市场就是这种技术的主要领域。

2. 工程的计算机辅助设计和制造

在传统产品制造过程中，原型的加工、设计和生产都有独特的工艺流程，不允许数据共享。随着 CAD、计算机辅助工艺(CAPP)和 CAM 的标准化，这些工艺就被集成到一个系统中，形成计算机集成制造系统 CIMS 的核心。CIMS 环境下计算机辅助设计和制造(CAD/CAM)最根本的目标是要实现子系统内部各功能模块及与其他子系统间的信息集成，并实现各模块本身的功能，如图 8.15 所示。在 CAD/CAPP/CAM 集成系统中，有各个子系统的专用静态数据，亦有供各个功能模块共用的动态数据。CAD 的任务是根据计划管理部门下达的设计、加工任务，用专家系统进行产品方案设计，由此进行几何建模、工程分析，直至产生详细的工程图和 CAPP/CAM 所需信息。

图 8.15　虚拟现实技术在车辆设计中的应用

3. 医学方面的应用

虚拟现实系统已应用于医学系统。使用虚拟现实系统，可以建立合成药物的分子结构模型，测试其特性，诊断疾病，模拟人体解剖或外科手术的过程，缩短医生培训周期。

使用 UNC 的 grope Ⅲ虚拟仿真器，研究人员可以看到一种药物内分子是如何同其他的生化物质相互作用的，并测试其特性，这一技术大大缩短了各种新药物的开发周期。

近年来，人们用微型摄像机、计算机轴向 X 射线摄影(CAT)或磁共振成像(MRI)获得一批 2D 图像，再将这些图像构成 3D 数据场，通过虚拟现实眼镜可观察到病灶图像。医生使用这种技术进行疾病诊断，就不必执行一些侵入性的医疗步骤。

在虚拟外科学中，病人和手术都是虚拟的，因此，如果虚拟病人死亡了，实习医生可以按复原键让他起死回生。手术具有可回溯性，实习医生通过多次虚拟手术，积累经验，为今后提高手术的成功率奠定了基础。

“遥在”也可用于医学领域。远程手术，即医生对异地的病人施行手术，在不久的将来也会变成现实。

4. 军事模拟和飞行模拟

军事模拟是虚拟现实产生和发展的一个重要的技术基础和强大动力，最初的模拟是用来训练飞行员。飞行员通过虚拟的飞行环境，熟悉飞行过程中可能出现的各种情况及对付方法，图 8.16 所示的是飞机中的三维图像。

飞行模拟器只能模拟驾驶舱内外的情况，范围有限，进一步扩大范围，可进行作战规划模拟。军事模拟技术也可用于民航的飞行员训练、航天计划的宇航员训练。

图 8.16　飞机机舱的三维图像

5. 教育和艺术

近代在教育领域进行着一系列改革传统教学方法的革命。从以音响设备为主体的电化教学到加入计算机的 CAI，从多媒体网络到虚拟教学环境，高新科技的引进大大推动着教育事业的发展。

计算机辅助教育(CAE)是一门新崛起的教育技术，CAI 是其中一个重要的分支，在 CAE 和 CAI 中引进虚拟现实将使学生亲身经历知识的传授过程，并留下深刻的印象，从而获得理想的教学效果。在虚拟现实环境下，学生可以完全投入，在仿真过程中跨越时空限制与环境中的各种目标对话，从而学习新的知识，加深对抽象事物的理解。

6. 遥在和遥控

对人类不能到达(深海、其他星球)或危险、有毒的场所，远程控制无疑是必不可少的。虚拟现实的产生受到太空技术、机器人技术的推动，在宇航和工业应用中，机器人的远程控制可在虚拟环境中进行，通过对远程存在和控制的应用，人们可以更有效地认识世界。

7. 游戏与娱乐

用电子手段进行游戏与娱乐是计算机对 21 世纪人们的生活产生重要影响的一个侧面，特别是对青少年的业余生活影响更大。在电子游戏中，参与者往往要充当其中一个角色与虚拟环境及其目标进行交互影响，这点正是虚拟现实技术的一个关键方面。

## 8.7 虚拟现实技术所追求的长远目标

正像电子显微镜、天文望远镜、雷达、夜视镜、可视化计算等扩大人类视觉等能力的研究成果一样，虚拟显示系统所提供的一系列研究成果是为了进一步扩大人类的感知和认知能力。因此，虽然我们可以利用虚拟现实技术区虚构一些鬼怪精灵、太虚仙境，提供比游乐园更吸引人的游戏，但更重要的还是利用虚拟现实的手段，打破现有技术手段的限制，拓宽人类认识世界的认识空间，提高人类认识客观世界的方法空间，并尽力使认识空间与方法空间协调一致。

我们利用虚拟现实技术的成果去创建一些以假乱真的虚拟对象，目的是为了突破人类现有感知能力的界限，是为了提高人类认识世界的深度和广度，是为了更正确地反映客观世界的本质。

创建虚拟对象和环境是认知世界和改造世界的手段，反映现实的本质和属性是认识世界和改造世界的目的。

虚拟技术和其他许多先进技术的出现，必然会推动生产管理模式的变化。美国、日本和欧洲已经认识到，一种新的制造系统模式已经开始形成，这就是“灵捷制造”，如图 8.17 所示。21 世纪灵捷制造模式的特点首先是产品改型对市场需求的快速反应性；其次是公司规模、组成及管理模式随生产任务变化的快速响应性；最后是坚持高质量、优质服务的秩序性。而高度灵活的柔性生产系统是实现灵捷制造的必要支撑条件，其中包括虚拟设计和虚拟制造验证。

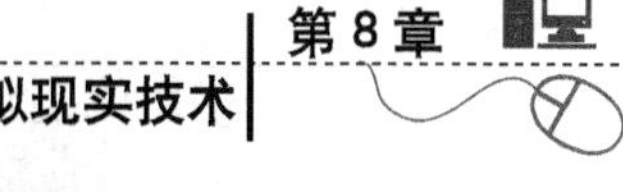

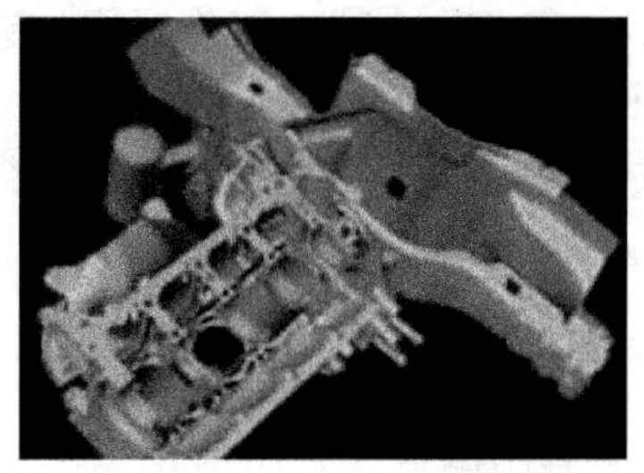
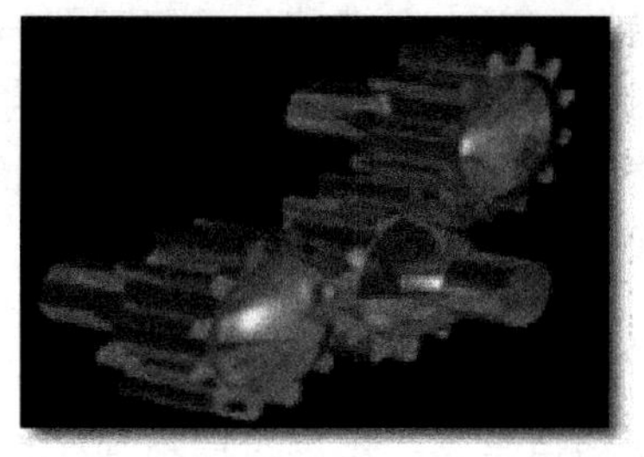

图 8.17　虚拟技术与灵捷制造

虚拟技术不仅支持灵捷制造系统的建立，而且可以使整个设计制造过程对用户是透明的，使用户有可能参与设计，这也是灵捷制造的重要特点之一。

虚拟现实技术的潜力是很大的，现在正处于推广应用的开始阶段。虚拟现实技术将引起设计制造业的巨变，目前已有相当数量的科技人员在筹划把这项技术用于设计未来的高速公路上的车辆控制系统、导弹发射指挥和控制中心的设计、新型飞机的设计、战斗机驾驶员座舱的配置、航天飞机的布局、遥控机器人的设计及对复杂系统中人的因素的评估。

虚拟现实技术将导致医学革命，医学将是虚拟现实技术应用重要的领域之一，目前的虚拟现实已经开始对医学领域产生巨大冲击。医生和病人都将从虚拟技术中受益。虚拟现实技术将在医疗教学和培训中显示出巨大的潜力，能进一步提高医学图像的分辨率和直观性，能建立虚拟人体并产生真实的力量反馈，让培训与实际操作相结合。

虚拟现实技术将促进遥在技术的发展，将会扩展远距离通信。未来的远程通信不仅仅可以互相听到、看到，甚至可以互相触摸。这将是一种广义的、多维化的信息交流。目前，由 Super Scape 公司发起、40 多家公司加盟的世界第一个虚拟现实网球网已投入运行，虚拟现实技术的前景十分诱人。

虚拟现实技术将使教育培训设施发生质的变化。人们将对危险的操作反复地进行十分逼真的演练，将为受训者设定各种复杂的情况，以提高受训者的应变能力，将为运动员、保安人员、救火人员和外科医生设置超难度及宽领域的培训课程，从而使得他们在实际环境下得心应手地处理各种情况。由虚拟现实技术所支撑的模拟和培训系统将使得飞行器驾驶员、空中交通管制人员、卡车驾驶员、医务培训工作人员，甚至小汽车司机都可以在安全的虚拟环境中取得实际的经验。

虚拟现实技术在帮助和增强残疾人的自理能力方面也是大有可为的。虚拟现实技术可以帮助残疾人参加其所希望参加的活动，增强其与社会交流和为社会服务的能力。虚拟现实技术还将有效地辅助人类进行决策和行动。传统的计算机及其应用系统在辅助人类的计算和逻辑思维能力方面已发挥了巨大的作用，虚拟现实系统将进一步扩充人类的感知和认知能力，从而辅助人类进行决策和行动。

## 8.8　虚拟现实建模语言

随着网络时代宽带大规模应用的到来，市场对虚拟现实技术的应用越来越迫切。VRML、X3D、Cult3D、Viewpoint、360°环视等技术相继被提出并逐步被广泛应用。而这其中，虚拟现实建模语言(Virtual Reality Modeling Language，VRML)作为一种工业标准其重要地位日益突显。

VRML 自 1994 年 10 月在芝加哥召开的第二次 WWW 会议上诞生以来，受到了广泛的重视，并在短期内得到了迅猛的发展，于 1997 年已经发展到了 VRML 2.0 规格。VRML 是基于 Web 的开发语言之一，就是利用简单的语法来生成动态的、交互性强的、支持多用户的 VRML 虚拟场景，使 Web 页面更生动、真实。

### 8.8.1 简介

虚拟现实建模语言是一种描述虚拟现实场景的专用语言，其作用是描述三维场景以便建立交互式、可导航的三维世界，可用于万维网 WWW，和 HTML 一样。虚拟现实的显示、交互和互联等所有方面都可以用 VRML 来定义。VRML 设计者的意图是将 VRML 变成 WWW 上交互仿真模拟的标准语言。

VRML 允许用有限的交互行为构造虚拟世界，这些虚拟世界包含同其他“世界”超链接的对象，如超文本置标语言 HTML 文本或其他有效的 MIME 类型。当用户选择带有超链关系的对象时，就会启动相应的 MIME 浏览器。当用户在正确配置的 WWW 浏览器中选择链接到 VRML 文档的对象时，一个 VRML 观察器也会启动。因此，VRML 观察器将成为在 WWW 上漫游、查看信息的最佳配套软件。未来的 VRML 版本将能描述更丰富的行为，包括动画、移动物体和实时多用户交互功能。

VRML 提供的三维元素有站点地图、库、科学知识可视化代表、数据库的可视化代表、模拟地理信息系统、交互式广告等。

### 8.8.2 VRML 的诞生与发展

1994 年，在第一届国际互联网络年会上，WWW 之父 Tim Berners Lee 和 SGI 公司的 Dave Raggett 组织了小型会议来讨论互联网的虚拟世界界面，几位参加者介绍了在互联网上构筑三维图形可视工具的项目。与会者一致认为有必要让这些工具使用共同的语言来描述三维场景及 WWW 的连接，即一个类似于 HTML 的虚拟现实描述语言。之后，就提出了虚拟现实置标语言(Virtual Reality Markup Language)，并着手制定标准，置标(Markup)后来更改为造型(Modeling)，以反映 VRML 的图形化特点。此次会议不久，在 WWW 上展开了 VRML 第一版本开发和定义的讨论。大多数意见支持在现有技术上寻求解决方案，最后选择了 SGI 的 Open Inventor 的 ASCII 文本格式。

VRML 自诞生以来，主要有两个版本，即 VRML 1.0 和 VRML 2.0。

VRML 1.0 版本提供对三维世界及其内容基本对象的描述，并把它们同二维(HTML)的页面链接起来，是一种非常简洁的高级语言。它允许创建有限交互式对象，可以自由地在场景中漫游并通过超链接到达另一个三维世界、HTML 文本或其他有效的 MIME (Multipurpose Internet Mail Extensions，多用途互联网邮件扩展)类型。

但是，VRML 主要设计目标是要成为一个独立于平台的、可扩展的和通过低带宽连接传输的描述语言。VRML 1.0 只有少部分达到这些要求(尽管它已具有了扩展到全部功能的能力)，仍然存在如下一些问题。

1) 景象游历

因为在游历中要保存特性的改变作为部分状态，所以改变单一特性就能影响到场景图的其他分支，这使得浏览器几乎不可能去优化场景图。

2) 细节水平

当根据屏幕大小实现显示细节水平时，初试的细节水平点(Level of Detail，LOD)就被更

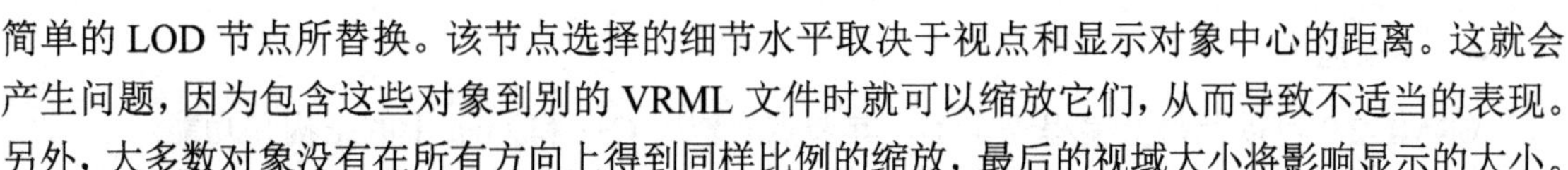

简单的LOD节点所替换。该节点选择的细节水平取决于视点和显示对象中心的距离。这就会产生问题，因为包含这些对象到别的VRML文件时就可以缩放它们，从而导致不适当的表现。另外，大多数对象没有在所有方向上得到同样比例的缩放，最后的视域大小将影响显示的大小。

3) 没有原型

DEF/USE格式在没有创建实例的情况下不允许说明场景图的某一部分。

4) 没有独一无二的名称

被DEF关键字附加到节点上的名称不一定是唯一的，因此这些名称不能指定场景图的某一部分作为对象。

为此，随后推出了VRML 2.0版本。VRML 2.0版本除了提供VRML1.0版提供的基本功能外，最重要的是它使网上的三维世界动起来了。使用VRML 2.0，结合Java及JavaScript，可以构建丰富多彩而功能强大的虚拟世界。

### 8.8.3 VRML 2.0简介

VRML 2.0的ISO标准是由SGI及SGI的两个合作机构Sony Research和Mitra设计的，最初的建议草案来自SGI公司的Moving Worlds样本，经过修改，最终通过了投票表决，成为国际标准，其标准号为ISO/IECWD 14772。VRML 2.0推出的主要目的是扩展其静态景象描述语言，从而使其成为虚拟现实描述语言，其中包括交互和对象行为及对媒体的规范，其中最主要的变化体现在节点类型的扩充上。节点可以说是最重要最基本的语法单位，其定义包含节点名称、域、事件和节点的功能。除了自定义的节点类型(PROTO)外，VRML 2.0共有54种标准节点类型，按功能分成9类：组节点、特殊组节点、通用节点、传感器节点、几何体节点、几何体属性节点、外观节点、插值节点和约束节点。为实现VRML应用如虚拟社区和虚拟购物中心，这些扩展很有必要。

VRML 2.0的特点表现在以下几个方面。

#### 1. 增强的三维建模能力

在新的标准中，天空、大地、远景都得到了较完美的支持，同时还加入了雾、地形等一些新节点，并且对质材、质感的描述和解释更加科学和精确。

VRML 1.0中仅支持ASCII码的文字模型，新标准中则几乎包含了世界上所有能写出文字的UTF-8字符集(ISO10646-1，1993标准)。

VRML 2.0允许浏览以Gzip压缩格式保存的文件，一个较大的场景往往可以被压缩数倍，在VRML文件传输时大大降低了对网络的需求。

#### 2. 声音和动画

VRML 1.0是不支持声音和动画的，新的标准不仅支持WAVE或MIDI文件，声音还是三维的，另外还支持MPEG活动图像，一些浏览器还支持其他的多媒体格式，如Microsoft的AVI格式和Apple公司的QuickTime格式。

#### 3. 交互式能力

交互式能力是VRML 2.0的最大改进，允许用户对世界中的三维对象进行旋转、移动等操作。

4. 编程能力

VRML 2.0 可以称得上编程语言了，其节点类似于 C++和 Java 中的结构和功能。

绝大多数 VRML 2.0 的浏览器支持 3 种编程格式：一是内嵌在 Script 节点中的描述性语言，这是最简单方便的编程方法；二是在 Script 中采用外部的 Java 字节流，通常只是为了实现一些特殊的、描述性语言不能实现的功能，或者是为了源程序保密；三是通过 VRML 2.0 浏览器外部编程接口 API 进行编程，允许 VRML 虚拟世界与网页上的其他对象进行沟通。一般有 3 种设计模型以支持 VRML 世界的交互行为。

(1) 扩展 VRML 语言规范，加入新的代码和关键字，使之能很容易地结合到扩展的、开放的 VRML 语言规范中。

① 原型/子类：允许定义新的 VRML 节点，而且可以封装行为和几何体。

② 事件监测：一个或几个新节点类可以检测到输入设备或外部应用这种事件。

③ 脚本：为实现复杂的行为，新节点提供了事件之间的、场景图和脚本语言解释器之间的或外部应用之间的接口。

④ 内置行为：内置节点对简单的场景图提供了基本的修改功能。

⑤ 开放性：可以很容易地增加新的、更复杂的机制。

(2) 提供与场景的接口并实现外部脚本描述的行为。该提议能够以最小的扩展实现，并彻底地基于外部脚本语言，其中大多数是基于 Java。脚本能通过一个由浏览器提供的应用接口直接修改场景图。这种方法不需要对规范做任何修改、扩展及修改场景图。但是由于 API 不能在景象描述内部被影响(约束或扩展)，所以对于别的外部描述语言或应用来说，这种方法是不开放的。

(3) 在景象行为语言中嵌入 VRML 景象描述。这种方法的优点在于允许集成多种媒体，三维 VRML 就是其中之一。不足之处在于它对外部的脚本应用不开放，不允许用户实现的行为作为场景的一部分。另外，如果要修改场景图的特性，就必须在嵌入的语言中重新定义。扩展到多用户世界需要解决的问题如下。

① 可缩放性：包括用户数量和虚拟世界的大小及参加者的分布。

② 持久性：在一个共享世界的多个局部备份上必须保证至少一定水平上的持久。

③ 锁定：为保证持久性及防止分布世界中的共享备份被无权者改变，锁定机制十分重要。

④ 同步：改变局部备份必须同步地分布到共享统一世界的参与者。

⑤ 行为：共享世界中的对象行为必须是分布的、同步的。

⑥ 协议：当前采用的 HTTP 不能为分布多用户的 VRML 世界传输所要求的事件，为此必须实现一种新的协议，协议的一个重要特征就是所用的网络基础结构。

⑦ 代理：代表共享环境中参加者的位置和状态，一般每个用户应能选择它的代理。

### 8.8.4 VRML 世界的浏览和发布

为使 VRML 描述的三维景象可见，就需要浏览器。浏览器负责解释 VRML 数据，目前 VRML 数据通过 HTTP 协议传输，VRML 页一般由 WWW 进行访问。现在有不少支持多种软硬件平台的 VRML 浏览器，它们为浏览和漫游三维景象提供不同的用户接口。其中大多数方便用户对若干测试和漫游模式的选择，如行走和飞行，而且一般可控制生成速度和图像质量。

Microsoft VRML 2.0 Viewer 是 Internet Explorer 自带的 VRML 浏览器，可以通过 Windows 控制面板进行安装或从网络上下载安装。

Cosmo 播放器是由 SGI 公司开发的一款 VRML 浏览器，和 Microsoft VRML 浏览器相比较，Cosmo 播放器更专业一些，是目前浏览 VRML 2.0 较普遍的浏览程序。相比其他 VRML 播放器，Cosmo 播放器最大的优点是对 JavaScript 的良好支持。其界面如图 8.18 所示。

图 8.18 Cosmo 播放器界面

Cosmo 播放器控制面板主要按钮的功能简单介绍如下。

：单击并拖动鼠标，可从各个角度观看场景。

：单击并拖动鼠标，可将观察位置朝各个方向移动。

：单击并拖动鼠标，可将场景中的形体向各个方向移动。

：在形体旁单击，可以将观察位置迅速移动到形体旁。

：可以调整视野，使用户直接面向物体。

：可以选择作者预设的观察位置。

：可以撤销前面的动作或重做撤销的动作。

除此以外，还可以选择其他的 VRML 播放器，如 Community Place VRML 2.0 Browser、Blaxxun CC3D、Liquid Reality 等。

VRML 世界大多以.wrl 为扩展名文件进行发布。为了让浏览器知道.wrl 文件内保存的是何种类型的 VRML，.wrl 文件必须在顶部包含单独的一行设置信息。除此之外，还包括一个三维世界的描述，可在实时状态下对其进行浏览，称之为场景(scene)或者世界(境界、world)。

下面的例子就是用 VRML 文件来表达的三维物体球，该文件的效果如图 8.19 所示。

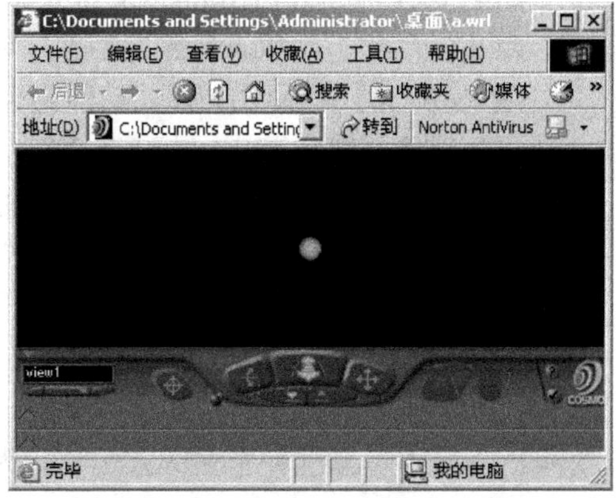


图 8.19 用 VRML 来表达一个球

```
#VRML V2.0 utf8
DEF view1 Viewpoint {
position 0 0 10
description "view1" }
DEF view2 Viewpoint {
position 4 2 10
description "view2" }
Group {
children [
DEF sphere Transform {
translation 0 1 1
children [
Shape {
appearance Appearance {
material Material {
diffuseColor 0 1 0} }
geometry Sphere {} }
] }
] }
```

从上面的例子可以看出，VRML 文件至少需要一行语句用以说明其版本与字符集(例子中的第一行)，其文件的基本构成单元主要为具有不同功能与作用的节点。

### 8.8.5 建模软件和创作工具

为了建立自己的 VRML 场景，还需要建模软件和 VRML 的创作工具。使用建模软件可以创建三维模型构成的场景。许多传统的三维建模软件和动画应用软件也可将其数据按照 VRML 格式要求存储文件，如 3DS Max、Maya 等。另外还有若干种文件转换器，可将现有的三维格式转换成 VRML 格式。VRML 创作工具一例如图 8.20 所示。

图 8.20 VRML 创作工具一例

VRML 有一些创作工具，如 SGI 公司的 Cosmo Create3D、放射软件国际公司(Radiance Software International)的 Ez3D 和 Caligari 公司的 Fountain，这些工具都可以快速、高效地创建效果动人的 VRML 文件。功能强大的工具软件还可支持细节层次节点、锚定节点、内联节点等。一个性能良好的软件包还应包括一些工具，能制作动画、描述脚本、沟通事件联线、定义原型、增减多边形、制作纹理编辑等。

### 8.8.6 开辟一个虚拟世界

建立一个虚拟世界，如图 8.21 所示，一般需要如下几个步骤。

(1) 从基本框架开始，设计一个描述虚拟世界中关键人物和行为的故事概要。设计故事概要即在设计模型前要设计的一个基本方案。需要考虑如下问题：VRML 的目的是什么，什么样的观众会访问该世界，该故事有什么样的故事情节等。

图 8.21　虚拟世界实例

(2) 构建物体并组成世界。在该步骤中，要列出组成虚拟世界的所有物体，并分析那些物体及其纹理和材质。首先给物体配上简单的颜色，以后再修饰。在建立模型前，确定要加入的动画以便设定一个合适的变换层次。

(3) 添加动画和脚本。一旦创建了基本物体，就可以加入插补器，编写脚本来给物体增加行为。此时，可以通过定义一系列视点组成动画的路线，并加入检测传感器和插补器与用户交互。

(4) 修改和测试。修改模型、纹理、动画和视点，看是否还可增加其他特性，如 HTML 页、顶点颜色、材质等，并对所建立的世界进行试验，以保证较好的渲染效果和速度。

# 8.9　使用 VRML 2.0 构造虚拟世界

## 8.9.1　VrmlPad 简介

VrmlPad 是 Parallel Griphics 公司出品的 VRML 开发工具，具有强大的本地远程文件编辑功能、方便的树形结构显示、功能强大的发布向导，对其他语言编写的应用程序具有良好的包容性。VrmlPad 的工作界面如图 8.22 所示。

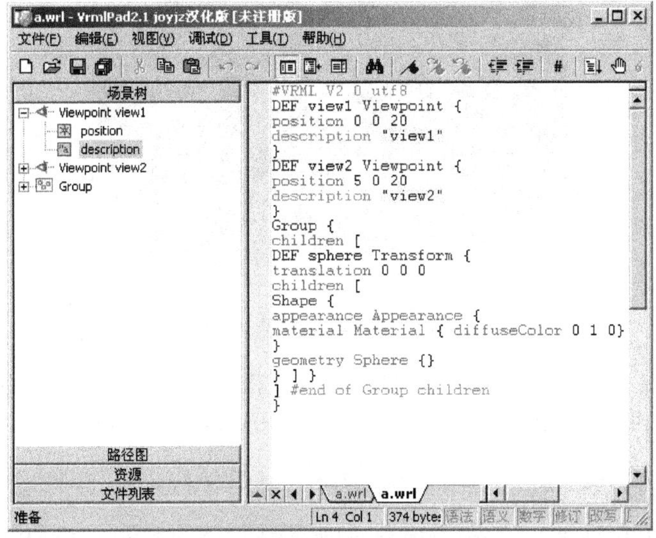


图 8.22　VrmlPad 的工作界面

VrmlPad 环境分为两个工作区，左边工作区显示的是场景的树形结构图，右边的工作区为代码编辑区，主要用于代码的输入。若单击“场景树”按钮，则在左边的工作区显示场景的树形结构图。单击“文件列表”按钮，则在左边的工作区显示当前目录下的文件列表。单击“资源”按钮，则在右边的工作区显示编辑代码的.class 文件。

### 8.9.2 使用 VRML 2.0

VRML 2.0 是一种基于节点的建模语言。它拥有丰富的节点，可以通过这些节点来构造虚拟世界中的各种形体及效果，下面对 VRML 2.0 常用的节点进行简单的介绍。

#### 1. 利用节点构建静态形体

现在使用 VRML2.0 来构建一个由圆锥、球体和立方体组成的静态形体组合。在 VrmlPad 中输入如下文字。

```
#VRML V2.0 utf8
Group { children [Shape { geometry Box {} } ] }
```

第一行为 VRML 文件的标志。“#”表示该行为注释，V2.0 表示该文件使用的是 VRML 2.0 版本，而 utf 8 则表示此文件采用 utf8 编码方案。

第二行使用 Group 语句定义了组节点。在 VRML 文件中，利用组节点可以把虚拟场景组织成条理清晰的树形分支结构，组节点的花括号之内的所有内容视为一个整体。组节点所包含的对象可以在其 children 域(孩子域)中定义。这里，我们定义了一个 Shape 节点(形态节点)。利用 Shape 节点，可以描述形体的几何形状及其颜色等特征。Shape 节点内定义的是一个 Box(长方体节点)。由于没有为 Box 定义任何域，故它的所有特性取默认值。

将上述文件保存为“盒子.wrl”。图 8.23 是用浏览器看到的效果图。

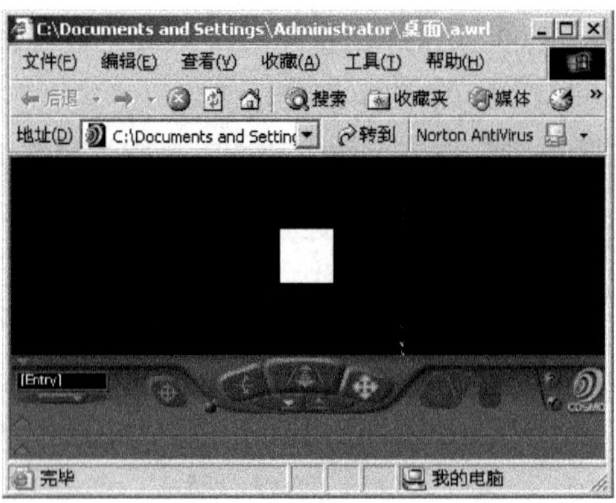


图 8.23 用浏览器看到盒子.wrl 的效果图

可以利用 Shape 节点的 appearance 域(外观域)来改变盒子的外观。appearance 域是一个 Appearance 节点，其 material 域(材质域)定义为一个 Material 节点。

```
appearance Appearance { material Material {} }
```

Material 节点的 diffuseColor 域(漫射色)用来表达形体的颜色。VRML 的颜色说明采用的是 RGB 颜色模型，分别用 3 个 0 到 1 之间的数字表示，依次是红色、绿色和蓝色。要让盒子的外表呈现红色，可以让 diffuseColor 域的取值为{1 0 0}。故而得到如下代码。

```
#VRML V2.0 utf8
Group { children [ Shape {
appearance Appearance {
material Material { diffuseColor 1 0 0 } }
geometry Box {} } ] }
```

其效果如图 8.24 所示。

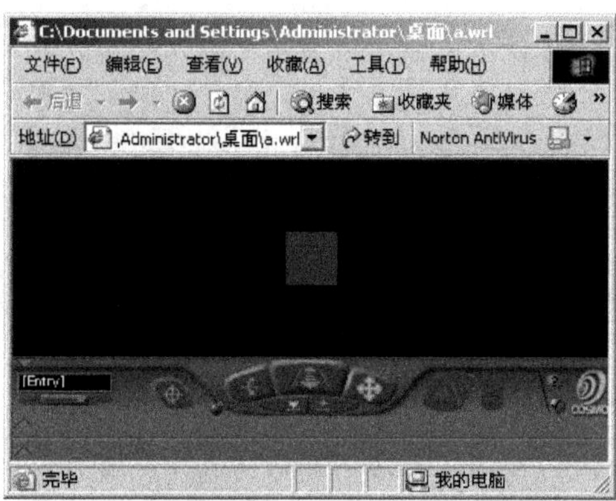


图 8.24　红色的盒子

在浏览器中，红色盒子位于屏幕的中心。若想改变它的位置，可以通过 Transform(变换节点)来实现。在 VRML 中，Transform 节点除了具有 Group 节点相似的功能外，还可以对形体进行平移、旋转和缩放。例如，要把上述形体向右平移 8 个单位，可以将 Transform 节点的 translation 域(平移域)设置为 800。

更改后的代码如下。

```
#VRML V2.0 utf8
Group { children [ Transform {
translation 8 0 0
children [
Shape { appearance Appearance { material Material { diffuseColor 1 0 0 } }
geometry Box {} }] } ] }
```

用类似的方法添加其他形体，如球和圆锥，得到如下代码。

```
#VRML V2.0 utf8
Group { children [
Transform { translation 8 0 0
children [
Shape { appearance Appearance { material Material { diffuseColor 1 0 0 } }
geometry Box {} } ] }
Transform { translation 0 0 0
children [
Shape { appearance Appearance { material Material { diffuseColor 0 1 0 } }
geometry Sphere {} } ] }
```

```
Transform { translation -8 0 0
children [
Shape { appearance Appearance { material Material { diffuseColor 0 0 1 } }
geometry Cone {} } ] } ]
}
```

为了方便以后的引用，可以使用 DEF 语句分别为这 3 个形体命名，进而得到如下代码。

```
#VRML V2.0 utf8
Group { children [
DEF B Transform { translation 8 0 0
children [
Shape { appearance Appearance { material Material { diffuseColor 1 0 0 } }
geometry Box {} } ] }
DEF S Transform { translation 0 0 0
children [
Shape { appearance Appearance { material Material { diffuseColor 0 1 0 } }
geometry Sphere {} } ] }
DEF C Transform { translation -8 0 0
children [
Shape { appearance Appearance { material Material { diffuseColor 0 0 1 } }
geometry Cone { } } ]}
]
}
```

图 8.25 显示出由 3 个形体构成的场景。

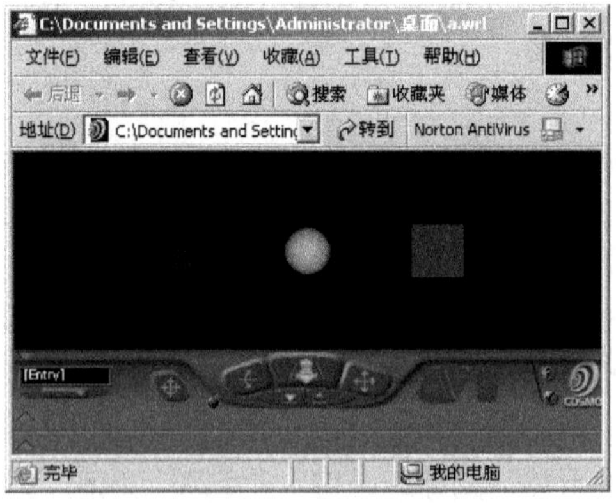


图 8.25　3 个形体构成的场景

2. 让形体具有交互的能力

VRML 2.0 最突出的特点就是交互。要让形体具有交互能力，可以使用检测器(Sensor)节点、观察点节点和传递机制来实现。下面分别进行简单的介绍。

1) 检测器节点

在 VRML 2.0 中，交互的基础是检测器节点。它一般存在于其他节点的 children 域中，其上一级节点被称为可触发节点。检测器节点共有 9 种，用以确定不同的触发条件和时机，应用在不同的场合。

在所有的检测器节点中，TouchSensor (接触检测器)节点较为常用。下面的代码中，就为 Group 节点定义了一 TouchSensor 节点。其中，Group 节点被称为可触发节点。由于 TouchSensor 节点的存在，使得用户可以通过某种触发操作引起场景的变化。

```
#VRML V2.0 utf8
Group { children [ Transform { translation 8 0 0
children [
Shape { appearance Appearance { material Material { diffuseColor 1 0 0 } }
geometry Box {} } ] }
DEF touchSensor TouchSensor{}
]
}
```

2) 观察点节点

在虚拟环境中，用户的观察点(Viewpoint)位置或视角可以通过拖动鼠标或按箭头键来动态调整，也可以由创作者通过在虚拟场景的重要位置设置 Viewpoint 节点来给出。在下面的代码中，便为场景定义了两个 Viewpoint 节点，分别为 view1 和 view2。

```
#VRML V2.0 utf8
DEF view1 Viewpoint {
position 0 0 10
description "view1"
}
DEF view2 Viewpoint {
position 4 2 10
description "view2"
}
Group { children [ Transform { translation 8 0 0
children [
Shape { appearance Appearance { material Material { diffuseColor 1 0 0 } }
geometry Box {} } ] }
DEF touchSensor TouchSensor{}
]
}
```

通过 view1 和 view2 节点，用户的观察点可以方便地在场景中的 0 0 10 位置和 4 2 10 位置之间进行切换。在 Cosmo 播放器中，观察点的名称“view1”和“view2”在浏览器中提供出以备用户选择。

3) 事件路由传递机制

在场景中，除节点构成的层次体系外，还有一个“事件体系”，事件体系由相互通信的节点构成。节点通过事件入口(eventIn)接收事件，通过事件出口(eventOut)发送事件。事件入口与事件出口拥有类型。若节点要接收多种类型的事件(入事件)，就应具备多个事件入口。

事件出口和事件入口通过 ROUTE(路由)语句来联系，从而构成整个事件体系。ROUTE 语句是 VRML 文件中除节点以外的另一基本组成部分。例如，要把接触检测器 touchSensor 的事件出口 isActive 连接到观察点节点 view2 的事件入口 set_bind，可以编写 ROUTE 语句如下。

```
ROTUE touchSensor.isActive TO view2.set_bind
```

将这条语句加在文件的末尾，得到如下的 VRML 文件。

```
#VRML V2.0 utf8
DEF view1 Viewpoint {
position 0 0 10
description "view1"
}
DEF view2 Viewpoint {
position 4 2 10
description "view2"
}
Group { children [ Transform { translation 8 0 0
children [
Shape { appearance Appearance { material Material { diffuseColor 1 0 0 } }
geometry Box {} } ] }
DEF touchSensor TouchSensor{}] }
ROUTE touchSensor.isActive TO view2.set_bind
```

在该场景中，如果把鼠标指针指向红色盒子并按下鼠标左键，将会发现观察点已经变为 view2，再松开鼠标左键，场景被恢复。这主要是由于按下鼠标左键时，接触检测器被触发。它从事件出口 isActive 送出一个 TRUE 事件，这个事件通过路由进入节点 view2 的事件入口 set_bind，从而使得 view2 成为当前视点。松开鼠标左键后，接触检测器向 view2 发送了一个 FASLE 事件，view2 不再是当前观察点，场景被恢复，这一功能被称之为观察点回跳。

4) 使用脚本节点定义行为

在 VRML 中，利用 script 节点(脚本节点)可以编写脚本来自己定义行为。Java 和 Javascript (标准化后命名为 EMCAscript)是 VRML 2.0 支持的两种脚本描述语言。VRML 2.0 标准中定义了它们和 VRML 的接口方法。

将前面的路由进行修改，在接触检测器 touchSensor 和观察点节点 view2 之间插入一个脚本节点 touchscript 来定义指定的行为，代码如下。

```
ROUTE touchSensor.isActive TO touchscript.touchSensorIsActive
ROUTE touchscript.bindView2 TO view2.set_bind
```

脚本节点 touchscript 的代码如下。

```
DEF touchscript Script {
eventIn SFBool touchSensorIsActive
eventOut SFBool bindView2
url "javascript:
function touchSensorIsActive() {
`bindView2= TRUE; }" }
```

该脚本节点通过事件入口 touchSensorIsActive 接收来自接触检测器 touchSensor 的事件，经过处理后再把结果通过事件出口 bindView2 发送给观察点节点 view2。

使用 script 节点，需要注意几个问题：首先，脚本节点的事件入口和事件出口可以自己定义，而其他 VRML 节点的域和事件都是固定的；其次，路由将事件从一个节点的事件出口传递给另一个节点的事件入口。此时的事件入口与事件出口的类型必须相同；再次，在脚本节点的域“url”中，既可以直接包含脚本，也可以包含一个或多个用 URL 地址指示的脚本(若指示的地址有多个，则按次序的先后获取第一个可得到的脚本)；最后，若脚本以函数(function)形式给出，则函数名必须与事件入口的名称相同，表示相应事件入口收到事件后调用此函数进行处理，修改后的完整代码如下。

```
#VRML V2.0 utf8
DEF view1 Viewpoint {
position 0 0 10
description "view1"
}
DEF view2 Viewpoint {
position 4 2 10
description "view2"
}
Group { children [ Transform { translation 8 0 0
children [
Shape { appearance Appearance { material Material { diffuseColor 1 0 0 } }
geometry Box {} } ] }
DEF touchSensor TouchSensor{}
]
}
DEF touchscript Script {
eventIn SFBool touchSensorIsActive
eventOut SFBool bindView2
url "javascript:
function touchSensorIsActive() {
bindView2= TRUE; }" }
ROUTE touchSensor.isActive TO touchscript.touchSensorIsActive
ROUTE touchscript.bindView2 TO view2.set_bind
```

3. 场景中动画的实现

现在想在单击盒子时，让盒子旋转，该如何实现呢？TouchSensor 节点(接触检测器)、TimeSensor 节点(时间检测器)和插补器可以实现这一行为。

1) 使用接触检测器，结合脚本节点实现动画

通过接触检测器触发脚本节点。在脚本节点中，不断修改旋转值，并传递给形体节点的事件入口 rotation，可以实现盒子的旋转动画。给出代码如下。

```
#VRML V2.0 utf8
DEF box Transform { rotation 2 2 2 0
children [
Shape { appearance Appearance { material Material { diffuseColor 1 0 0 } }
```

```
geometry Box {} }
DEF TouchS TouchSensor {} ] }
DEF r Script {
eventIn SFBool startRevolving
eventOut SFRotation revolve
field SFFloat angle 0
url "javascript:
function startRevolving () {
revolve[0]=2; revolve[1]=2; revolve[2]=2; revolve[3]=angle;
angle+=0.1; }" }
ROUTE TouchS.isOver TO r.startRevolving
ROUTE r.revolve TO box.set_rotation
```

在该代码中，盒子 box 的类型是 Transform 节点，它拥有外露域(既可作为入事件被修改，也可作为出事件输出的域)rotation 域，用来指定该节点相对于上层坐标系的旋转值。Rotation 域的值由 4 个数值构成，前 3 个数值用来定义旋转轴，最后 1 个数值用来确定旋转角。上述代码将旋转轴定义为 2 2 2，并利用脚本节点不断修改旋转角，达到让盒子旋转的目的。

使用浏览器浏览时，如果将鼠标指针移动到盒子之上，接触检测器发出 isOver 事件，并通过路由传递给脚本节点 r 的事件入口 startRevolving，从而启动函数 startRevolving。通过该函数，将一个新的旋转值发送给事件出口 revolve，这个旋转值通过路由传递给 box 的外露域 rotation，修改旋转角，进而引起盒子的一次旋转。

2) 使用时间检测器，结合脚本节点实现动画

为了让盒子能够连续地旋转，需要在固定的时间间隔内不断地修改盒子的旋转角，这便需要 TimeSensor 节点(时间检测器)的帮助。TimeSensor 节点能够随着时间推移不断产生事件，用于如驱动连续性的仿真和动画，控制周期性的活动，初始化单独事件等目的。使用时间检测器修改路由如下。

```
DEF t TimeSensor { cycleInterval 0.2
loop TRUE
enabled FALSE }
ROUTE TouchS.isOver TO t.set_enabled
ROUTE t.cycleTime TO r.startRevolving
ROUTE r.revolve TO box.set_rotation
```

当鼠标指针移动到盒子之上时，接触检测器 TouchS 发出 isOver 事件，通过路由传递给时间检测器 t 的事件入口 set_enabled，使其开始工作 (时间检测器的域 enabled 的值由 FALSE 变为 TRUE)。时间检测器 t 每隔 0.2s 送出一个 cycleTime 事件，从而引发节点 r 的 startRevolving 事件，驱动盒子的旋转。为了让事件入口与事件出口类型一致，这里需要将 r 的 startRevolving 事件类型改为 SFTime，下面给出完整的代码。

```
#VRML V2.0 utf8
DEF box Transform { rotation 2 2 2 0
children [
Shape { appearance Appearance { material Material { diffuseColor 1 0 0 } }
geometry Box {} }
```

```
DEF TouchS TouchSensor {} ] }
DEF r Script {
eventIn SFTime startRevolving
eventOut SFRotation revolve
field SFFloat angle 0
url "javascript:
function startRevolving (active) {
revolve[0]=2; revolve[1]=2; revolve[2]=2; revolve[3]=angle;
angle+=0.1; }" }
DEF t TimeSensor { cycleInterval 0.2
loop TRUE
enabled FALSE }
ROUTE TouchS.isOver TO t.set_enabled
ROUTE t.cycleTime TO r.startRevolving
ROUTE r.revolve TO box.set_rotation
```

3) 使用插补器，结合时间检测器实现动画

盒子的旋转也可以使用插补器来实现。在 VRML 中，使用插补器节点可以方便地实现关键帧动画。插补器节点共有 6 个：CoordinateInterpolator(坐标插补器)、ColorInterpolator(颜色插补器)、positionInterpolator(位置插补器)、NormalInterpolator(法线插补器)、ScalarInterpolator(标量插补器)、OrientationInterpolator(朝向插补器)。这些通常配合时间检测器或能够使对象产生动作的节点生成关键帧动画。

所有插补器都有类似的域和事件，如 eventin SFFloat set_fraction 、eventout [S|M]F<type> value_changed、exposedField MF<type> keyValue [···]、exposedField MFFloat key [···]。

关键值域 keyValue 的类型决定了插补器的类型，入事件 set_fraction 接收 SFFloat 型的事件，插补器根据它进行插值，并通过出事件 value_changed 送出插值结果。

下面利用 OrientationInterpolator(朝向插补器)实现盒子的旋转。为了使盒子在固定的时间间隔内改变旋转角度，还需要时间检测器的配合。将时间检测器的 fraction_changed 事件作为朝向插补器事件入口 set_fraction 的输入，再通过朝向插补器的事件出口 value_changed 修改盒子的 rotation 域的值，从而达到让盒子旋转的目的。由于时间检测器的事件出口 fraction_changed 为[0,1]的值，表明当前周期内已过去的时间占整个周期的比值，所以需要将插补器关键帧的取值 key 也定义在[0,1]范围内。为了让盒子绕着固定的旋转轴旋转，我们将关键帧取值 key 所对应的关键值的旋转轴设为相同，将旋转角分别设为 0、3.14159 和 6.28318，表明盒子的旋转角从 0 变化到 3.14159 再变化到 6.28318，如此反复，完整代码如下。

```
#VRML V2.0 utf8
DEF box Transform { rotation 2 2 2 0
children [
Shape { appearance Appearance { material Material { diffuseColor 1 0 0 } }
geometry Box {} }
DEF TouchS TouchSensor {} ] }
DEF t TimeSensor { cycleInterval 1
loop TRUE
enabled FALSE }
```

```
DEF r OrientationInterpolator {
key [0,0.5,1]
keyValue [ 0.8 0.8 0.8 0,0.8 0.8 0.8
3.14159,0.8 0.8 0.8 6.28318] }
ROUTE TouchS.isOver TO t.set_enabled
ROUTE t.fraction_changed TO
r.set_fraction
ROUTE r.value_changed TO box.set_rotation
```

生成效果如图 8.26 所示。

图 8.26 旋转动画效果图

## 8.10 小　　结

虚拟现实技术是一种多学科交叉的新兴技术，开创并带动了一系列新的研究方向，而且在许多方面成功地应用，形成了虚拟现实软硬件和应用产业，成为国际前沿的研究方向之一。目前虚拟现实技术尚不成熟，研究热潮形成不久，作为虚拟现实技术的核心——计算机图形学在我国有较好的设备条件和研究工作积累，为赶超国际水平打下良好基础。

本章主要介绍了虚拟现实技术的定义和特点，虚拟现实技术的分类情况，关键技术和应用方向。另外，从实用角度出发，介绍了虚拟现实建模语言(VRML)。通过本章的学习，能了解虚拟技术的基本发展情况，并能独立建立虚拟现实世界。

## 8.11 习　　题

1．填空题

(1) VRML 是指________。

(2) 导致沉浸感的原因是用户对计算机环境的虚拟物体产生了类似于现实物体的存在意识或幻觉，沉浸感必须具备 3 个要素，它们分别是________、________和________。

(3) 从虚拟现实与外界的交互考虑可以分成 3 类：________、________和________。

(4) 虚拟现实软件是提供实时观察和参与虚拟环境能力的软件系统，包括________、

________、________、________4 个方面。

(5) 无论是桌面虚拟现实系统还是临境虚拟现实系统，它们都由________、虚拟现实软件、虚拟现实硬件(包括计算机、虚拟现实输入/输出设备)3 部分组成。

2. 选择题

(1) 下面不是虚拟现实特点的是____。

A. 沉浸感　　B. 娱乐性　　C. 交互性　　D. 构想性

(2) 在 VRML 语言中，事件出口和事件入口通过____相连，它是 VRML 文件中除节点以外的另一基本组成部分

A. 路由　　B. eventIn 语句　　C. Sensor 节点　　D. Group 节点

(3) VRML 文件至少需要版本与字符集说明(例子中的第一行语句)，其文件主要由____构成。

A. JavaScript 语句　　B. Windows 类　　C. 节点　　D. Java 语言

3. 判断题

(1) VRML 1.0 最突出的特点就是交互性。 (　　)

(2) 所有的虚拟环境都是完全脱离现实世界的。 (　　)

(3) 虚拟现实最主要的技术是沉浸感，虚拟现实技术追求的目标也就是力求使用户在计算机所创建的三维虚拟环境中处于一种“全身心投入”的感觉状态，有身临其境的感觉，即沉浸感。 (　　)

4. 简答题

(1) 什么是虚拟现实技术？

(2) 虚拟现实系统的分类及其组成是什么？

(3) 虚拟现实的关键技术有哪些？

(4) 虚拟现实技术能应用在什么领域？

(5) 虚拟现实的硬件设备有哪些？

(6) 如何使用 VRML 2.0 构建虚拟世界？

# 第 9 章　多媒体通信

## 教学提示

➢ 多媒体通信除了满足一般意义的多媒体信息处理的基本要求外，特别需要满足网络环境下的交互性、实时性和同步性要求。多媒体通信技术的最终目标是在满足多媒体通信服务质量条件下的多媒体通信。

## 教学目标

➢ 本章主要介绍多媒体通信的基本知识，使初学者对多媒体通信有一个全面的了解。通过本章的学习，要求掌握多媒体通信的基本特点、关键技术，以及常见的几种多媒体通信网络、几种典型的多媒体通信系统和相关的通信标准与协议。

# 9.1 多媒体通信概述

如果说 19 世纪是电报时代，20 世纪是电话时代，那么 21 世纪就是多媒体通信时代。随着技术的迅速发展，图像、视频等多媒体数据已逐渐成为信息处理领域中主要的信息媒体形式。多媒体通信是信息高速公路建设中的一项关键技术。它是近年来出现的一种新兴的信息技术，是多媒体、通信、计算机和网络等相互渗透和发展的产物。多媒体通信的广泛应用将会极大地提高人们的工作效率，减轻社会的交通运输负担，改变人们的教育和娱乐方式。多媒体通信将成为人们通信的基本方式，是目前各国在通信、计算机、教育、广播娱乐等各个领域研究的前沿课题。

## 9.1.1 多媒体通信的发展背景

多媒体计算机技术的崛起是多媒体通信发展的首要原因。20 世纪 80 年代初，美国、日本和欧洲著名的计算机公司开始致力于多媒体技术的研究，并把该技术应用于 PC。首先建立了基于局域网的多媒体通信系统。自 20 世纪 90 年代开始，多媒体计算机技术就成为计算机领域的热点之一。计算机在各个领域中的广泛应用使得人类可以获取的信息爆炸性地增长，当技术发展到可以方便地处理各种感觉媒体时，多媒体计算机技术便自然而然地出现并迅速发展起来。多媒体通信中的“多媒体”一词，指的是由在内容上相互关联的文本、图形、图像、音频和视频等媒体数据构成的一种复合信息实体。计算机以数字化的方式对任何一种媒体进行表示、存储、传输和处理，并且将这些不同类型的媒体数据有机地合成在一起，形成多媒体数据，这就是多媒体计算机技术。多媒体计算机技术综合和发展了计算机科学中的多种技术，如操作系统、计算机通信、数字信号和图像处理等。它是以计算机为核心的，集图、文、声、像处理技术为一体的综合性处理技术。随着科学技术的迅速发展和社会需求的日益增长，人们已不满足于单一媒体提供的传统的单一服务，如电话、电视、传真等，而是需要诸如数据、文本、图形、图像、音频和视频等多种媒体信息以超越时空限制的集中方式作为一个整体呈现在人们的眼前。在这种时代背景下，伴随着多媒体计算机技术与电话、广播、电视、微波、卫星通信、广域网(Wide Area Network，WAN)和局域网等各种通信技术相结合，产生了一种边缘性技术——多媒体通信。

## 9.1.2 多媒体通信的特点

多媒体通信(Multimedia Communications)是多媒体技术与通信技术的完美结合，突破了计算机、通信、电子等传统领域的界限，把计算机的交互性、通信网络的分布性和多媒体信息的综合性融为一体，多媒体对通信的影响主要表现在以下几个方面。

### 1. 多媒体通信数据量巨大

由于多媒体数据的量很大，存储空间要求大，传输带宽要求高，就不可避免地要对所传输的数据进行压缩。而现在的高倍率的压缩以损失原始数据信息量为代价，这影响到媒体本身的质量。在很多情况下，就不得不考虑静态、慢速或小画面等办法来限制数据量，这也影响通信质量。因此，真正实现多媒体通信，必须加大带宽，使得通信网络能适应多媒体数据量的增长。

### 2. 多媒体通信的实时性

多媒体中的声音、动画、视频等媒体对多媒体传输设备的要求很高，即使带宽充足，如果通信协议不合适，也会影响多媒体数据的实时性。例如，在语音通信时，不要去纠正偶尔的误码效果要比由于纠错重发而发生的语音停顿要好得多。一般来说，电路交换方式延迟短，但占用专门信道，不易共享；而分组交换方式则延迟偏长，且不适于数据量变化大的业务使用。很显然，这将要求通信网、通信协议及高层协议能适应这种需求。

实时性的影响还存在于端端延迟上，在多媒体数据传输中，许多处理环节都会增加端端延迟。鉴于各种多媒体之间的特性如此不一致，一般采用“服务质量”(Quality of Service，QoS)来描述，传输时也往往根据 QoS 来决定传输策略。例如，对语音可采取延迟短、延迟变化小的传输策略，对数据传输则可采用可靠、保序的传输策略等。

### 3. 多媒体通信的同步性

同步性指的是在多媒体通信终端上显现的图像、声音和文字是以同步方式工作的。例如，用户要检索一个重要的历史事件的片断，该事件的运动图像(或静止图像)存放在图像数据库中，其文字叙述和语言说明放在其他数据库中。多媒体通信终端通过不同传输途径将所需要的信息从不同的数据库中提取出来，并将这些声音、图像、文字同步起来，构成一个整体的信息呈现在用户面前，使声音、图像、文字实现同步，并将同步的信息送给用户。

同步性是多媒体通信系统的主要特点之一。信息的同步与否，决定了系统是多媒体通信系统还是多种媒体通信系统。此外，多媒体通信的同步性也是较难的技术问题之一。一般来说，多媒体通信系统是一个资源受限的系统，所谓的资源受限有两种情况，也就是通信速率受限和终端内存受限。如果这两个方面没有限制，同步本来不会有很大的技术难点。例如，如果信道通信速率不受限，那么只要发送端完全安排好信息媒体间的关系，在接收端就完全忠实地复现出来，信息同步将不成问题，当然在信道的通信速率受限的情况下，接收端的信息间同步就要困难得多。另外，如果接收端存储器的存储容量是无限的，将所有信息全部接收下来，然后在终端内同步播出，在这种场合下同步问题也容易解决，但实际上这个条件是无法满足的，因而使同步问题变得很困难。

### 4. 多媒体通信的交互性

多媒体系统的关键特点是交互性。这就要求多媒体通信网络提供双向的数据传输能力，这种双向传输通道从功能和带宽来讲都是不对称的。

### 5. 分布式处理和协同工作

目前的通信网络状况是多网共存，在未来的通信系统中，多网统一、业务综合和多媒体化应是发展的重点。现有的各类信息网络，包括电话网、计算机网，甚至电视网、广播网和新型信息网将集成为一个网络，不同的业务在其上运行，以一个插口、一个号码和一个体系面对用户。为了达到这个目标，在高速宽带的网络上，实现各种多媒体信息的传输就非常必要了。

分布式处理是向用户提供综合服务的基本方法。因为多媒体引入到了分布式处理领域后，不仅仅是各通信传输的问题，还有许多建立在通信传输之上的分布式处理与应用问题需要研究。需要解决：各项多媒体应用在分布式环境下运行时，如何通过分布式环境解决多点多人合作问题，以及如何提供远程的多媒体信息服务等问题。

### 9.1.3 多媒体通信的关键技术

多媒体通信的关键技术主要有以下几种。

(1) 声音、视频、图像等多媒体信息处理技术。

(2) 数据压缩和解压缩技术。

(3) 多媒体信息实时传输与同步技术。

(4) 多媒体通信协议与标准化。

## 9.2 多媒体通信网络

随着多媒体技术的发展及多媒体应用的不断深化，大量数字化的音频和视频信息需要统一的信息网络来传输，通过高速网络实现大量的数字化数据处理、交换和通信，以达到相互间的共享。

现有的许多通信网络，他们的设计目的多样、用途各异，多数已得到广泛的应用，包括电话交换网、Ethernet、FDDI、分组交换网、ISDN、VOD、HFC 等，它们分别属于电信网、计算机网和有线电视网。这些网络之间已存在不同程度的交叉与融合，但是要使这些不同的网络统一起来还为时过早。下面以电信网、计算机网和有线电视网为分类，简单介绍其中一些有代表性的网络。

### 9.2.1 基于电信网的多媒体信息传输

#### 1. ISDN

ISDN(Integrated Service Digital Network)中文名称是综合业务数字网，通俗地称为“一线通”。目前电话网交换和中继已经基本上实现了数字化，即电话局和电话局之间从传输到交换全部实现了数字化，但是从电话局到用户则仍然是模拟的，向用户提供的仍然只是电话这一单纯业务。综合业务数字网的实现，使电话局和用户之间依然采用一对铜线，也能够做到数字化，并向用户提供多种业务，除了拨打电话外，还可以提供诸如可视电话、数据通信、会议电视等多种业务，从而将电话、传真、数据、图像等多种业务综合在一个统一的数字网络中进行传输和处理。

综合业务数字网有窄带综合业务数字网(Narrowband-ISDN，N-ISDN)和宽带综合业务数字网(Broadband-ISDN，B-ISDN)两种。窄带综合业务数字网向用户提供的有基本速率(2B+D，144kb/s)和一次群速率(30B+D，2Mb/s)两种接口。基本速率接口包括两个能独立工作的 B 信道(64kb/s)和一个 D 信道(16kb/s)，其中 B 信道一般用来传输话音、数据和图像，D 信道用来传输信令或分组信息。宽带可以向用户提供 155Mb/s 以上的通信能力。

ISDN(2B+D)具有普通电话无法比拟的优势，其优势如下。

(1) 综合的通信业务。利用一条用户线路，就可以在上网的同时拨打电话、收发传真，就像两条电话线一样。通过配置适当的终端设备，用户也可以实现会议电视功能，把用户和亲人、朋友之间的距离缩到最短。

(2) 高速的数据传输。在数字用户线中，存在多个复用的信道，比现有电话网中的数据传输速率提高了 2～8 倍。

(3) 较高的传输质量。由于采用端到端的数字传输，传输质量得以明显提高。接收端声音失真很小。数据传输的比特误码特性比电话线路至少改善了 10 倍。

(4) 使用灵活方便。只需一个入网接口，使用一个统一的号码，就能从网络获得用户所需要使用的各种业务、统一的接口。

(5) 适宜的费用。由于使用单一的网络来提供多种业务，ISDN 大大提高了网络资源的利用率，以低廉的费用向用户提供业务；同时用户不必购买和安装不同的设备和线路接入不同的网络，因而只需要一个接口就能够得到各种业务，大大节省了投资。

2. ADSL

随着 Internet 的爆炸式发展，在 Internet 上的商业应用和多媒体等服务也得到迅猛推广。要享受 Internet 上的各种服务，用户必须以某种方式接入网络。为了实现用户接入网的数字化、宽带化，提高用户上网速度，光纤到户(FTTH)是用户网今后发展的必然方向，但由于光纤用户网的成本过高，在今后的十几年甚至几十年内大多数用户网仍将继续使用现有的铜线环路，于是近年来人们提出了多项过渡性的宽带接入网技术，包括 N-ISDN、Cable Modem、ADSL 等，其中 ADSL 是最具前景及竞争力的一种，将在未来十几年甚至几十年内占主导地位。

DSL(Digital Subscriber Line，数字用户线路)是以铜质电话线为传输介质的传输技术组合，它包括 HDSL、SDSL、VDSL、ADSL 和 RADSL 等，一般称之为 xDSL。它们主要的区别体现在信号传输速度和距离的不同，以及上行速率和下行速率对称性的不同这两个方面。

HDSL 与 SDSL 支持对称的 T1/E1(1.544Mb/s/2.048Mb/s)传输。其中 HDSL 的有效传输距离为 3～4km，且需要 2～4 对铜质双绞电话线；SDSL 最大有效传输距离为 3km，只需一对铜线。相比而言，对称 DSL 更适用于企业点对点连接应用，如文件传输、视频会议等收发数据量大致相应的工作。同非对称 DSL 相比，对称 DSL 的市场要小得多。

VDSL、ADSL 和 RADSL 属于非对称式传输。其中，VDSL 技术是 xDSL 技术中较快的一种，在一对铜质双绞电话线上，上行数据的速率为 13～52Mb/s，下行数据的速率为 1.5～2.3 Mb/s，但是 VDSL 的传输距离只在几百米以内，VDSL 可以成为光纤到家庭的具有高性价比的替代方案，目前深圳的 VOD 就是采用这种接入技术实现的。ADSL 在一对铜线上支持上行速率 640kb/s～1Mb/s，下行速率 1～8Mb/s，有效传输距离在 3～5km。RADSL 能够提供的速度范围与 ADSL 基本相同，但它可以根据双绞铜线质量的优劣和传输距离的远近动态地调整用户的访问速度。正是 RADSL 的这些特点使 RADSL 成为用于网上高速冲浪、VOD、远程局域网络访问的理想技术，因为在这些应用中用户下传的信息往往比上传的信息(发送指令)要多得多。

目前 ADSL 主要提供 Internet 高速宽带接入的服务，用户只要通过 ADSL 接入，访问相应的站点便可免费享受多种宽带多媒体服务。随着 ADSL 技术的进一步推广应用，ADSL 接入还将可以提供点对点的远程医疗、远程教学、远程电视会议等服务。业界许多专家都坚信，以 ADSL 为主的 xDSL 技术终将成为铜双绞线上的赢家，并最终实现光纤接入。

3. 3G 多媒体通信

第三代移动通信技术(3rd-generation，3G)是指支持高速数据传输的蜂窝移动通信技术。3G 服务能够同时传送声音(通话)及数据信息(电子邮件、即时通信等)。3G 的代表特征是提供高速数据业务，速率一般在几百 Kb/s 以上。

一般地讲，3G 是指将无线通信与国际互联网等多媒体通信结合的新一代移动通信系统，未来的 3G 必将与社区网站进行结合，WAP 与 Web 的结合是一种趋势，如时下流行的微博网站等就已经将此应用加入进来。

1995 年问世的第一代模拟制式手机(1G)只能进行语音通话。1996—1997 年出现的第二代 GSM、CDMA 等数字制式手机(2G)便增加了接收数据的功能，如接收电子邮件或网页。3G 与 2G 的主要区别是传输声音和数据的速度的提升，3G 能够在全球范围内更好地实现无线漫游，并处理图像、音乐、视频流等多种媒体形式，提供包括网页浏览、电话会议、电子商务等多种信息服务，同时也要考虑与已有第二代系统的良好兼容性。为了提供这种服务，无线网络必须能够支持不同的数据传输速度，即在室内、室外和行车的环境中能够分别支持至少 2Mb/s(兆比特/每秒)、384kb/s(千比特/每秒)及 144kb/s 的传输速度(此数值根据网络环境会发生变化)。

3G 规范是由国际电信联盟所制定的 IMT-2000 规范的最终发展结果。原先制定的 3G 远景，是能够以此规范达到全球通信系统的标准化。目前 3G 存在 4 种标准：CDMA 2000、WCDMA、TD-SCDMA，WiMAX。

1) WCDMA

WCDMA(Wideband CDMA，宽频分码多重存取)，也称为 CDMA Direct Spread，意为宽频分码多重存取，这是基于 GSM 网发展出来的 3G 技术规范，是欧洲提出的宽带 CDMA 技术，它与日本提出的宽带 CDMA 技术基本相同，目前正在进一步融合。WCDMA 的支持者主要是以 GSM 系统为主的欧洲厂商，日本公司也或多或少参与其中，包括欧美的爱立信、阿尔卡特、诺基亚、朗讯、北电，以及日本的 NTT、富士通、夏普等厂商。该标准提出了 GSM(2G)-GPRS-EDGE-WCDMA(3G)的演进策略。这套系统能够架设在现有的 GSM 网络上，对于系统提供商而言可以较轻易地过渡。预计在 GSM 系统相当普及的亚洲，对这套新技术的接受度会相当高。因此 WCDMA 具有先天的市场优势。WCDMA 已是当前世界上采用的国家及地区最广泛的、终端种类最丰富的一种 3G 标准，占据全球 80%以上市场份额。

2) CDMA 2000

CDMA 2000 是由窄带 CDMA(CDMA IS95)技术发展而来的宽带 CDMA 技术，也称为 CDMA Multi-Carrier，它是由美国高通北美公司为主导提出，摩托罗拉、Lucent 和后来加入的韩国三星都有参与，韩国现在成为该标准的主导者。这套系统是从窄频 CDMAOne 数字标准衍生出来的，可以从原有的 CDMAOne 结构直接升级到 3G，建设成本低廉。但目前使用 CDMA 的地区只有日本、韩国和北美，所以 CDMA2000 的支持者不如 W-CDMA 多。不过 CDMA 2000 的研发技术却是目前各标准中进度最快的，许多 3G 手机已经率先面世。该标准提出了从 CDMA IS95(2G)—CDMA 20001x—CDMA 20003x(3G)的演进策略。CDMA 20001x 被称为 2.5 代移动通信技术。CDMA 20003x 与 CDMA 20001x 的主要区别在于应用了多路载波技术，通过采用三载波使带宽提高。目前中国电信正在采用这一方案并已建成了 CDMA IS95 网络。

3) TD-SCDMA

TD-SCDMA(Time Division-Synchronous CDMA，时分同步 CDMA)标准是由中国内地独自制定的 3G 标准，1999 年 6 月 29 日，由中国原邮电部电信科学技术研究院(大唐电信科技股份有限公司)向 ITU 提出，但技术发明始于西门子公司，TD-SCDMA 具有辐射低的特点，被誉为绿色 3G。该标准将智能无线、同步 CDMA 和软件无线电等当今国际领先技术融于其中，在频谱利用率、对业务支持具有灵活性、频率灵活性及成本等方面具有独特优势。另外，由于中国内地庞大的市场，该标准受到各大主要电信设备厂商的重视，全球一半以上的设备厂商都宣布可以支持 TD-SCDMA 标准。该标准提出不经过 2.5 代的中间环节，直接向 3G 过渡，非常适用于 GSM 系统向 3G 升级。军用通信网也是 TD-SCDMA 的核心任务。相对于另两个主要 3G 标准 CDMA 2000 和 WCDMA 它的起步较晚，技术不够成熟。

4) WiMAX

WiMAX (Worldwide Interoperability for Microwave Access 微波存取全球互通)又称为 802.16 无线城域网，是一种为企业和家庭用户提供“最后一英里”的宽带无线连接方案。将此技术与需要授权或免授权的微波设备相结合之后，由于成本较低，将扩大宽带无线市场，改善企业与服务供应商的认知度。2007 年 10 月 19 日，在国际电信联盟在日内瓦举行的无线通信全体会议上，经过多数国家投票通过，WiMAX 正式被批准成为继 WCDMA、CDMA 2000 和 TD-SCDMA 之后的第四个全球 3G 标准。

国内 3G 的运营始于 2008 年(2008 年 2 月 1 日中国移动试商用运营)。2009 年 1 月 7 日，中华人民共和国工业和信息化部为中国移动、中国电信和中国联通发放 3 张第三代移动通信(3G)牌照，此举标志着我国正式进入 3G 时代。其中，批准中国移动增加基于 TD-SCDMA 技术制式的 3G 牌照(TD-SCDMA 为我国拥有自主产权的 3G 技术标准)，中国电信增加基于 CDMA 2000 技术制式的 3G 牌照，中国联通增加了基于 WCDMA 技术制式的 3G 牌照。

从此，人们开始步入手机通信的 3G 时代，利用手机可享受可视电话、手机影视、手机音乐、视频留言、视频会议、多媒体彩铃、数据上网等多媒体通信服务。

目前，3G 通信正向 4G 过渡。4G 是第四代移动通信及其技术的简称，是集 3G 与 WLAN 于一体，并能够传输高质量视频图像及图像传输质量与高清晰度电视不相上下的技术产品。4G 系统能够以 100Mb/s 的速度下载，比拨号上网快 2 000 倍，上传的速度也能达到 20Mb/s，并能够满足几乎所有用户对于无线服务的要求。此外，4G 可以在 DSL 和有线电视调制解调器没有覆盖的地方部署，然后再扩展到整个地区。很明显，4G 有着不可比拟的优越性。

### 9.2.2 基于计算机网的多媒体信息传输

#### 1. FDDI

光纤分布式数据接口(Fiber Distributed Data Interface，FDDI)是 ANSI 为了满足用户对网络高速和高可靠性传输的需求，在 20 世纪 80 年代中期制定的网络标准。标准拟定后，ANSI 将 FDDI 呈交 ISO，由 ISO 开发出与 ANSI 标准版 FDDI 完全兼容的国际版 FDDI。

FDDI 的速率为 100Mb/s，并且使用光纤(单模或多模)作为传输介质，光纤与传统铜线相比具有高安全性、高可靠性，以及高传输速率等优点，因此，FDDI 适用于各项指标要求比较严格的高数据流量网络的主干部分。

FDDI 和令牌环网络一样使用令牌传递作为介质访问控制方法。但二者的不同是，在令牌环网络中，令牌绕行整个环一周回到发送节点后才被释放，绕行期间的这段延迟时间被白白浪费掉了，因为在令牌被发送节点释放前，其他任何节点都不能发送信息。而 FDDI 采用一种称为早期令牌释放(Early Token Release，ETR)的技术，即发送节点在帧发送完毕后立刻释放令牌，这个令牌能够被环中下一个要发送信息的节点捕获，此时环上将有不止一个令牌在同时传输数据。这种早期令牌释放技术使得每个节点的平均等待时间减少，提高了网络的利用率，从而达到提高速度的目的。

为了实现网络的容错机制，FDDI 采用双环结构，两个环的数据流方向相反。在正常情况下，两个环路中只有主环(Primary Ring)用来传输数据，而辅环(Secondary Ring)通常当作备用环路。如果主环发生故障，检测到环故障的站点(必须是双连接站点)就会将数据转移到辅环上，这样主环和辅环共同工作重新构成了一个环。只连接到主环上的站点为单连接站点(Single Attachment Station，SAS)，它只有一个收发器，同时连接到两个环上的站点为双连接站点(Dual Attachment Station，DAS)，它有两个收发器。在 FDDI 网络中，只有 DAS 才能提供容错机制。

在网络普遍采用 10Mb/s 传输速率的时期，FDDI 技术因其在速率方面的优势，被应用于 LAN 的主干部分。但是，随着以太网技术的飞速发展尤其是千兆以太网技术的出现和应用，FDDI 的技术优势已不复存在。因此，除了一些老系统还在应用外，它实际上是一种逐步被淘汰的技术。

2. 以太网

以太网(Ethernet)是当今局域网采用的最通用的通信协议标准，组建于 20 世纪 70 年代早期。以太网基本上由共享传输媒体，如双绞线电缆或同轴电缆和多端口集线器、网桥或交换机构成。在星形或总线型配置结构中，集线器/交换机/网桥通过电缆使得计算机、打印机和工作站彼此之间相互连接。

以太网具有的一般特征概述如下。

(1) 共享媒体。所有网络设备依次使用同一通信媒体。

(2) 广播域。需要传输的帧被发送到所有节点，但只有寻找到的节点才会接收到帧。

(3) CSMA/CD。在以太网中利用载波监听多路访问/冲突检测方法(Carrier Sense Multiple Access/Collision Detection)以防止多节点同时发送。

(4) MAC 地址。媒体访问控制层的所有以太网网络接口卡(NIC)都采用 48 位网络地址，这种地址全球唯一。

以太网基本网络组成如下。

(1) 共享媒体和电缆。常见的电缆有 10BASE-T(双绞线)、10BASE-2(同轴细缆)、10BASE-5(同轴粗缆)。

(2) 转发器或集线器。集线器或转发器是用来接收网络设备上的大量以太网连接的一类设备。通过某个连接的接收双方获得的数据被重新使用并发送到传输双方中所有连接设备上，以获得传输型设备。

(3) 网桥。网桥属于第二层设备，负责将网络划分为独立的冲突域或分段，达到能在同一个域或分段中维持广播及共享的目标。网桥中包括一份涵盖所有分段和转发帧的表格，以确保分段内及其周围的通信行为正常进行。

(4) 交换机。交换机与网桥相同，也属于第二层设备，且是一种多端口设备。交换机所支持的功能类似于网桥，但它比网桥更具优势，它可以临时将任意两个端口连接在一起。交换机包括一个交换矩阵，通过它可以迅速连接端口或解除端口连接。与集线器不同，交换机只转发从一个端口到其他连接目标节点且不包含广播的端口的帧。

以太网协议：IEEE 802.3 标准中提供了以太帧结构，当前以太网支持光纤和双绞线媒体支持下的 4 种传输速率：

(1) 10 Mb/s：10BASE-T Ethernet(802.3)。

(2) 100 Mb/s：Fast Ethernet(802.3u)。

(3) 1000 Mb/s：Gigabit Ethernet(802.3z)。

(4) 10 Gb/s Gigabit Ethernet(802.3ae)。

3. ATM

异步传输模式(Asynchronous Transfer Mode，ATM)技术是在电路交换方式和高速分组交换方式基础上发展起来的一种新技术，它继承了电路交换方式中速率的独立性和高速分组交换方式对任意速率的适应性，并针对两者的缺点采取有效对策，以实现高速传送综合业务信息的能力。这是因为，在电路交换方式中，收发两端之间建立了一条传输速率固定的信息通路。在通信过程中，不论是否收发了信息，该通路均被某呼叫所独占，这种信息传送模式被称为同步传输模式(Synchronous Transfer Mode，STM)。而在分组交换方式中，不对呼叫分配固定电路，仅当发送信息时才送出分组。从原理上讲，这种模式可以适应任何传输速率，但由于协议的控制复杂等原因很难满足高速通信的要求。

ATM 采取的主要措施如下。

(1) 以固定长度的信元(cell)发送信息，能适应任何速率。具体来说，该信元长为 53 字节，其中 5 字节为信元头，其余 48 字节为数据。这个信元的长度兼顾了效率和延时两个方面的需求。

(2) 在协议处理上，用硬件对头部信息进行识别，采用光纤高速传输，不用误码控制和流量控制，大大降低了延时，使信息传送速率高、容量大。

(3) 尽量采用简单协议，灵活性强，用户可以应用从零到极限速率的任一有效码速，并可根据自己的需要灵活地配置网络接口所用的带宽，使带宽“按需分配”。

ATM 技术得以实现的条件在于光纤的使用和 VLSI 技术的发展。由于光纤传输误码率很低($10^{-9}$)、传输容量大，通信网只需要进行信息传输，而流控制和误码控制大部分都可留给终端。VLSI 技术则使协议可用硬件实现，能够经济地实现高速交换。

从本质上讲，ATM 是一种高速分组传送模式。它将各种媒体的数据分解成每组长度固定为 53 字节的数据块，并装配上地址、优先级等信头信息构成信元，通过硬件进行交换处理以达到高速化。它和以前分组交换的不同之处在于，几乎不会因交换处理而造成延迟，所以不仅可用于通常的数据通信传送正文和图形，还可以用于传送声音、动画和活动图像，能满足实时通信的需要。换句话说，它是兼有分组交换和电路交换双重优点的通信方式。因此，它非常适合多媒体通信模式，具有很好的应用前景。

4. 宽带 IP 网

网络信息量爆炸式增长和 IP 技术的深入人心促进了宽带 IP 主干网的出现和发展。在不久的将来，IP 协议将最终成为电信网中的主导通信协议。从网络技术的发展趋势来看，在 Internet 上实现多媒体通信是一个方向，是世界各国的主要目标。为实现这一目标，新一代宽带 IP 网络要建立在现有的网络技术基础上，建立在当前最先进的网络传输技术基础上，分为两个阶段来实施。第一阶段称为 IP over Everything，典型的相关技术有 IP over ATM、IP over SDH、IP over WDM 等。IP over ATM 融合了 IP 和 ATM 技术特点，发挥 ATM 支持多业务、提供 QoS 保证的技术优势。IP over SDH 直接在 SDH 上传送 IP 业务，对 IP 业务提供了完善支持，提高了效率。而 IP over WDM 采用高速路由交换机设备和 DWDM(Dense Wavelength

Division Multiplexing，密集波分复用)技术，极大地提高了网络带宽，对不同码率、数据帧格式的业务提供全面支持。这一阶段的目标已经基本实现，并成为当今的主流。第二阶段称为 Everything over IP，如 ATM over IP、SDH over IP 及 DWDM over IP 等，这一目标可望在不远的将来得以实现。但是，传统的 Internet 使用 IPv4 协议，这就存在着带宽不易控制、延时不能保证、QoS 不能保证及 IP 地址数由于用户大量增加显得严重不足等缺点。因此，必须采取一系列措施来解决这些问题。

1) IP over ATM

IP over ATM 的基本原理和工作方式是将 IP 数据包在 ATM 层全部封装为 ATM 信元，以 ATM 信元形式在信道中传输。当网络中的交换机接收到一个 IP 数据包时，它首先根据 IP 数据包的 IP 地址通过某种机制进行路由地址处理，按路由转发。随后，按已计算的路由在 ATM 网上建立虚电路(Virtual Circuit，VC)。以后的 IP 数据包将在此虚电路上以直通(Cut-Through)方式传输再经过路由器，从而有效地解决了 IP 的路由器瓶颈问题，并将 IP 数据包的转发速度提高到交换速度。

从以上分析可以看出，IP Over ATM 具有以下优点。

(1) 由于 ATM 技术本身能提供 QoS 保证，因此，可利用此特点提高 IP 业务的 QoS。

(2) 具有良好的流量控制均衡能力及故障恢复能力，网络可靠性高。

(3) 适应于多业务，具有良好的网络可扩展能力。

(4) 对其他几种网络协议，如 IPX 等能提供支持。

IP Over ATM 具有如下缺点。

(1) 目前，IP over ATM 还不能提供完全的 QoS 保证。

(2) 对 IP 路由的支持一般，IP 数据包分割加入大量头信息，造成很大的带宽浪费(20%～30%)。

(3) 在复制多路广播方面缺乏高效率。

(4) 由于 ATM 本身技术复杂，导致管理复杂。

2) IP over SDH

IP over SDH 以 SDH 网络作为 IP 数据网络的物理传输网络。它使用链路及 PPP 协议对 IP 数据包进行封装，把 IP 分组根据 RFC 1662 规范简单地插入到 PPP 帧中的信息段。然后再由 SDH 通道层的业务适配器把封装后的 IP 数据包映射到 SDH 的同步净荷中，然后向下经过 SDH 传输层和段层，加上相应的开销，把净荷装入一个 SDH 帧中，最后到达光层，在光纤中传输。IP over SDH 也称 Packet over SDH(PoS)，它保留了 IP 面向无连接的特征。

从以上分析可以看出，IP over SDH 具有以下优点。

(1) 对 IP 路由的支持能力强，具有很高的 IP 传输效率。

(2) 符合 Internet 业务的特点，如有利于实施多路广播方式。

(3) 能利用 SDH 技术本身的环路，故可利用自愈合(Self-healing Ring)能力达到链路纠错，同时又利用 OSPF 协议防备因链路故障造成的网络停顿，提高网络的稳定性。

(4) 省略了不必要的 ATM 层，简化了网络结构，降低了运行费用。

IP over SDH 具有如下缺点。

(1) 仅对 IP 业务提供好的支持，不适于多业务平台。

(2) 不能像 IP over ATM 技术那样提供较好的 QoS 保障。

(3) 对 IPX 等其他主要网络技术支持有限。

3) IP over WDM

IP over WDM 也称光互联网。其基本原理和工作方式是在发送端，将不同波长的光信号组合(复用)送入一根光纤中传输，在接收端，又将组合光信号分开(解复用)并送入不同终端。IP over WDM 是一个真正的链路层数据网，在其中，高性能路由器通过光 ADM 或 WDM 耦合器直接连至 WDM 光纤，由它控制波长接入、交换、选路和保护。IP over WDM 的帧结构有两种形式：SDH 帧格式和千兆以太网帧格式。

支持 IP over WDM 技术的协议、标准、技术和草案主要有 DWDM。一般峰值波长在 1～10nm 量级的 WDM 系统称为 DWDM。在此系统中，每一种波长的光信号称为一个传输通道(channel)。每个通道都可以是一路 155Mb/s、622Mb/s、2.5Gb/s，甚至 10Gb/s 的 ATM 或 SDH 或是千兆以太网信号等。DWDM 提供了接口的协议和速率的无关性，在一条光纤上，可以同时支持 ATM、SDH 和千兆以太网，保护了已有投资，并提供了极大的灵活性。

SDH 与千兆以太网帧格式比较：

目前，主要网络再生设备大多采用 SDH 帧格式，此种格式下报头载有信令和足够的网络管理信息，便于网络管理。相比较而言，在路由器接口上针对 SDH 帧的拆装分割(SAR)处理耗时，影响网络吞吐量和性能，而且采用 SDH 帧格式的转发器和再生器造价昂贵。

目前，在局域网中主要采用千兆以太网帧结构，此种格式下报头包含的网络状态信息不多，但由于没有使用那些造价昂贵的再生设备，因而成本相对较低。由于使用的是“异步”协议，对抖动和延时不那么敏感。同时由于与主机的帧结构相同，因而在路由器接口上需对帧进行拆装分割操作，为了使数据帧和传输帧同步，还要进行比特塞入操作。

从以上分析可以看出，IP over WDM 具有以下优点。

(1) 充分利用光纤的带宽资源，极大地提高了带宽和相对的传输速率。

(2) 传输码率、数据格式及调制方式透明。可以传送不同码率的 ATM、SDH / SONET 和千兆以太网格式的业务。

(3) 不仅可以与现有通信网络兼容，还可以支持未来的宽带业务网及网络升级，并具有可推广性、高度生存性等特点。

IP over WDM 具有如下缺点。

(1) 目前，对于波长标准化还没有实现。一般取 193.1THz 为参考频率，间隔为 100GHz。

(2) WDM 系统的网络管理应与其传输的信号的网络管理分离，但在光域上加上开销和光信号的处理技术还不完善，从而导致 WDM 系统的网络管理还不成熟。

(3) 目前，WDM 系统的网络拓扑结构只是基于点对点的方式，还没有形成“光网”。

在高性能、宽带的 IP 业务方面，IP over SDH 技术由于去掉了 ATM 设备，投资少、见效快而且线路利用率高。因而就目前而言，发展高性能 IP 业务，IP over SDH 是较好的选择。而 IP over ATM 技术则充分利用已经存在的 ATM 网络和技术，发挥 ATM 网络的技术优势，适合于提供高性能的综合通信服务，因为它能够避免不必要的重复投资，提供 Voice、Video、Data 多项业务，是传统电信服务商的较好选择。对于 IP over WDM 技术，它能够极大地拓展现有的网络带宽，最大限度地提高线路利用率，并且在外围网络千兆以太网成为主流的情况下，这种技术能真正地实现无缝接入。应该说，IP over WDM 将是宽带 IP 主干网的主流发展方向。

4) MPLS

多协议标签交换技术(Multi Protocol Label Switching，MPLS)是一种在开放的通信网上利用标签引导数据高速、高效传输的新技术。它的价值在于能够在一个无连接的网络中引入连接模式的特性，主要优点是减少了网络复杂性，兼容现有各种主流网络技术，能降低 50%网络成本，在提供 IP 业务时能确保 QoS 和安全性，具有流量工程(Traffic Engineering)能力。MPLS 技术是下一代最具竞争力的多媒体通信网络技术。

未来的业务以突发性数据业务为主，ATM 对此显得效率不足，传输成本和交换成本较高，网络资源浪费，而 IP 又显得能力不够。

1997 年，以 Cisco 公司为主的几家公司，包括 Ipsilon(已被 Nokia 并购)、IBM、Cascade(已被 Lucent 并购)、Toshiba 提出了 MPLS 技术。

MPLS 引入了转发等价类(Forwarding Equivalence Classes，FEC)的概念，所有需要做相同转发处理，并转发到相同下一跳的分组属于同一转发类。在传统的 IP 数据包转发过程中，按照“最长匹配”的原则查找路由表，以确定下一跳的地址，这一原则可能导致多次查找匹配，因而在一定程度上影响路由器的性能。在 MPLS 中，每个数据包都带有标签，并根据标签被转发，不需要将数据包分析到网络层，而且，由于数据包使用的标签具有转发的唯一性，降低了转发表的查找次数，从而提高了数据包的转发速度。

MPLS 技术的主要特点如下。

(1) 充分采用原有的 IP 路由，在此基础上加以改进，保证了 MPLS 网络路由具有灵活性的特点。

(2) 采用 ATM 的高效传输交换方式，抛弃复杂的 ATM 信令，无缝地将 IP 技术的优点融合到 ATM 的高效硬件转发中。

(3) MPLS 网络的数据传输和路由计算分开，是一种面向连接的传输技术，能够提供有效的 QoS 保证。

(4) MPLS 不但支持多种网络层技术，而且是一种与链路层无关的技术，它同时支持 X.25、帧中继、ATM、PPP、SDH、DWDM 等，保证了多种网络的互连互通，使得各种不同的网络传输技术统一在同一个 MPLS 平台上。

(5) MPLS 支持大规模层次化的网络拓扑结构，具有良好的网络扩展性。

(6) MPLS 的标签合并机制支持不同数据流的合并传输。

(7) MPLS 支持流量工程、CoS、QoS 和大规模的虚拟专用网。

### 9.2.3 基于有线电视网的多媒体信息传输

#### 1. VOD

除了以上介绍的“电信网+多媒体”和“计算机网+多媒体”这两条多媒体信息传输的发展线路以外，国际上正在大力发展第 3 条路线，即“有线电视(CATV)网+多媒体”，也就是视频点播或点播电视，有时也被称为交互式电视(Interactive TV，ITV)。

点播电视是从 1993 年发展起来的。当时，美国第二大有线电视公司——Time Warner 美国西部公司联盟，1994 年开始利用休斯公司的卫星播出 150 套节目，经营可视电话业务，并在佛罗里达州试验推出了以一系列交互服务为内容的“全面服务网络”。

电视机的交互功能——外置设备与电视机一体化发展起来后，用户就可通过电视上网，由被动看电视变为主动选择电视节目，同时可以浏览 Internet 上的信息。Web TV 的出现为电视的发展带来了新的契机，用户只要在现有的电视上加一个机顶盒，电视机就可以实现交互功能与 Internet 相连，用户只须投入很少资金就可上网，由于操作简单也解决了用户上网的基础问题，加上电视机的普及，更加快了信息资源的推广利用。

视频点播系统采用客户机/服务器模式，将图文、视音频素材存于视频服务器中，客户端可随时通过有线电视网和内部电话网交互式地查询点播服务器中的媒体信息。该系统既可以广泛地应用于宾馆、酒店和娱乐场所，也可以应用于住宅小区、教育系统、图书馆、政府机关和企事业单位。

2. HFC 与 Cable Modem

1) HFC

考虑到 FTTH(光纤到户)和 FTTC(光纤到路边)成本很高(包括光端机、光纤、高速信息处理器等)，一时还难以实现，AT&T 公司于 1994 年初提出混合光纤/同轴电缆(HFC)，首先瞄准的就是 CATV 市场。HFC 与传统的 CATV 网相比，其优点是可以在同一媒介中同时传输多种业务，包括 POTS、广播模拟电视、广播数字电视、VOD、高速数字数据等。HFC 电缆链路的理论容量极大，可用带宽达 1GHz。HFC 把总带宽分成两部分：下行(往住宅)频带为 50MHz～1GHz (50～550MHz——模拟有线电视；550～750MHz——电话和数据下行、MPEG-2 数字电视、VOD 点播下行；750MHz～1GHz——个人通信及新业务)，称为正向通道；上行频带为 5～40MHz，称为反向通道。使用这样的带宽，HFC 能够传送数以百计的广播、VOD 信号、电话及频带很宽的双向数字链路(如接入 Internet)。

HFC 的每一台 ONU(光网络单元)可为几百套住宅提供服务。用于 Internet 接入时，一个典型的 HFC 系统能为连到同一子系统的多个用户提供共享的 10～25Mb/s 的带宽。虽然从物理上看，HFC 和 FTTC 很相似，但后者传送的是数字信号，而前者是模拟信号。从投资上说，目前以提供分配型视像业务为主，在交互式和数字型业务普及率不高的情况下，HFC 方式比 FTTC 更为经济。

2) Cable Modem

电缆调制解调器 (Cable Modem，CM)，又称线缆调制解调器它是近几年随着网络应用的扩大而发展起来的，主要用于有线电视网进行数据传输。Cable Modem 技术以比标准的 V.90 电话 Modem 技术快 100 倍以上的速度接入 Internet。

Cable Modem 与以往的 Modem(调制解调器)，在原理上都是将数据进行调制后，在电缆的一个频率范围内传输，接收时进行解调，传输机制与普通 Modem 相同，不同之处在于它是通过 CATV 的某个传输频带进行调制解调的。而普通 Modem 的传输介质在用户与交换机之间是独立的，即用户独享通信介质。Cable Modem 属于共享介质系统，其他空闲频段仍然可用于有线电视信号的传输。Cable Modem 彻底解决了由于声音图像的传输而引起的阻塞，其速率已达 10Mb/s 以上，下行速率则更高。

Cable Modem 也是组建城域网的关键设备，混合光纤同轴网(HFC)主干线用光纤，光节点小区内用树形总线同轴电缆网连接用户，在 HFC 网中传输数据就需要使用 Cable Modem。

## 9.3 多媒体通信系统

高速网络技术的发展，大大改善了网络的多媒体应用环境，推动了网络多媒体应用的发展，出现了很多多媒体通信系统，如可视电话、多媒体会议系统、多媒体邮件系统、多媒体信息咨询系统、交互式信息点播系统、远程教育系统、远程医疗系统、IP 电话等。同时，多媒体通信系统的应用也对计算机网络技术、数据存储技术和分布式处理技术等提出了更高的要求，带动了相关技术的进步。下面将介绍几种典型的多媒体通信系统，如可视电话、电视会议系统、视频点播系统、IP 电话等，从中可以看出这些系统的不同技术特色和风格。

### 9.3.1 多媒体通信系统概述

多年来，国际电信联盟为公共和私营电信组织制定了许多多媒体计算和通信系统的推荐标准，以促进各国之间的电信合作。国际电信联盟的 26 个系列(A～Z)推荐标准中，与多媒体通信关系最密切的 7 个系列标准见表 9-1，3 种类型的多媒体通信系统的核心技术标准见表 9-2。

表 9-1 ITU 系列推荐标准

| 系列名 | 主要内容 |
|---|---|
| Series G | 传输系统、媒体数字系统和网络 |
| Series H | 视听和多媒体系统 |
| Series I | ISDN |
| Series J | 电视、声音节目和其他多媒体信号的传输 |
| Series Q | 电话交换和控制信号传输法 |
| Series T | 远程信息处理业务的终端设备 |
| Series V | 电话网上的数据通信 |

表 9-2 3 个主要的系列标准

| 系列标准名 | H.320 | H.323(V1/V2) | H.324 |
|---|---|---|---|
| 发布时间 | 1990 | 1996/1998 | 1996 |
| 应用范围 | 窄带 ISDN | 带宽无保证分组交换网络 | PSTN |
| 图像编码 | H.261，H.263 | H.261，H.263 | H.261，H.263 |
| 声音编码 | G.711，G.722，G.728 | G.711，G.722，G.728<br>G.723.1，G.729 | G.723.1 |
| 多路复合控制 | H.221，H.230/H.242 | H.225.0，H.245 | H.223，H.245 |
| 多点 | H.231，H.243 | H.323 | |
| 数据 | T.120 | T.120 | T.120 |

20 世纪 90 年代初开发的电视会议标准是 H.320，它定义通信的建立、数字电视图像和声音压缩编码的算法，运行在综合业务数字网上。在 56Kb/s 传输率的通信信道上支持帧速率比较低的电视图像，而在 1.544 Mb/s 传输率的信道(T1 信道)上可以传输 CIF 格式的满帧速率电视图像。在局域网上的桌面电视会议(Desktop Video Conferencing)采用 H.323 标准，这是基于分组交换的多媒体通信系统。在公众交换电话网(Public Switched Telephone Network，PSTN)上的网络桌面电视会议使用调制解调器，采用 H.324 标准。Internet 上的电视会议目前大部分都趋向于采用 H.323 标准和正在开发的 SIP 标准(详见 9.3.5 节)，使用 IP 协议提供局域网上的电视会议，而全球的 Internet 电视会议目前还不能保证实时电视会议的服务质量。

在多媒体通信标准中，电视图像的编码标准都采用 H.261 和 H.263。H.261 主要用来支持电视会议和可视电话，并于 1992 年开始应用于 ISDN。该标准采用帧内压缩和帧间压缩技术，可使用硬件或者软件来执行。电视图像数据压缩后的数据速率为 $P\times 64$Kb/s，其中 $P$ 的变动范围为 1～30，取决于所使用的 ISDN 通道数。H.261 支持 CIF 和 QCIF 的分辨率。H.263 是在 H.261 的基础上开发的电视图像编码标准，用于低位速率通信的电视图像编码，目标是改善在调制解调器上传输的图像质量，并增加了对电视图像格式的支持。

计算机网络是多媒体通信的基础，电路交换网络与分组交换网络的融合是构造多媒体通信系统结构的出发点。图 9.1 给出了多媒体通信系统的结构示意图。从图 9.1 中可用看到，多媒体通信系统主要由网关(Gateway)、会务器(Gatekeepers)和通信终端(Terminal)组成。通信终端包括执行 H.320、H.323 或者 H.324 协议的计算机和执行 H.324 的电话机。此外，H.323 还定义了一个称为多点控制单元(Multipoint Control Unit，MCU)的部件，它是 H.320 和 H.323 的一个重要设备，可作为一个单独的设备接入到网络上，但现在开发的一些产品则把它要实现的功能集成到会务器中，因此图中未画出。在 H.323 协议中，把通信终端、网关、会务器或者 MCU 称为端点(Endpoint)。

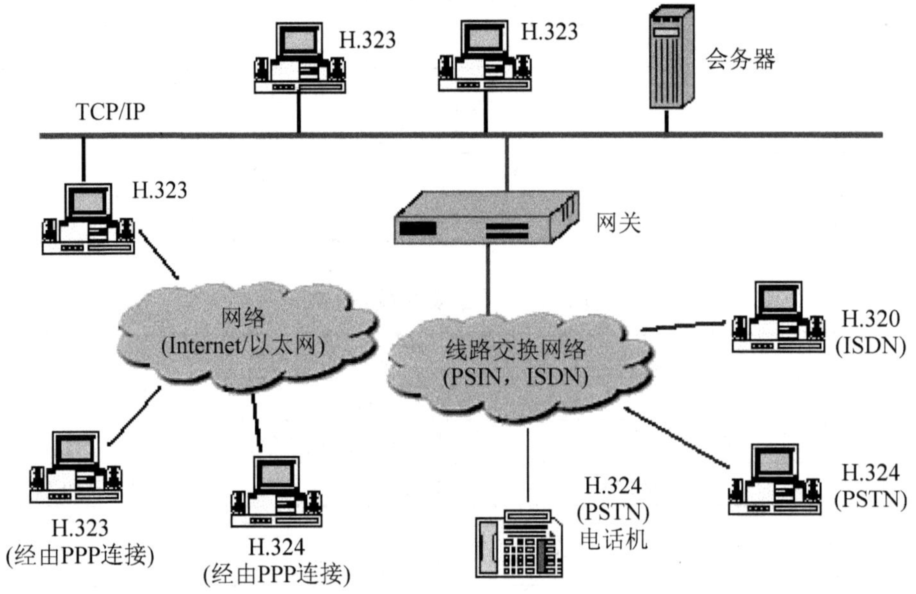


**图 9.1　多媒体通信系统的整体结构示意图**

网关和会务器是多媒体通信系统的两个极其重要的组成部件。网关提供面向媒体的功能，如传送声音和电视图像数据和接收数据包等。会务器提供面向服务的功能，如身份验证、呼叫路由选择和地址转换等。网关和会务器密切配合完成多媒体通信的任务。下面介绍其主要部分的功能与结构。

1. 网关

网关是一台功能强大的计算机或者工作站，它担负电路交换网络(如电话网络)和分组交换网络(如 Internet)之间进行实时的双向通信，提供异种网络之间的连通性，它是传统电路交换网络和现代 IP 网络之间的桥梁。

网关的基本功能可归纳为 3 种。

(1) 转换协议(Translating Protocols)。网关作为一个解释器，使不同的网络能够建立联系，如允许 PSTN 和 H.323 网络相互对话以建立和清除呼叫。

(2) 转换信息格式(Converting Information Formats)。不同的网络使用不同的编码方法，网关将对信息进行转换，使异种网络之间能够自由地交换信息，如声音和电视。

(3) 传输信息(Transferring Information)。网关负责在不同网络之间传输信息。

网关有如下主要部件。

(1) 电路交换网络(Switched-Circuit Network，SCN)接口卡是一种典型的T1/E1或者称为PRI ISDN线路接口卡，它们与电路交换网络进行通信。主速率接口(primary rate interface，PRI)由23个B通道和一个64Kb/s的D通道组成，称为23B+D，相当于T1线的带宽。

(2) 数字信号处理器(Digital Signal Processors，DSP)卡执行的任务包括声音信号的压缩和回音的取消等。

(3) 网络接口(Network Interfaces)卡用来与H.323网络进行通信，典型的网络卡包括10/100BASE-T网络接口卡，或者把它们的功能集成到主机板上。

(4) 控制处理器(Control Processor)协调其他网关部件的所有活动，这个部件通常是在系统的主机板上。

网关有如下主要软件。

(1) 执行所有网关基本功能和选择功能的网关软件。例如，H.323网关平台(Gateway Platform)执行转换协议、转换消息格式和传输信息等基本功能，支持声音压缩、协议转换、实时的传真解调/再调制及执行H.323系列协议。

(2) 特定网关的应用软件，它执行自定义的功能及管理和控制功能。

图9.2表示一种网关的基本结构及网关如何使公共电话交换网络系统上的电话与现代的Internet电话之间进行会话。图9.2中的时分多路复用(TDM)总线可以是MVIP总线或者SCSA(Signal Computing System Architecture，信号计算机系统结构)总线。多厂商集成协议(Multi Vendor Integration Protocol，MVIP)是由许多公司共同制定的一种用于PC的声音总线和交换协议，是PC中的通信总线，用于从一块声音卡到另一块声音卡的转接过程中复合多达256个全双工(full-duplex)的声音通道。SCSA是一种传输声音和电视图像信号的开放结构，用于设计和建造计算机电话服务机系统，它的总线称为SCSA总线。这种结构是由Dialogic公司(Parsippany，NJ，www.dialogic.com)发起并和其他70多个公司一起开发的。SCSA主要集中在信号计算、媒体(包括声音、图像和传真等的)管理、呼叫信号处理及系统结构，提供了非常灵活的机制。

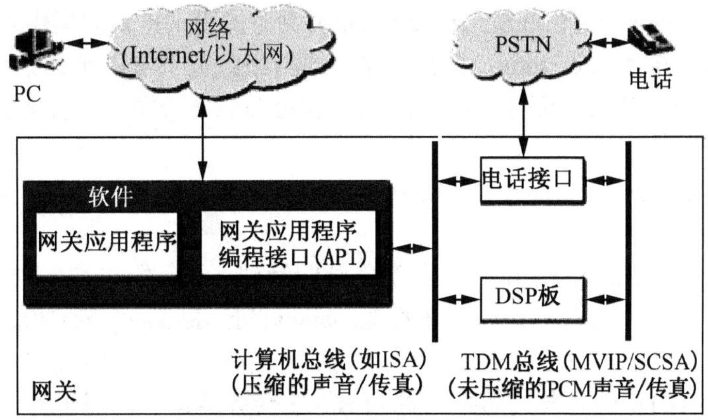


图9.2　网关的基本结构

2. 会务器

会务器是用于连接 IP 网络上的 H.323 电视会议客户，是电视会议的关键部件之一，许多人把它当作电视会议的“大脑”。它提供授权和验证、保存和维护呼叫记录、执行地址转换，而不需要记忆 IP 地址、监视网络、管理带宽以限制同时呼叫的数目，从而保证电视会议的质量，提供与现存系统的接口。会务器的功能一般都用软件来实现。会务器的功能分成两个部分，即基本功能和选择功能。

会务器必须要提供的基本功能如下。

(1) 地址转换(Address Translation)：使用一种可由注册消息(Registration messages)更新的转换表，把别名地址转换成传输地址(Transport Address)。这个功能在电路交换网络上的电话企图呼叫 IP 网络上的 PC 时显得尤其重要，在确定网关地址时也很重要。

(2) 准入控制(Admissions Control)：使用准入请求(Admission Request，ARQ)/准入确认(Admission Confirm，ARJ)/准入拒绝(Admission Reject，ARC)消息，对访问局域网进行授权。H.323 标准规定必须要有用来对网络服务进行授权的 RAS 消息(RAS Messages)，RAS 是一个注册/准入/状态(Registration/Admission/Status)协议，但它不定义授权存取网络资源的规则或者政策，因此服务提供者需要会务器来干预现存的授权方法。此外，企业管理人员和服务提供者也许想使用自己的标准来授权。例如，根据订金、信用卡等。

(3) 带宽控制(Bandwidth Control)：支持 RAS 带宽消息(RAS bandwidth messages)，即带宽请求(BandWidth Request，BRQ)/带宽确认(BandWidth Confirm，BCF)/带宽拒绝(BandWidth Reject，BRJ)消息，以强制执行带宽控制。至于如何管理则要根据服务提供者或者企业管理人员的政策来确定。在许多情况下，如果在网络或者特定的网关不拥挤的情况下，对任何带宽的请求都应该给予满足。

(4) 区域管理(Zone Management)：用于管理所有已经注册的 H.323 端点(Endpoint)，为它们提供以上介绍的功能。至于确定哪个终端可以注册及地理或者逻辑区域的组成(单个会务器管理的终端、网关和 MCU)则由网络设计人员决定。

会务器提供的选择功能如下。

(1) 呼叫控制信号传输方法(Call Control Signaling)：在 H.323 中有两种呼叫控制信号传输模型，会务器安排呼叫信号传输模型(Gatekeeper Routed Call Signaling Model)和直接端点呼叫信号传输模型(Direct Endpoint Call Signaling Model)。会务器可根据访问提供者的要求进行选择。

(2) 呼叫授权(Call Authorization)：会务器可根据服务提供者指定的条件对一个给定的呼叫进行授权或者拒绝。其条件可包括会议时间、预定的服务类型、对受限网关的访问权限或者可用的带宽等。

(3) 带宽管理(Bandwidth Management)：根据服务提供者指定的带宽分配确定是否有足够的带宽用于呼叫。

(4) 呼叫管理(Call Management)：提供智能呼叫管理。会务器维护一种 H.323 呼叫表以指示被呼叫终端是否处于忙状态，并为带宽管理(Bandwidth Management)功能提供信息。

会务器通常设计成内外两层，内层称为核心层，它由执行 H.323 协议堆的软件和实现 MCU 功能的软件组成，有的软件开发公司把它称为 H.323 会务器核心功能部件。MCU 的主要功能是连接多条线路并自动或者在会议主持人的指导下手动交换电视信号。

会务器的外层由许多应用程序的接口组成，用于连接网络上现有的许多服务。外层软件可由下面的软件模块组成。

(1) 用户的授权和验证(User Authentication & Authorization)：处理所有用户的授权，并使用现有的远程验证电话接入用户服务(Remote Authentication Dial-In User Service, RADIUS)协议进行验证。

(2) 事务管理接口(Administration Interface)：为管理人员提供会务器的管理界面，对享有设置/修改/删除配置的特权的用户提供服务权限、会务器的远程管理，以及显示网络状态、统计、报警等。

(3) 网络管理(Network Management)：为简单网络管理协议 (Simple Network Management Protocol，SNMP)代理程序提供注册终端数目、正在工作的终端数目、呼叫数目、分配带宽、正在使用的带宽和保留的可用带宽、网关资源分配和可用的网关资源、MCU 资源的分配和可用的 MCU 资源、内部资源信息和运行状态。

(4) 安全管理(Security Management)。

(5) 辅助功能(Supplementary Features)：QoS 等级的选择、呼叫者线路识别描述 (Caller Line Identification Presentation，CLIP)、呼叫者线路识别限定(Caller line Identification Restriction，CLIR )、呼叫等待(Call Waiting)、呼叫保持(Call Hold)、呼叫分机代接(Call Park/Pickup)、呼叫转移(Call Transfer)、呼叫遇忙/无答应转移(Call Forward on Busy/No answer)、缩位拨号(Abbreviated dialling)、优先线路(Priority lines)的服务管理及对接收的传真的存储和转发(Incoming FAX store and forward)。

(6) 媒体资源服务(Media Resource Services)：报警服务(Alarm Service)、声音邮件服务(Voice Mail Services)和使用交互声音应答的互相配合的服务(Interworking with Interactive Voice Response services)。

(7) 目录服务(directory services)：与网络上执行简便目录的存取协议(Lightweight Directory Access Protocol，LDAP)的目录服务器联用，与域名服务器 (Domain Name Server，DNS)联用。

(8) 账单管理模块(Billing Module)。

(9) 支持的附加协议：包括 H.225(在 Q.931 基础上开发的呼叫控制协议)、H.245(多媒体通信控制协议)、H.450(辅助服务协议)、H.235(安全)及资源管理等协议。

### 9.3.2 可视电话

可视电话是利用电话线路实时传送人的语音和图像(用户的半身像、照片、物品等)的一种通信方式。如果说普通电话是“顺风耳”的话，则可视电话就既是“顺风耳”，又是“千里眼”了。

“可视电话”这个术语早在 20 世纪 60 年代就已经出现，人们一直孜孜不倦地追求在模拟电话线路上实现视听通信。初期的可视电话产品需要使用 ISDN 电话线以高于普通模拟电话线的速率来传输电视图像和声音，这就使这种可视电话产品的推广应用受到限制。随着 28.8 kb/s 调制解调器的出现，国际上立即就开发出了许多在模拟电话线上使用的第一代可视电话产品。可是一个公司的可视电话产品与另一个公司的可视电话产品不能相互协同工作，这就妨碍了产品的推广。

#### 1. 可视电话系列标准

为解决不同厂家产品的兼容性问题，开发了一个可视电话标准——H.324。该标准现在已被国际电信联盟采纳并作为世界可视电话标准。它指定了一种普通的方法，用来在用高速调制解调器连接的设备之间共享电视图像、声音和数据。H.324 是第一个指定在公众交换电话网络上实现协同工作的标准。这就意味着下一代的可视电话产品能够协同工作，并且为市场增长打下了基础。

H.324 系列是一个低位速率多媒体通信终端标准，在它旗号下的标准包括以下几种。

(1) H.263：电视图像编码标准，压缩后的速率为 20 kb/s。

(2) G.723.1：声音编码标准，压缩后的速率为 5.3Kb/s(用于声音＋数据)或者 6.3Kb/s。

(3) H.223：低位速率多媒体通信的多路复合协议。

(4) H.245：多媒体通信终端之间的控制协议。

(5) T120：实时数据会议标准(可视电话应用中不一定是必需的)。

H.324 使用 28.8kb/s 调制解调器来实现可视电话呼叫者之间的连接，这与 PC 用户使用调制解调器和电话线连接 Internet 或者其他在线服务的通信方式类似。调制解调器的连接一旦建立，H.324 终端就使用内置的压缩编码技术把声音和电视图像转换成数字信号，并且把这些信号压缩成适合模拟电话线的数据速率和调制解调器连接速率的数据。在调制解调器的最大数据速率为 28.8Kb/s 的情况下，声音被压缩之后的数据率大约为 6Kb/s，其余的带宽用于传输被压缩的电视图像。

2. 可视电话产品类型

H.324 可支持各种类型的采用 H.324 标准的可视电话机。其类型可归纳成下面几种。

(1) 标准型可视电话/单机型可视电话(Standalone Video Phone)：这种产品与我们现在使用的非移动型和移动电话类似，但在电话机上安装了摄像机和 LCD 显示器如图 9.3 所示。

图 9.3　LCD 显示器电话机

(2) 基于TV 的可视电话(TV-based Video Phone)：这种产品是一种放在电视机上的多媒体电话终端，它有内置摄像机，使用电视机作为可视电话的电视显示器。

(3) 基于 PC 的可视电话(PC-based Video Phone)：这种产品实际是给 PC 添加了一种功能而已。利用 PC 作为可视电话终端时，在 PC 上需要安装执行 H.324 系列标准的可视电话软件，需要配置图像数字化卡和声音卡作为图像和声音的输入/输出设备，用彩色显示器显示电视图像，用计算机内部的处理器对电视图像和声音进行压缩解压缩，并且用 28.8 kb/s 或者 56 K 调制解调器连接其他的可视电话终端，具备以上条件就可把 PC 当作一个可视电话终端。

H.324 可视电话的声音质量接近普通电话的质量。按 H.324 标准规定，电视图像的帧速率取决于显示的图像大小。例如，如果可视电话连接双方都使用 QCIF(176×132)的图像分辨率，电视图像的帧速率可达到 4～12 帧/s，接近于普通电视图像帧速率的一半。但其实际的帧速率将与多媒体终端的计算速度、用户选择的显示窗口大小及当地的线路质量有关。

H.324 可视电话几乎不改变人们使用电话的习惯。与普通电话类似，把可视电话插入到办公室或者家庭的电话插座中，使用声音呼叫在先(Voice Call First)的方式与使用可视电话的被呼叫方建立连接，这是最简单的连接方法。拨打可视电话与拨打普通电话相同，被呼叫方一旦响应呼叫，用户就可简单地在可视电话机上按“连接键”，或者在基于 PC 的可视电话机上按“连接”键就可以选择可视电话方式，进行“面对面”的通话。

3. 可视电话支持系统

H.324 定义的多媒体电话终端可运行在公众交换电话网络上，尽管线路的速率受到极大的限制，但在两个多媒体电话终端之间可提供实时的电视图像、声音、数据或者任意组合的媒体。如果在公用电话交换网络上安装单独的多点控制设备，在网络上的多个 H.324 多媒体电话终端之间就可进行多点通信。H.324 定义的多媒体终端也可与综合业务数字网的可视电话系统(定义在 H.323 系列标准中)和移动无线网络上的可视电话系统(定义在 H.324/M 系列标准草案中)联用。

H.324 多媒体可视电话终端系统如图 9.4 所示。从图 9.4 中可以看到，该系统由下面几个部件组成：H.324 多媒体电话终端、PSTN 网络、MCU 和其他的输入/输出部件。

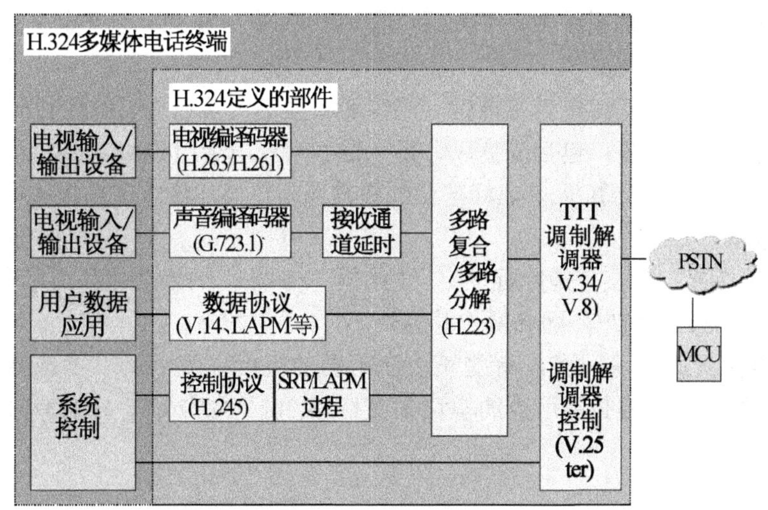


图 9.4　H.324 多媒体系统方框图

4. 多媒体电话终端

H.324 多媒体电话终端由两个部分组成，即 H.324 本身定义的模块和非 H.324 定义的模块。

H.324 本身定义的模块包括如下内容。

(1) 电视编译码器：使用 H.263 或者 H.261 标准对电视图像进行编码和解码。

(2) 声音编译码器：使用 G.723.1 标准对来自传声器的声音信号进行编码，然后传输到对方，并且对来自对方的声音进行译码，然后输出到麦克风。图中“接收通道延时”模块用于补偿电视信号的延时，以维持声音和电视的同步。

(3) 数据协议(V.14、LAPM 等)：支持的数据应用可包括电子白板(Electronic Whiteboards)、静态图像传输、数据库访问、声图远程会议(Audiographics Conferencing)、远程设备控制、网络协议等。标准化的数据应用包括 T.120(用于实时的数据加声音的声图远程会议)、T.80(用于简单的点对点静态图像文件传输)、T.434(用于简单的点对点文件传输)、H.224/H.281(用于远端摄像机控制)、ISO/IEC TR9577 网络协议(包括 PPP 和 IP 协议)及使用缓存的 V.14 或者 LAPM/V.42 的用户数据传输。LAPM/V.42 是定义使用调制解调器链路访问协议(Link Access Protocol for Modems)的错误校正方法标准。支持的其他协议可通过 H.245 协商。

(4) 控制协议(H.245)：提供 H.324 终端之间的通信控制。H.245 是多媒体通信控制协议，它定义流程控制、加密、抖动管理，以及用于启动呼叫、磋商双方要使用的特性和终止呼叫等信号。此外它也确定那一方是发布各种命令的主控方。

(5) 多路复合/多路分解(H.223)：它提供两种功能。一种是把要传送的电视、声音、数据和控制流复合成单一的数据位流；另一种功能是把接收到的单一位流分解为各种媒体流。此外，它还执行逻辑分帧(logical framing)、顺序编号、错误检测、通过重传校正错误等。

(6) 调制解调器(V.34/V.8)：它提供两种功能。一种是把来自多路复合/多路分解(H.223)模块的同步的多路复合输出数据位流转换成能够在 PSTN 网络上传输的模拟信号；另一种是把接收到的模拟信号转换成同步数据位流，然后送给多路复合/多路分解(H.223)模块进行分解。调制解调器控制(V.25 ter)用于自动应答设备和自动呼叫设备的通信过程，其中的 ter 表示第三版本。V.8 是在 PSTN 网络上启动数据传输会话过程的协议。

在图 9.4 所示的多媒体系统中，下列系统模块虽不属于 H.324 标准定义的范围，但又是 H.324 所必需的。这些模块如下。

(1) 电视输入/输出设备：包括摄像机、监视器、数字化器和它们的控制部件。

(2) 声音输入/输出设备：包括麦克风、扬声器和常规电话用到的部件。

(3) 数据应用设备(如计算机)、非标准化的数据应用协议和像电子白板那样的远程信息处理可视化辅助模块。

(4) PSTN 网络接口：支持国际标准定义的信号传输法、响铃功能和信号电压规范等。

(5) 用户系统控制、用户界面和操作等模块。

H.324 标准定义的模块很多，有些模块在不同的应用环境中可以不选择，如数据协议(V.14、LAPM 等)模块。但必不可少的模块是支持 H.263、G.723.1、H.223 和 H.245 协议的模块。

### 9.3.3 电视会议

#### 1. H.323 的拓扑结构

1996 年批准的 H.323 是一个在局域网上并且不保证 QoS 的多媒体通信标准。H.323 允许声音、电视图像和数据任意组合之后进行传送。H.323 指定包括 H.261 和 H.263 作为电视图像编码器，指定 G.711、G.722、G.728、G.729 和 G.723.1 作为声音编码器。此外，还包括网关(gateway)、会议服务器(gatekeeper)和多点控制设备。H.323 广泛支持 Internet 电话。

H.323 是 H.320 的改进版本。H.320 阐述的是在 ISDN 和其他电路交换网络上的电视会议和服务。自从 1990 年批准以来，许多公司已经在局域网开发了电视会议，并通过网关扩展到广域网，H.323 就是在这种情况下对 H.320 做了必要的扩充。H.323 使用 Internet 工程特别工作组(Internet Engineering Task Force，IETF)开发的实时传输/实时传输控制协议(Realtime Transport Protocol / Real-Time Transport Control Protocol，RTP/RTCP)，以及国际标准化的声音和电视图像编译码器。1998 年 2 月批准的 H.323 版本 2 也正在应用到 Internet 上的多点和点对点的多媒体通信中。

H.323 要支持以前的多媒体通信标准和设备，因此扩充后比较详细的拓扑结构如图 9.5 所示。从图 9.5 中可以看到，H.323 不仅在局域网上通信，而且还可通过 H.323 网关在公众交换电话网(PSTN)、窄带综合业务数字网(N-ISDN)的终端和宽带综合业务数字网(B-ISDN)的终端进行通信。从图 9.5 中还可看得组成 H.323 多媒体通信系统的基本部件包括 H.323 终端、H.323 网关、H.323 会务器和 H.323 MCU。使用合适的代码转换器，H.323 网关还可支持遵循 V.70、H.324、H.322、H.320、H.321 和 H.310 标准的终端。

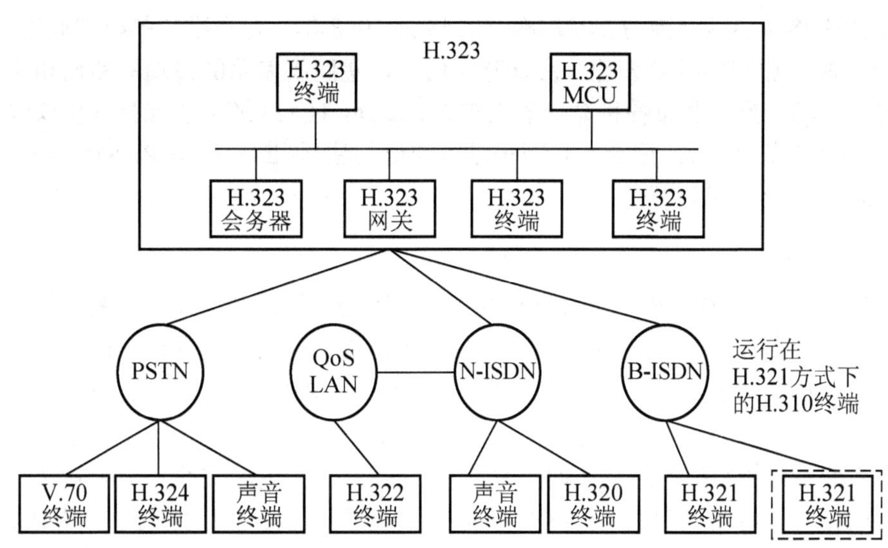


图 9.5　H.323 拓扑结构

2. H.323 终端

H.323 终端是局域网上的客户使用的设备，它提供实时的双向通信，它的组成部件如图 9.6 所示。在 H.323 终端中，可供选择的标准包括电视图像编码器(H.263/H.261)、声音编码器(G.71X/G.72X/G.723.1)、T120 实时数据会议(Real Time Data Conferencing)和 MCU 的功能。但所有的 H.323 终端都必须具备声音通信的功能，而电视图像和数据通信是可选择的。H.323 指定了在不同的声音、电视图像和数据终端在一起工作时所需要的运行方式，是新一代 Internet 电话、声音会议终端和电视会议终端技术的基础。

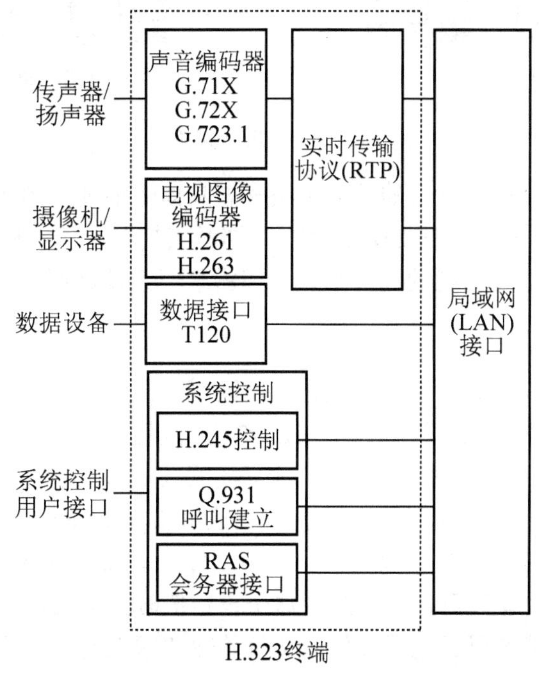


图 9.6　H.323 终端结构

所有 H.323 终端必须支持 H.245 标准。H.245 是 1998 年 9 月批准的多媒体通信控制协议，它定义流程控制、加密和抖动管理、启动呼叫信号、磋商要使用的终端的特性和终止呼叫等过程，它也确定哪一方是发布各种命令的主控方。此外，H.323 还需要支持的协议包括定义呼叫信令和呼叫建立的 Q.931 标准、与网关进行通信的注册/准入/状态(RAS)协议和实时传输/实时传输控制协议(RTP/RTCP)。

3. H.323 网关

在 H.323 会议中，网关是一个可选择的部件，因为如果电视会议不与其他网络上的终端连接时，同一个网络上的终端之间就可以直接进行通信。网关可建立连接的终端包含 PSTN 终端、运行在 ISDN 网络上与 H.320 兼容的终端及运行在 PSTN 上与 H.324 兼容的终端。终端与网关之间的通信使用 H.245 和 Q.931。H.323 网关提供许多服务，但最基本的服务是对在 H.323 会议终端与其他类型的终端之间传输的数字信号进行转换。这个功能包括传输格式之间的转换(如从 H.225.0 标准到 H.221 标准的格式转换)和通信过程之间的转换(如从 H.245 标准到 H.242 标准)。此外，H.323 网关也支持声音和电视图像编码器之间的转换，执行呼叫建立和终止呼叫的功能。图 9.7 表示的是一个 H.323/PSTN 网关。

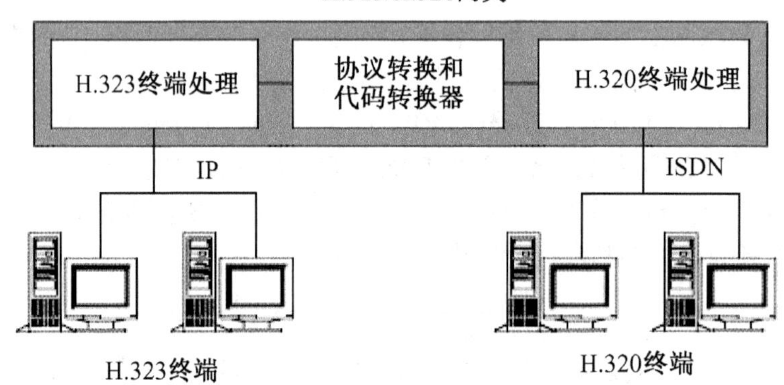


图 9.7　H.323 网关

在 H.323 标准中，对许多网关的功能都没有做具体的限制。例如，能够通过网关进行通信的实际的 H.323 终端数目、SCN 的连接数目、同时支持召开的电视会议数目、声音/电视图像/数据转换的功能等，这些功能的选择和设计都留给网关设计师。

4. H.323 会务器

会务器是 H.323 中最重要的部件，是它管辖区域里的所有呼叫的中心控制点，并且为注册的端点提供呼叫控制服务。从多方面看，H.323 会务器就像是一台虚拟的交换机。

会务器执行两个重要的呼叫控制功能。一个是定义在 RAS 规范中的地址转换，即从终端别名和网关的 LAN 别名转换成 IP 或者网际信息包交换协议(Internetwork Packet Exchange，IPX)地址；另一个也是在 RAS 规范中定义的网络管理功能。例如，如果一个网络管理员已经设定了局域网上同时召开的会议数目，一旦超过这个设定值时会务器可拒绝更多的连接，以限制总的会议带宽，其余的带宽用于电子邮件、文件传输和网上的其他应用。由单个会务器管理的所有终端、网关和多点控制单元(MCU)的集合被称为 H.323 区域(H.323 Zone)。这个概念如图 9.8 所示。

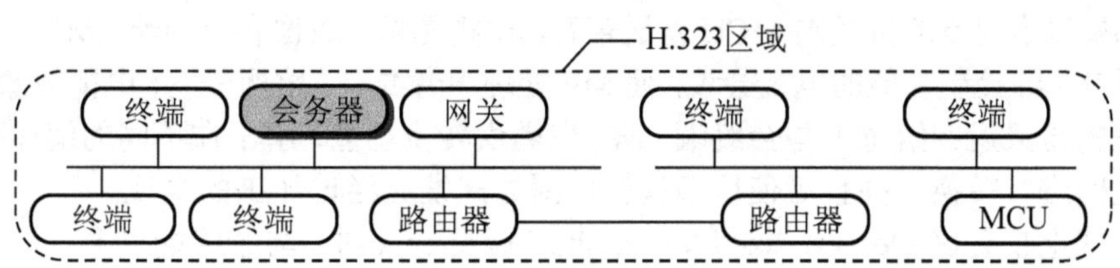


图 9.8　会务器的概念表示图

会务器的一个可供选择但有价值的特性是它可安排 H.323 的呼叫。这个特性便于服务提供者管理使用他们的网络进行呼叫的账目，也可以在被呼叫端点不能使用的情况下把呼叫转接到另一个端点。此外，这个特性还可用来平衡多个路由器之间的呼叫负荷。

在 H.323 系统中，会务器不是必需的。但如果有会务器存在，终端必须要使用会务器提供的服务功能。这些功能就是地址转换、准入控制、带宽管理和区域管理。

5. H.323 多点控制单元

多点控制单元(MCU)支持在 3 个或者 3 个以上的端点之间召开电视会议。在 H.323 电视会议中，一个 MCU 由多点控制器 (Multipoint Controller，MC)和 $n(n\geqslant 0)$个多点处理器(Multipoint Processors，MP)组成。MC 处理 H.245 推荐标准中指定的在所有终端之间进行协商的方法，以便确定在通信过程中共同使用的声音和电视图像的处理能力。MC 也控制会议资源，确定哪些声音和电视数据流要向多个目标广播，但不直接处理任何媒体流。MP 处理媒体的混合及处理声音数据、电视图像数据和数据等。MC 和 MP 可以作为单独的部件或者集成到其他的 H.323 部件。

6. H.323 多点电视会议

按照 H.323 标准，可以召开各种形式的多点电视会议，如图 9.9 所示。H.323 标准可支持的会议形式包括由 D、E 和 F 终端参加的集中式电视会议，由 A、B 和 C 终端参加的分散式电视会议，声像集散混合式多点电视会议，会议集散混合式多点电视会议。图 9.9 中的多点控制单元(MCU)在这些会议中起桥梁作用。

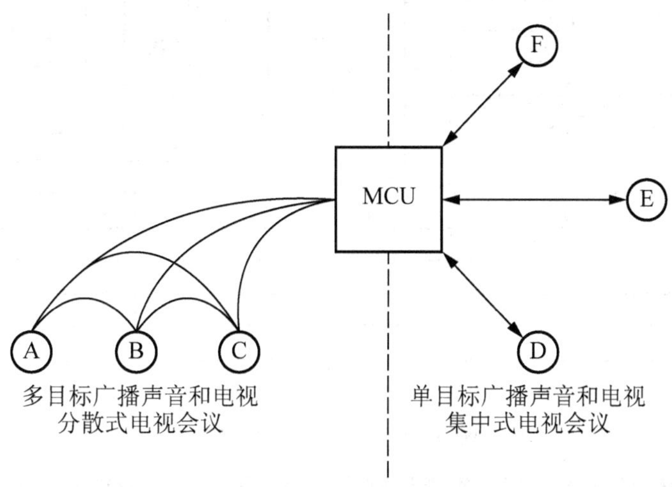


图 9.9　H.323 MCU

在集中式电视会议(Centralized Multipoint Conference)中，需要一个 MCU 来管理多点会议，

所有终端都要以点对点的方式向 MCU 发送声音、电视图像、数据和控制流。MCU 中的 MC 集中管理使用 H.245 控制功能的电视会议，而 MP 处理声音混合、数据分发、电视图像切换/混合，并且把处理的结果返回给每个与会终端。MP 也提供转换功能，用于在不同的编译码器和不同的位速率之间进行转换，并且可使用多目标广播方式发送经过加工的电视。

在分散式电视会议(Decentralized Multipoint Conference)中，与会终端以多目标广播的方式向没有使用 MCU 的所有其他与会终端广播声音和电视图像。与会终端响应和显示综合接收到的声音及选择一个或者多个接收到的电视图像，而多点数据的控制仍然由 MCU 集中处理，H.245 控制信道(H.245 Control Channel)信息仍然以点对点的方式传送到 MC。

声像集散混合式多点电视会议(Hybrid Multipoint Conference)有两种形式，即声音集中广播混合式多点电视会议(Hybrid Multipoint Conference-Centralized Audio)和电视集中广播混合式多点电视会议。在前一种形式中，终端以多目标广播形式向其他与会终端播放他们的电视，而以单目标广播形式把声音传送给 MCU 中的 MP，然后由 MP 把声音流发送给每个终端。在后一种形式中，终端以多目标广播形式向其他与会终端播放他们的声音，而以单目标广播形式把电视图像传送给 MCU 中的 MP 进行切换和混合，然后由 MP 把电视图像流发送给每个终端。混合式电视会议组合使用了集中式和分散式电视会议的特性。

会议集散混合式多点电视会议(Mixed Multipoint Conferences)是由以集中方式召开的会议(如图 9.8 中的 D、E 和 F 参加)和以分散方式召开的会议(如图 9.8 中的 A、B 和 C 参加)组合的一种会议形式。

7. H.323 协议堆

协议堆(Protocol Stack)是指在不同网络层次上一起工作的协议集合。在协议堆中，中间层的协议使用其下层协议提供服务，并向其上层协议提供服务。H.323 协议堆包罗了众多的协议，如图 9.10 所示。从图 9.10 中可以看到，H.323 协议堆旗号的控制和数据信息通过可靠的传输控制协议(TCP)进行传输，而声音数据、电视数据、声音/电视的控制信息，以及部分会务控制信息则通过可靠性不保证的用户数据包协议(UDP)来传输。

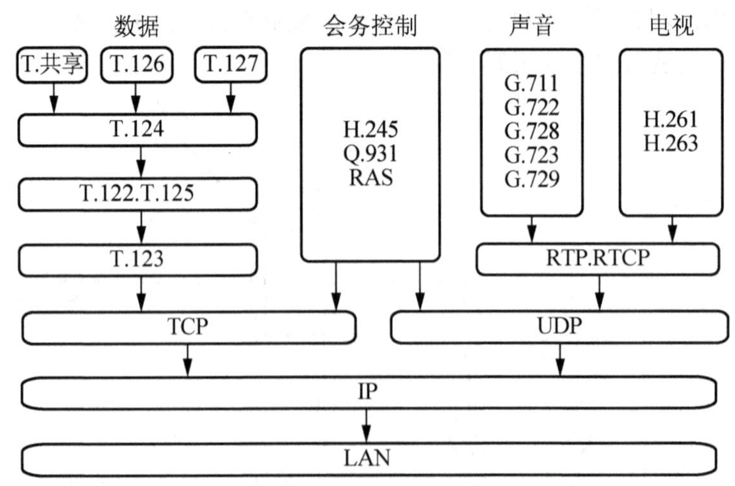


图 9.10　H.323 协议堆结构

这些协议可通过软件集成到分组交换网络的协议堆中，因此可在分组交换网络上进行实时的多媒体通信。按照 H.323 标准构造的部件可在 IP 网络上建立呼叫、交换压缩的声音/电视数据和召开会议，并且还能够与非 H.323 端点进行通信。

### 9.3.4 VOD 系统

#### 1. VOD 系统模型

VOD 系统也称交互式电视点播系统。VOD 是计算机技术、网络技术、多媒体技术发展的产物，是一项全新的信息服务。它摆脱了传统电视受时空限制的束缚，解决了想看什么节目就看什么，想何时看就何时看的问题。有线电视 VOD 是指利用有线电视网络，采用多媒体技术，将声音、图像、图形、文字、数据等集成为一体，向特定用户播放其指定的视听节目的业务活动，包括按次付费、轮播、按需实时点播等服务形式。这种新的多媒体信息服务形式被广泛应用于有线电视系统、远程教育系统及各种公共信息咨询和服务系统中。VOD 系统采用 C/S(Client/Server)模型，如图 9.11 所示。它主要由如下 3 部分组成。

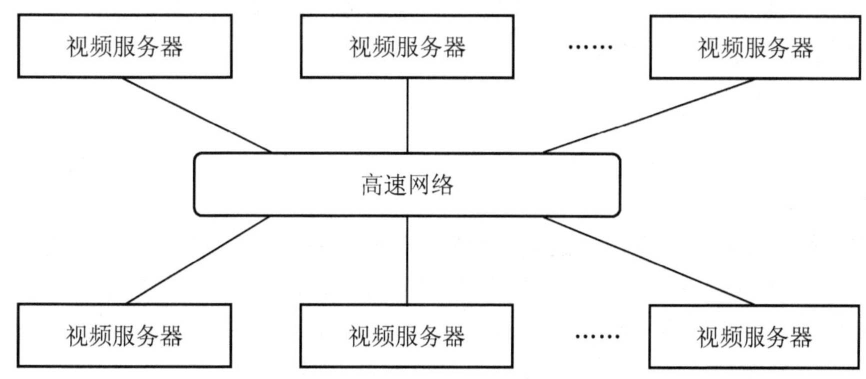


**图 9.11 基于 C/S 的 VOD 系统模型**

(1) 视频服务器：位于 VOD 中心，存储大量的多媒体信息，根据客户的点播请求，把所需的多媒体信息实时地传送给客户。根据系统规模的大小，可采用单一服务器或集群服务器结构来实现。

(2) 高速网络：为视频服务器和客户之间的信息交换提供高带宽、低延迟的网络传输服务。

(3) 客户端：用户访问视频服务器的工具，可以是机顶盒或计算机，用户通过交互界面将点播请求发送给视频服务器，以及接收和显示来自视频服务器的多媒体信息。

VOD 系统是一种基于 C/S 模型的点对点实时应用系统，视频服务器可同时为很多用户提供点对点的即时 VOD 服务，并且信息交互具有不对称性，客户到视频服务器的上行信道的通信量要远远小于视频服务器到客户的下行信道的通信量。

系统响应时间是 VOD 系统的重要性能指标，主要取决于视频服务器的吞吐能力和网络带宽。根据系统响应时间长短，VOD 系统可分为真点播 TVOD(True VOD)和准点播 NVOD(Near VOD)两类。

TVOD 要求有严格的即时响应时间，从发出点播请求到接收到节目应小于 1s，并提供较完备的交互功能，如对视频的快进、快退和慢放等。TVOD 允许随机地、以任意间隔对正在播放的视频节目帧进行即时访问，这就对视频服务器的 CPU 处理能力、缓存空间和磁盘 I/O 吞吐量及网络带宽提出很高的要求。

NVOD 对系统响应时间有一定的宽限，从发出点播请求到接收到节目一般在几秒到几分钟，甚至更长，只要能被用户接受即可。NVOD 将视频节目分成若干时间段而不是帧进行播放，以及快进、快退和慢放等操作，时间段比帧的粒度大，从而降低了对系统即时响应的要求，但系统的造价低且支持的客户较多。目前很多 VOD 系统产品都采用 NVOD 方式。

无论 TVOD 还是 NVOD，当系统规模较大时，单一服务器的处理能力和系统资源就很难满足用户需求，必须通过集群服务器来改进系统性能，提高服务质量。

通常一个 VOD 系统可以为用户提供如下 VOD 服务。

(1) 影视点播：点播电影或电视节目，用户可以通过快进、快退和慢放等控制功能控制播放过程。

(2) 信息浏览：浏览各种商品购物和广告信息，或查看股票、证券和房地产行情等信息。

(3) 远程教育：收看教学节目，选择课程和内容，做练习，模拟考试，自我测试。

(4) 交互游戏：将视频游戏下载到用户终端上，用户可以和远程的其他用户一起参加游戏。

随着网络环境的改善和 VOD 技术的成熟，VOD 的应用领域将会得到进一步拓展，尤其是在 Internet 的应用具有广阔的前景。

2. VOD 系统关键技术

VOD 系统所涉及的关键技术主要有网络支撑环境、视频服务器和用户接纳控制等。

1) 网络支撑环境

VOD 系统是一种基于 C/S 模型的点对点实时应用系统，视频服务器可同时为很多用户提供点对点的即时 VOD 服务。为了获得较高的视频和音频质量，要求网络基础设施能提供高带宽、低延迟和支持 QoS 等的传输特性。通常，视频服务器应连接在高速网络上，如 ATM、高速交换式 LAN 或者高速光纤 WAN 等，使之具有较高的网络吞吐量。

VOD 系统的网络环境可以是 LAN 也可以是 WAN。在 LAN 环境下应用 VOD 系统时，多媒体的传输性能和演示质量一般能够得到保证。而目前的 WAN 环境(如 Internet)却很难保证 VOD 系统的 QoS。从发展角度来看，Internet 将是 VOD 应用的广阔空间，但必须解决 Internet 高速化问题。

另外，VOD 系统可以在公用电视(CATV)网上应用，但必须解决两个问题：一是将 CATV 网的单向通道履行成双向通道(上行通道和下行通道)；二是使用适当的用户接入设备(如 Cable Modem 等)来连接 CATV 网。

2) 视频服务器

视频服务器是 VOD 系统的核心部件，存储大量的多媒体信息，并支持很多用户的并发访问。视频服务器的性能要求主要表现在如下几个方面。

(1) 信息存储组织。视频和音频信号经过数字化后变成了一系列的视频帧和音频采样序列，经过编码后变成媒体流，作为视频服务器的信息存储和访问对象。由于数据量大，对信息的存储和传输都提出了很高的要求。因此，服务器中的信息存储组织和磁盘 I/O 吞吐量将影响到整个系统的响应速度。

为了支持更多用户并发访问信息，提高服务器的响应速度，通常视频服务器应采用磁盘阵列(RAID)，并通过条纹化技术，把媒体数据交叉地放在磁盘阵列的不同盘片上，以提高服务器 I/O 吞吐量。由于大多数媒体流采用的是可变速率(VBR)数据压缩算法，如 MPEG，因此所需的存储空间可能会跨越不同的媒体单元。

(2) 信息获取机制。视频服务器应当提供一系列的优化机制，在确保 QoS 的前提下，使媒体流的吞吐量达最大程度。在客户端，用户从服务器获取信息的速度必须大于消费信息的速度；在服务器端，必须确保在 QoS 允许的时间范围内为每个用户进行服务。通常，采用两种机制来获取媒体流，那就是服务器“推”(Server-push)和客户“拉”(Client-pull)。

在 Server-push 机制中，服务器利用了需要回放的媒体流的连续性和周期性特点，在一个服务周期内可以为多个媒体流提供服务。在每个周期内，服务器必须为每个媒体流提供固定数量的媒体单元。为了确保媒体流的连续回放，服务器为每个媒体流提供的媒体单元数必须满足回放的速度和在一个周期内的回放时间。Server-push 机制允许服务器在一个周期内对满足多个信息需要的响应做批处理，并可以从整体上对批处理做出优化。

对于 Client-pull 机制，服务器需要为客户提供的媒体单元数，只需满足客户的突发性要求。为了确保媒体流的连续回放，客户端必须周期性地向服务器提交需求，每个提交的需求必须事先预计服务器提供的信息量和服务响应时间，保证媒体流播放的连续性。Client-pull 机制更适合对处理器和网络带宽资源经常变化的服务请求。

(3) 集群服务器结构。单个服务器不仅存储容量有限，而且吞吐量和响应速度也难以满足大量用户并发访问服务器的需要。集群服务器将多个服务器通过高速网络连接起来协同工作，并作为一个整体向用户提供信息服务，提高了整个系统的可伸缩性和可扩展性。

集群服务器一般应具有负载均衡和系统容错功能。负载均衡是采用适当的负载均衡策略将整个系统的负载均衡地分配在不同的服务器上，负载均衡策略有静态负载分配和动态负载分配两种，动态负载分配策略具有较好的动态特性，但算法复杂，费用高。系统容错是采用硬件冗余和数据备份的手段保证数据存储的可靠性和系统运行的不间断性。在正常工作时，集群服务器中的各个服务器根据系统负载均衡策略完成各自的工作。如果某一服务器发生故障，其他服务器将会自动代其工作，使用户的信息获取不受影响。

### 3. 用户接纳控制

视频服务器将面向多个用户提供 VOD 服务。当一个新的用户服务请求到来时，服务器必须使用适当的接纳控制(Admission Control)算法来保证在接受该服务请求后使系统中正在接受服务的用户请求的 QoS 不受影响。接纳控制算法可以分成下列 3 类。

1) 确定型接纳控制算法

根据系统资源的使用情况做最坏的估计，在最坏的情况下，接纳一个新的服务请求必须以确保能够满足当前正在接受服务的所有服务请求的 QoS 为前提。这是最差的接纳控制算法。

2) 统计型接纳控制算法

按照某种统计算法对一定数量的服务请求(如 60%)做出最坏估计，只要系统资源允许，便可以接纳新的服务请求。统计型接纳控制算法的资源利用率比确定型的高，但是要求用户能够容忍 QoS 在一定范围的波动。

3) 测量型接纳控制算法

对系统资源的过去使用情况进行分析，得到一个综合测量值，根据这个测量值，对未来使用情况做出估计，以决定是否接纳新的服务请求。在这 3 种接纳控制算法中，测量型接纳控制算法对资源的利用率最高，但是对用户的 QoS 保障最低。也就是说，接纳控制算法是根据系统对用户所承诺 QoS 的可信度来划分的，承诺的可信度越高，对资源的利用率就会越低。系统应当根据不同的用户需求提供相应的接纳控制算法。

### 4. VOD 系统组成

VOD 系统主要由显示系统、机顶盒、宽带互动网络系统等组成。图 9.12 是一个简化的 VOD 系统结构图。

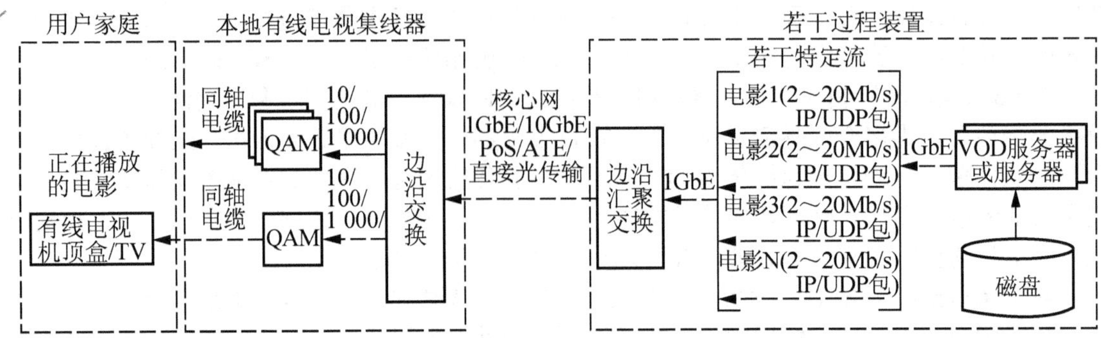


图 9.12 VOD 系统结构图

1) VOD 系统的显示系统

VOD 系统的显示系统可由传统的 AV 声像系统及计算机担当，一般来说，欣赏影视片用传统的 AV 声像系统效果较好，查询办公资料用计算机较好、较方便。图 9.13 给出了一个 VOD 点歌系统的界面图。

2) VOD 系统的机顶盒

VOD 系统的机顶盒(Set Top Box，STB)就是一种数据处理装置，如图 9.14 所示，一方面把 VOD 网络上传过来的数字信号转换成传统的 AV 声像系统可播放的多媒体声像信号，一方面把 VOD 用户的点播指令上传到网络上，指挥信息的播放。普通计算机加装 VOD 专用处理卡及相应软件，即可起到机顶盒的作用。机顶盒一般要配备遥控器以方便用户使用。

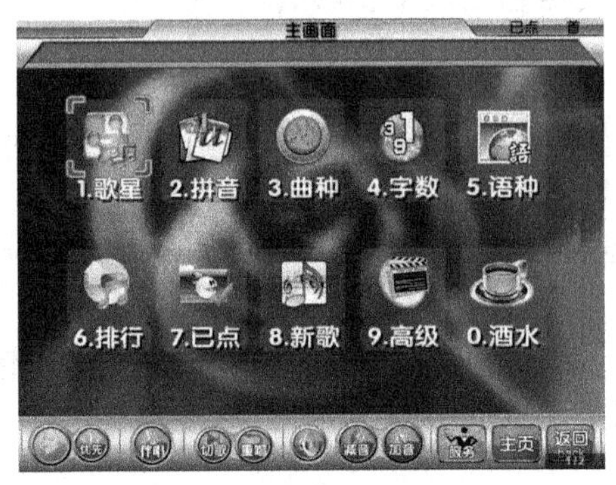


图 9.13 VOD 点歌系统

图 9.14 机顶盒

3) VOD 系统的宽带互动网络系统

VOD 系统的宽带互动网络系统由 VOD 网络、VOD 服务器、VOD 软件组成，起到两个作用，即双向传输多媒体数字信号和点播指令、在服务器端储存及播放多媒体信息。

目前，流行的有两大 VOD 网络系统，即有线电视系统和 IP 计算机网络系统。

目前的发展状况是有线电视系统技术及设备一直不成熟，在试验应用中系统不稳定，功能单一、扩展性较差、升级换代不易，网络与设备复杂，需要对单向有线电视网络进行双向网络改造，造价难以下降，系统用户数量难以很大(同时上千户)，没有全球性统一标准，与 Internet、计算机多媒体信息互通与转换复杂，难以做到统一信息平台，也很难跟上计算机网络技术的飞速发展，因此，一直没有较好的应用实例，也难有很好的发展前景。

架构于 IP 计算机网络系统的 VOD 系统则是最有发展前景的系统，上述有线电视系统的弱点它都不存在，相反，是该系统的优势。VOD 的产生本来就来自于 IP 计算机网络系统。

当初人们想用有线电视系统来实现 VOD，是为了借用已有的有线电视系统，即省去对计算机网络的投资，又拥有庞大的现成用户，但在计算机网络投资越来越便宜，Internet 越来越普及、电子商务、家庭办公越来越多地受到人们欢迎的今天，当初采用有线电视系统的理由已不复存在。相反 IP 计算机网络系统成了酒店、企事业单位、小区一步到位的综合型信息平台，且升级换代极为容易，保护了用户的前期投资。

### 9.3.5 IP 电话

IP 电话(IP Telephony)、Internet 电话(Internet Telephony)和 VoIP(Voice over IP)都是在 IP 网络即分组交换网络上进行的呼叫和通话，而不是在传统的公众交换电话网络上进行的呼叫和通话。当前，IP 电话用于长途通信时的价格比 PSNT 电话的价格便宜得多，但质量也比较低。尽管质量不尽如人意，但由于价格上的优势，IP 电话仍然是最近几年来全球多媒体通信中的一个热点技术。

在分组交换网络上传输声音的研究始于 20 世纪 70 年代末和 80 年代初，而真正开发 IP 电话市场始于 1995 年，VocalTec 公司率先使用 PC 软件在 IP 网络的两台 PC 之间实现通话。1996 年，科技人员在 IP 网络和 PSTN 网络之间的用户做了第一次通话尝试。1997 年出现具有电话服务功能的网关，1998 年出现具有电话会议服务功能的会务器，1999 年开始应用 IP 电话。2000 年开始 IP 电话用在了移动 IP 网络上，如通用分组交换无线服务(General Packet Radio Service，GPRS)或者通用移动电话系统(Universal Mobile Telecommunications System，UMTS)。

IP 电话允许在使用 TCP/IP 协议的 Internet、内联网或者专用 LAN 和 WAN 上进行电话交谈。内联网和专用网络可提供比较好的通话质量，与公用交换电话网提供的声音质量可以媲美。在 Internet 上目前还不能提供与专用网络或者 PSTN 那样的通话质量，但支持保证 QoS 的协议有望改善这种状况。在 Internet 上的 IP 电话又称 Internet 电话，它意味着只要收发双方使用同样的专有软件或者使用与 H.323 标准兼容的软件就可以进行自由通话。通过 Internet 电话服务提供者(Internet Telephony Service Providers，ITSP)，用户可以在 PC 与普通电话(或可视电话)之间通过 IP 网络进行通话。从技术上看，“VoIP”比较侧重于指声音媒体的压缩编码和网络协议，而“IP Telephony”比较侧重于指各种软件包、工具和服务。

#### 1. IP 电话与 PSTN 电话的技术差别

为了解 IP 电话和 PSTN 电话在技术上的差别，首先要了解在 IP 网络上传送声音的基本过程。如图 9.15 所示，拨打 IP 电话和在 IP 网络上传送声音的过程可归纳如下。

来自麦克风的声音在声音输入装置中转换成数字信号，生成“编码声音样本”输出。

这些输出样本以帧为单位(如 30 ms 为一帧)组成声音样本块，并复制到缓冲存储器。

IP 电话应用程序估算样本块的能量，静音检测器根据估算的能量来确定这个样本块是作为“静音样本块”来处理还是作为“说话样本块”来处理。

如果这个样本块是“说话样本块”，就选择一种算法对它进行压缩编码，算法可以是 H.323 中推荐的任何一种声音编码算法或者全球数字移动通信系统(Global System for Mobile Communications，GSM)中采用的算法。

在样本块中插入样本块头信息，然后封装到用户数据包协议套接接口(Socket Interface)成为信息包。

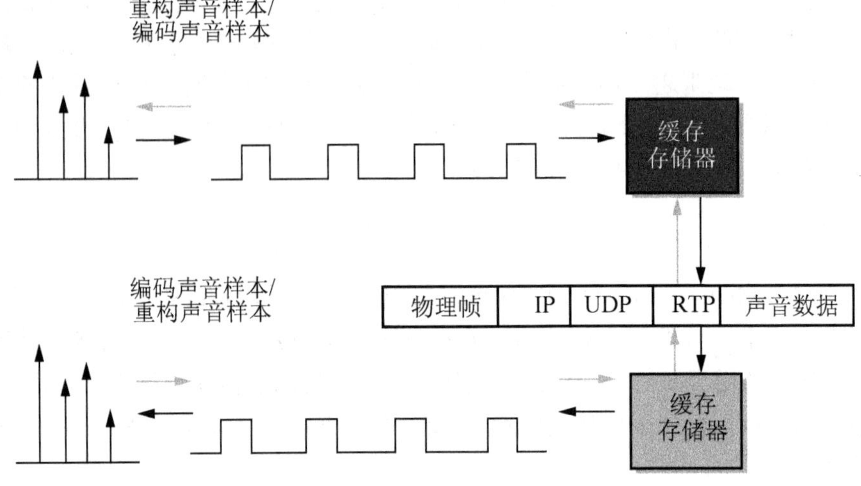


图 9.15　IP 电话的通话过程

信息包在物理网络上传送。在通话的另一方接收到信息包之后，去掉样本块头信息，使用与编码算法相反的解码算法重构声音数据，再写入到缓冲存储器。

从缓冲存储器中把声音复制到声音输出设备转换成模拟声音，完成一个声音样本块的传送。

从原理上说，IP 电话和 PSTN 电话之间在技术上的主要差别是它们的交换结构。Internet 使用的是动态路由技术，而 PSTN 使用的是静态交换技术。PSTN 电话是在电路交换网络上进行，对每对通话都分配一个固定的带宽，因此通话质量有保证。在使用 PSTN 电话时，呼叫方拿起收/发话器，拨打被呼叫方的国家码、地区码和市区号码，通过中央局建立连接，然后双方就可进行通话。在使用 IP 电话时，用户输入的电话号码转发到位于专用小型交换机(Private Branch Exchange，PBX)和 TCP/IP 网络之间最近的 IP 电话网关，IP 电话网关查找通过 Internet 到达被呼叫号码的路径，然后建立呼叫。IP 电话网关把声音数据装配成 IP 信息包，然后按照 TCP/IP 网络上查找到的路径将 IP 信息包发送出去。对方的 IP 电话网关接收到这种 IP 信息包之后，将信息包还原成原来的声音数据，并通过 PBX 转发给被呼叫方。

2. IP 电话的通话方式

IP 电话真正大量投入时，估计会有 3 种基本的通话方式：在 IP 终端(计算机)之间的通话、IP 终端与普通电话(或可视电话)之间通过 IP 网络和 PSTN 网络的通话，以及普通电话(或可视电话)之间通过 IP 网络和 PSTN 网络的通话。

IP 终端之间的通话方式如图 9.16 所示。在这种通话方式中，通话收发双方都要使用配置了相同类型的或者兼容的 IP 电话软件和相关部件，如声卡、麦克风、扬声器等。声音的压缩和解压缩由 PC 承担。

图 9.16　IP 终端与 IP 终端之间的通话

IP 终端与电话终端之间的通话方式如图 9.17 所示。在这种通话方式中，通话的一方使用配置了 IP 电话软件和相关部件的计算机，另一方则使用 PSTN/ISDN/GSM 网络上的电话。在 IP 网络的边沿需要有一台配有 IP 电话交换功能的网关，用来控制信息的传输，并且把 IP 信息包转换成电路交换网络上传送的声音，或者相反。

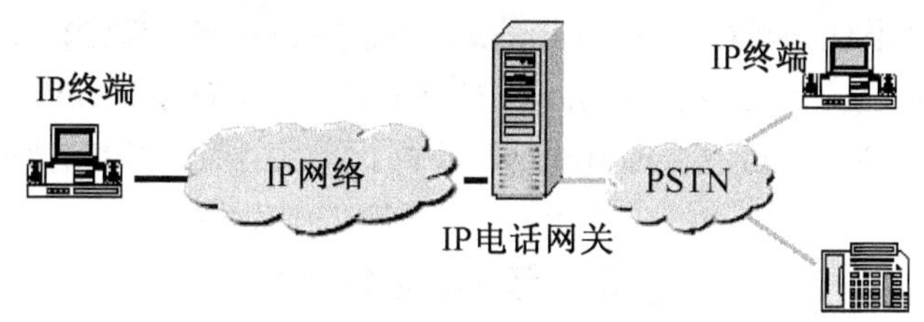


图 9.17　IP 终端与电话终端之间的通话

电话之间的通话方式如图 9.18 所示。在这种方式中，通话双方都使用普通电话、或者一方使用可视电话或者双方都使用可视电话。这种方式主要是用在长途通信中，在通话双方的 IP 网络边沿都需要配置电话功能的网关，进行 IP 信息包和声音之间的转换及控制信息的传输。

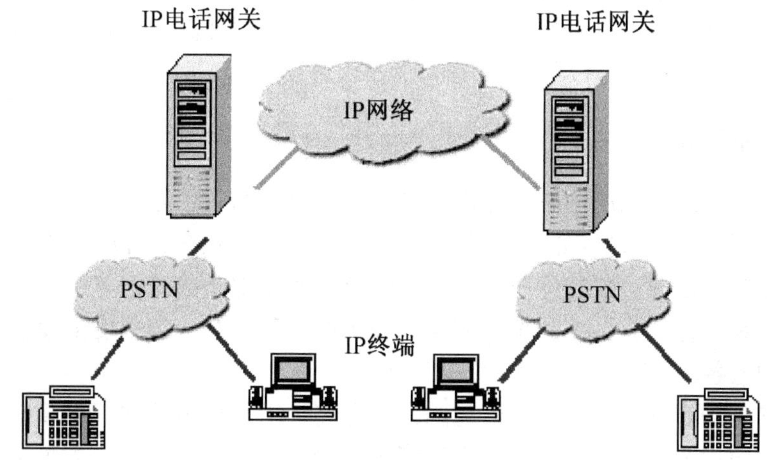


图 9.18　通过 IP 网络的电话之间的通话

3. IP 电话标准

开通 IP 电话服务需要使用的一个重要标准是信号传输协议(Signalling Protocol)。信号传输协议是用来建立和控制多媒体会话或者呼叫的一种协议，数据传输(Data Transmission)不属于信号传输协议。这些会话包括多媒体会议、电话、远距离学习和类似的应用。IP 信号传输协议(IP Signalling Protocol)用来创建网络上客户的软件和硬件之间的连接。多媒体会话的呼叫建立和控制的主要功能包括用户地址查找、地址转换、连接建立、服务特性磋商、呼叫终止和呼叫参与者的管理等。附加的信号传输协议包括账单管理、安全管理、目录服务等。

广泛使用 IP 电话的关键问题之一是建立国际标准，这样可使不同厂商开发和生产的设备能够正确地在一起工作。当前开发 IP 电话标准的组织主要有 ITU-T，IETF 和欧洲电信标准学会(European Telecommunications Standards Institute，ETSI)等。人们认为两个比较值得注意的可用于 IP 电话信号传输的标准是 ITU 的 H.323 系列标准和 IETF 的入会协议(Session Initiation Protocol，SIP)。SIP 是由 IETF 的 MMUSIC(Multiparty Multimedia Session Control，多方多媒体会话控制)工作组正在开发的协议，它是在 HTML 语言基础上开发的，并且比 H.323 简便的一种协议，该协议原来是为在 Internet 上召开多媒体会议开发的协议。H.323 和 SIP 这两种协议代表解决相同问题(多媒体会议的信号传输和控制)的两种不同的解决方法。此外，还有两个信号传输协议被考虑为 SIP 结构的一部分。这两个协议是会话说明协议(Session Description Protocol，SDP)和会话通告协议(Session Announcement Protocol，SAP)。国际多媒体远程会议协会(International Multimedia Teleconferencing Consortium，IMTC)的 VoIP forum 和 MIT Internet 电话协会(MIT Internet Telephony Consortium)对不同标准和网络之间的协同工作比较感兴趣。

## 9.4 流媒体技术

流媒体技术是多媒体技术和网络传输技术的结合，是宽带网络应用发展的产物。流媒体技术就是把连续的影像和声音信息经过压缩处理后放上网站服务器，让用户边下载边观看、收听，而不用等整个压缩文件下载到自己的计算机上才可以观看的网络传输技术。该技术先在使用者端的计算机上创建一个缓冲区，在播放前预先下一段数据作为缓冲，在网络实际连线速度小于播放所耗的速度时，播放程序就会取用一小段缓冲区内的数据，这样可以避免播放的中断，也使得播放品质得以保证。

### 9.4.1 流媒体的基本概念

随着互联网的普及，利用网络传输声音与视频信号的需求也越来越大。广播电视等媒体也都希望通过互联网来发布自己的音视频节目。但是，音视频在存储时文件的体积一般都十分庞大。在网络带宽还很有限的情况下，花几十分钟甚至更长的时间等待一个音视频文件的传输，不能不说是一件让人头疼的事。流媒体技术的出现，在一定程度上使互联网传输音视频难的局面得到改善。

传统的网络传输音视频等多媒体信息的方式是完全下载后再播放，下载常常要花数分钟甚至数小时。而采用流媒体技术，就可实现流式传输，将声音、影像或动画由服务器向用户计算机进行连续、不间断传送，用户不必等到整个文件全部下载完毕，而只需经过几秒或十几秒的启动延时即可进行观看。当声音视频等在用户的机器上播放时，文件的剩余部分还会从服务器上继续下载。

如果将文件传输看作一次接水的过程，过去的传输方式就像是对用户做了一个规定，必须等到一桶水接满才能使用它，这个等待的时间自然要受到水流量大小和桶的大小的影响。而流式传输则是，打开水头龙，等待一小会儿，水就会源源不断地流出来，而且可以随接随用，因此，不管水流量的大小，也不管桶的大小，用户都可以随时用上水。从这个意义上看，流媒体这个词是非常形象的。

流式传输技术又分两种，一种是顺序流式传输，另一种是实时流式传输。

顺序流式传输是顺序下载，在下载文件的同时用户可以观看，但是，用户的观看与服务器上的传输并不是同步进行的，用户是在一段延时后才能看到服务器上传出来的信息，或者说用户看到的总是服务器在若干时间以前传出来的信息。在这过程中，用户只能观看已下载的那部分，而不能要求跳到还未下载的部分。顺序流式传输比较适合高质量的短片段，因为它可以较好地保证节目播放的最终质量。它适合在网站发布的供用户点播的音视频节目。

在实时流式传输中，音视频信息可被实时观看到。在观看过程中用户可快进或后退以观看前面或后面的内容，但是在这种传输方式中，若网络传输状况不理想，则收到的信号效果比较差。

### 9.4.2 流媒体技术的基本原理

流式传输的实现需要缓存技术、高效的传输协议和合适的系统架构。

1. 缓存技术

由于 Internet 是以包(Packet)传输为基础进行的断续异步传输，因而对一个实时音/视频源或存储的 A/V 文件，在传输中它们要被拆分成若干个数据包。由于网络是动态变化的，各个数据包选择的传输路由可能不尽相同，所以到达客户端的时间延迟也就不等，甚至先发的包还有可能后到，甚至还有未到的情况。如果直接播放这种数据流，会引起音/视频的延迟和抖动。为此，采用缓存系统来解决这个问题。还要保证数据包的顺序正确、完整，从而使媒体数据能连续输出，而不会因为网络的暂时拥塞使播放出现断续、停顿。通常高速缓存所需的容量并不大，因为高速缓存使用环形链表结构来存储数据，它可以丢弃已经播放的内容，重新利用空出的高速缓存空间来缓存后续尚未播放的内容。

2. 传输协议

网络传输协议是为计算机网络中进行数据交换而建立的一系列规则、标准或约定。流媒体传输要能在各种网络结构中运行，也必须遵循相应的网络传输协议。TCP/IP 网络通信协议是一种既成事实的工业标准，流媒体传输也必须采用 TCP/IP 协议。然而，TCP/IP 协议原本是为数据传输而设计，可以保证传输的可靠性，但不能保证数据在特定时间内到达目的地。而流媒体传输的一个重要特征是对时间的敏感性，因此必须确保数据的实时性和同步性。因此，目前在流式传输的实现方案中，一般采用 HTTP/TCP 来传输控制信息，而用 RTP/UDP 来传输实时音/视频数据。此外，涉及流媒体传输的协议还有实时传输控制协议(RTCP)、实时流协议(RTSP)、资源预留协议(RSVP)等。图 9.19 说明了从 Web 菜单中点播流媒体节目的流式传输过程。

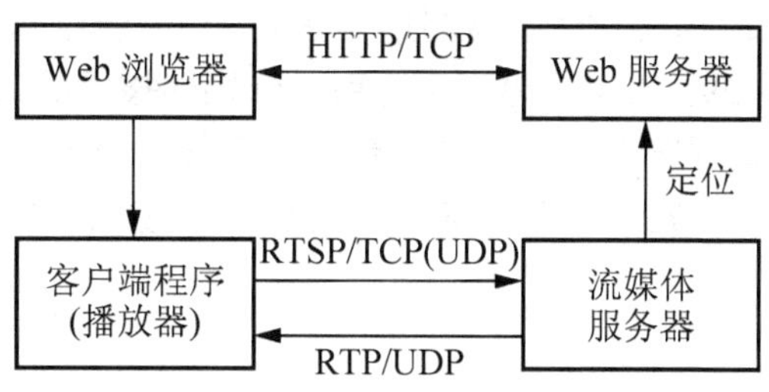


**图 9.19 流式传输过程**

3. 实现架构

一个最基本的流媒体系统必须包括编码器、流媒体服务器和客户端播放器 3 个模块，实现架构如图 9.20 所示。模块之间通过特定的协议互相通信，并按照特定格式互相交换文件数据。其中编码器用来将原始的音/视频转换成合适的流格式文件，服务器向客户端发送编码后的媒体流，客户端播放器则负责解码和播放接收到的媒体数据。

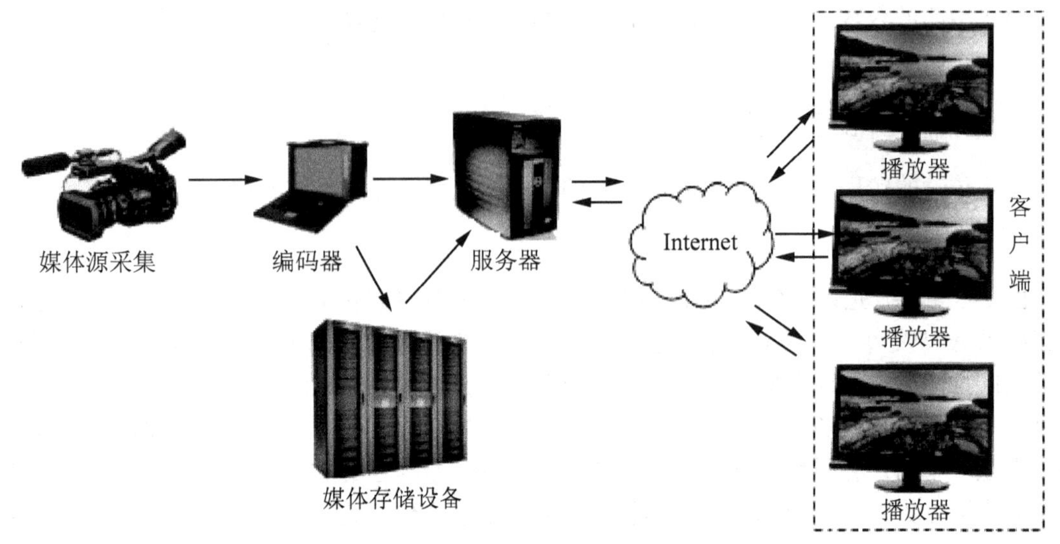


图 9.20　流媒体系统基本结构

在运用流媒体技术时，音视频文件要采用相应的格式，不同格式的文件需要用不同的播放器软件来播放，所谓“一把钥匙一把锁”。目前，采用流媒体技术的音视频文件主要有 3 大“流派”。

一是 Microsoft 的 ASF(Advanced Stream Format)。这类文件的扩展名是.asf 和.wmv，与它对应的播放器是 Microsoft 公司的“Media Player”。用户可以将图形、声音和动画数据组合成一个 ASF 格式的文件，也可以将其他格式的视频和音频转换为 ASF 格式，而且用户还可以通过声卡和视频捕获卡将诸如麦克风、录像机等外设的数据保存为 ASF 格式。

二是 RealNetworks 公司的 RealMedia，它包括 RealAudio、RealVideo 和 RealFlash 3 类文件，其中 RealAudio 用来传输接近 CD 音质的音频数据，RealVideo 用来传输不间断的视频数据，RealFlash 则是 RealNetworks 公司与 Macromedia 公司联合推出的一种高压缩比的动画格式，这类文件的扩展名是.rm，文件对应的播放器是“RealPlayer”。

三是公司的 QuickTime。这类文件扩展名通常是.mov，它所对应的播放器是“QuickTime”。

此外，MPEG、AVI、DVI、SWF 等都是适用于流媒体技术的文件格式。

由于流媒体技术在一定程度上突破了网络带宽对多媒体信息传输的限制，因此被广泛运用于网上直播、网络广告、VOD、远程教育、远程医疗、视频会议、企业培训、电子商务等多种领域。

## 9.5 小　　结

多媒体通信体现了多媒体技术与通信技术的结合，是当今多媒体技术发展的一个主要方向。多媒体对通信网络的影响主要体现在网络带宽、实时性、同步性、交互性及分布式信息处理等方面。多媒体通信不仅要求网络能提供足够的带宽，以保证多媒体信息的高效传输，而且还要求多媒体信息传输的开销尽可能小。衡量多媒体通信传输质量的主要指标是 QoS。然而，QoS 中的有关参数本身是相互矛盾的，有必要综合考虑多媒体网络的特性、权衡参数，以设计出满足一定需要的多媒体通信应用系统，适应一定的网络传输环境。多媒体通信网络大致可分为 3 类：基于电信网的多媒体信息传输、基于计算机网的多媒体信息传输和基于有线电视网的多媒体信息传输。在目前种类繁多的多媒体通信系统中，具有代表性的有可视电话、电视会议系统、VOD 系统、IP 电话等。多媒体通信将是“信息高速公路”的主体通信业务，也是未来通信发展的方向。

## 9.6 习　　题

1. 填空题

(1) 多媒体通信(Multimedia Communications)是________与________的完美结合。

(2) ________中文名称是综合业务数字网，通俗称为“一线通”。

(3) 根据系统响应时间长短，VOD 系统可分为________和________两类。

(4) 目前，流行的有两大 VOD 网络系统，即________和________。

(5) 为解决不同厂家产品的兼容性问题，开发了一个可视电话标准：________。该标准现在已被国际电信联盟采纳并作为世界可视电话标准。

(6) H.323 是一个在局域网上并且不保证 QoS 的多媒体通信标准，是_______的改进版本。

2. 选择题

(1) ____是多媒体通信系统的主要特点之一，决定了系统是多媒体通信系统还是多种媒体通信系统。

A．通信数据量巨大　B．实时性　C．同步性　D．交互性

(2) 在下列有关 IP Over ATM 的叙述中，不正确的是____。

A．具有良好的流量控制均衡能力及故障恢复能力，网络可靠性高

B．适应于多业务，具有良好的网络可扩展能力

C．对其他几种网络协议如 IPX 等能提供支持

D．不能像 IP over SDH 技术那样提供较好的 QoS 保障

(3) H.324 系列是一个低位速率多媒体通信终端标准，在它的旗号下的标准包括____。

A．H.320　B．H.323　C．SIP　D．H.263

(4) 在下列有关 MPLS 的叙述中，正确的是____。

A．是一种面向连接的传输技术

B．MPLS 不但支持多种网络层技术，而且是一种与链路层相关的技术

C．采用了 ATM 信令的高效传输方式

D．不能够提供有效的 QoS 保证

(5)____是 H.323 中最重要的部件，是它管辖区域里的所有呼叫的中心控制点，并且为注册的端点提供呼叫控制服务。

A．终端　B．网关　C．会务器　D．MCU

(6) 在下列有关 ATM 的叙述中，不正确的是____。

A．兼有分组交换和电路交换的双重优点

B．以固定长度的信元(cell)发送信息，能适应任何速率

C．采用误码控制和流量控制，大大降低了延时

D．非常适合多媒体通信

(7) 下面关于 VOD 系统的叙述，不正确的是____。

A. NVOD 要求有严格的即时响应时间，TVOD 对系统响应时间有一定的宽限

B. VOD 系统的网络环境可以是 LAN 也可以是 WAN

C. VOD 系统是一种基于 C/S 模型的点对点实时应用系统

D. VOD 系统信息交互具有不对称性

(8) IP 电话允许在使用____协议的 Internet、内联网或者专用 LAN 和 WAN 上进行电话交谈。

A. TCP/IP　　B. HTTP　　C. FTP　　D. Telnet

3. 判断题

(1) ATM 不仅可用于通常的数据通信以传送正文和图形，还可以用于传送声音、动画和活动图像，能满足实时通信的需要。　　(　　)

(2) MPLS 在提供 IP 业务时不能确保 QoS。　　(　　)

(3) Internet 上的电视会议，目前大部分都趋向于采用 H.320 标准和正在开发的 SIP 标准。　　(　　)

(4) H.323 是一个应用在局域网上，并且保证 QoS 的多媒体通信标准。　　(　　)

(5) IP 电话是在 IP 网络即分组包交换网络上进行的呼叫和通话，而不是在传统的公众交换电话网络上进行的呼叫和通话。　　(　　)

4. 简答题

(1) 多媒体通信与传统的通信方式相比有哪些特点？

(2) 多媒体通信需要解决哪些关键技术？

(3) 传统的通信网络可以分为哪些类型？

(4) 分别以 B-ISDN、FDDI、Ethernet、ATM 和 VOD 为例，概述多媒体信息传输的特点。

(5) 什么是可视电话？什么是电视会议？什么是 IP 电话？试简述它们的相关标准的具体内容。

(6) 多媒体通信的标准有哪些？

# 第 10 章　多媒体技术实验

## 教学提示

- 本章结合前面章节的学习，提供 5 个实验案例进行知识的加强，同时提高学生的动手能力。
- 本实验主要覆盖音频操作、Photoshop 图片处理、Flash 制作、HTML 网页制作及 Windows Movie Maker 等几个方面。

## 教学目标

- 本章围绕前面几章的内容，进一步提高动手操作能力，加深对多媒体知识的学习与理解。

# 10.1 声音的编辑与处理

通过 Cool Edit 软件的操作，学习掌握声音的基本编辑与处理操作。

## 10.1.1 实验要求

(1) 掌握 Cool Edit 软件运行方式和声音编辑与处理的常用技术。

(2) 了解和熟悉 Cool Edit 基本工具和使用方法。

(3) 掌握对数字声音编辑的常用技术。

(4) 使用 Cool Edit 相关命令，对声音进行合成、淡入/淡出、加入回音效果等。

## 10.1.2 实验内容

利用 Cool Edit 对语音文件 chunxiao.mp3 进行编辑。要求如下。

(1) 去掉开头的空白区域。

(2) 删除 25s 开始的重复片段。

(3) 追加 huanghelou.mp3 到末尾。

## 10.1.3 实验步骤

(1) 运行 Cool Edit 2.0 软件，打开语音文件 chunxiao.mp3，如图 10.1 所示。

图 10.1 Cool Edit 打开语音文件 chunxiao.mp3

(2) 单击“Play”按钮▶播放声音。

(3) 去掉开始约 2s 左右的空白。

① 选中空白波形部分，被选中的部分以反色显示，如图 10.2 所示。

② 按 Delete 键删除选中区域。

③ 将光标移到 24s 的位置，选择至末尾。

④ 按 Delete 键删除选择区域，结果如图 10.3 所示。

⑤ 单击“Play”按钮播放声音，查看是否正确。

图 10.2　选中空白波形部分

图 10.3　删除重复后的波形

(4) 将声音文件 huanghelou.mp3 合并到 chunxiao.mp3 文件的后面，使之成为一个声音文件。

① 打开 huanghelou.mp3 文件。

② 按 Ctrl+A 组合键选择全部波形，“Edit”→“Copy”选项，将选中部分复制到剪贴板。

③ 单击文件面板中的 chunxiao.mp3，将光标移到波形图的最后，选择“Edit”→“Paste”选项，便将声音文件 huanghelou.mp3 并到 chunxiao.mp3 文件的后面，如图 10.4 所示。

图 10.4　文件 huang he lou.mp3 并到 chunxiao.mp3 文件后

(5) 删除合并后文件中的介绍黄鹤楼的部分。

① 选择位于 1s 的位置，直至末尾，如图 10.5 所示。

图 10.5　删除部分声音

② 选择“Edit”→“Cut”选项(或按 Ctrl+X 组合键)，删除所选内容。

③ 单击“Play”按钮试听编辑效果。

(6) 保存文件。

选择“File”→“Save As”选项，打开“Save Waveform As”对话框，在“文件名”文本框中输入文件名，并单击“保存”按钮。

### 10.1.4　思考与实践

(1) 利用 Cool Edit 录制自己朗诵的《春晓》诗词，并与 chunxiao.mp3 合成在一起。此外对所录制的诗词可以进行以下修饰操作。

① 进行淡入/淡出处理，加入回声效果。

② 为编辑的声音配背景音乐。

③ 进行变速、变调处理。

(2) 将正在编辑的文件转化为 MP3 格式，并存盘保存。

## 10.2　数码照片的处理(一)

通过 Photoshop 软件的操作，掌握数码照片处理的基本操作。

### 10.2.1　实验要求

(1) 掌握 Photoshop 运行方式和数码照片常用处理技术。

(2) 了解和熟悉 Photoshop 基本工具的作用和使用方法。

(3) 掌握对数码相片中人脸的修饰和美化方法。

(4) 熟练使用套索工具、羽化工具和仿制图章工具。

### 10.2.2　实验内容

利用 Photoshop 导入一幅人物数码相片 face.jpg，对人脸进行修饰。要求：在尽可能多地保持皮肤原来的肤色和光泽同时，消除皮肤上的疤痕或黑痣等瑕疵，并且消除黑眼袋。编辑前后的效果如图 10.6 所示。

(a) 编辑前

(b) 编辑后

图 10.6　人物图片编辑

10.2.3　实验步骤

(1) 运行 Photoshop CS5 软件，导入一张人物数码相片。

① 运行 Photoshop CS5 软件。选择“开始”→“所有程序”→“Adobe Photoshop CS5”选项。

② 选择“文件”→“打开”选项，选择需要处理的数码相片，如 face.jpg 打开如图 10.7 所示的运行界面。

图 10.7　打开 face.jpg 文件

(2) 消除脸部斑点

① 选择工具箱中的“套索”工具，在要删除的斑点附近找一个没有瑕疵的皮肤区域。在附近选取区域是为了使修复后的肤色看起来均匀一致。在本例中需要删除眼睛下方的一颗黑痣。注意选区应该比痣稍大一些，以遮挡整个黑痣，如图 10.8 所示。

图 10.8　选择无黑痣区域

② 标出选区后，选择“选择”→“修改”→“羽化”选项，打开“羽化选区”对话框，如图 10.9 所示。羽化半径设置为 1 像素，然后单击“确定”按钮。羽化的作用是模糊选区的边缘，这有助于掩饰对皮肤修饰的痕迹。

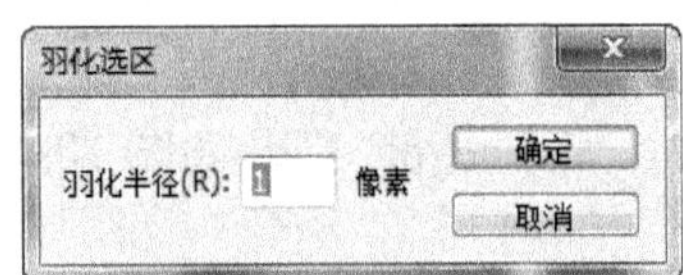


图 10.9　羽化选区对话框

③ 现在选区边缘已经变得柔和，按 Alt+Ctrl 组合键，鼠标指针变成双箭头，按键的同时，在选区内单击，并把整个选区拖放到痣上，以完全覆盖它。此时选区已经被复制到痣上面，如图 10.10 所示。

图 10.10　复制正常皮肤到黑痣区域

④ 松开按键和鼠标，选择“选择”→“取消选择”选项，或者直接按 Ctrl+D 组合键，

取消选区。至此，消除黑痣已经完成，同样的方法可消除面部其他斑点，完成后效果如图 10.11 所示。

图 10.11　消除黑痣

(3) 消除黑眼袋。

① 选择工具箱中的“仿制图章”工具，在选项栏上设定画笔的大小，一般说来，画笔的宽度应该等于要修复区域的一半或略多。

② 选项栏上的“不透明度”设置为 50%，并把“模式”设置为“变亮”，其目的是使所做的操作只影响比采样点更暗的区域。

③ 按住 Alt 键，在右眼附近无眼袋的区域单击，将这个区域作为采样区。本例中由于光照使左右眼袋的亮度有差别，所以需要对左右眼分别采样，在光照均匀的情况下，可以采样一次消除一双眼袋，如图 10.12 所示。

图 10.12　消除眼袋

图 10.13 最终处理结果

④ 选择“仿制图章”工具，拖动鼠标指针在黑眼袋的部位绘制，以减轻或清除眼袋。一般需要多描几笔，直至彻底消除黑眼袋。

⑤ 对左眼重复③、④步。双眼眼袋消除后的效果如图 10.13 所示。

(4) 保存文件。

选择“文件”→“存储为”选项，打开“存储为”对话框，在“文件名”文本框中输入文件名，并单击“确定”按钮。

### 10.2.4 思考与实践

(1) 找一幅有皱纹的老人照片，利用 Photoshop 消除其皱纹。

(2) 如何对眼睛进行修饰，消除眼睛中的血丝？能否改变照片中人的皮肤颜色，使皮肤更白些。

(3) 利用 Photoshop 中的“仿制图章”工具，将图 10.14(a)所示的 dog.jpg 进行修改，去掉照片背景中多余的部分(狗)，处理后的图片如图 10.14(b)所示。

(a) 处理前的图片

(b) 处理后的图片

图 10.14 dog.jpg 处理前后对比

要求进行如下操作。

① 在 Photoshop 中打开要处理的图片。

② 选择工具箱中的“仿制图章”工具。

③ 按住 Alt 键，在要去掉的多余背景附近区域单击，将这个区域作为采样区。

④ 选择“仿制图章”工具，拖动鼠标指针在要去掉的多余背景区域中绘制，系统便可用所采样的背景色代替绘制区域的内容。

提示：为了让去掉的区域背景更自然，可重复步骤③、④直到完全去掉多余的部分为止。

## 10.3 数码照片的处理(二)

### 10.3.1 实验要求

(1) 了解和熟悉 Photoshop 基本工具的作用和使用方法。

(2) 掌握对数码相片中背景的修饰及对光线的调节。

(3) 掌握裁剪工具、文字工具和图层样式的使用。

### 10.3.2 实验内容

利用 Photoshop 导入一幅需要调整光照及背景的相片。本例中，使用一幅建筑照，整幅图片的色调比较暗，天空显得灰蒙蒙的，需要进行处理。另外想突出建筑这一主题，所以处理之前还要进行适当的裁剪。添加彩色文字作为标题。

### 10.3.3 实验步骤

(1) 运行 Photoshop CS5 软件，导入图片。

① 选择“开始”→“所有程序”→“Adobe Photoshop CS5”选项。

② 选择“文件”→“打开”选项，选择需要处理的数码相片，如 ship.jpg。图片如图 10.15 所示。

(2) 裁剪图片。

若想尽量凸显房子这一主题，在对图像进行处理前，需要先进行裁剪。

① 选择 Photoshop 工具箱中的“裁剪”工具，把鼠标指针移到图片左上角合适的位置。向右下方拖曳鼠标指针，图片上出现一个虚线矩形框，如图 10.16 所示，松开鼠标，矩形框外的区域变暗，变暗区域为需剪去的部分。如果需要重新选择裁剪区域，按 Esc 键即可。

图 10.15 打开 ship.jpg 图片

图 10.16 使用“裁剪”工具

② 按 Enter 键进行裁剪，得到需要进行处理的图片，如图 10.17 所示。

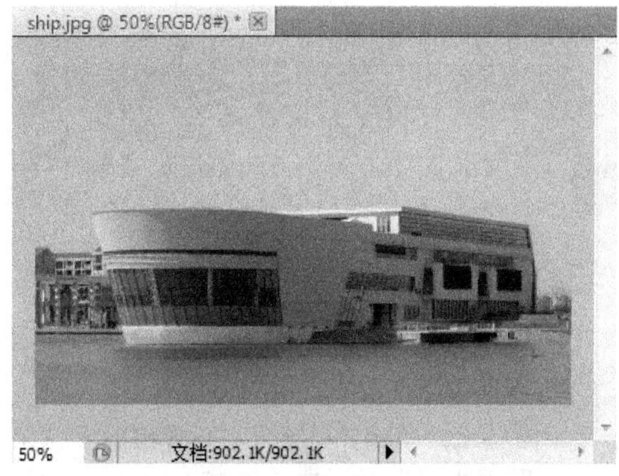


图 10.17 需要进行处理的图片

③ 加亮图片。

由于本图显得灰暗，所以需要进行加亮处理。

① 选择“图像”→“调整”→“自动色阶”选项，亮度即进行自动调整。可以发现调整后亮度变亮了。

② 对于专业摄影人士来说，更多时候需要手动调整亮度，这时可以选择“图像”→“调整”→“色阶”选项，打开“色阶”对话框，拖动色阶图下方中间的三角，手动调整亮度，然后单击“确定”按钮，如图 10.18 所示。本实验中使用手动方法。调整后的图像如图 10.19 所示。

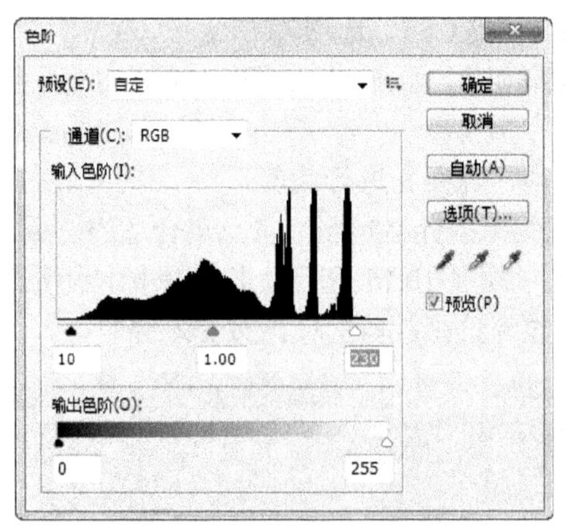


图 10.18 “色阶”对话框

图 10.19 调整后的图像

(4) 添加“船形建筑”文字。

选择“横排文字”工具，在图片中上方输入文字“船形建筑”，其参数参照图 10.20。

插入文字后的图片效果如图 10.21 所示。

图 10.20 “字符”调板

图 10.21 插入文字后的图片

(5) 调整文字效果。

① 在“船形建筑”文字图层上，单击 fx. 按钮，在弹出的下拉菜单中，选择“投影”选项，如图 10.22 所示，打开“图层样式”对话框，选择“投影”样式，角度设置为 120°。

② 选择"渐变叠加"样式，渐变设置为"光谱"，样式设置为"线性"，角度设置为"0"，如图10.23所示，修改完毕后单击"确定"按钮。

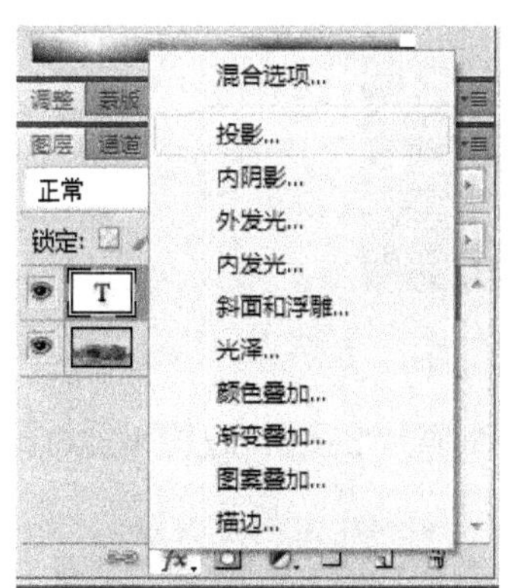


图10.22 下拉菜单

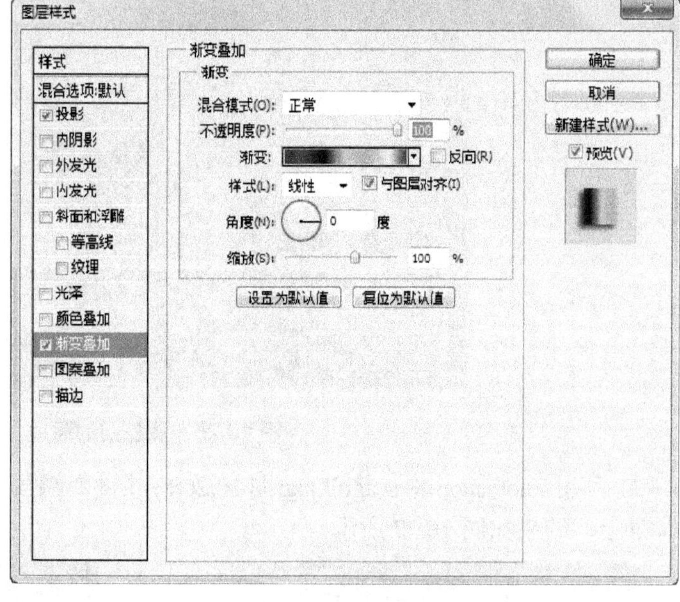


图10.23 "图层样式"对话框

③ 效果如图10.24所示。完成后保存文件。

图10.24 完成后的效果

(6) 保存文件。

选择"文件"→"存储为"选项，打开"存储为"对话框，输入文件名并选择保存类型，然后单击"确定"按钮。

### 10.3.4 思考与实践

(1) 利用Photoshop将文件snow.jpg进行修饰，要求对图像进行裁剪，然后调整图像的色彩、亮度，改变天空与水的颜色。调整前的照片如图10.25所示。

图 10.25　调整前的照片

(2) 利用 Photoshop 将 seagull.jpg(图 10.26(a))中的海鸥放到另一张照片 beach.jpg(图 10.26(b))的背景上，结果如图 10.27 所示。

(a) seagull.jpg

(b) beach.jpg

图 10.26　图片

图 10.27　完成后的效果图

(3) 利用 Photoshop 将图 10.28 所示的文件 dog2.jpg 进行修饰，要求是用图 10.29 所示的 lawn.jpg 作为背景。

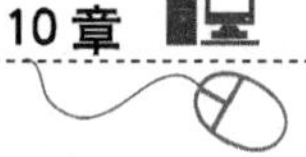

图 10.28 dog2.jpg

图 10.29 lawn.jpg

## 10.4 Flash 动画制作

通过 Flash 软件的操作，掌握 Flash 动画的制作。

### 10.4.1 实验要求

(1) 熟悉 Flash 的运行方式和基本操作界面的构成。
(2) 掌握动画制作的基本原理及元件(组件)的制作。
(3) 掌握简单动画的制作方法。
(4) 掌握形状补间动画的制作方法。
(5) 掌握动画作品的保存与播放方法。

### 10.4.2 实验内容

(1) 利用 Flash CS5 创建一个简单的形状补间动画，显示一个圆变为矩形的过程。

(2) 利用 Flash CS5 创建一个文字连续变形动画，实现字符从 F→L→A→S→H 的变形动画。

### 10.4.3 实验步骤

(1) 利用 Flash CS5 创建一个简单动画，显示一个圆变为矩形的过程。

操作步骤如下。

① 运行 Flash CS5。选择“开始”→“所有程序”→“Adobe Flash Professional CS5”选项，打开其运行界面。

② 在时间轴的第 1 帧处，选择工具栏中的椭圆工具，并在填充色中选择绿色渐变色，按 Shift 键并拖动鼠标在场景 1 的舞台中央画出一个圆，显示界面如图 10.30 所示。

③ 在第 30 帧处，右击，在弹出的快捷菜单中选择“插入空白关键帧”选项。

④ 选择工具栏中的多角星形工具，单击“属性”面板中的工具设置中的“选项”按钮，打开“工具设置”对话框，在“样式”下拉列表中选择“星形”选项，单击“确定”按钮关闭对话框。在填充色中选择红色渐变色，在场景 1 的舞台中央画出一个多角星形(如图 10.31 所示)。

⑤ 单击第 1 帧处，选择“插入”→“补间形状”选项(如图 10.32 所示)，创建变形动画。

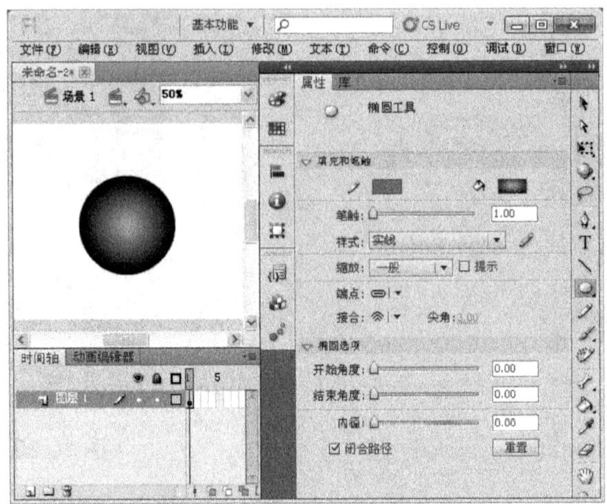


图 10.30　利用椭圆工具绘制圆

图 10.31　多角星形

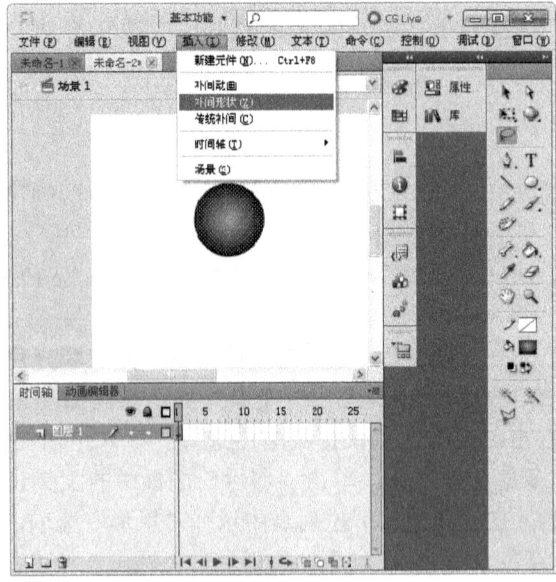


图 10.32　插入“补间形状”动画

⑥ 按 Enter 键，看动画效果。

⑦ 选择“文件”→“保存”选项，打开“另存为”对话框，在“文件名”文本框中输入“animitor1”，单击“保存”按钮。

(2) 利用 Flash CS5 创建一个文字连续变形动画，实现字符从 F→L→A→S→H 的变形动画，操作步骤如下。

① 运行 Flash CS5，单击“属性”面板中的“编辑”按钮，如图 10.33 所示，打开“文档属性”对话框，设定动画的大小为 60 像素×100 像素，单击“确定”按钮。

图 10.33 文档属性中的“编辑”按钮

② 单击时间轴的第 1 帧，选择工具箱中的文本工具。

③ 在“属性”面板中选择 Arial 字体，大小为 72；颜色为黑色。在舞台输入字母“F”。

④ 选择工具栏中的选择工具，选中字母“F”，然后选择“修改”→“分离”选项。

⑤ 右击时间轴第 10 帧处，在弹出的快捷菜单中选择“插入空白关键帧”选项。

⑥ 单击“时间轴”面板下方的“绘图纸外观”按钮，便显示灰色的“F”字母。

⑦ 选择工具箱中的文本工具，继续输入“L”，覆盖在字母“F”上，然后选择“修改”→“分离”选项。

⑧ 以同样方法分别在第 20、30、40 帧处输入字母“A”、“S”、“H”，并选择“修改”→“分离”选项，打散这些字母。

⑨ 在“时间轴”面板中的第 1 帧处，右击，在弹出的快捷菜单中选择“创建补间形状”选项。

⑩ 以同样方法，分别右击“时间轴”面板中第 10、20、30 帧处，在弹出的快捷菜单中选择“创建补间形状”选项，如图 10.34 所示。

⑪ 按 Enter 键，看动画效果。

⑫ 选择“文件”→“保存”选项，打开“另存为”对话框，在“文件名”文本框中输入 animitor2，单击“保存”按钮。

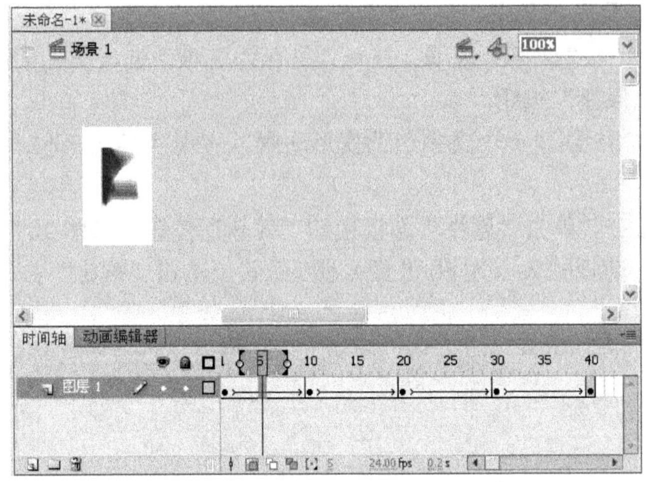

图 10.34　创建补间形状

### 10.4.4　思考与实践

(1) Flash 包括哪些动画形式？它们各有什么特点？

(2) 什么是关键帧？其用途是什么？

(3) 利用补间形状动画的制作方法，创作一个汽车变房子的 Flash 动画。

## 10.5　网页制作实验

### 10.5.1　实验要求

(1) 掌握创建一个网页的过程。

(2) 学习网页中表格的应用。

(3) 学习插入一个图片。

(4) 学习使用列表。

### 10.5.2　实验内容

制作一份简单的个人简历。

### 10.5.3　实验步骤

(1) 启动 Adobe Dreamweaver CS5。选择“开始”→“所有程序”→“Adobe Dreamweaver CS5”选项，打开其运行界面。

(2) 新建一个 HTML 空白页面。在图 10.35 所示的页面中，内容为空白页面，但该页面的 DOCTYPE 为 xhtml，为了兼容新的设备，将其改为 HTML5 标准的，修改后的代码如下。

```
<!DOCTYPE html>
<html>
<head>
<meta http-equiv="Content-Type" content="text/html; charset=utf-8" />
```

```
<title>无标题文档</title>
</head>

<body>
</body>
</html>
```

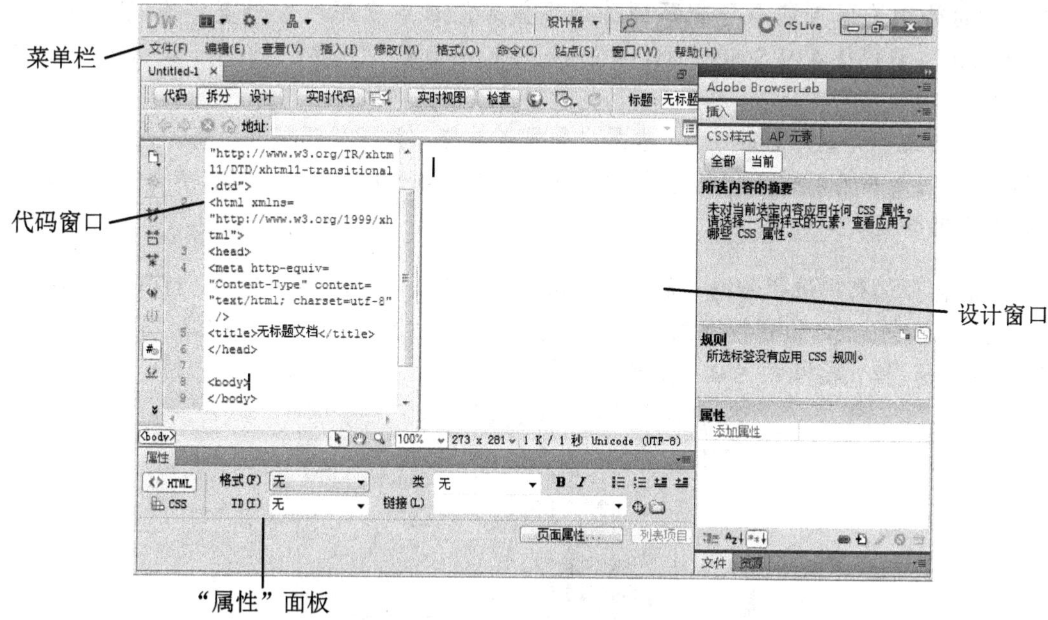


图 10.35　新建 HTML 空白页面

(3) 设置标题为“我的简历”。将鼠标指针定位于设计窗口中，此时“属性”面板显示为“HTML”，单击“页面属性”按钮，打开“页面属性”对话框，如图 10.36 所示。在“分类”列表框中选择“标题/编码”选项，右侧的详细面板中会显示“标题”，将“无标题文档”改为“我的简历”单击“确定”按钮。

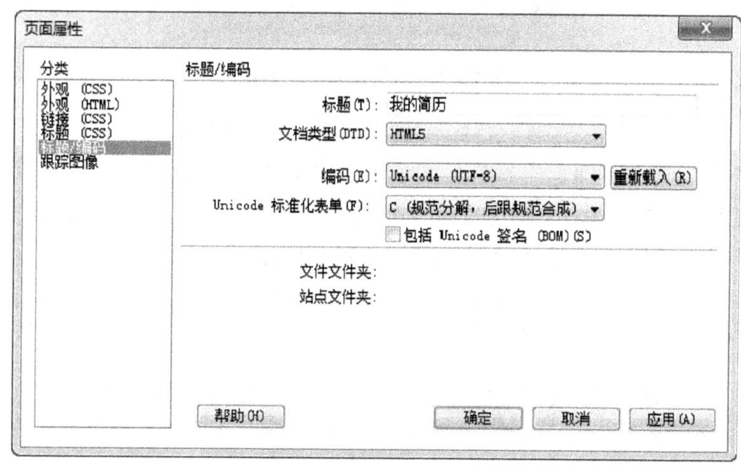


图 10.36　“页面属性”对话框

**知识链接**

什么是文档类型(DOCTYPE)

DOCTYPE 是 document type 的缩写，该声明位于文档中的最前面，即在 HTML 标记前。该标记用于告知浏览器该页面选用了哪种 HTML 或者 XHTML 规范。一个完整规范的页面，必须包括该标记，否则浏览器不知用何种规范来解析渲染该页面。对于访问者来说，不同的浏览器可能会呈现不同的展现效果。目前常用的文档类型有 HTML 4.01 Transitional、HTML 4.01 Strict、XHTML 1.0 Transitional、XHTML 1.0 Strict、XHTML 1.1、HTML 5。

最新的文档类型为 HTML 5，也是主导发展趋势，为了兼容移动设备，人们一般采用 HTML 5。但是目前旧版本的浏览器，如 Internet Explorer 8.0 及更早的版本不支持该类型，但是还是能够呈现。

(4) 总体页面布局选用表格布局方式。选择“插入”→“表格”选项，打开如图 10.37 所示的“表格”对话框，设置行数为 5，列数为 2，表格宽度为 100%，边框粗细为 0 像素，单元格边距为 6，单元格间距为 0。设置完成后单击“确定”按钮插入一个表格。

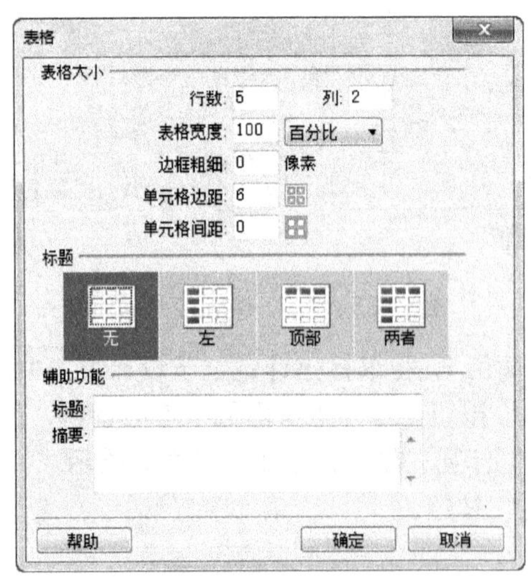


图 10.37 “表格”对话框

(5) 插入个人照片。定位在第一行第一列单元格，选择“插入”→“图像”选项，然后选择自己的照片文件，单击“确定”按钮，打开“图像标签辅助功能属性”对话框中，“替换文本”文本框中输入“我的照片”，单击“确定”按钮。在表格中出现了个人照片。单击该照片，在“属性”面板中，设置宽度为 120，高度为 160，如图 10.38 所示，

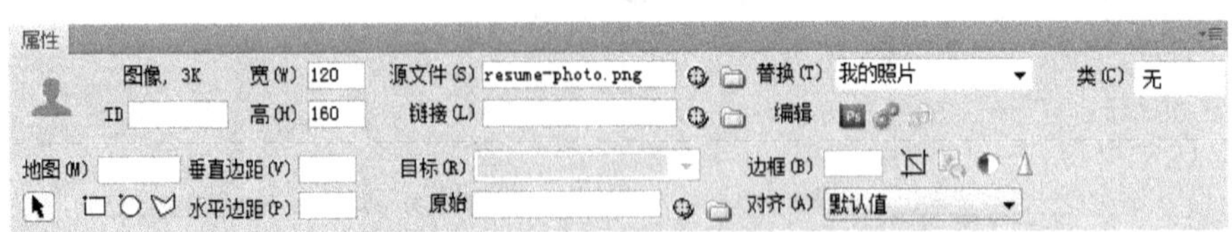


图 10.38 “属性”面板中的图像属性

(6) 设置第一列宽度。将鼠标指针移至表格中第一列上方，指针变为向下的箭头，此时单

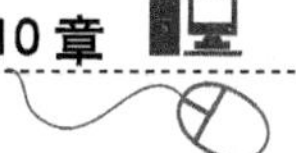

击，选择第一列。在“属性”面板中，设置宽度为 150。

(7) 单击照片所在的单元格空白处，在“属性”面板中，设置“水平”为“居中对齐”，“垂直”为“顶端”，照片即可位于单元格中间且在顶部。

(8) 插入一个表格作为个人信息简介。单击第一行第二列单元格，即照片右侧的单元格。选择“插入”→“表格”选项，打开“表格”对话框，设置行数为 6，列数为 4，表格宽度为 100%，边框粗细为 0 像素，单元格边距为 4，单元格间距为 0。设置完成后单击“确定”按钮，插入如图 10.39 所示的表格。

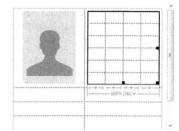

(9) 选择第一列，修改列宽为 20%，选择第二列，修改列宽为 30%，同样修改第三列宽度为 20%，第四列宽度为 30%。在该表格中，输入如图 10.40 所示的文字。

图 10.39　插入表格作为个人信息简介

(10) 合并单元格。如图 10.40 所示，选中联系地址右侧的 3 个单元格，在“属性”面板中，单击“单元格”3 个字下方的“合并所选单元格”按钮□，这样，选定的 3 个单元格合并为一个单元格。同样的操作方法，把毕业院校右侧的 3 个单元格合并为一个单元格。

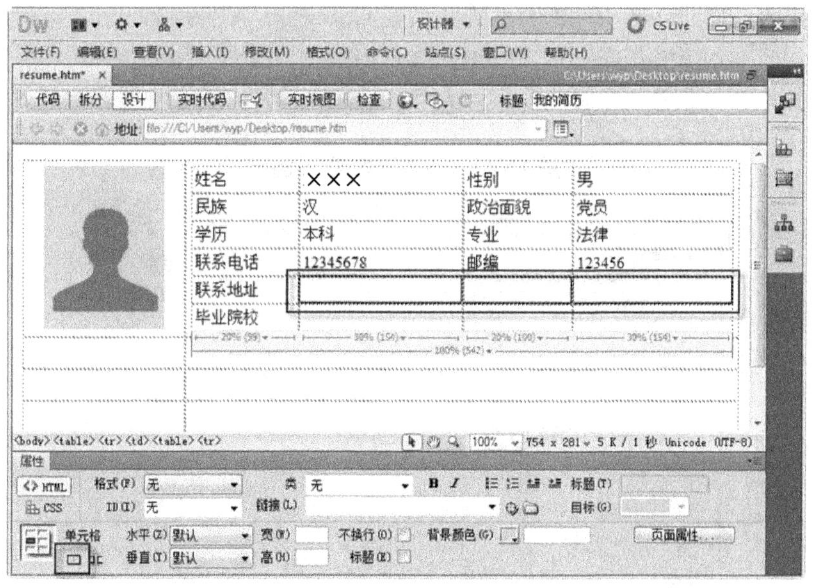


图 10.40　输入文字

(11) 修改基本信息的样式。如图 10.41 所示，设置项目信息的字体大小为 9pt，颜色为#666666；设置项目内容的字体为粗体，颜色为黑色(默认色)。

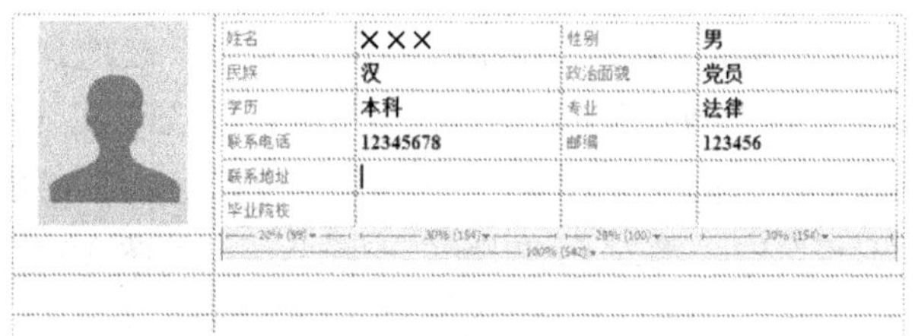


图 10.41　修改基本信息的样式

(12) 输入剩余信息。在剩余的单元格中，输入以下信息。

| | |
|---|---|
| 教育背景 | ××××大学<br>管理信息系统 学士学位 加权平均分：86.7/100 2007 年至今<br>会计学 第二专业 加权平均分：86.4/100 2007.9～2010.7 |
| 获奖情况 | 第 23 届世界大学生运动会彩虹志愿团优秀工作者<br>校优秀学生干部<br>校三好学生<br>校优秀团员 |
| 社会活动 | 第 23 届世界大学生运动会彩虹志愿团<br>××××大学总指挥<br>学生会秘书长<br>班长<br>团委外联部部长 |
| IT 及英语技能 | 2009 年 全国计算机水平考试(二级) CET-6 优秀 |

(13) 创建样式。如图 10.42 所示，单击外层表格中的第二行第二列单元格，在“属性”面板中，选择“CSS”选项，在“目标规则”下拉列表框中选择“新 CSS 规则”选项，单击“编辑规则”按钮，打开如图 10.43 所示的“新建 CSS 规则”对话框。

图 10.42 “编辑规则”按钮

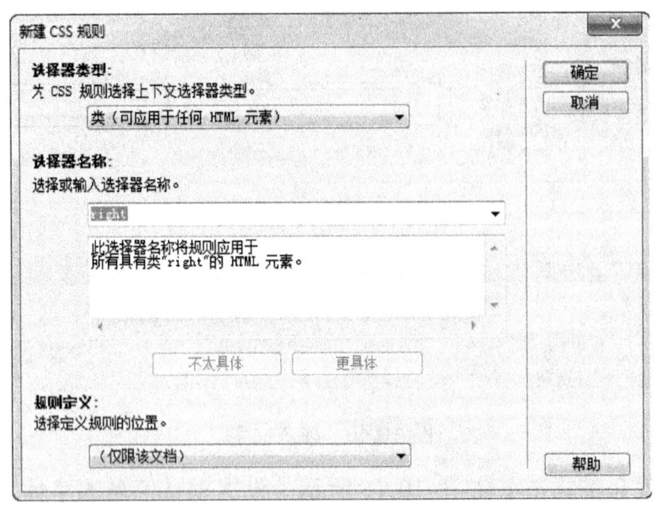


图 10.43 “新建 CSS 规则”对话框

选择器类型选择“类(可应用于任何 HTML 元素)”选项，在选择器名称中输入“right”作为本页面的一个类名，单击“确定”按钮并打开“.right 的 CSS 规则定义”对话框。在“分类”中选择“方框”选项，在右侧的“方框”选项组中，修改 Padding 的设置，取消勾选“全部相同”复选框，在“Left”中，输入 6，“Top”中输入 6，如图 10.44 所示。单击“确定”按钮关闭对话框。

同样的方式，创建一个名称为 segment 的 CSS 类，其“分类”中选择“边框”，取消勾选

Style，Width、Color 中的“全部相同”复选框，将 Top 设置为 solid，Width 为 thin、Color 为＃999。并应用于外围表格中的最后 4 行中的单元格。

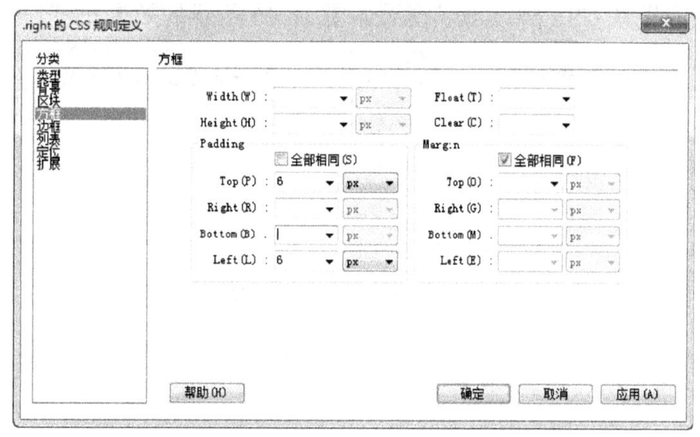


图 10.44　“.right 的 CSS 规则定义”对话框

*注意：需要应用于单元格，而不是行。*

(14) 格式化信息类别。选定“教育背景”，再选择“插入”→“布局对象”→“Div 标签”选项，打开“插入 Div 标签”对话框，单击“新 CSS 规则”按钮，打开“新建 CSS 规则”对话框，在“选择器名称”输入“.segment_title”，单击“确定”按钮，打开“.segment_title 的 CSS 规则定义”对话框，其中需要做如下设置。

类型：Font-weight：bold；

背景：Background-color：#F1F1F1；

区块：Text-align：right；

方框：Padding，勾选“全部相同”复选框，并设置 6px。

设置完成后，可以看到如图 10.45 所示的效果。

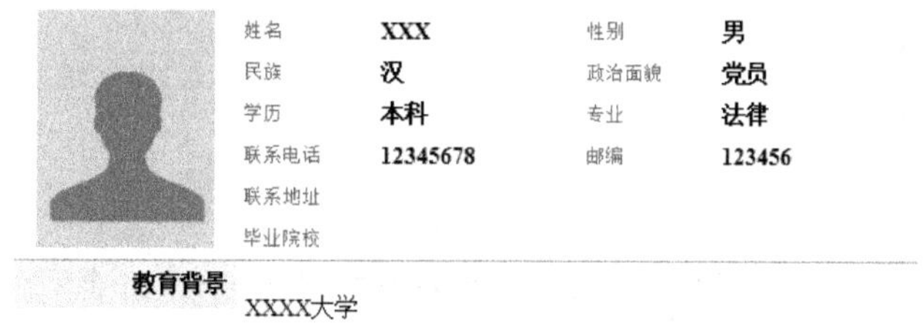


图 10.45　“教育背景”设置完成后的效果

(15) 创建“获奖情况”列表。选中“获奖项况”右侧单元格内的 4 项获奖项目，选择“格式”→“列表”→“项目列表”选项。在“属性”面板中，创建新的 CSS 目标规则，在该规则中，需要提高行距，并设置段前段后的间距。选择“新 CSS 规则”，单击“编辑规则”按钮，打开“新建 CSS 规则”对话框，在“选择器类型”的下拉列表中选择“复合内容(基于选择的内容)”选项，在选择器名称中输入“li.list”，其中“li”说明该 CSS 类职能应用于列表项，“.list”是自定义的 CSS 类名。针对该类，进行如下设置选项。

类型：line-height，135%；

方框：Padding-top，0.5em；Padding-bottom，0.5em。

对 4 个获奖项应用该 CSS 类，可以得到如图 10.46 所示的效果。

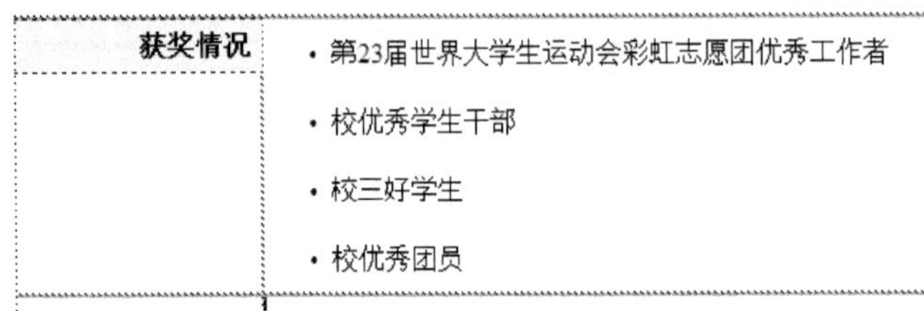


图 10.46 “获奖情况”列表设置后的效果

(16) 重复以上操作，对“社会活动”、“IT 及英语技能”等项目进行格式化，完成一个页面的制作。

### 10.5.4 思考与实践

(1) HTML 的基本结构是怎样的？

(2) 列表有几种形式？

(3) 不用表格，用 Div 是否可以？

(4) 简述 CSS 在页面中的作用。

## 10.6 视 频 制 作

### 10.6.1 实验要求

(1) 学习视频简单处理过程。

(2) 掌握片头、片尾制作。

(3) 掌握特效制作。

(4) 掌握过渡制作。

### 10.6.2 实验内容

把 Windows XP 随操作系统带的示例图片和开源电影进行合成，制作一部有特色的小电影。

### 10.6.3 实验步骤

(1) 准备素材。首先从 http://www.bigbuckbunny.org/index.php/download 下载 854×480 像素的 MSMP4 格式的电影。该文件大小约 165MB，可能需要一定的时间。

(2) 启动 Windows Movie Maker。选择“开始”→“所有程序”→“Windows Movie Maker”选项。

(3) 导入素材。

① 导入照片。在“电影任务”窗格中的任务“捕获视频”中，单击“导入图片”链接，打开“导入文件”对话框，如图 10.47 所示，定位到“我的文档”中的“图片收藏”目录，

打开“示例图片”文件夹，选择“Blue hills”和“Sunset”两张图片，单击“导入”按钮。

图 10.47 “导入文件”对话框

② 导入配乐。在“电影任务”窗格中单击“导入音频或音乐”链接，打开“导入文件”对话框，定位到“我的文档”中的“我的音乐”目录，打开“示例音乐”文件夹，选择“New Stories (Highway Blues)”音乐，单击“导入”按钮。

③ 导入视频。在“电影任务”窗格中单击“导入视频”链接，打开“导入文件”对话框，定位到步骤(1)中下载的视频素材文件，单击“导入”按钮导入视频。新导入的视频会根据视频中的标记或者帧内容发生明显变化时，会创建一个剪辑。剪辑的最短持续时间为 1s。

(4) 创建片头。在“电影任务”窗格中的任务“编辑电影”中，单击“制作片头或片尾”链接，出现如图 10.48 所示的“要将片头添加到何处？”区域，单击“在电影开头添加片头。”链接，出现“输入片头文本”区域，该区域有两个文本框，在第一个文本框中输入“我的电影”，在第二个文本框中输入“作者”。单击“其他选项”中的“更改文本字体和颜色”链接，在“选择片头字体和颜色”区域中将字体设置为“黑体”。单击“其他选项”中的“更改片头动画效果”链接，在“选择片头动画”区域中，选择“片头，两行”下的“飞入，淡化”的动画效果，然后单击“完成，为电影添加片头”链接。

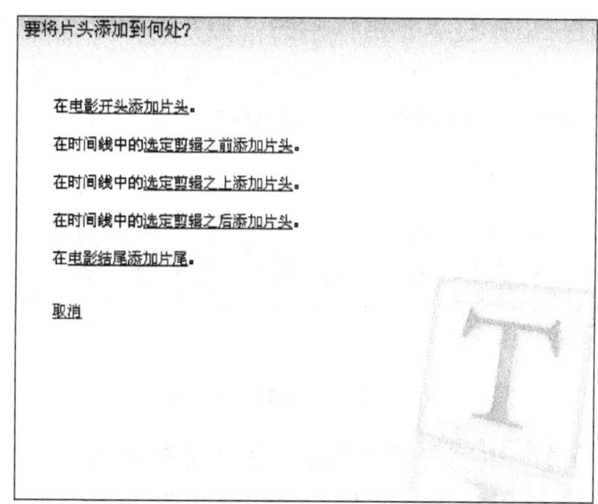


图 10.48 “要将片头添加到何处？”区域

(5) 添加素材到电影中。在主窗口中，拖放 Blue hills 和 Sunset 两张图片到故事面板中，然后把下载电影中的几个剪辑拖放到故事面板中，如图 10.49 所示。

图 10.49　故事面板

(6) 修改图片显示时间。单击“显示时间线”按钮，切换到时间线窗口。将鼠标指针定位于 Sunset 和 Blue hills 中间线上，如图 10.50 所示，鼠标指针变为拖放状态，单击拖放 Sunset 的持续时间为 3s，同样修改 Blue hills 的持续时间为 3s。单击“显示情节提要”按钮，返回“情节提要”界面。

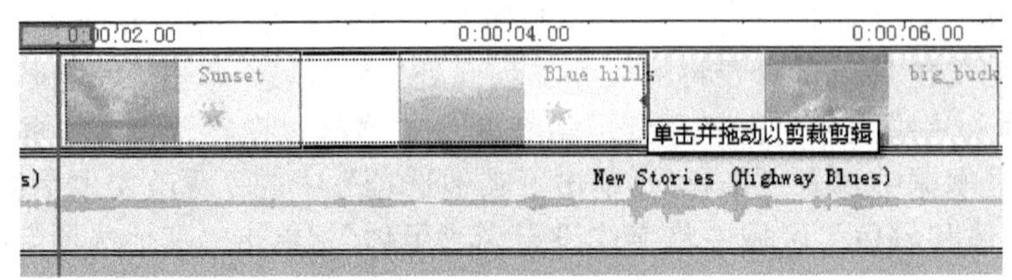


图 10.50　鼠标光标定位

(7) 添加视频过渡。在“电影任务”窗格中的任务“编辑电影”中，单击“查看视频过渡”链接。视频过渡窗口中显示了可用的所有过渡效果。将“多圆”效果，拖放到第一个过渡容器中；将“粉碎，中间”效果，拖放到第二个过渡容器中；将“眼睛”效果，拖放到第三个过渡容器中，得到如图 10.51 所示的界面。

图 10.51　拖放后的效果

(8) 添加视频效果。单击“电影任务”窗格中的“编辑电影”下的“查看视频效果”链接。视频效果窗口中列出了所有可用效果。找到“缓慢放大”效果，拖放到 Sunset 上；找到“缓慢缩小”效果，拖放到 Blue hills 上。

(9) 插入音乐。首先单击“显示时间线”按钮，进入时间线状态。把“收藏”窗口中的 New Stories(Highway Blues)音乐拖放到音频/音乐轨道中。如图 10.52 所示，缩小显示，让音乐能够显示完全，然后拖放音乐末端至视频末端，从而音视频同步结束。

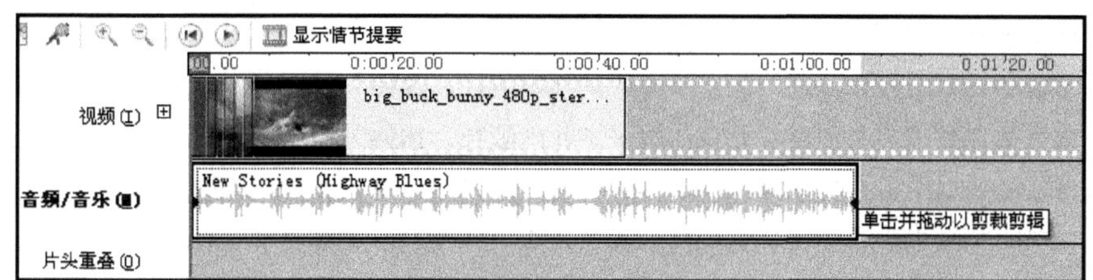


图 10.52 插入音乐

(10) 保存电影。在“电影任务”窗格中，在“电影任务”窗格中的任务“完成电影”中，单击“保存到我的计算机”链接，打开“保存电影向导”对话框，为所保存的电影输入文件名，并选择保存电影的位置，单击“下一步”按钮，点选“在我的计算机上播放的最佳质量(M)(推荐)”单选按钮，单击“下一步”按钮，系统会提示正在保存电影，根据电影的长度不同，需要等待的时间也不同。待向导进入最后一步，单击图 10.53 所示的“完成”按钮即完成保存。也可以选中单击“完成”后播放电影，系统在向导结束后自动播放刚才制作完毕的电影。

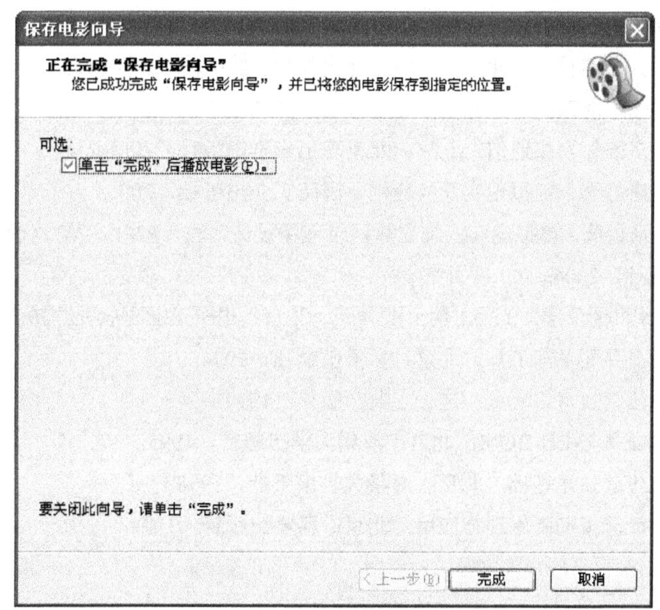


图 10.53 单击“完成”按钮

### 10.6.4 思考与实践

(1) 为前面制作的影片添加片尾，从下至上显示字幕。

(2) 有条件的利用网络摄像头为自己录制一份自我推荐视频，并在片头加入自己的姓名及联系方式等信息，片尾加入感谢的字幕。

(3) 若有兴趣研究更高级别的视频剪辑工具，可以学习 Adobe Premiere、Final Cut Pro、Sony Vegas 等非线性编辑软件。

# 参 考 文 献

[1] Ralf Steinmetz，Klara Nahrstedt．Multimedia：Computing，Communications&Applications．Prentice Hall International，1997.

[2] 马华东．多媒体计算机技术原理．北京：清华大学出版社，1998.

[3] 胡晓峰．多媒体系统原理与应用．北京：电子工业出版社，1995.

[4] Prabhat K. Andleigh & Kiran Thakrar．多媒体系统设计．徐光佑，史元春，译．北京：电子工业出版社，1998.

[5] 张明，张正兰，万芳茹．多媒体计算机技术原理及应用．南京：河海大学出版社，1999.

[6] 钟玉琢，蔡莲红，李树青，等．多媒体计算机技术基础及应用．北京：高等教育出版社，2002.

[7] 林福宗．多媒体技术基础．2 版．北京：清华大学出版社，2002.

[8] 钟玉琢．基于对象的多媒体数据压缩编码国际标准-MPEG-4 及其校验模型．北京：科学出版社，2000.

[9] 钟玉琢．MPEG-2 运动图像压缩编码国际标准及 MPEG 的新进展．北京：清华大学出版社，2002.

[10] 齐东旭，马华东．计算机动画原理与应用．北京：科学出版社，1998.

[11] 张福炎，孙志辉．大学计算机信息技术教程．3 版．南京：南京大学出版社，2005.

[12] 吴乐南．多媒体及其相关技术的原理与应用．南京：东南大学出版社，1996.

[13] 陈明．多媒体技术与应用．北京：清华大学出版社，2004.

[14] 姚卿达．多媒体技术及应用简明教程．广州：华南理工大学出版社，2005.

[15] 黄永峰．IP 网络多媒体通信技术．北京：人民邮电出版社，2003.

[16] 李立杰．多媒体及其通信技术．北京：机械工业出版社，2002.

[17] 陈廷标．多媒体通信．北京：北京邮电大学出版社，1997.

[18] 李小平，曲大成．多媒体网络通信．北京：北京理工大学出版社，2001.

[19] 洪炳镕，蔡则苏，唐好选．虚拟现实及其应用．国防工业出版社，2005.

[20] 张金锐，张金钊，张金摘．虚拟现实三维立体网络程序设计语言 VRML：第二代网络程序设计语言．北京：清华大学出版社，2004.

[21] Donald Hearn．计算机图形学．3 版．蔡士杰，译．北京：电子工业出版社，2005.

[22] 董士海．计算机用户界面及其工具．北京：科学出版社，1994.

[23] 高文．多媒体数据压缩技术．北京：电子工业出版社，1994.

[24] 林福宗，陆达．多媒体与 CD-ROM．北京：清华大学出版社，1995.

[25] 林福宗．VCD 与 DVD 技术基础．北京：清华大学出版社，1998.

[26] 齐东旭，马华东．计算机动画原理与应用．北京：科学出版社，1998.

# 北京大学出版社本科计算机系列实用规划教材

| 序号 | 标准书号 | 书　　名 | 主　编 | 定价 | 序号 | 标准书号 | 书　　名 | 主　编 | 定价 |
|---|---|---|---|---|---|---|---|---|---|
| 1 | 7-301-10511-5 | 离散数学 | 段禅伦 | 28 | 38 | 7-301-13684-3 | 单片机原理及应用 | 王新颖 | 25 |
| 2 | 7-301-10457-X | 线性代数 | 陈付贵 | 20 | 39 | 7-301-14505-0 | Visual C++程序设计案例教程 | 张荣梅 | 30 |
| 3 | 7-301-10510-X | 概率论与数理统计 | 陈荣江 | 26 | 40 | 7-301-14259-2 | 多媒体技术应用案例教程 | 李　建 | 30 |
| 4 | 7-301-10503-0 | Visual Basic 程序设计 | 闵联营 | 22 | 41 | 7-301-14503-6 | ASP .NET 动态网页设计案例教程(Visual Basic .NET 版) | 江　红 | 35 |
| 5 | 7-301-10456-9 | 多媒体技术及其应用 | 张正兰 | 30 | 42 | 7-301-14504-3 | C++面向对象与 Visual C++程序设计案例教程 | 黄贤英 | 35 |
| 6 | 7-301-10466-8 | C++程序设计 | 刘天印 | 33 | 43 | 7-301-14506-7 | Photoshop CS3 案例教程 | 李建芳 | 34 |
| 7 | 7-301-10467-5 | C++程序设计实验指导与习题解答 | 李　兰 | 20 | 44 | 7-301-14510-4 | C++程序设计基础案例教程 | 于永彦 | 33 |
| 8 | 7-301-10505-4 | Visual C++程序设计教程与上机指导 | 高志伟 | 25 | 45 | 7-301-14942-3 | ASP .NET 网络应用案例教程(C# .NET 版) | 张登辉 | 33 |
| 9 | 7-301-10462-0 | XML 实用教程 | 丁跃潮 | 26 | 46 | 7-301-12377-5 | 计算机硬件技术基础 | 石　磊 | 26 |
| 10 | 7-301-10463-7 | 计算机网络系统集成 | 斯桃枝 | 22 | 47 | 7-301-15208-9 | 计算机组成原理 | 娄国焕 | 24 |
| 11 | 7-301-10465-1 | 单片机原理及应用教程 | 范立南 | 30 | 48 | 7-301-15463-2 | 网页设计与制作案例教程 | 房爱莲 | 36 |
| 12 | 7-5038-4421-3 | ASP .NET 网络编程实用教程(C#版) | 崔良海 | 31 | 49 | 7-301-04852-8 | 线性代数 | 姚喜妍 | 22 |
| 13 | 7-5038-4427-2 | C 语言程序设计 | 赵建锋 | 25 | 50 | 7-301-15461-8 | 计算机网络技术 | 陈代武 | 33 |
| 14 | 7-5038-4420-5 | Delphi 程序设计基础教程 | 张世明 | 37 | 51 | 7-301-15697-1 | 计算机辅助设计二次开发案例教程 | 谢安俊 | 26 |
| 15 | 7-5038-4417-5 | SQL Server 数据库设计与管理 | 姜　力 | 31 | 52 | 7-301-15740-4 | Visual C# 程序开发案例教程 | 韩朝阳 | 30 |
| 16 | 7-5038-4424-9 | 大学计算机基础 | 贾丽娟 | 34 | 53 | 7-301-16597-3 | Visual C++程序设计实用案例教程 | 于永彦 | 32 |
| 17 | 7-5038-4430-0 | 计算机科学与技术导论 | 王昆仑 | 30 | 54 | 7-301-16850-9 | Java 程序设计案例教程 | 胡巧多 | 32 |
| 18 | 7-5038-4418-3 | 计算机网络应用实例教程 | 魏　峥 | 25 | 55 | 7-301-16842-4 | 数据库原理与应用(SQL Server 版) | 毛一梅 | 36 |
| 19 | 7-5038-4415-9 | 面向对象程序设计 | 冷英男 | 28 | 56 | 7-301-16910-0 | 计算机网络技术基础与应用 | 马秀峰 | 33 |
| 20 | 7-5038-4429-4 | 软件工程 | 赵春刚 | 22 | 57 | 7-301-15063-4 | 计算机网络基础与应用 | 刘远生 | 32 |
| 21 | 7-5038-4431-0 | 数据结构(C++版) | 秦　锋 | 28 | 58 | 7-301-15250-8 | 汇编语言程序设计 | 张光长 | 28 |
| 22 | 7-5038-4423-2 | 微机应用基础 | 吕晓燕 | 33 | 59 | 7-301-15064-1 | 网络安全技术 | 骆耀祖 | 30 |
| 23 | 7-5038-4426-4 | 微型计算机原理与接口技术 | 刘彦文 | 26 | 60 | 7-301-15584-4 | 数据结构与算法 | 佟伟光 | 32 |
| 24 | 7-5038-4425-6 | 办公自动化教程 | 钱　俊 | 30 | 61 | 7-301-17087-8 | 操作系统实用教程 | 范立南 | 36 |
| 25 | 7-5038-4419-1 | Java 语言程序设计实用教程 | 董迎红 | 33 | 62 | 7-301-16631-4 | Visual Basic 2008 程序设计教程 | 隋晓红 | 34 |
| 26 | 7-5038-4428-0 | 计算机图形技术 | 龚声蓉 | 28 | 63 | 7-301-17537-8 | C 语言基础案例教程 | 汪新民 | 31 |
| 27 | 7-301-11501-5 | 计算机软件技术基础 | 高　巍 | 25 | 64 | 7-301-17397-8 | C++程序设计基础教程 | 郗亚辉 | 30 |
| 28 | 7-301-11500-8 | 计算机组装与维护实用教程 | 崔明远 | 33 | 65 | 7-301-17578-1 | 图论算法理论、实现及应用 | 王桂平 | 54 |
| 29 | 7-301-12174-0 | Visual FoxPro 实用教程 | 马秀峰 | 29 | 66 | 7-301-17964-2 | PHP 动态网页设计与制作案例教程 | 房爱莲 | 42 |
| 30 | 7-301-11500-8 | 管理信息系统实用教程 | 杨月江 | 27 | 67 | 7-301-18514-8 | 多媒体开发与编程 | 于永彦 | 35 |
| 31 | 7-301-11445-2 | Photoshop CS 实用教程 | 张　瑾 | 28 | 68 | 7-301-18538-4 | 实用计算方法 | 徐亚平 | 24 |
| 32 | 7-301-12378-2 | ASP .NET 课程设计指导 | 潘志红 | 35 | 69 | 7-301-18539-1 | Visual FoxPro 数据库设计案例教程 | 谭红杨 | 35 |
| 33 | 7-301-12394-2 | C# .NET 课程设计指导 | 龚自霞 | 32 | 70 | 7-301-19313-6 | Java 程序设计案例教程与实训 | 董迎红 | 45 |
| 34 | 7-301-13259-3 | VisualBasic .NET 课程设计指导 | 潘志红 | 30 | 71 | 7-301-19389-1 | Visual FoxPro 实用教程与上机指导（第 2 版） | 马秀峰 | 40 |
| 35 | 7-301-12371-3 | 网络工程实用教程 | 汪新民 | 34 | 72 | 7-301-19435-5 | 计算方法 | 尹景本 | 28 |
| 36 | 7-301-14132-8 | J2EE 课程设计指导 | 王立丰 | 32 | 73 | 7-301-19388-4 | Java 程序设计教程 | 张剑飞 | 35 |
| 37 | 7-301-21088-8 | 计算机专业英语(第 2 版) | 张　勇 | 42 | 74 | 7-301-19386-0 | 计算机图形技术(第 2 版) | 许承东 | 44 |

| 75 | 7-301-15689-6 | Photoshop CS5 案例教程(第 2 版) | 李建芳 | 39 | 83 | 7-301-21052-9 | ASP.NET 程序设计与开发 | 张绍兵 | 39 |
|---|---|---|---|---|---|---|---|---|---|
| 76 | 7-301-18395-3 | 概率论与数理统计 | 姚喜妍 | 29 | 84 | 7-301-16824-0 | 软件测试案例教程 | 丁宋涛 | 28 |
| 77 | 7-301-19980-0 | 3ds Max 2011 案例教程 | 李建芳 | 44 | 85 | 7-301-20328-6 | ASP. NET 动态网页案例教程(C#.NET 版) | 江 红 | 45 |
| 78 | 7-301-20052-0 | 数据结构与算法应用实践教程 | 李文书 | 36 | 86 | 7-301-16528-7 | C#程序设计 | 胡艳菊 | 40 |
| 79 | 7-301-12375-1 | 汇编语言程序设计 | 张宝剑 | 36 | 87 | 7-301-21271-4 | C#面向对象程序设计及实践教程 | 唐 燕 | 45 |
| 80 | 7-301-20523-5 | Visual C++程序设计教程与上机指导(第 2 版) | 牛江川 | 40 | 88 | 7-301-21295-0 | 计算机专业英语 | 吴丽君 | 34 |
| 81 | 7-301-20630-0 | C#程序开发案例教程 | 李挥剑 | 39 | 89 | 7-301-21341-4 | 计算机组成与结构教程 | 姚玉霞 | 42 |
| 82 | 7-301-20898-4 | SQL Server 2008 数据库应用案例教程 | 钱哨 | 38 | 90 | 7-301-21367-4 | 计算机组成与结构实验实训教程 | 姚玉霞 | 22 |

# 北京大学出版社电气信息类教材书目(已出版)

# 欢迎选订

| 序号 | 标准书号 | 书　　名 | 主　编 | 定价 | 序号 | 标准书号 | 书　　名 | 主　编 | 定价 |
|---|---|---|---|---|---|---|---|---|---|
| 1 | 7-301-10759-1 | DSP 技术及应用 | 吴冬梅 | 26 | 38 | 7-5038-4400-3 | 工厂供配电 | 王玉华 | 34 |
| 2 | 7-301-10760-7 | 单片机原理与应用技术 | 魏立峰 | 25 | 39 | 7-5038-4410-2 | 控制系统仿真 | 郑恩让 | 26 |
| 3 | 7-301-10765-2 | 电工学 | 蒋　中 | 29 | 40 | 7-5038-4398-3 | 数字电子技术 | 李　元 | 27 |
| 4 | 7-301-19183-5 | 电工与电子技术(上册)(第2版) | 吴舒辞 | 30 | 41 | 7-5038-4412-6 | 现代控制理论 | 刘永信 | 22 |
| 5 | 7-301-19229-0 | 电工与电子技术(下册)(第2版) | 徐卓农 | 32 | 42 | 7-5038-4401-0 | 自动化仪表 | 齐志才 | 27 |
| 6 | 7-301-10699-0 | 电子工艺实习 | 周春阳 | 19 | 43 | 7-5038-4408-9 | 自动化专业英语 | 李国厚 | 32 |
| 7 | 7-301-10744-7 | 电子工艺学教程 | 张立毅 | 32 | 44 | 7-5038-4406-5 | 集散控制系统 | 刘翠玲 | 25 |
| 8 | 7-301-10915-6 | 电子线路 CAD | 吕建平 | 34 | 45 | 7-301-19174-3 | 传感器基础(第 2 版) | 赵玉刚 | 30 |
| 9 | 7-301-10764-1 | 数据通信技术教程 | 吴延海 | 29 | 46 | 7-5038-4396-9 | 自动控制原理 | 潘　丰 | 32 |
| 10 | 7-301-18784-5 | 数字信号处理(第 2 版) | 阎　毅 | 32 | 47 | 7-301-10512-2 | 现代控制理论基础(国家级十一五规划教材) | 侯媛彬 | 20 |
| 11 | 7-301-18889-7 | 现代交换技术(第 2 版) | 姚　军 | 36 | 48 | 7-301-11151-2 | 电路基础学习指导与典型题解 | 公茂法 | 32 |
| 12 | 7-301-10761-4 | 信号与系统 | 华　容 | 33 | 49 | 7-301-12326-3 | 过程控制与自动化仪表 | 张井岗 | 36 |
| 13 | 7-301-19318-1 | 信息与通信工程专业英语（第 2 版） | 韩定定 | 32 | 50 | 7-301-12327-0 | 计算机控制系统 | 徐文尚 | 28 |
| 14 | 7-301-10757-7 | 自动控制原理 | 袁德成 | 29 | 51 | 7-5038-4414-0 | 微机原理及接口技术 | 赵志诚 | 38 |
| 15 | 7-301-16520-1 | 高频电子线路(第 2 版) | 宋树祥 | 35 | 52 | 7-301-10465-1 | 单片机原理及应用教程 | 范立南 | 30 |
| 16 | 7-301-11507-7 | 微机原理与接口技术 | 陈光军 | 34 | 53 | 7-5038-4426-4 | 微型计算机原理与接口技术 | 刘彦文 | 26 |
| 17 | 7-301-11442-1 | MATLAB 基础及其应用教程 | 周开利 | 24 | 54 | 7-301-12562-5 | 嵌入式基础实践教程 | 杨　刚 | 30 |
| 18 | 7-301-11508-4 | 计算机网络 | 郭银景 | 31 | 55 | 7-301-12530-4 | 嵌入式 ARM 系统原理与实例开发 | 杨宗德 | 25 |
| 19 | 7-301-12178-8 | 通信原理 | 隋晓红 | 32 | 56 | 7-301-13676-8 | 单片机原理与应用及 C51 程序设计 | 唐　颖 | 30 |
| 20 | 7-301-12175-7 | 电子系统综合设计 | 郭　勇 | 25 | 57 | 7-301-13577-8 | 电力电子技术及应用 | 张润和 | 38 |
| 21 | 7-301-11503-9 | EDA 技术基础 | 赵明富 | 22 | 58 | 7-301-20508-2 | 电磁场与电磁波（第 2 版） | 邬春明 | 30 |
| 22 | 7-301-12176-4 | 数字图像处理 | 曹茂永 | 23 | 59 | 7-301-12179-5 | 电路分析 | 王艳红 | 38 |
| 23 | 7-301-12177-1 | 现代通信系统 | 李白萍 | 27 | 60 | 7-301-12380-5 | 电子测量与传感技术 | 杨　雷 | 35 |
| 24 | 7-301-12340-9 | 模拟电子技术 | 陆秀令 | 28 | 61 | 7-301-14461-9 | 高电压技术 | 马永翔 | 28 |
| 25 | 7-301-13121-3 | 模拟电子技术实验教程 | 谭海曙 | 24 | 62 | 7-301-14472-5 | 生物医学数据分析及其MATLAB 实现 | 尚志刚 | 25 |
| 26 | 7-301-11502-2 | 移动通信 | 郭俊强 | 22 | 63 | 7-301-14460-2 | 电力系统分析 | 曹　娜 | 35 |
| 27 | 7-301-11504-6 | 数字电子技术 | 梅开乡 | 30 | 64 | 7-301-14459-6 | DSP 技术与应用基础 | 俞一彪 | 34 |
| 28 | 7-301-18860-6 | 运筹学(第 2 版) | 吴亚丽 | 28 | 65 | 7-301-14994-2 | 综合布线系统基础教程 | 吴达金 | 24 |
| 29 | 7-5038-4407-2 | 传感器与检测技术 | 祝诗平 | 30 | 66 | 7-301-15168-6 | 信号处理 MATLAB 实验教程 | 李　杰 | 20 |
| 30 | 7-5038-4413-3 | 单片机原理及应用 | 刘　刚 | 24 | 67 | 7-301-15440-3 | 电工电子实验教程 | 魏　伟 | 26 |
| 31 | 7-5038-4409-6 | 电机与拖动 | 杨天明 | 27 | 68 | 7-301-15445-8 | 检测与控制实验教程 | 魏　伟 | 24 |
| 32 | 7-5038-4411-9 | 电力电子技术 | 樊立萍 | 25 | 69 | 7-301-04595-4 | 电路与模拟电子技术 | 张绪光 | 35 |
| 33 | 7-5038-4399-0 | 电力市场原理与实践 | 邹　斌 | 24 | 70 | 7-301-15458-8 | 信号、系统与控制理论(上、下册) | 邱德润 | 70 |
| 34 | 7-5038-4405-8 | 电力系统继电保护 | 马永翔 | 27 | 71 | 7-301-15786-2 | 通信网的信令系统 | 张云麟 | 24 |
| 35 | 7-5038-4397-6 | 电力系统自动化 | 孟祥忠 | 25 | 72 | 7-301-16493-8 | 发电厂变电所电气部分 | 马永翔 | 35 |
| 36 | 7-5038-4404-1 | 电气控制技术 | 韩顺杰 | 22 | 73 | 7-301-16076-3 | 数字信号处理 | 王震宇 | 32 |
| 37 | 7-5038-4403-4 | 电器与 PLC 控制技术 | 陈志新 | 38 | 74 | 7-301-16931-5 | 微机原理及接口技术 | 肖洪兵 | 32 |

| 序号 | 标准书号 | 书　　名 | 主　编 | 定价 | 序号 | 标准书号 | 书　　名 | 主　编 | 定价 |
|---|---|---|---|---|---|---|---|---|---|
| 75 | 7-301-16932-2 | 数字电子技术 | 刘金华 | 30 | 100 | 7-301-19452-2 | 电子信息类专业 MATLAB 实验教程 | 李明明 | 42 |
| 76 | 7-301-16933-9 | 自动控制原理 | 丁　红 | 32 | 101 | 7-301-16914-8 | 物理光学理论与应用 | 宋贵才 | 32 |
| 77 | 7-301-17540-8 | 单片机原理及应用教程 | 周广兴 | 40 | 102 | 7-301-16598-0 | 综合布线系统管理教程 | 吴达金 | 39 |
| 78 | 7-301-17614-6 | 微机原理及接口技术实验指导书 | 李干林 | 22 | 103 | 7-301-20394-1 | 物联网基础与应用 | 李蔚田 | 44 |
| 79 | 7-301-12379-9 | 光纤通信 | 卢志茂 | 28 | 104 | 7-301-20339-2 | 数字图像处理 | 李云红 | 36 |
| 80 | 7-301-17382-4 | 离散信息论基础 | 范九伦 | 25 | 105 | 7-301-20340-8 | 信号与系统 | 李云红 | 29 |
| 81 | 7-301-17677-1 | 新能源与分布式发电技术 | 朱永强 | 32 | 106 | 7-301-20505-1 | 电路分析基础 | 吴舒辞 | 38 |
| 82 | 7-301-17683-2 | 光纤通信 | 李丽君 | 26 | 107 | 7-301-20506-8 | 编码调制技术 | 黄　平 | 26 |
| 83 | 7-301-17700-6 | 模拟电子技术 | 张绪光 | 36 | 108 | 7-301-20763-5 | 网络工程与管理 | 谢　慧 | 39 |
| 84 | 7-301-17318-3 | ARM 嵌入式系统基础与开发教程 | 丁文龙 | 36 | 109 | 7-301-20845-8 | 单片机原理与接口技术实验与课程设计 | 徐懂理 | 26 |
| 85 | 7-301-17797-6 | PLC 原理及应用 | 缪志农 | 26 | 110 | 301-20725-3 | 模拟电子线路 | 宋树祥 | 38 |
| 86 | 7-301-17986-4 | 数字信号处理 | 王玉德 | 32 | 111 | 7-301-21058-1 | 单片机原理与应用及其实验指导书 | 邵发森 | 44 |
| 87 | 7-301-18131-7 | 集散控制系统 | 周荣富 | 36 | 112 | 7-301-20918-9 | Mathcad 在信号与系统中的应用 | 郭仁春 | 30 |
| 88 | 7-301-18285-7 | 电子线路 CAD | 周荣富 | 41 | 113 | 7-301-20327-9 | 电工学实验教程 | 王士军 | 34 |
| 89 | 7-301-16739-7 | MATLAB 基础及应用 | 李国朝 | 39 | 114 | 7-301-16367-2 | 供配电技术 | 王玉华 | 49 |
| 90 | 7-301-18352-6 | 信息论与编码 | 隋晓红 | 24 | 115 | 7-301-20351-4 | 电路与模拟电子技术实验指导书 | 唐　颖 | 26 |
| 91 | 7-301-18260-4 | 控制电机与特种电机及其控制系统 | 孙冠群 | 42 | 116 | 7-301-21247-9 | MATLAB 基础与应用教程 | 王月明 | 32 |
| 92 | 7-301-18493-6 | 电工技术 | 张　莉 | 26 | 117 | 7-301-21235-6 | 集成电路版图设计 | 陆学斌 | 36 |
| 93 | 7-301-18496-7 | 现代电子系统设计教程 | 宋晓梅 | 36 | 118 | 7-301-21304-9 | 数字电子技术 | 秦长海 | 49 |
| 94 | 7-301-18672-5 | 太阳能电池原理与应用 | 靳瑞敏 | 25 | 119 | 7-301-21366-7 | 电力系统继电保护(第 2 版) | 马永翔 | 42 |
| 95 | 7-301-18314-4 | 通信电子线路及仿真设计 | 王鲜芳 | 29 | 120 | 7-301-21450-3 | 模拟电子与数字逻辑 | 邬春明 | 39 |
| 96 | 7-301-19175-0 | 单片机原理与接口技术 | 李　升 | 46 | 121 | 7-301-21439-8 | 物联网概论 | 王金甫 | 42 |
| 97 | 7-301-19320-4 | 移动通信 | 刘维超 | 39 | 122 | 7-301-21849-5 | 微波技术基础及其应用 | 李泽民 | 49 |
| 98 | 7-301-19447-8 | 电气信息类专业英语 | 缪志农 | 40 | 123 | 7-301-21688-0 | 电子信息与通信工程专业英语 | 孙桂芝 | 36 |
| 99 | 7-301-19451-5 | 嵌入式系统设计及应用 | 邢吉生 | 44 | | | | | |

相关教学资源如电子课件、电子教材、习题答案等可以登录 www.pup6.com 下载或在线阅读。

扑六知识网(www.pup6.com)有海量的相关教学资源和电子教材供阅读及下载(包括北京大学出版社第六事业部的相关资源)，同时欢迎您将教学课件、视频、教案、素材、习题、试卷、辅导材料、课改成果、设计作品、论文等教学资源上传到 pup6.com，与全国高校师生分享您的教学成就与经验，并可自由设定价格，知识也能创造财富。具体情况请登录网站查询。

如您需要免费纸质样书用于教学，欢迎登陆第六事业部门户网(www.pup6.cn)填表申请，并欢迎在线登记选题以到北京大学出版社来出版您的大作，也可下载相关表格填写后发到我们的邮箱，我们将及时与您取得联系并做好全方位的服务。

扑六知识网将打造成全国最大的教育资源共享平台，欢迎您的加入——让知识有价值，让教学无界限，让学习更轻松。

联系方式：010-62750667，pup6_czq@163.com，szheng_pup6@163.com，linzhangbo@126.com，欢迎来电来信咨询。